BIOCENOSES EM RESERVATÓRIOS
PADRÕES ESPACIAIS E TEMPORAIS

B615b   Biocenoses em reservatórios: padrões espaciais e temporais/organizado por Liliana Rodrigues, Sidinei Magela Thomaz, Angelo Antonio Agostinho e Luiz Carlos Gomes – São Carlos: RiMa, 2005. 333 p.

ISBN – 978-857656067-8

1. Ecologia. 2. Limnologia. I. Título.

CDD: 574.9

RiMa
Editora
www.rimaeditora.com.br

DIRLENE RIBEIRO MARTINS
PAULO DE TARSO MARTINS
Rua Virgílio Pozzi, 213 – Santa Paula
13564-040 – São Carlos, SP
Fone: (0xx16) 34111729

BIOCENOSES EM RESERVATÓRIOS
PADRÕES ESPACIAIS E TEMPORAIS

Liliana Rodrigues
Sidinei Magela Thomaz
Angelo Antonio Agostinho
Luiz Carlos Gomes
(organizadores)

2005

Sumário

Prefácio

O século XX foi o século da construção dos grandes reservatórios com barragens de mais de 15 metros de altura e volumes de água de 0,5 a 50 km³.

Mais de 50.000 reservatórios desse porte, em todos os continentes, já foram construídos e muitos outros, de menor porte, em zonas semi-áridas e em latitudes de regiões temperadas e tropicais, estão em plena operação. Eles são utilizados para diversas finalidades, dentre as quais, produção de hidroeletricidade, irrigação, produção pesqueira, aqüicultura e turismo são as atividades principais.

Além de produzir impacto inicial com a construção de ecossistemas aquáticos artificiais, os reservatórios recebem permanentemente um conjunto de influências das bacias hidrográficas (usos do solo e descargas de nutrientes e de material em suspensão), a partir de fontes pontuais ou não. Esses impactos persistem, são freqüentemente cumulativos e produzem alterações contínuas e persistentes nos fatores físicos, químicos e biológicos.

Esses sistemas artificiais são complexos e diversificados espacial e estacionalmente. Os processos físicos, químicos e biológicos devem ser conhecidos cientificamente e em profundidade para promover e desenvolver técnicas e novas abordagens para seu gerenciamento integrado.

Análises comparativas do funcionamento de reservatórios são particularmente importantes, pois apresentam dimensões e informações quali e quantitativas em escalas espaciais e temporais. O presente volume descreve e discute ampla gama de processos em reservatórios, desde aspectos morfométricos até o funcionamento de variáveis físicas, químicas e biológicas. A zonação longitudinal em reservatórios é o resultado da interação de diferentes fatores climatológicos, hidrológicos, morfométricos e operacionais, e pelo menos três capítulos desta obra tratam desse problema (Armengol et al., 1999). A caracterização do estado trófico desses reservatórios utilizando informações biológicas, que incluem dados de ictiologia, larvas de insetos aquáticos e moluscos, também é discutida.

Reservatórios são sistemas artificiais em que ocorrem vários processos referentes à comunidade de peixes, colonização, alterações reprodutivas, mudanças na diversidade e novos processos de distribuição e comportamento, e esse é um dos aspectos fundamentais deste volume, que ressalta a importância dos peixes e seu papel na estrutura trófica e na reorganização dos ecossistemas aquáticos após a construção. As regularizações e o controle da biomassa de peixes e sua diversidade são também discutidos em três capítulos especiais, que inclusive exploram as possibilidades de predição e de controle da biomassa em reservatórios. Esses aspectos já foram abordados em trabalho anterior no mesmo grupo (Agostinho et al., 1999) e, neste volume, avançam na teoria e na prática com novas informações e hipóteses.

A caracterização de reservatórios como ecossistemas tem sido objeto de pesquisa e sínteses desde a década de 1980 (Thorton et al., 1990; Straškraba & Tundisi, 1999). Reservatórios são ecossistemas especiais para aplicação e proposta de teorias, dadas as suas dinâmicas ecológicas peculiares e seus mecanismos de interação com as bacias hidrográficas (Straškraba et al., 1993). Portanto, o último capítulo deste livro apresenta um síntese relevante e muito bem elaborada e formulada sobre a análise ecossistêmica de reservatórios e suas aplicações.

Este livro é uma contribuição relevante à limnologia de reservatórios, especialmente do ponto de vista comparado. Ele é o auge de uma série de iniciativas que se desenvolveram a partir da década de 1970 no Brasil para ampliar e consolidar uma visão limnológica sistêmica e integrada desses importantes sistemas aquáticos, cujos papéis ecológico, econômico e social são tão fundamentais que, hoje, 85% da energia brasileira provém de hidroeletricidade, há mais de 1.000 km de hidrovias e a produção pesqueira (piscicultura, pesca e aqüicultura) apresenta relevante papel econômico. Esta obra promove uma base fundamental de conhecimento da dinâmica ecológica de reservatórios e analisa e sintetiza os vários processos com inúmeros exemplos e informações científicas de alto nível.

No volume fica muito clara a relação entre teoria e aspectos aplicados e gerenciais apresentados em escalas locais e regionais e com um conjunto de estudos de caso muito bem documentados e articulados

Prof. Dr. José Galizia Tundisi
Presidente – Instituto Internacional de Ecologia
Julho/2005

Referências Bibliográficas

AGOSTINHO, A. A.; MIRANDA, L. E.; BINI, L. M.; GOMES, L. C.; THOMAZ, S. M.; SUZUKI, H. I. Patterns of colonization in neotropical reservoirs and prognoses on aging. In: TUNDISI, J. G.; STRAŠKRABA, M. (Eds.). *Theoretical reservoir ecology and its applications.* IIE, Brazilian Academy of Sciences. Backhuys Publishers. 1999. p. 227-265.

ARMENGOL, J.; GARCIA, J. G.; CONERMA, M.; ROMERO, M.; DOLZ, J.; ROURA, M.; HAN, B. H.; VIDAL, A.; SIMEK, K. Longitudinal process in Canyan Type reservoirs: the case of SAL (N.E.Spain). In: TUNDISI, J. G.; STRAŠKRABA, M. (Eds.). *Theoretical reservoir ecology and its applications.* IIE, Brazilian Academy of Sciences. Backhuys Publishers. 1999. p. 313-345.

STRAšKRABA, M; TUNDISI, J. G. Reservoir ecosystem functioning: theory and application. In: TUNDISI, J. G.; STRAŠKRABA, M. (Eds.). *Theoretical reservoir ecology and its applications.* IIE, Brazilian Academy of Sciences. Backhuys Publishers. 1999. p. 313-345.

STRAŠKRABA, M; TUNDISI, J. G.; DUNCAN, A. *Comparative reservoir limnology and water quality management.* Dordrecht: Kluwer Academic Publishers, 1993. 291 p.

THORNTON, K. W.; KIMMEL, B. L.; PAYNE, F. F. *Reservoir limnology: ecological perspectives.* New York: Wiley, 1990. 246 p.

Capítulo 1

Distribuição e Caracterização dos Reservatórios

Horácio Ferreira Júlio Júnior
Sidinei Magela Thomaz
Angelo Antonio Agostinho
João Dirço Latini

Introdução

As principais bacias hidrográficas do Brasil foram reguladas pela construção de reservatórios, os quais isoladamente ou em cascata constituem um importante impacto quali-quantitativo nos principais ecossistemas de águas interiores (Tundisi et al., 2002).

Concebidos para atender à crescente demanda energética registrada no País durante as últimas décadas, os reservatórios têm sido utilizados, ainda que de forma incipiente e não planejada, com a finalidade de controle de vazão, recreação (pesca esportiva, praias artificiais e esportes náuticos), navegação, abastecimento de água (urbano e rural), destinação de efluentes urbanos e pesca profissional.

Excetuando as ações de manejo hídrico para maior rendimento energético e, em alguma extensão, para o controle de cheias, as demais medidas de manejo são esporádicas e restringem-se às tentativas de controle da pesca (períodos de defeso, tamanhos mínimos de captura e restrições a aparelhos de pesca) e à estocagem de alevinos de espécies exóticas ou nativas.

Entre os desafios encontrados no manejo de reservatórios brasileiros destacam-se os problemas decorrentes da eutrofização e do rendimento pesqueiro. Uma perspectiva dos problemas relacionados à eutrofização pode ser obtida da análise dos elevados recursos requeridos no tratamento da água para o abastecimento público e no controle de macrófitas aquáticas em reservatórios urbanos e hidrelétricos. O rendimento pesqueiro, considerado extremamente baixo quando comparado ao de ambientes similares localizados em outras bacias tropicais, tem sido, por outro lado, objeto de ações equivocadas de estocagem (peixamentos), muitas vezes com espécies alóctones, envolvendo grandes somas de recursos e enormes esforços que não resultaram em melhorias na pesca (Agostinho & Gomes, 1997).

O entendimento dos processos que afetam a produtividade biológica nos diferentes níveis tróficos dos reservatórios, realizado em ambientes menores e com maior controle das variáveis e facilidades de obtenção de amostras reais, deve ser pré-requisito para a racionalização do manejo desses ambientes.

A bacia do rio Paraná (extensão = 3.810 km e área = 2,8.106 km²) comporta, em seu trecho brasileiro, a área com maior densidade demográfica do País e, nela, as atividades industriais, agrícolas e pecuárias são intensas. No Estado de São Paulo, onde os centros urbanos são maiores e mais numerosos, a demanda de água estimada é de 87 m³/s, sendo que 50% desse montante retorna aos rios, porém, apenas 8% é submetido a algum tipo de tratamento. A crescente demanda de água para abastecimento urbano, industrial, agrícola (irrigação em especial) e pecuária, se confrontada com a degradação de sua qualidade no retorno, com o uso massivo de agentes químicos, com as práticas agrícolas inadequadas de proteção do solo e com a eliminação da vegetação das margens dos rios e riachos, revela um quadro pouco promissor para o futuro dos rios dessa bacia. Além disso, o trecho brasileiro apresenta a maior incidência de represamentos da América do Sul, 80% dos quais formados após 1960. Dos 130 reservatórios cuja barragem tem altura superior a 10 m, 26 têm área maior que 100 km², participando com 93% dos cerca de 14.000 km² de área alagada por esses empreendimentos na bacia (Agostinho et al., 1995).

No Estado do Paraná, grandes reservatórios, como os de Itaipu (rio Paraná) e de Segredo (rio Iguaçu), se encontram em estado moderado de eutrofização (Andrade et al., 1988; COPEL/LAC, 1996; Thomaz & Esteves, 1997). Porém, um levantamento sobre a qualidade da água de 19 reservatórios que vêm sendo monitorados pelo Instituto Ambiental do Paraná revelou que, dentre eles, 12 se apresentavam "moderadamente degradados" e 5 foram considerados de "criticamente degradados" a "severamente poluídos" (Fornarolli-Andrade et al., 1997). Essa situação é preocupante, pois essa classificação considerou critérios estritamente relacionados à eutrofização, como as concentrações de oxigênio dissolvido, fósforo, nitrogênio inorgânico, carbono orgânico dissolvido e clorofila-a e a estrutura da assembléia fitoplanctônica. Portanto, de maneira semelhante ao registrado no Estado de São Paulo, pode-se afirmar que a maioria dos reservatórios do Estado do Paraná, especialmente aqueles localizados próximos a centros urbanos, encontra-se em processo de degradação.

As conseqüências da eutrofização podem ser drásticas para o ambiente, impedindo a utilização múltipla dos ecossistemas aquáticos. Ela afeta diretamente o componente biótico dos recursos hídricos, aumentando de modo acentuado a biomassa de algas e macrófitas aquáticas, e o componente socioeconômico, por gerar compostos nocivos na água potável (Mehner & Benndorf, 1995). Segundo esses autores, como resultados indiretos desse processo podem ser ainda citadas:

alterações na estrutura de todas as comunidades aquáticas, redução das concentrações de oxigênio dissolvido, formação de gás sulfídrico e mortandades massivas de peixes.

O padrão de evolução temporal ou ontogenia dos reservatórios da bacia do rio Paraná está intimamente relacionado à eutrofização decorrente de aportes de efluentes não tratados de origem doméstica ou industrial, bem como agrícola (Tundisi, 1994; Agostinho et al., 1995). Em experimentos realizados em alguns reservatórios do Estado de São Paulo, por exemplo, ficou evidenciado o importante papel do fósforo como fator estimulador do desenvolvimento do fitoplâncton (Henry & Simão, 1988; Henry, 1990). Em decorrência dos elevados aportes de fósforo, vários reservatórios de importância capital para a geração de energia e abastecimento experimentam um processo gradual de eutrofização ou já se encontram altamente eutrofizados (Bozelli et al., 1992; Tundisi et al., 1988; Bini, 1995; Cavalcanti et al., 1997; Rocha et al., 1997).

Há indicadores biológicos para estados de ambientes tanto naturais como artificiais. O uso de organismos sésseis como indicadores biológicos apresenta várias vantagens, dentre as quais o fato de representarem não somente os efeitos imediatos de fatores ambientais, mas a interação dos efeitos prévios. Nesse contexto, a comunidade bentônica vem sendo utilizada de forma crescente como indicadora da qualidade da água. Cabe ressaltar que, atualmente, não somente os invertebrados são utilizados, mas também outros organismos sésseis, como as microalgas e macrófitas aquáticas (Rocha et al., 1998; Bini et al., 1999; Sand-Jensen et al., 2000). Muito embora as macrófitas apresentem longo ciclo de vida (da ordem de semanas ou meses), a comunidade de algas aderidas responde em uma escala temporal mais curta, com ciclo de vida entre três e dez dias, sendo que essa sucessão responde necessariamente às alterações ambientais. Assim, respostas em diferentes escalas temporais podem ser obtidas dependendo da espécie de indicador considerada.

O fitoplâncton e o zooplâncton são importantes componentes das cadeias tróficas, representando a base e o primeiro elo, respectivamente, em vários ecossistemas aquáticos. Dessa maneira, alterações em seus padrões de abundância e diversidade irão refletir em modificações em toda a extensão das cadeias tróficas de ambientes aquáticos continentais. Vários estudos têm sugerido a importância de ambas as comunidades como indicadoras do grau de trofia em ecossistemas de água doce (Arcifa, 1984; Sendacz et al., 1985; Esteves & Sendacz, 1988; Tundisi et al., 1988; Mattos et al., 1997; Alves et al., 2000).

Tendo em vista as respostas de espécies individuais ou mesmo da estrutura de diferentes assembléias à variação de fatores ambientais, torna-se fundamental a identificação de indicadores biológicos potenciais da eutrofização. São também igualmente importantes pesquisas visando a avaliar a capacidade dos reservatórios de tamponar esse processo sem ter seus usos múltiplos comprometidos. Cabe observar que, muito embora as concentrações de nutrientes ainda se constituam a base dos critérios utilizados, a complementação dessa perspectiva por meio do uso de indicadores biológicos representa um avanço considerável na identificação dos ambientes afetados e dos efeitos decorrentes da eutrofização.

Embora os dados de desembarques pequeiros sejam recentes e restritos a alguns reservatórios, as avaliações existentes demonstram que, na bacia do rio Paraná, esses ambientes são pouco produtivos. Coletas sistemáticas de dados de pesca foram iniciadas a partir de 1986, sob o patrocínio de empresas do setor elétrico. A pesca artesanal, amadora e de subsistência é praticada na maioria dos reservatórios e nos segmentos ainda livres do rio Paraná. Dessas modalidades, apenas a primeira é monitorada. As informações disponíveis, embora ainda insuficientes para uma análise conclusiva, permitem evidenciar como aspectos mais relevantes: (i) rentabilidade extremamente baixa da pesca (2,5 a 12,0 kg/ ha/ano), quando comparada a reservatórios do Nordeste (151,8; Paiva et al., 1994) ou da África (99,5; Marshall, 1984); (ii) alto número de espécies nos desembarques (entre 30 e 50); (iii) elevada participação de espécies nativas nas capturas, a despeito dos intensivos programas de peixamento realizados, principalmente com as espécies exóticas, nos últimos 20 anos (CESP, 1998; Agostinho et al., 1994; Agostinho & Júlio Júnior, 1996); e (iv) maiores rendimentos registrados nos reservatórios que apresentam grandes trechos livres a montante, com grande aporte de nutrientes oriundos de rios que correm por áreas agrícolas (reservatório de Itaipu) ou com efluentes urbanos e industriais (Barra Bonita).

Essas características levam a supor que o baixo rendimento (item i) possa estar relacionado a aspectos da teia alimentar (item ii) e à oligotrofização promovida pela retenção de nutrientes nas sucessivas barragens distribuídas na bacia (item iv), aliados aos programas equivocados de introdução de predadores alóctones (item iii).

Esta obra busca avaliar o estado de 31 reservatórios pertencentes a diferentes bacias e sub-bacias, com inferências sobre os processos de eutrofização e produtividade secundária. Neste capítulo é apresentada uma descrição sucinta desses reservatórios.

Reservatórios Estudados

Os reservatórios estudados estão localizados em seis bacias hidrográficas diferentes, abrangendo todo o Paraná, da Serra do Mar ao norte, na divisa com o Estado de São Paulo. Apresentam usos distintos, como abastecimento público, lazer e produção de energia, que é a finalidade da maioria deles.

Esses reservatórios são explorados por diferentes empresas, tanto estatais como particulares: Companhia Paranaense de Energia Elétrica (COPEL), Companhia de Saneamento do Paraná (SANEPAR), Duke Energy, Klabin S.A., Tractebel Energy, Piquiri Papéis e Santa Maria, configurando assim uma parceria com o setor produtivo. A escolha dos reservatórios buscou contemplar ambientes com diferentes áreas de alagamento, morfometria e tempo de residência e situados em bacias hidrográficas localizadas em diferentes regiões.

Os reservatórios foram agrupados de acordo com a bacia hidrográfica à qual pertencem, e suas localizações constam na Figura 1, com numeração correspondente à utilizada na descrição.

Bacia do rio Paranapanema

O rio Paranapanema tem suas nascentes localizadas na Serra de Paranapiacaba, no município de Capão Bonito (SP), na Área de Proteção Ambiental da Serra do Mar. Seus principais afluentes da margem direita, localizados no Estado de São Paulo, são os rios Turvo, Claro, Novo, Capivara e Pirapozinho e os da margem esquerda, Verde, das Cinzas, Tibagi (o maior) e Pirapó. A parte média e inferior do rio é tomada por uma sucessão de reservatórios utilizados para a geração de energia sob a concessão da Duke Energy. As informações básicas sobre os reservatórios (área inundada, época de fechamento, etc.) foram obtidas no site www.dukeenergy.com.br (Duke Energy, 2005)

Foram selecionados sete reservatórios localizados na divisa entre os Estados de São Paulo e Paraná. No sentido de jusante para montante: Rosana, Taquaruçu, Capivara, Canoas I, Canoas II, Salto Grande e Chavantes.

1. *Reservatório de Rosana* – Reservatório fechado em novembro de 1986, resultando em uma área inundada de 220 km², cuja barragem se localiza entre os municípios de Diamante do Norte (PR) e Primavera (SP) e a 20 km de sua foz, no rio Paraná. É um reservatório do tipo fio d'água, com tempo de residência de 18,6 dias e pequena profundidade (CESP, 1998). Há duas unidades de conservação em suas margens: o Parque Estadual do Morro do Diabo à direita e a Estação Ecológica do Caiuá à esquerda. Apesar disso, a maior parte de seu entorno está ocupada por pastagens. Apresenta conformação alongada, com pequenos braços em seus afluentes e bancos flutuantes de macrófitas enraizadas do gênero *Eichhornia* e de macrófitas submersas de *Egeria najas*.

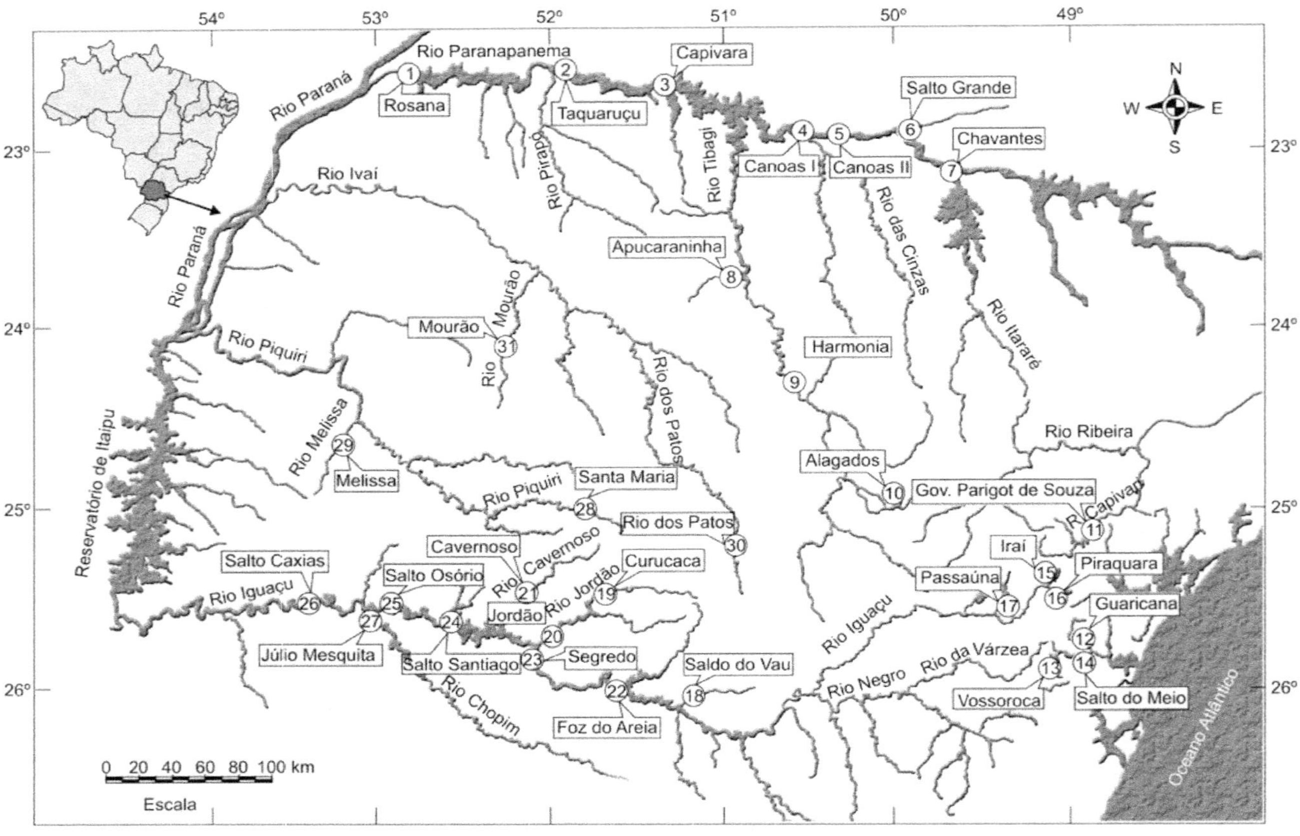

Figura 1 – Localização dos reservatórios estudados.

2. *Reservatório de Taquaruçu* – Formado em 1989, a barragem está localizada entre os municípios de Sandovalina (SP) e Itaguajé (PR). É um reservatório alongado e sem braços laterais, com 80 km de extensão e área inundada de 80,1 km². Seu entorno é ocupado por grandes áreas de pastagens e plantações de cana-de-açúcar, sendo as áreas mais rasas próximas às margens ocupadas por extensos bancos de *Egeria najas* e de macrófitas flutuantes dos gêneros *Salvinia* e *Eichhornia*.

3. *Reservatório de Capivara* – A barragem de Capivara, localizada entre os municípios de Taciba (SP) e Porecatu (PR), foi fechada em dezembro de 1975, formando o maior reservatório do rio Paranapanema, com área inundada de 419,3 km² e tempo de residência da água de 119 dias. Apresenta aspecto dendrítico, com extensos braços laterais formados na foz de seus inúmeros riachos e rios tributários (Capivara, Tibagi, Vermelho e Barra Grande). As margens são ocupadas por plantações de cana, soja, pastagens e pequenas áreas de vegetação. Os braços laterais são ocupados por macrófitas aquáticas, principalmente *Eichhornia azurea*.

4. *Reservatório de Canoas I* – O reservatório de Canoas I, com a barragem localizada entre os municípios de Cândido Mota (SP) e Itambaracá (PR), conta com uma área inundada de 30,85 km² e é o mais recente do rio Paranapanema, com o fechamento em 1999.

5. *Reservatório de Canoas II* – A barragem do reservatório está localizada entre os municípios de Palmital (SP) e Andirá (PR) e sua construção foi iniciada em 1992, com área inundada de 22,5 km². Grande parte de seu entorno é ocupada por pastagens e ocorrem bancos de *Eichhornia crassipes* e *E. azurea* nas regiões marginais.

6. *Reservatório de Salto Grande* – Sua barragem está localizada entre os municípios de Salto Grande (SP) e Cambará (PR). É o mais antigo e menor reservatório do rio Paranapanema, tendo sido fechado em 1958, com área inundada de apenas 12 km². Nos braços laterais ocorre a formação de bancos de macrófitas (*Eichhornia*, *Pistia* e *Salvinia*).

7. *Reservatório de Chavantes* – Localizado entre os municípios de Chavantes (SP) e Ribeirão Claro (PR), foi concluído em 1970 e inundou uma área de 400 km², sendo o principal responsável pela regularização da vazão média do rio Paranapanema. A região apresenta relevo mais acidentado, com encostas elevadas e alternância de áreas com vegetação preservada e áreas de pastagens.

Bacia do rio Tibagi

O rio Tibagi tem suas nascentes na região dos Campos Gerais, na altitude de 1.150 m, e percorre 531 km do Estado do Paraná no sentido sul-norte, até atingir o rio Paranapanema, sendo seu principal afluente. Sua bacia de drenagem conta com 65 tributários principais e ocupa uma área de 24.712 km^2 (De França, 2002). Apresenta poucos reservatórios, situados principalmente em seus afluentes. Foram selecionados pequenos reservatórios localizados na região central do Estado (Harmonia e Alagados) e na região norte (Apucaraninha).

8. *Reservatório de Apucaraninha (Fiu)* – O reservatório formado em 1958 pelo barramento do rio Apucaraninha, afluente da margem esquerda do rio Tibagi, está localizado no município de Tamarana. O reservatório de Fiu, situado 6 km a montante, tem volume útil de 5 milhões de litros e serve como regulador do Apucaraninha, que retém um volume útil de 500 mil litros. A área de entorno dos dois reservatórios é de domínio de terceiros e da FUNAI, em decorrência da existência da reserva indígena de Apucaraninha. Grande parte das margens são ocupadas por pastagens e há aporte de sedimentos nos dois reservatórios, provenientes dos tributários a montante.

9. *Reservatório de Harmonia* – Localizado no município de Telêmaco Borba, no rio Harmonia, afluente da margem direita do rio Tibagi, pertence à Klabin S.A. As encostas apresentam declive acentuado, em sua maior extensão coberta por mata nativa bem preservada, embora um dos riachos tributários esteja sofrendo processo de assoreamento. O reservatório tem conformação sinuosa, com águas claras e ausência de macrófitas.

10. *Reservatório de Alagados* – Reservatório muito antigo, formado em 1909 e ampliado em 1945 pelo barramento do rio Pitangui. Sua área alagada é de 7,2 km^2 e localiza-se no limite dos municípios de Ponta Grossa, Carambeí e Castro. O reservatório é utilizado tanto para a produção de energia pela Usina de São Jorge (COPEL) como para o abastecimento de água do município de Ponta Grossa (SANEPAR). Apresenta encostas com relevo acentuado na margem direita, coberta por gramíneas e vegetação nativa esparsa próprias da região dos Campos Gerais, com áreas de reflorestamento de *Pinus* e eucaliptos. Nas área mais rasas dos braços do reservatório aconteceram macrófitas enraizadas do gênero *Nymphaea*. Na margem esquerda ocorreram ocupações indevidas com a instalação de casas de veraneio, garagens para embarcações, sede de associações, áreas para camping e loteamentos (COPEL, 1999).

Bacia litorânea

A bacia litorânea é formada por rios que nascem no planalto ou na vertente oriental da Serra do Mar e drenam diretamente para o Oceano Atlântico. São rios com grande declividade, inúmeras corredeiras, saltos e maior velocidade de correnteza. No Paraná, os principais rios dessa bacia são o Capivari (um afluente da bacia do rio Ribeira), o Nhundiaquara, o São João, o Caraguaçu e o Cubatão (Maack, 1981). Em decorrência de sua declividade foram construídos vários reservatórios destinados à produção de energia elétrica, dos quais foram estudados os de Capivari, Guaricana, Vossoroca e Salto do Meio.

11. *Reservatório de Capivari* – O reservatório de Capivari foi formado pelo barramento do rio Capivari, localizado no primeiro planalto 830 metros acima do nível do mar, e teve suas águas levadas através de um sistema de túneis para a Usina Hidrelétrica Governador Parigot de Souza, situada na planície litorânea. As águas que passam pelas turbinas são, em seguida, desviadas para o rio Cachoeira, obtendo um desnível de aproximadamente 740 m (COPEL, 2000). Suas obras foram iniciadas na década de 1960, com a construção do sistema de túneis, e entrou em funcionamento em outubro de 1970. O reservatório está localizado nos municípios de Campina Grande do Sul e Bocaiúva do Sul, na região de transição entre a Mata Atlântica e a Floresta com Araucárias, e tem área inundada de 12 km². Embora seja considerado um reservatório da bacia litorânea, o rio Capivari é um afluente do rio Ribeira de Iguape, que teve suas águas barradas e desviadas para a planície litorânea paranaense pelo leito do rio Cachoeira, motivo pelo qual é denominado de Capivari-Cachoeira.

12. *Reservatório de Guaricana* – Formado pelo barramento do rio Arraial em 1957, este reservatório está localizado no município de São José dos Pinhais. Tem área inundada de 7 km² e suas águas são conduzidas por um túnel de 3 km até a usina, localizada no município de Guaratuba. O reservatório é sinuoso e com inúmeras entradas em decorrência do relevo acidentado da Serra do Mar. Seu entorno é ocupado por exuberante porção da Mata Atlântica.

13. *Reservatório de Vossoroca* – Formado em 1949 pelo represamento do rio São João, conta com área inundada de 5,1 km² e profundidade máxima de aproximadamente 15 m. Está localizado no município de Tijucas do Sul e suas encostas são íngremes e cobertas de vegetação, apresentando macrófitas aquáticas apenas nas cabeceiras do reservatório, onde ocorrem áreas de banhados. Sua barragem está localizada a 12 km a montante do reservatório de Salto do Meio. Os dois reservatórios interligados fazem parte do complexo que abastece a Usina de Chaminé.

14. *Reservatório do Salto do Meio* – Pequeno reservatório, com apenas 0,1 km², formado por uma barragem de concreto de 92 m de comprimento e 13 m de altura, com vazão regularizada pelo reservatório de Vossoroca. Suas margens são constituídas por matas nativas (Floresta Atlântica) bem preservadas, não apresentando desenvolvimento de macrófitas aquáticas.

Bacia do rio Iguaçu

A bacia do rio Iguaçu apresenta diversos empreendimentos hidrelétricos, principalmente em sua porção inferior, em decorrência do relevo da região. Desde suas nascentes na região metropolitana de Curitiba até União da Vitória, o rio apresenta aspecto senil, com pouca declividade, meandros e áreas de planície de inundação. A seguir, o rio Iguaçu sofre um processo de rejuvenescimento, com grande declividade, águas torrentosas e inúmeros saltos (Maack, 1981), aproveitados para a formação de cinco grandes usinas hidrelétricas (Foz do Areia, Segredo, Salto Osório, Salto Santiago e Salto Caxias) que fazem parte deste estudo. Também foram analisados reservatórios de pequeno porte, associados a pequenas centrais hidrelétricas (PCHs), que normalmente utilizam o desnível de quedas d'água para a geração de energia (Jordão, Salto do Vau, Curucaca, Cavernoso, Foz do Chopim – JMF). Foram também incluídos os reservatórios de Iraí, Piraquara e Passaúna, utilizados para o abastecimento de água da região metropolitana de Curitiba e pertencentes à Companhia de Saneamento do Paraná (SANEPAR).

15. *Reservatório do Iraí* – Formado em 2000, este reservatório, caracterizado como eutrófico, tem área inundada de 15 km², profundidade média de 5 m e tempo de residência de 6 a 8 meses e está localizado no município de Pinhais. Sob responsabilidade da SANEPAR, ele é responsável por grande parte do abastecimento de água potável da região metropolitana de Curitiba e recebe a contribuição de 4 pequenos rios (Cercado, Curralinho, Timbu e Canguiri).

16. *Reservatório de Piraquara* – O reservatório está localizado no município de Piraquara e foi formado em 1979, com área inundada de 3,3 km², sendo utilizado no abastecimento de água da região metropolitana de Curitiba pela SANEPAR. Tem profundidade média de 7 m, tempo de residência d'água de 1,2 ano e perímetro de 40 km. Seu entorno é ocupado por vegetação nativa e matas secundárias.

17. *Reservatório de Passaúna* – Formado pelo barramento do rio Passaúna, afluente da margem direita do rio Iguaçu. Está localizado próximo à região industrial e aos limites de Curitiba e da cidade de Campo Largo. Sua área inundada é de 14 km², com vegetação ciliar escassa e algumas áreas com vegetação em recuperação. Podem ser observados bancos de

macrófitas flutuantes compostos principalmente por *Salvinia* sp. e *Eichhornia crassipes*.

18. *Reservatório de Salto do Vau* – Pequena usina hidrelétrica construída em 1959 no rio Palmital, afluente da margem esquerda do rio Iguaçu. O reservatório está localizado no município de União da Vitória e é estreito e alongado, com as margens cobertas por vegetação nativa e bem preservada. Macrófitas aquáticas estão ausentes.

19. *Reservatório de Salto Curucaca* – Localizado no rio Jordão, no município de Guarapuava, o reservatório tem aproximadamente 1 km na área próxima à barragem e 3 km de comprimento. A margem direita apresenta declive suave, formando uma área de banhados coberta por gramíneas e com ausência de mata ciliar, que ocorre apenas na margem esquerda, na porção fluvial do reservatório, que é rasa e com desenvolvimento de macrófitas aquáticas dos gêneros *Myriophylum* e *Eichhornia*.

20. *Reservatório de Jordão* – O rio Jordão é um dos principais afluentes da margem esquerda do Iguaçu e, em decorrência de sua declividade, é atualmente ocupado por 5 reservatórios, dos quais o mais próximo a sua foz é o de Jordão ou derivação do rio Jordão, com área inundada de 3,4 km^2. Parte de suas águas é utilizada na produção de energia e parte é desviada por um túnel de 4.775 m para o reservatório de Segredo, para otimização da hidrelétrica. O reservatório está situado em um vale bem encaixado, com margens íngremes formadas por sucessivos derrames de basalto e áreas de vegetação preservada.

21. *Reservatório de Cavernoso* – O rio Cavernoso é um dos afluentes da margem esquerda do rio Iguaçu e a usina foi construída no final da década de 1950, para aproveitamento do desnível de 15,40 m do Salto Cavernoso, localizado no município de Virmond, Paraná (COPEL, 1999). A área próxima da barragem é ocupada por pastagens e agricultura de subsistência.

22. *Reservatório de Foz do Areia* – O primeiro dos grandes reservatórios do rio Iguaçu, ele foi formado em 1980 por uma barragem de 160 m de altura e 820 m de comprimento, inundando uma área de 139 km^2 na divisa dos municípios de Pinhão e Bituruna. O reservatório tem suas margens protegidas por vegetação natural e regiões com matas secundárias, principalmente em razão do relevo da região, que impede a prática da agricultura.

23. *Reservatório de Salto Segredo* – O reservatório localizado a jusante do reservatório de Foz do Areia e a montante do reservatório de Salto Santiago, nos municípios Reserva do Iguaçu e Mangueirinha, foi formado em 1992,

com uma área inundada de 82,5 km². É um reservatório pouco dendrítico, com profundidade média de 36,6 m (em alguns locais pode atingir até 100 m) e tempo de residência da água de 47 dias. Recebe inúmeros tributários, tanto em sua margem direita (Floresta, São Pedro, Verde e Touros) como na esquerda (Patos, Iratim, Butiá e Covó).

24. *Reservatório de Salto Santiago* – O fechamento da barragem de Salto Santiago ocorreu em 1979, inundando uma área de 208 km², na divisa dos municípios de Rio Bonito do Iguaçu e Saudade do Iguaçu. Atualmente, a usina hidrelétrica é operada sob concessão pela Tractebel Energy.

25. *Reservatório de Salto Osório* – A barragem está situada entre os municípios de Quedas do Iguaçu e São Jorge d'Oeste e seu fechamento em 1975 inundou uma área de 51 km². Assim como no reservatório de Salto Santiago, a usina hidrelétrica é operada sob concessão pela Tractebel Energy. A área próxima à barragem tem relevo acentuado com margens protegidas por matas nativas e secundárias.

26. *Reservatório de Salto Caxias* – O último dos grandes reservatórios do rio Iguaçu, foi fechado em 1998, inundando uma área 124 km² na divisa dos municípios de Capitão Leônidas Marques e Nova Prata do Iguaçu. O relevo da área de entorno do reservatório é menos acentuado do que o da região de Segredo, com ocupação agrícola mais intensa, sendo dominada por pastagens com pequenas áreas de matas secundárias.

27. *Reservatório Júlio de Mesquita Filho (Foz do Chopim)* – Localizado próximo à foz do rio Chopim, no reservatório de Salto Caxias, este reservatório é formado por uma barragem de 250 m de comprimento e altura de 7 m, com apenas 0,45 km² de área inundada. A barragem serve apenas como desvio de parte das águas para a usina hidrelétrica, situada a jusante, aproveitando um desnível de 62 m. Seu entorno é ocupado por pastagens e pequenas lavouras de subsistência com pequenas áreas de mata secundária.

Bacia do rio Piquiri

O rio Piquiri nasce na Serra São João, que funciona como um divisor de águas entre suas nascentes e as dos rios Ivaí e Jordão, a 1.240 m de altitude. Sua bacia hidrográfica abrange uma área de 23.431 km² com mais de 80 afluentes na margem direita e 65 na esquerda (Maack, 1981). Não há reservatórios no rio principal, estando todos localizados em seus afluentes, normalmente aproveitando o desnível de quedas d'água.

28. *Reservatório de Santa Maria* – Pequeno reservatório com aproximadamente 100 m de largura, 700 m de extensão e profundidade máxima de 4,2 m

localizado no município de Santa Maria do Oeste, na região central do Estado. Uma barragem desvia parte de suas águas para uma usina hidrelétrica, aproveitando o desnível de 17 m de um salto. No entorno do reservatório há plantações de pinheiros (*Pinus*) e eucaliptos, utilizados na produção de papel pela proprietária da área, a Companhia Piquiri de Papéis e Celulose. Sua margem direita apresenta vegetação nativa nos primeiros 50 m e um assoreamento pronunciado, colonizado por gramíneas e arbustos que reduziram a área útil do reservatório. Ocorrem quantidades moderadas de macrófitas aquáticas (*Salvinia* sp. e *Eichornia crassipes*).

29. *Reservatório de Melissa* – O reservatório da UHE Melissa foi formado em 1962 para o aproveitamento do desnível do Salto Santa Terezinha, no rio Melissa, afluente da margem esquerda do rio Piquiri. Está localizado no Terceiro Planalto, no município de Corbélia, PR, com área inundada de apenas 0,1 km². Sua área útil vem diminuindo gradativamente por assoreamento provocado pelo carreamento de terras provenientes de áreas agrícolas a montante. Foi relatada pela COPEL (1999) a ocorrência de processos de eutrofização causados pelo aporte de nutrientes utilizados pela agricultura.

Bacia do rio Ivaí

O rio Ivaí, com percurso de 685 km, é formado pela junção dos rios dos Patos e São João. Há poucos aproveitamentos hidrelétricos na bacia do rio Ivaí e nenhum no rio principal. Foram eleitos 2 reservatórios de pequeno porte localizados em seus afluentes, sendo um deles encontrado no rio dos Patos (Reservatório Rio dos Patos), um dos formadores do rio principal, e o outro no rio Mourão (Reservatório de Mourão).

30. *Reservatório de Rio dos Patos* – O reservatório é constituído pelo aproveitamento de uma queda de 22 metros do Salto Rickli, localizado no município de Prudentópolis, PR. Uma barragem de 105 metros de comprimento desvia parte das águas para a usina, formando um pequeno reservatório de apenas 1,3 km². Seu entorno é ocupado por matas secundárias da Floresta de Araucária e campos nativos, com atividade agrícola nas regiões a montante.

31. *Reservatório de Mourão* – O reservatório foi formado em 1964 pelo barramento do rio Mourão, afluente da margem esquerda do rio Ivaí. Está localizado no terceiro Planalto, na região limite entre o noroeste e o sudoeste do Estado do Paraná, no município de Campo Mourão. Ocupa uma área de 11,3 km² e seu entorno é utilizado para atividades

agrícolas, principalmente para lavouras de soja. Na margem direita há remanescentes de matas nativas e secundárias, embora a margem oposta tenha sido invadida por casas de veraneio.

Referências Bibliográficas

AGOSTINHO, A. A.; GOMES, L. C. Manejo e monitoramento de recursos pesqueiros: perspectivas para o reservatório de Segredo. In: AGOSTINHO, A. A.; GOMES, L. C. (Eds.). *Reservatório de Segredo*: bases ecológicas para o manejo. Maringá: EDUEM, 1997. cap. 17, p. 319-364.

AGOSTINHO, A. A.; JÚLIO JÚNIOR, H. F. Ameaça ecológica: peixes de outras águas. *Ciência Hoje*, Rio de Janeiro, v. 21, n. 124, p. 36-44, set./out. 1996.

AGOSTINHO, A. A.; JÚLIO JÚNIOR, H. F.; PETRERE Jr., M. Itaipu reservoir (Brazil): impacts of the impoundment on the fish fauna and fisheries. In: COWX, I. G. (Ed.). *Rehabilitation of freshwater fisheries*. Oxford: Fishing News Books, 1994. ch. 16, p. 171-184.

AGOSTINHO, A. A.; VAZZOLER, A. E. A. de M.; THOMAZ, S. M. The high river Paraná basin: limnological and ichthyological aspects. In: TUNDISI, J. G.; BICUDO, C. E. M.; MATSUMURA-TUNDISI, T. (Eds.). *Limnology in Brazil*. Rio de Janeiro: ABC/ SBL, 1995. p. 59-104.

ALVES, J. P. et al. Avaliação ecotoxicológica utilizando *Skeletonema costatum* (Greville) *cleve* (Bacillariophyceae) em efluentes da Companhia Siderúrgica de Tubarão (CST) antes e depois de melhorias no sistema de tratamento de amônia. In: ESPÍNDOLA, E. L. G. et al. (Eds.). *Ecotoxicologia*: perspectivas para o século XXI. São Carlos: RiMA, 2000. p. 343-353.

ANDRADE, L. F. et al. Fitoplâncton e características físico-químicas do reservatório de Itaipu, Paraná, BR. In: TUNDISI, J. G. (Ed.). *Limnologia e manejo de represas*. São Carlos: EESC-USP/CHREA/ACIESP, 1988. v. 1, t.1, p. 205-268. (Série: Monografias em Limnologia.)

ARCIFA, M. S. Zooplankton composition of ten reservoirs in Southern Brazil. *Hydrobiologia*, Dordrecht, v. 113, p. 137-145, 1984.

BINI, L. M. *Métodos estatísticos multidimensionais e geoestatísticos aplicados ao estudo comparativo de reservatórios do Estado [de] São Paulo*. São Carlos, 1995. 200 f. Dissertação (Mestrado em Ciências da Engenharia Ambiental) – Escola de Engenharia de São Carlos, Universidade de São Paulo, São Carlos.

BINI, L. M. et al. Aquatic macrophyte distribution in relation to water and sediment conditions in the Itaipu reservoir, Brazil. *Hydrobiologia*, Dordrecht, v. 415, p. 147-154, Nov. 1999.

BOZELLI, R. L. et al. Variações nictemerais e sazonais de alguns fatores limnológicos na represa municipal de São José do Rio Preto, São Paulo. *Acta Limnologica Brasiliensia*, Botucatu, v. 4, p. 53-66, 1992.

CAVALCANTI, C. G. B. et al. Paranoá lake restoration: impact of tertiary treatment of sewage in the watershed. *Internationale Vereinigung für Theoretische und Angewandte Limnologie Verhandlungen*, Stuttgart, v. 26, pt. 2, p. 689-693, Dez. 1997.

CESP. *Conservação e manejo nos reservatórios*: limnologia, ictiologia e pesca. São Paulo, 1998. 166 p. (Série Divulgação e Informação, 220.)

COPEL. *Relatório ambiental COPEL – Geração GESPR/SPRGPR/EQGMA 9/1999 Termo de compromisso COPEL-IAP – 30/3/99*: licença de operação de usinas hidrelétricas anteriores resolução CONAMA 001/86 e atendimento resolução CONAMA 006/87. Curitiba, 1999. n. p.

COPEL. *Relatório ambiental COPEL – Geração GESPR/SPRGPR/EQGMA 9/1999 Termo de compromisso COPEL-IAP – 30/3/99*: licença de operação de usinas hidrelétricas anteriores resolução CONAMA 001/86 e atendimento resolução CONAMA 006/87. Curitiba, 2000. n. p.

COPEL/LAC. *Ensaios limnológicos do reservatório da usina hidrelétrica de Segredo*: parâmetros físicos, químicos e biológicos. Curitiba, 1996. 103 p. (Relatório Anual – Projeto de Pesquisa – Convênio COPEL/Fumpar/ UFPr.)

DE FRANÇA, V. O rio Tibagi no contexto hidrogeográfico paranaense. In: MEDRI, M. et al. (Eds.). *A bacia do rio Tibagi*. Londrina: Medri, 2002. cap. 3, p. 45-62.

DUKE ENERGY. *Duke Energy Brasil – geração Paranapanema/Usina Salto Grande (SAG)...* Disponível em: <http://www.dukeenergy.com.br/usinas>. Acesso em: 14 abr. 2005.

ESTEVES, K. E.; SENDACZ, S. Relações entre a biomassa do zooplâncton e o estado trófico de reservatórios do Estado de São Paulo. *Acta Limnologica Brasiliensia*, Botucatu, v. 2, p. 587-604, 1988.

FORNAROLLI-ANDRADE, L.; XAVIER, C. F.; BRUNKOW, R. F. A regional water quality assessment system for Parana State reservoirs, Brazil. *Internationale Vereinigung für Theoretische und Angewandte Limnologie Verhandlungen*, Stuttgart, v. 26, pt. 2, p. 694-697, Dez. 1997.

HENRY, R. Amônia ou fosfato como agente estimulador do crescimento do fitoplâncton na represa de Jurumirim (rio Paranapanema, SP)?. *Revista Brasileira de Biologia*, Rio de Janeiro, v. 50, n. 4, p. 883-892, nov. 1990.

HENRY, R.; SIMÃO, C. A. Aspectos sazonais da limitação potencial por N, P e Fe no fitoplâncton da represa de Barra Bonita (rio Tietê, SP). *Revista Brasileira de Biologia*, Rio de Janeiro, v. 48, n. 1, p. 1-14, fev. 1988.

MAACK, R. *Geografia física do Estado do Paraná*. Apresentação Riad Salamune. Introdução Aziz Nassib Ab'Sabber. 2. ed. Rio de Janeiro: J. Olympio; Curitiba: Secretaria da Cultura e do Esporte do Estado do Paraná, 1981. 442 p.

MARSHALL, B. E. Predicting ecology and fish yields in african reservoir from preimpoundment physico-chemical data. *CIFA Technical Paper*, v. 12, p. 1-26, 1984.

MATTOS, S. P.; ESTUQUI, V. R.; CAVALCANTI, C. G. B. Lake Paranoá (Brazil): limnological aspects with emphasis on the distribution of the zooplanktonic community

(1982 to 1994). *Internationale Vereinigung für Theoretische und Angewandte Limnologie Verhandlungen*, Stuttgart, v. 26, pt. 2, p. 542-547, Dez. 1997.

MEHNER, T.; BENNDORF, J. Eutrophication – a summary of observed effects and possible solutions. *Journal of Water Supply Research and Technology – Aqua SRT*, London, v. 44, p. 35-44, 1995.

PAIVA, M. P. et al. Relationship between the number of predatory fish species and fish yield in large north-eastern Brazilian reservoirs. In: COWX, I. G. (Ed.). *Rehabilitation of freshwater fisheries*. Oxford: Fishing News Books, 1994. ch. 11, p. 120-129.

ROCHA, O.; MATSUMURA-TUNDISI, T.; SAMPAIO, E. V. Phytoplankton and zooplankton community structure and production as related to trophic state in some Brazilian lakes and reservoirs. *Internationale Vereinigung für Theoretische und Angewandte Limnologie Verhandlungen*, Stuttgart, v. 26, pt. 2, p. 599-604, Dez. 1997.

ROCHA, T. R. P. et al. The photosynthetic/respiratory response of a periphytic population (*Selenastrum capricornutum*) to paraquat as a biomarker. *Acta Limnologica Brasiliensia*, Botucatu, v. 10, n. 1, p. 131-136, 1998.

SAND-JENSEN, K. et al. Macrophyte decline in danish lakes and streams over the past 100 years. *Journal of Ecology*, v. 88, p. 1030-1040, 2000.

SENDACZ, S.; KUBO, E.; CESTAROLLI, M. A. Limnologia de reservatórios do sudeste do Estado de São Paulo. *Boletim do Instituto de Pesca*, São Paulo, v. 12, n. 1, p. 187-207, maio 1985.

THOMAZ, S. M.; ESTEVES, F. A. Secondary productivity (^{3}H-Leucine and ^{3}H-Thymidine incorporation), abundance and biomass of the epiphytic bacteria attached to detritus of *Typha domingensis* pers. in a tropical coastal lagoon. *Hydrobiologia*, Dordrecht, v. 357, p. 17-26, Dec. 1997.

TUNDISI, J. G. Tropical South America: present and perspectives. In: MARGALEF, R. (Ed.). *Limnology now: a paradigm of planetary problems*. Amsterdam: Elsevier, 1994. p. 353-424.

TUNDISI, J. G. et al. Comparações do estado trófico de 23 reservatórios do Estado de São Paulo: eutrofização e manejo. In: TUNDISI, J. G. (Ed.). *Limnologia e manejo de represas*. São Carlos: EESC-USP/CRHEA/ACIESP, 1988. v. 1, t. 1, p. 165-204. (Série: Monografias em Limnologia.)

TUNDISI, J. G.; MATSUMURA-TUNDISI, T.; ROCHA, O. Ecossistemas de águas interiores. In: REBOUÇAS, A. C.; BRAGA, B.; TUNDISI, J. G. (Orgs.). *Águas doces no Brasil*: capital ecológico, uso e conservação. 2. ed. rev. e ampl. São Paulo: Escrituras Ed., 2002. cap. 5, p. 153-194.

Capítulo 2

Caracterização Limnológica Abiótica dos Reservatórios

Thomaz Aurélio Pagioro
Sidinei Magela Thomaz
Maria do Carmo Roberto

Introdução

Reservatórios são caracterizados por serem ambientes intermediários entre rios e lagos, quer por suas características morfométricas e hidrológicas ou por se situarem entre a típica organização vertical do lago e horizontal do rio (Margalef, 1983). Eles são ainda muito semelhantes a lagos quanto aos processos ecológicos básicos que envolvem o metabolismo do ecossistema, como os padrões de mistura interna, trocas gasosas na interface ar–água, reações redox, incorporação de nutrientes, interações predador-presa, produção primária e respiração das comunidades. Por outro lado, sua necessidade de regular a vazão, por meio das demandas de produção de energia ou de outras funções de força, faz com que esses ambientes tenham seu nível fluviométrico, profundidade e tempo de residência bastante alterados, o que pode causar modificações acentuadas em suas propriedades físicas, químicas e biológicas. Como conseqüência, as respostas do sistema podem diferir amplamente dos lagos.

Atualmente, a grande demanda por água "limpa", que contemple vários usos, faz com que os reservatórios sejam geralmente construídos em regiões com elevada densidade populacional, resultando no aparecimento de severos problemas de eutrofização, a qual afeta diretamente o componente biótico, gerando o aumento acentuado da biomassa de algas e de macrófitas aquáticas, além do componente social e econômico, gerando compostos nocivos na água potável (Mehner & Benndorf, 1995). Segundo esses autores, como resultados indiretos desse processo podem ser ainda citados: alterações na estrutura de todas as comunidades aquáticas, decréscimo das concentrações de oxigênio dissolvido, formação de gás sulfídrico e mortandades massivas de peixes.

No Estado do Paraná, grandes reservatórios como os de Itaipu (rio Paraná) e o de Segredo (rio Iguaçu) se encontram em estado moderado de eutrofização (Andrade et al., 1988; COPEL/LAC, 1996; Thomaz et al., 1997). Além deles, levantamento sobre a qualidade da água de 19 reservatórios monitorados pelo Instituto Ambiental do Paraná (IAP) revelou que 12 se apresentavam moderadamente degradados ou severamente poluídos (Fornarolli-Andrade et al., 1997). Porém, deve-se salientar que, além de considerar as variáveis abióticas pontuais, o entendimento dos processos que afetam a produtividade biológica em reservatórios deve ser pré-requisito para a racionalização do manejo desses ambientes. Assim, os estudos ambientais também devem ser realizados em ambientes menores, com maior controle das variáveis e facilidades de obtenção de amostras reais.

Neste estudo, um conjunto de variáveis abióticas foi analisado com os objetivos de caracterizar os habitats investigados e propiciar a base para a formulação dos modelos preditivos envolvendo os diferentes grupos de organismos aquáticos.

Resultados e Discussão

Análise descritiva dos reservatórios

Estrutura térmica e oxigênio dissolvido

Os reservatórios estudados apresentaram marcantes diferenças tanto espaciais quanto temporais na estrutura física e química da coluna de água, especialmente em relação à estrutura térmica. As Figuras 1 a 5 mostram a estrutura térmica e as concentrações de oxigênio dissolvido da coluna de água nos períodos de estiagem (julho) e chuvoso (novembro) nos 31 reservatórios estudados (as setas representam a profundidade da zona eufótica nos reservatórios em cada período coletado). Nos reservatórios situados ao longo do rio Iguaçu (Figura 1), dentre os quais estão os mais profundos do Estado do Paraná, pode-se observar padrões de estratificação bastante diferenciados, como os casos dos reservatórios de Foz do Areia e Segredo, que parecem apresentar meromixia geomorfológica. Resultados similares foram observados por Thomaz et al. (1997) para o reservatório de Segredo, os quais enfatizam a estabilidade dessa estratificação, acrescentando que, apesar da redução dessa estabilidade nos períodos de inverno, ela se mostra insuficiente para levar a coluna de água à homeotermia. Nesses reservatórios, os valores de temperatura superficial oscilaram entre 17,3°C e 24,1°C para o primeiro e entre 17,7°C e 22,7°C para o segundo, enquanto a temperatura nas camadas mais profundas (100 m) chegou a apresentar variações inferiores a 0,5°C no reservatório de Foz do Areia e de até 1°C nas camas inferiores a 80 m para o reservatório de Segredo.

A concentração de oxigênio dissolvido nesses reservatórios oscilou entre a anoxia e 8,4 mg/L, atingido os menores valores para ambos os períodos nas profundidades entre 20 e 60 metros. A ocorrência desse tipo de perfil de oxigênio, o qual se aproxima de um clinogrado negativo existente nas camadas mais profundas, sugere a ocorrência de correntes advectivas nas camadas intermediárias dos reservatórios. Segundo Ford (1990c), a tomada de água e a profundidade de penetração de água do rio principal são os principais fatores determinantes desses tipos de gradientes em reservatórios.

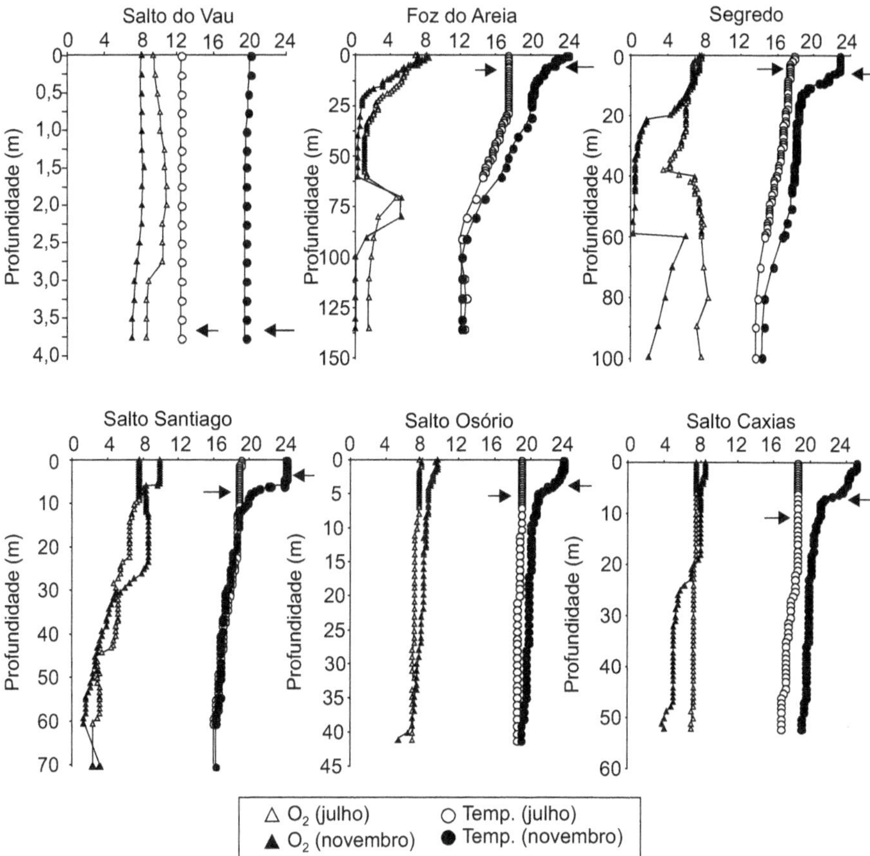

Figura 1 – Estrutura térmica e distribuição do oxigênio dissolvido na coluna de água nos reservatórios localizados no rio Iguaçu (○ = temperatura/julho; ● = temperatura/novembro; △ = oxigênio dissolvido/julho; ▲ = oxigênio dissolvido/novembro).

Os ambientes menos profundos, como os demais reservatórios da cascata, localizados a montante de Segredo, apresentam comportamento térmico de ambiente holomíticos. Nesses reservatórios, os valores de temperatura oscilaram entre 16,0°C no período de estiagem (inverno) e 25,1°C no chuvoso (verão). Deve-se ressaltar que reduzidas diferenças entre as camadas superficial e profunda foram observadas para esses ambientes no período considerado de desestratificação e que essas foram maiores nos reservatórios mais profundos.

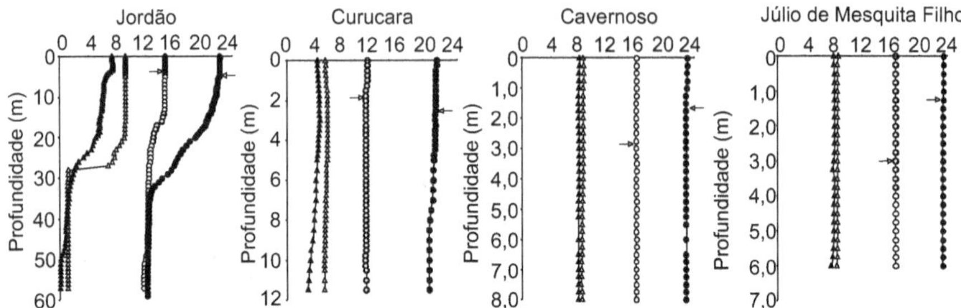

Figura 2 – Estrutura térmica e distribuição do oxigênio dissolvido na coluna de água nos reservatórios localizados em tributários do rio Iguaçu (O = temperatura/julho; ● = temperatura/novembro; △ = oxigênio dissolvido/julho; ▲ = oxigênio dissolvido/novembro).

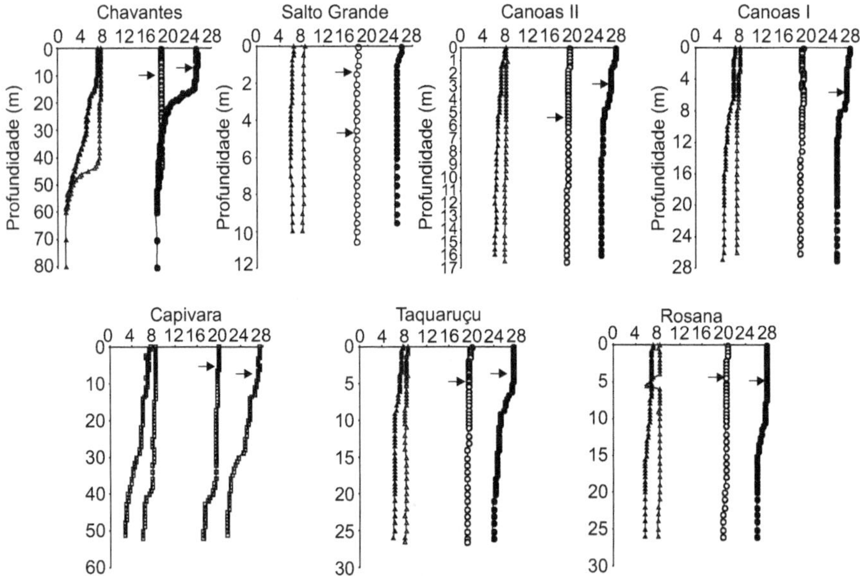

Figura 3 – Estrutura térmica e distribuição do oxigênio dissolvido na coluna de água nos reservatórios localizados no rio Paranapanema (O = temperatura/julho; ● = temperatura/novembro; △ = oxigênio dissolvido/julho; ▲ = oxigênio dissolvido/novembro).

Quanto à distribuição vertical do oxigênio dissolvido, para esses reservatórios parece haver o predomínio de um perfil clinogrado direcionado pela profundidade da zona eufótica (produtividade primária) e pelos processos de difusão do oxigênio na água. O reservatório Salto do Vau pode ser uma exceção a esses padrões de distribuição dos valores de temperatura e oxigênio dissolvido. Sua reduzida profundidade e tempo de residência (dados não apresentados) determinam a ausência de estratificação nos dois períodos analisados. Nesse reservatório, os valores oscilaram entre 12,4°C no período de inverno e 19,9°C no verão, sendo que apenas neste período foram observadas diferenças na estrutura térmica vertical, alcançando 0,5°C.

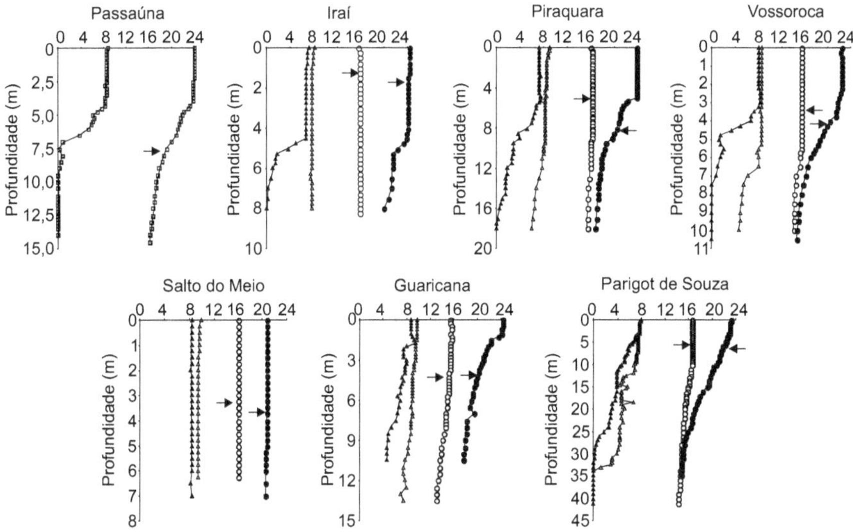

Figura 4 – Estrutura térmica e distribuição do oxigênio dissolvido na coluna de água nos reservatórios que drenam para o Oceano Atlântico (O = temperatura/julho; ● = temperatura/ novembro; △ = oxigênio dissolvido/julho; ▲ = oxigênio dissolvido/novembro).

Para os reservatórios localizados nos tributários do rio Iguaçu foi observado o mesmo padrão identificado para os localizados em sua calha. No reservatório de Jordão, mais profundo, a estratificação térmica ficou bastante evidente para os dois períodos, enquanto para os reservatórios de Curucaca, Cavernoso e Júlio de Mesquita Filho, que não ultrapassam 12 metros de profundidade, a coluna de água se apresentava sempre homogênea. No reservatório de Jordão, o oxigênio dissolvido exibiu claro perfil e distribuição do tipo clinogrado, sendo que abaixo de 30 m de profundidade a coluna de água se encontrava hipóxica, com valores abaixo de 1,5 mg/L.

Em praticamente todos os reservatórios localizados ao longo do rio Paranapanema, na divisa com o Estado de São Paulo, pode-se observar circulação completa da massa de água durante o ano. Apenas o reservatório de Capivara, com mais de 50 m de profundidade, apresentou pequena termoclina na região mais profunda no período de inverno.

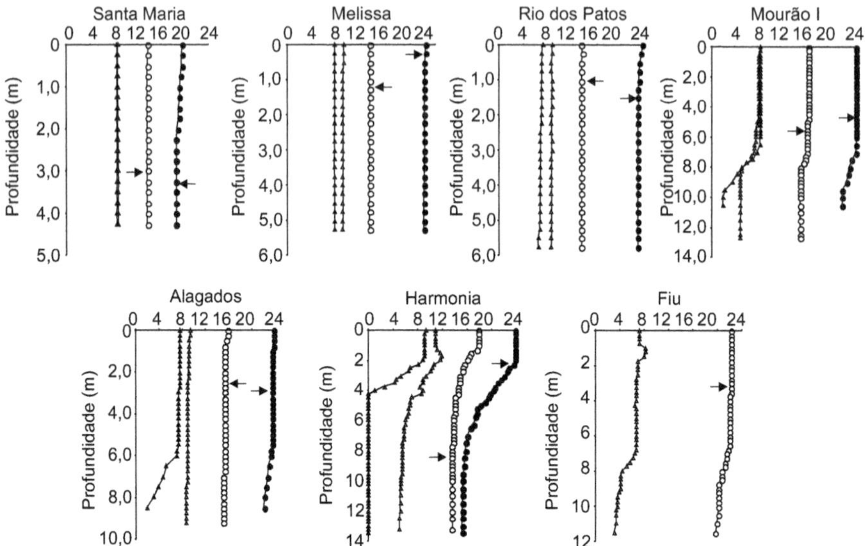

Figura 5 – Estrutura térmica e distribuição do oxigênio dissolvido na coluna de água nos reservatórios das bacias do rio Piquiri (Santa Maria e Melissa), Ivaí (Rio dos Patos e Mourão I) e Tibagi (Alagados, Harmonia e Fiu) (O = temperatura/julho; ● = temperatura/ novembro; △ = oxigênio dissolvido/julho; ▲ = oxigênio dissolvido/novembro).

Os valores de temperatura da água para esses reservatórios oscilaram entre 17,1°C na camada mais profunda do reservatório de Capivara e 27,8°C no reservatório de Canoas II. De maneira geral, a localização desses reservatórios, a aproximadamente dois graus de latitude mais próximos ao Equador que os reservatórios localizados na calha do rio Iguaçu, foi determinante para a ocorrência de temperaturas também mais elevadas. Esse fato se torna relevante tendo em vista que a temperatura do ambiente define a intensidade das atividades metabólicas dos organismos.

Estudos anteriores realizados no reservatório de Salto Grande por Caliguri et al. (1999) revelaram também que a estratificação nesse reservatório parece ser instável, revelando a existência de um reservatório polimítico, sem estratificações térmicas muito pronunciadas. O mesmo padrão parece ser seguido pelos demais reservatórios da cascata do rio Paranapanema, especialmente os menos profundos.

Os valores de oxigênio dissolvido nos reservatórios da cascata do Paranapanema não apresentaram um perfil de estratificação muito pronunciado, com exceção do reservatório de Chavantes, que apresentou valores acima de 5,0 mg/L nas camadas superficiais e abaixo de 1,5 mg/L nas camadas mais profundas em ambos os períodos.

Os reservatórios localizados na Serra do Mar e os que pertencem às bacias que drenam para o litoral apresentaram valores de temperatura oscilando entre 13,0°C na camada mais profunda do reservatório de Guaricana em julho e 24,4°C na camada superficial do mesmo reservatório em novembro. Deve-se ressaltar que apenas o reservatório de Salto do Meio não apresentou estratificação térmica nem mesmo no período mais quente do ano. Mesmo assim, as diferenças entre os dois períodos de coletas chegaram a atingir 4°C. Para os demais reservatórios, essas diferenças foram ainda mais pronunciadas, chegando a ser registrado 11,4°C de oscilação na temperatura da água entre os dois períodos no reservatório de Guaricana. Dentre os fatores que podem determinar essas oscilações merece destaque sua posição geográfica no primeiro planalto, uma região caracterizada pela grande altitude. Deve ser ressaltado que, dentre esses reservatórios, o Guaricana foi o que apresentou os menores valores de altitude em relação ao nível do mar (740 m) e o reservatório Passaúna, os maiores (920,0 m). Esses valores foram obtidos *in loco* por meio do uso de um GPS.

Para esses reservatórios, o perfil de distribuição do oxigênio dissolvido ao longo da coluna de água seguiu um padrão muito parecido ao perfil térmico, ou seja, a estratificação térmica determinou os padrões de estratificação química. Deve-se ressaltar que esses reservatórios não apresentaram problemas de hipoxia nas camadas superficiais da coluna de água nos períodos analisados, sendo sempre constatados valores superiores a 7 mg/L.

Os reservatórios das bacias dos rios Piquiri, Ivaí e Tibagi são caracteristicamente rasos, o que define padrões polimíticos, podendo nem ao menos apresentar estratificação diurna. Nesses casos, além da reduzida profundidade, que facilita a desestratificação por meio da ação do vento e a perda de calor para a atmosfera, o reduzido tempo de residência da água deve também ser considerado como fator importante. Merece destaque o reservatório de Harmonia, com 13,5 m de profundidade e termoclina bastante evidente nos dois períodos estudados, sendo registrados 8,7°C de diferença entre as camadas superficial e de fundo em novembro.

Assim como observado para os reservatórios situados na Serra do Mar, nestes o padrão de estratificação térmica também direcionou a distribuição de oxigênio ao longo da coluna de água. Nos reservatórios mais profundos, onde se observou maior estabilidade térmica, esse fator foi suficiente para permitir a ocorrência de oxiclina, com valores bastante reduzidos nas camadas mais profundas. Novamente merece destaque o reservatório de Harmonia, onde se observou completa anoxia abaixo de 4 m de profundidade.

Parâmetros físicos e químicos

A descrição dos dados limnológicos foi baseada nos valores obtidos na camada superficial da coluna de água e os mesmos resultados foram utilizados em análises posteriores que relacionaram organismos aquáticos às variáveis abióticas. Essas relações também objetivaram identificar possíveis indicadores ou grupos de indicadores biológicos de eutrofização para os reservatórios investigados.

Essa abordagem, com perspectiva preditiva, não visou a caracterizar os reservatórios, mas simplesmente a buscar padrões em escalas espaciais mais amplas (30 reservatórios). Cabe ressaltar que as variáveis limnológicas abióticas aqui apresentadas e as bióticas apresentadas nos demais trabalhos foram coletadas simultaneamente, em termos temporais e espaciais, permitindo, dessa forma, relacioná-las entre si.

A região lacustre dos reservatórios amostrados caracterizou-se por apresentar baixos valores de turbidez (Figura 6a e Tabela 1) e, por conseguinte, elevados valores do disco de Secchi (dados não mostrados). Os valores médios do pH oscilaram entre 6 e 8. Deve-se ressaltar que elevadas diferenças entre os períodos foram constatadas quanto ao pH, sendo que nos reservatórios inferiores à cascata do rio Iguaçu (Salto Santiago e Salto Osório) essas diferenças ultrapassaram 2,5, valor considerado bastante elevado (Tabela 1). Para a condutividade elétrica, predominaram valores médios entre 20 e 70 µS/cm, com reduzidas diferenças entre os períodos amostrados, os quais não ultrapassaram 11 µS/cm (Tabela 1). Os valores médios da alcalinidade total entre os períodos amostrados oscilaram entre 100 e 300 µEq./L, sendo que em geral os reservatórios em cascata do rio Paranapanema apresentaram acentuadas diferenças entre os períodos de seca e chuva (Tabela 1). O mesmo também foi observado em outros reservatórios, como, por exemplo, Salto do Vau, Santa Maria, Mourão e Parigot de Souza. Os valores de seston oscilaram entre 0,9 mg/L no reservatório de Chavantes e 65,5 mg/L no de Salto do Meio (Tabela 1). Em geral, não foram observadas grandes diferenças entre os períodos amostrados, com exceção do próprio Salto do Meio, onde esses valores chegaram a 61,6 mg/L. Deve-se observar que os menores valores de material em suspensão foram registrados nos reservatórios maiores e localizados em cascata, nos quais os processos de sedimentação são mais acentuados.

Os valores médios de fósforo total foram consideravelmente baixos, sendo em sua maioria < 20 µg/L (Figura 6b e Tabela 2). As diferenças constatadas entre os períodos em relação às concentrações de fósforo total não apresentaram grandes oscilações, com exceção dos reservatórios de Melissa (54,3 µg/L), Rio dos Patos (24,9 µg/L), Júlio de Mesquita Filho (23,3 µg/L) e Vossoroca (10,5 µg/L).

Tabela 1 –   Valores de pH, condutividade elétrica, alcalinidade total, turbidez e seston total (MST) obtidos nos reservatórios do Estado do Paraná.

Reservatórios	pH		Condutividade (µS/cm)		Alcalinidade (mEq.L)		Turbidez (NTU)		MST (mg/L)	
	Seca	Chuva	Seca	Chuva	Seca	Chuva	Seca	Chuva	Seca	Chuva
Salto do Vau	6,5	6,5	19,6	23,2	88,2	279	5,6	5,7	2,80	3,35
Foz do Areia	6,1	7,3	39,1	35,5	175,1	97,0	5,3	16,3	1,55	5,56
Curucaca	6,2	7,0	25,0	32,4	50,6	125,7	13,0	11,3	6,65	6,06
Patos	6,4	6,9	34,7	46	176,1	180,1	41,4	21,2	27,30	12,43
Santa Maria	6,2	6,8	37,4	41,7	262,2	480,1	10,5	8,3	3,83	2,95
Cavernoso	6,7	7,4	30,4	33,1	173,3	139,8	10,3	20,1	5,23	5,94
Jordão	6,3	7,1	21,7	23,7	97,2	152,7	9,3	6,7	3,45	2,89
Segredo	6,2	7,0	40,4	34,5	189,3	165,2	6,5	14,6	2,45	3,75
Salto Santiago	6,3	9,2	35,9	39,5	178,2	117,6	2,2	7,3	0,97	5,85
Salto Osório	6,1	8,6	35,6	38,9	174,4	233,3	–	9,0	1,58	4,01
JMF	6,5	7,3	34,2	40,2	174,9	113	15,1	38,5	7,00	16,00
Salto Caxias	6,1	7,3	33,5	39,6	188	106	2,9	2,5	1,87	2,89
Melissa	5,9	6,8	30,7	34	139,3	68,37	43,9	144	23,40	51,60
Mourão	6,2	8,1	20,2	23,3	249,3	56,55	6,0	2,5	3,29	3,40
Passaúna	–	8,8	–	125,6	–	526	–	2,3	4,25	3,93
Vossoroca	6,1	7,3	40,6	39,8	290,2	156	8,0	2,6	4,13	2,85
Salto do Meio	6,5	6,9	38,2	37,4	237,7	147,1	10,4	3,7	65,50	3,85
Guaricana	5,9	7,4	24,8	27,9	142,3	83,72	4,0	3,1	5,30	2,50

Tabela 1 – *Continuação...*

Reservatórios	pH		Condutividade (µS/cm)		Alcalinidade (mEq.L)		Turbidez (NTU)		MST (mg/L)	
	Seca	Chuva	Seca	Chuva	Seca	Chuva	Seca	Chuva	Seca	Chuva
Piraquara	6,2	7,1	23,6	22,8	115,7	50,67	1,8	2,0	2,90	1,38
Iraí	6,9	6,9	49,8	50,2	320,3	157,2	30,9	9,7	17,50	7,70
Parigot Souza	6,8	7,7	58,9	63,6	525,1	259,2	2,3	3,2	1,63	4,31
Alagados	6,9	7,6	38	41,7	376,8	172,2	9,6	5,9	4,25	4,35
Harmonia	6,2	8,3	26,7	31	211	113,3	3,3	3,7	3,75	5,40
Apucaraninha	6,4	–	29,8	–	238	–	11,7	–	3,80	–
Salto Grande	6,6	7,1	56,2	62,3	504,7	230,1	6,5	18,2	2,13	3,00
Chavantes	6,8	7,6	52,4	57,8	446,5	211,8	0,8	1,2	0,95	0,90
Canoas II	6,9	7,8	62	61,2	483,4	–	5,2	11,2	2,48	4,70
Canoas I	7,1	7,4	58,9	63,3	569,1	234,9	3,2	3,6	1,28	1,63
Capivara	7,3	7,5	58,8	58,6	476,3	196	4,2	3,0	2,13	2,03
Taquaruçu	7,4	7,9	58,4	57	463,3	191,8	5,4	7,2	1,38	3,45
Rosana	7,7	7,7	59,9	58,2	482,6	202,4	3,8	6,6	1,40	2,25

Tabela 2 – Valores de fósforo total, ortofosfato (FRD), nitrogênio total, N-nitrato e nitrogênio amoniacal obtidos nos reservatórios do Estado do Paraná.

Reservatórios	P-total (µg/L)		PRD (µg/L)		N-total (µg/L)		N-nitrato (µg/L)		N-amônio (µg/L)	
	Seca	Chuva	Seca	Chuva	Seca	Chuva	Seca	Chuva	Seca	Chuva
Salto do Vau	6,6	11,0	0,9	0,9	542	429	471	296	15,7	16,1
Foz do Areia	11,9	14,3	5,5	0,6	756	955	521	402	14,2	4,9
Curucaca	8,8	4,7	2,2	1,0	473	505	396	368	21,4	8,2
Patos	14,3	39,2	2,7	8,3	683	653	570	450	25,0	45,2
Santa Maria	7,2	14,9	1,9	12,2	252	214	188	63	9,9	6,4
Cavernoso	7,5	7,8	1,9	4,7	378	478	346	242	12,8	14,6
Jordão	7,9	3,3	2,3	1,9	370	377	335	127	15,7	7,8
Segredo	13,0	6,4	5,9	2,3	617	805	532	585	17,8	16,1
Salto Santiago	10,2	13,1	1,9	0,6	581	769	471	374	12,4	6,7
Salto Osório	9,0	3,4	2,4	1,5	557	637	509	497	18,2	16,4
JMF	17,9	41,2	7,9	12,8	681	1010	586	804	21,1	34,7
Salto Caxias	8,8	12,1	3,3	4,3	607	767	544	472	15,3	5,3
Melissa	12,6	66,9	4,5	2,3	738	890	738	639	28,3	12,5
Mourão	10,2	7,1	2,4	2,7	182	250	84	43	12,8	6,4
Passaúna	14,4	15,2	0,3	10,4	667	491	318	189	82,1	16,1
Vossoroca	11,4	21,9	0,9	0,5	570	297	86	26	55,2	9,9
Salto do Meio	14,3	17,1	5,4	9,0	561	347	352	54	52,3	15

Tabela 2 – *Continuação...*

Reservatórios	P-total (µg/L)		PRD (µg/L)		N-total (µg/L)		N-nitrato (µg/L)		N-amônio (µg/L)	
	Seca	Chuva	Seca	Chuva	Seca	Chuva	Seca	Chuva	Seca	Chuva
Guaricana	21,2	12,4	1,7	1,2	426	273	147	33	11,0	11
Piraquara	9,6	4,5	0,5	1,7	481	312	67	82	170,1	8,2
Iraí	55,2	53,4	2,9	24,4	1483	821	25	26	19,2	41,2
Parigot Souza	10,5	16,9	2,4	0,8	425	430	370	180	15,0	7,4
Alagados	14,3	19,9	3,7	1,3	473	383	151	74	122,4	9,2
Harmonia	14,4	8,6	2,6	1,3	326	289	94	35	23,6	9,2
Apucaraninha	7,1	–	2,0	–	283	–	130	–	14,9	–
Salto Grande	18,5	10,3	–	1,5	400	433	262	192	–	40,5
Chavantes	6,6	7,8	1,6	6,4	338	275	205	140	15,70	13,2
Canoas II	12,4	9,0	6,2	1,7	345	380	247	154	30,78	9,9
Canoas I	10,6	9,9	3,3	2,0	356	316	231	152	14,98	12,1
Capivara	11,2	5,5	2,4	1,7	467	451	313	273	17,85	10,3
Taquaruçu	12,7	4,5		1,6	436	432	395	266	12,10	11,7
Rosana	9,9	–	7,1	0,6	520	434	415	307	–	8,9

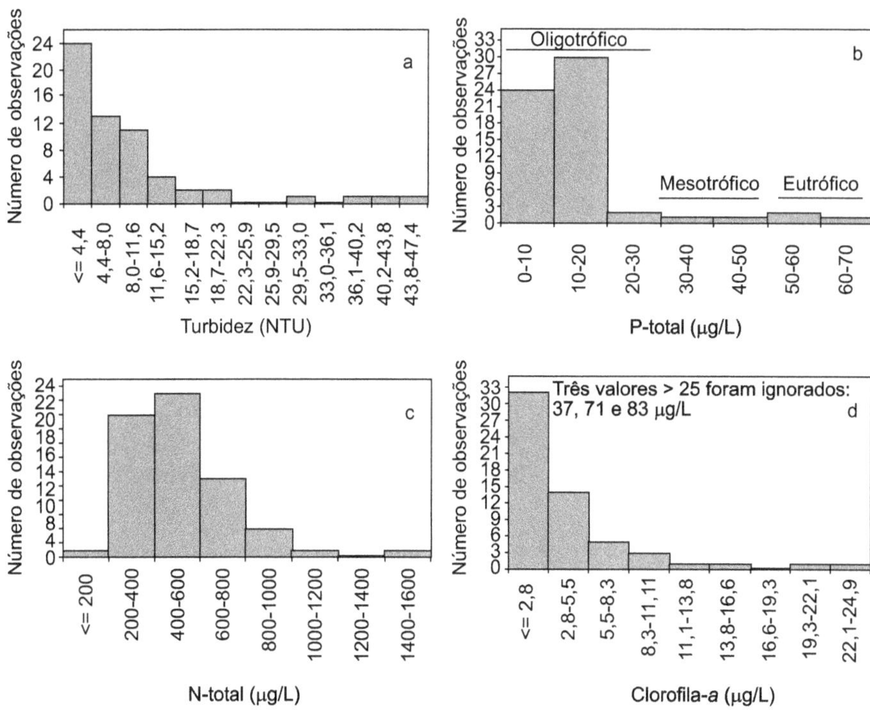

Figura 6 –   Valores da turbidez (a), concentrações de N-total (b), P-total (c) e clorofila-*a* (d). Em (b) é considerada a tipologia proposta por Tundisi et al. (1988) para reservatórios tropicais e subtropicais.

Em relação às concentrações de ortofosfato, as maiores diferenças entre os períodos foram observadas em Iraí (21,5 µg/L), Passaúna (10,1 µg/L) e Santa Maria (10,3 µg/L). Cabe ressaltar que, com exceção do reservatório Iraí, eutrofizado em decorrência de seu reduzido tempo de vida, esses reservatórios apresentam reduzidas dimensões e sofrem grande influência de sua bacia hidrográfica, que carreia grande quantidade de fosfato para seu leito no período de chuvas.

Esses valores são em geral menores que os medidos em amplo levantamento realizado em 19 reservatórios do Estado do Paraná, por Fornarolli-Andrade et al. (1997). Para o fósforo total, por exemplo, os autores registraram predomínio de valores inferiores a 40 µg/L.

Porém, diferentemente da perspectiva por nós empregada, sua amostragem foi realizada nas regiões fluviais e intermediárias, onde as concentrações desse elemento são mais elevadas (Kimmel, et al., 1990c; Thomaz et al., 1997; Pagioro & Thomaz, 2002).

Quanto ao nitrogênio total, também foram constatados baixos valores médios, que oscilaram entre 200 e 800 µg/L. Os menores valores foram observados no reservatório Mourão I no período de seca (189 µg/L) e os maiores, no reservatório do Iraí no mesmo período (1483 µg/L). Cabe ressaltar que as maiores diferenças entre os períodos também foram registradas no reservatório do Iraí. Os menores valores de N-nitrato foram observados no reservatório Iraí (25 µg/L) e os maiores, no reservatório de Melissa (738 µg/L).

Quanto ao N-amônio, os menores valores foram registrados no reservatório de Foz do Areia (4,9 µg/L) e os maiores, no reservatório de Alagados (170,1 µg/L). Cabe ressaltar, portanto, que no reservatório do Iraí o material que está sendo decomposto desde sua formação, tendo em vista se tratar de um reservatório novo, não se encontra totalmente disponível para a comunidade em sua forma assimilável.

O predomínio de características oligotróficas nas regiões lacustres amostradas também foi evidenciado pelas baixas concentrações de clorofila-*a* na maioria dos reservatórios investigados (< 5,5 µg/L) (Figura 6d). Esse fato também está de acordo com a hipótese geral de funcionamento de reservatórios, segundo a qual nas regiões lacustres espera-se encontrar baixas densidades da comunidade fitoplanctônica, em função principalmente da escassez de nutrientes (Kimmel et al., 1990c).

Em relação aos períodos amostrados, em geral os reservatórios apresentaram maiores valores de clorofila-*a* no mês de novembro, quando também foram observados os maiores valores de ortofosfato. As maiores diferenças foram observadas no reservatórios de Harmonia e Salto Osório, ultrapassando 20 µg/L de clorofila-*a* (Tabela 3).

Assim como os demais nutrientes, os valores de carbono orgânico dissolvido (COD) foram considerados baixos, oscilando entre 1,0 ppm no reservatório de Melissa e 7,4 ppm no de Iraí. Excetuando-se o de Iraí, todos os demais reservatórios apresentaram valores inferiores a 3,42 ppm de COD.

Deve-se destacar que provavelmente em decorrência de seu estágio sucessional, como discutido anteriormente, dentre todos os reservatórios investigados, o de Iraí pode ser apontado como o mais eutrófico. Essa afirmação se baseia nos elevados valores de P-total (53-55 µg/L) e clorofila-*a* (83-71 µg/L) registrados nesse ambiente. Deve-se ressaltar que as análises das comunidades aquáticas também apontam essa mesma tendência.

Tabela 3 – Valores clorofila-*a* e carbono orgânico dissolvido (COD) obtidos nos reservatórios do Estado do Paraná.

Reservatórios	Clorofila-*a* (μg/L)		COD (ppm)	
	Seca	Chuva	Seca	Chuva
Salto do Vau	nd	nd	1,70	–
Foz do Areia	1,3	14,2	2,74	1,78
Curucaca	nd	1,0	1,48	1,17
Patos	nd	nd	1,93	1,16
Santa Maria	nd	nd	1,36	0,82
Cavernoso	nd	nd	1,25	–
Jordão	nd	nd	1,46	–
Segredo	4,5	2,1	2,83	2,35
Salto Santiago	nd	21,7	2,46	2,39
Salto Osório	1,6	22,4	2,45	–
JMF	nd	nd	1,50	1,36
Salto Caxias	1,2	6,1	2,18	2,05
Melissa	nd	nd	1,24	1,04
Mourão	3,6	6,6	1,36	1,35
Passaúna	5,4	5,7	2,68	2,19
Vossoroca	1,8	4,1	1,69	2,81
Salto do Meio	nd	3,4	3,05	2,13
Guaricana	10,4	6,0	2,64	2,60
Piraquara	4,0	3,7	2,91	1,57
Iraí	82,9	71,2	7,40	6,61
Parigot Souza	1,5	3,9	2,88	1,72
Alagados	3,4	11,9	2,76	–
Harmonia	9,6	36,9	2,01	1,72
Apucaraninha	1,2	–	1,64	–
Salto Grande	nd	nd	2,14	1,57

Tabela 3 – *Continuação...*

Reservatórios	Clorofila-*a* (µg/L)		COD (ppm)	
	Seca	Chuva	Seca	Chuva
Chavantes	nd	1,5	2,20	2,23
Canoas II	1,6	7,3	2,13	1,67
Canoas I	3,5	2,1	2,00	–
Capivara	3,9	3,7	2,08	1,67
Taquaruçu	1,5	8,7	2,76	3,38
Rosana	3,4	4,9	1,95	3,42

nd = não detectável

Ordenação dos reservatórios e análises preditivas

O primeiro eixo gerado pela aplicação de uma análise de componentes principais (ACP) explicou 33,5% da variabilidade total dos dados. Esse eixo foi fortemente influenciado, de forma positiva, pelo disco de Secchi, pela condutividade elétrica e pela alcalinidade total (Tabela 4).

Tabela 4 – Correlação entre os valores das variáveis e os escores dos dois primeiros eixos da ACP.

Variável	CP1	CP2
pH	–0,44	0,21
Condutividade elétrica	0,69	0,65
Alcalinidade total	0,73	0,37
Disco de Secchi	0,69	–0,38
P-total	0,32	0,73
N-total	0,49	0,66

O eixo 2 resumiu 28,6% da variabilidade total dos dados, sendo influenciado de forma positiva por P-total, N-total e pela condutividade elétrica (Tabela 4). Assim, o primeiro eixo ordenou os reservatórios de acordo com um gradiente de radiação subaquática e disponibilidade de carbono inorgânico (conforme indicado pela alcalinidade total), enquanto o segundo ordenou os ambientes de acordo com um gradiente de trofia.

A ordenação pela ACP refletiu o posicionamento dos reservatórios nas diferentes bacias hidrográficas e também o grau de ação antrópica à qual os reservatórios se encontram submetidos.

Os reservatórios com condições mais eutróficas foram os do Iraí e Melissa, enquanto a maioria dos demais apresentou baixas concentrações de nutrientes e elevados valores da radiação subaquática (Figura 7).

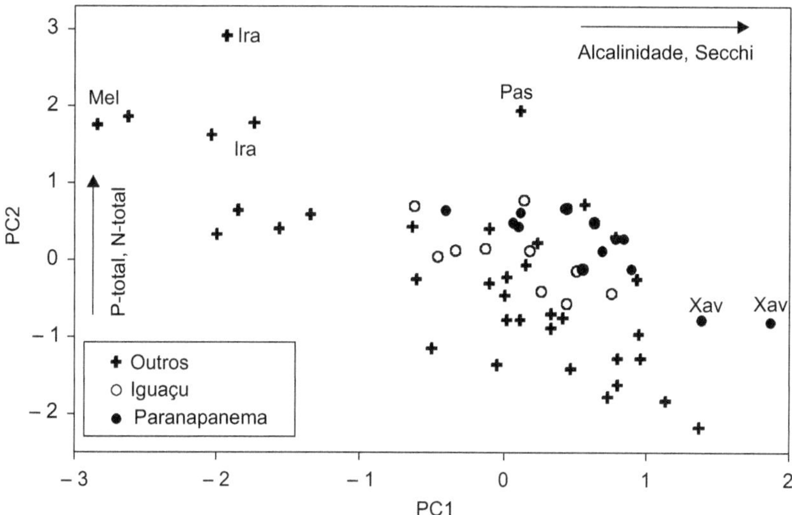

Figura 7 – Ordenação dos ambientes amostrados pela análise de componentes principais. Os círculos cheios representam os reservatórios do rio Paranapanema e os vazios, os reservatórios da cascata do rio Iguaçu. Xav = Chavantes; Pas = Passaúna; Ira = Iraí; Mel = Melissa.

Os extremos de turbidez foram representados pelo reservatório de Melissa, situado na porção esquerda do gráfico, e pelo reservatório de Chavantes, posicionado na extremidade oposta (Figura 7). De maneira geral, os reservatórios do rio Paranapanema são os que apresentaram os maiores valores de transparência da água e alcalinidade e os menores de P-total e N-total. Cabe ressaltar o grau acentuado de oligotrofia apresentado pelo reservatório de Chavantes, onde as concentrações de P-total foram inferiores a 8 μg/L e os valores de profundidade de disco de Secchi foram maiores que 4,5 m.

Procurando identificar os fatores que determinam as concentrações de clorofila-*a*, os dados dessa variável foram correlacionados a fatores independentes. Inicialmente, a clorofila-*a* foi relacionada aos escores dos dois primeiros componentes principais, mas os valores da inclinação da reta não diferiram de zero ($p > 0,05$). Relação significativa também não foi encontrada quando a clorofila-*a* foi correlacionada com cada variável em separado, exceto com o N-nitrato, com o qual houve relação negativa ($r = 0,57$; $p < 0,001$; $n = 61$) (Figura

8a). Essa relação pode ser interpretada como decorrente do efeito pronunciado do fitoplâncton na absorção do N-nitrato da coluna de água.

A falta de relação entre clorofila-*a* e as diferentes formas de fósforo (Figura 8b) merece ser destacada, tendo em vista que essa relação usualmente é encontrada em estudos com abordagem preditiva (Kalff, 2002), como a empregada na presente etapa do projeto. Algumas possibilidades podem ser aventadas para explicar a ausência de relação. Primeiro, a variação nas concentrações de fósforo não foi acentuada como se esperava no início, a despeito do grande número de ambientes investigados e de sua ampla distribuição geográfica. Assim, foi priorizada a porção mais oligotrófica da curva que descreveria essa relação, pois houve mais ambientes com características oligo-mesotróficas (concentrações de P-total inferiores a 40 µg/L). Porém, essa possibilidade provavelmente explique parte da ausência de correlação, pois, mesmo em uma amplitude de valores de fósforo como a aqui observada, tem sido encontrada tendência de aumento em outros trabalhos (ver, por exemplo, Kalff, 2002).

Uma segunda possibilidade, talvez mais plausível, seja a de que outros fatores limitantes estejam atuando no sentido de tornar a relação fósforo–clorofila não significativa. De fato, constatou-se relação positiva entre o fósforo e outros fatores limitantes. Um exemplo é a relação positiva entre esse nutriente, que estimula a produção primária, e a radiação subaquática, que a limita, fato demonstrado pela relação positiva entre as concentrações de P-total e seston total (Figura 8c). Dessa forma, quando o fósforo se encontra disponível, a luz passa a ser limitante, assim, esse mecanismo pode ser o causador de grande dispersão dos pontos quando se correlaciona o P-total com a clorofila-*a*.

Além desse fator, outros não analisados neste capítulo também devem afetar as concentrações de clorofila-*a*. Dentre eles destaca-se o tempo de residência da água, não considerado por não se encontrar disponível para a maioria dos reservatórios investigados.

A atuação de múltiplos fatores indica que uma abordagem multivariada é útil em modelos de predição das concentrações de clorofila-*a*. Esses modelos não podem ser utilizados para buscar relações de causa e efeito, mas são úteis na predição da biomassa fitoplanctônica e, assim, nas intervenções visando ao monitoramento e ao manejo de reservatórios.

A partir dessa premissa, uma análise de regressão múltipla foi empregada com o objetivo de encontrar conjuntos de variáveis com potencial de predizer a biomassa fitoplanctônica (medida pelas concentrações de clorofila-*a*). Como resultado, quatro variáveis foram significativamente relacionadas com a clorofila-*a*: pH, turbidez, N-total e N-nitrato (Tabela 5).

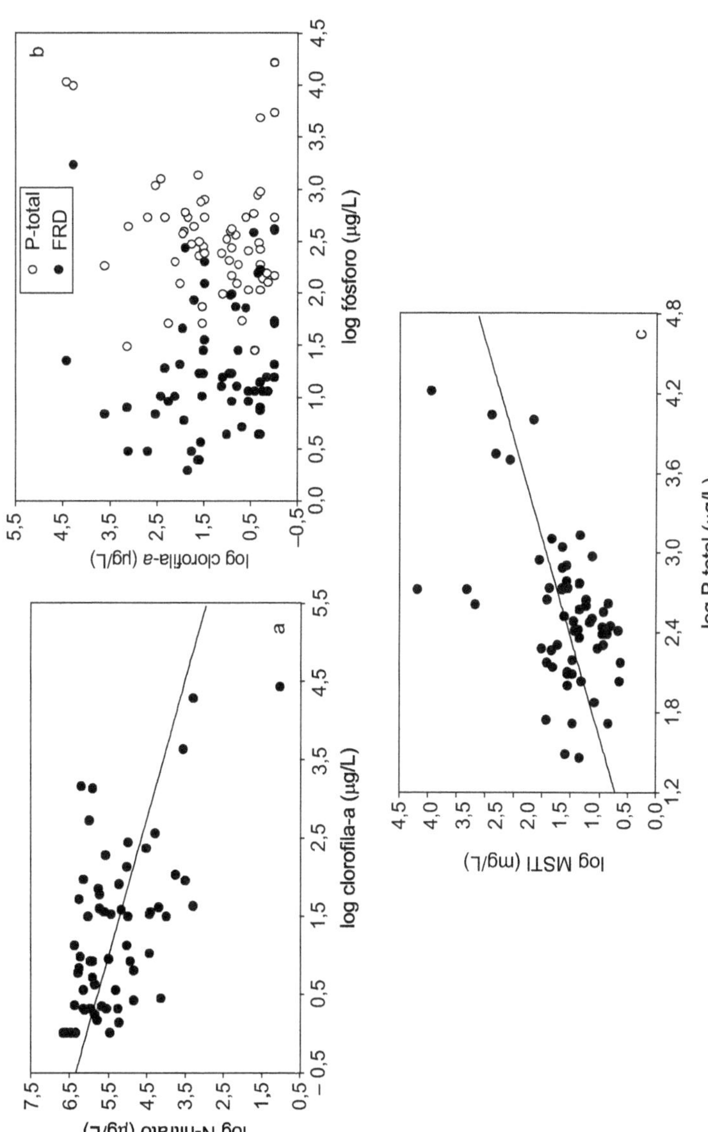

Figura 8 – (a) Relações entre as concentrações de clorofila-*a* e N-nitrato, (b) clorofila-*a* e as concentrações de FRD e P-total e (c) entre as concentrações de P-total e do material em suspensão total.

Em conjunto, essas variáveis explicaram 62% da variabilidade total dos dados de clorofila-*a* (valores do R^2). Análise de resíduos evidenciou não haver nenhum valor discrepante nem tendências, indicando que os pressupostos da análise não foram violados (dados não apresentados).

Tabela 5 – Sumário do modelo da regressão múltipla entre a variável dependente clorofila-a e as variáveis independentes pH, turbidez, N-total e N-nitrato.

	b	t	p
Intercepto		−1,89898	0,062723
pH	0,312658	3,76777	0,000398
log turbidez	−0,278116	−2,78939	0,007204
N-total	0,685063	6,66870	0,000000
N-nitrato	−0,613677	−6,37777	0,000000

No caso dessas quatro variáveis, a relação com o fitoplâncton pode indicar uma relação causal. A relação direta com o pH, por exemplo, pode ser diretamente atribuída à atividade fotossintética, enquanto a relação negativa com o N-nitrato, à assimilação desse íon. Contrariamente, a relação negativa com a turbidez pode indicar a importância desse fator na diminuição da biomassa fitoplanctônica (limitação pela radiação subaquática), enquanto a relação positiva com o N-total provavelmente indica que esse elemento estimula a produtividade primária. Dessa forma, para o conjunto de reservatórios considerados, os modelos que visem a predizer as concentrações de clorofila-*a* (e por conseguinte a eutrofização) aparentemente devem incorporar um conjunto de variáveis abióticas e não somente o fósforo total. Outras variáveis não disponíveis (por exemplo, tempo de residência) devem ser incluídas em futuros modelos, podendo elevar suas capacidades preditivas.

Referências Biblográficas

ANDRADE, L. F. et al. Fitoplâncton e características físico-químicas do reservatório de Itaipu, Paraná - BR. In: TUNDISI, J. G. (Ed.). *Limnologia e manejo de represas*. São Carlos: EESC-USP/CHREA/ACIESP, 1988. v. 1, t. 1, p. 205-268. (Série: Monografias em Limnologia).

CALIGURI, M. C.; DEBERDT, G. L. B.; MINOTI, R. T. A produtividade primária pelo fitoplâncton na represa de Salto Grande (Americana-S.P.). In: HENRY, R. (Ed.). *Ecologia de reservatórios*: estrutura, função e aspectos sociais. Botucatu: FUNDIBIO; SÃO PAULO: FAPESP, 1999. cap. 5, p. 109-148.

COPEL/LAC. *Ensaios limnológicos do reservatório da usina hidrelétrica de Segredo*: parâmetros físicos, químicos e biológicos. Curitiba, 1996. 103 p., il. (Relatório Anual - Projeto de Pesquisa - Convênio COPEL/Fumpar/ UFPR).

FORD, D. E. Reservoir transport processes. In: THORNTON; K. W.; KIMMEL, B. L.; PAYNE, F. E. (Eds.). *Reservoir limnology*: ecological perspectives. New York: J. Wiley & Sons, 1990c. ch. 2, p. 15-41.

FORNAROLLI-ANDRADE, L.; XAVIER, C. F.; BRUNKOW, R. F. A regional water quality assessment system for Paraná State reservoirs, Brazil. *Internationale Vereinigung fuer Theoretische und Angewandte Limnologie Verhandlungen*, Stuttgart, v. 26, pt. 2, p. 694-697, dez. 1997.

KALFF, J. *Limnology*: inland water ecossystems. Upper Saddle River, New Jersey: Prentice-Hall, 2002.

KIMMEL, B. L.; LIND, O. T.; PAULSON, L. J. Reservoir primary production. In: THORNTON, K. W.; KIMMEL, B. L.; PAYNE, F. E. (Eds.). *Reservoir limnology*: ecological perspectives. New York: J. Wiley & Sons, 1990c. ch. 7, p.133-194.

MARGALEF, R. *Limnología*. Barcelona: Omega, 1983. 1010 p., il.

MEHNER, T.; BENNDORF, J. Eutrophication - a summary of observed effects and possible solutions. *Journal of Water Supply Research and Technology - Aqua SRT*, London, v. 44, p. 35-44, 1995.

PAGIORO, T. A.; THOMAZ, S. M. Longitudinal patterns of sedimentation in a deep, monomictic subtropical reservoir (Itaipu, Brazil-Paraguay). *Archiv für Hydrobiologie*, Stuttgart, v. 154, n. 3, p. 515-528, June 2002.

THOMAZ, S. M.; BINI, L. M.; ALBERTI, S. M. Limnologia do reservatório de Segredo: padrões de variação espacial e temporal. In: AGOSTINHO, A. A.; GOMES, L. C. (Ed.). *Reservatório de Segredo*: bases ecológicas para o manejo. Maringá: EDUEM, 1997. cap. 2, p. 19-37.

TUNDISI, J. G. et al. Comparação do estado trófico de 23 reservatórios do Estado de São Paulo: eutrofização e manejo. In: TUNDISI, J. G. (Ed.). *Limnologia e manejo de represas*. São Carlos: EESC-USP/CHREA/ACIESP, 1988. v.1, t.1, p. 165-204. (Série Monografias em Limnologia).

Capítulo 3

Zonação Longitudinal das Variáveis Limnológicas Abióticas em Reservatórios

Thomaz Aurélio Pagioro
Maria do Carmo Roberto
Sidinei Magela Thomaz
Sandra Andréa Pierini
Marcelo Taka

Introdução

A sedimentação é a principal rota por meio da qual o material alóctone que aporta o reservatório é removido e uma das principais funções de força que regem a distribuição de partículas e a zonação nos reservatórios. Os processos de transporte e deposição de partículas irão influenciar os processos ecológicos nesses ecossistemas (Thornton, 1990c), afetando não somente os organismos e sua capacidade de manutenção na coluna de água como também as demais partículas em suspensão, orgânicas e inorgânicas, detríticas ou não (Galvez & Niell, 1993).

Assim, ao longo do eixo longitudinal de um reservatório, há um contínuo com início na região de influxo do rio até atingir a barragem, onde se observam três zonas distintas, que se diferenciam quanto às propriedades físicas, químicas e biológicas da água: a zona fluvial (incluindo a região do delta), a zona de transição e a zona lacustre (Thornton, 1990c).

Essas diferentes zonas podem ser caracterizadas com base em variáveis limnológicas, dentre as quais se destacam o fósforo e o material em suspensão. Em virtude da elevada sedimentação observada nos trechos superiores de reservatórios, em geral essa zonação é caracterizada por redução nas concentrações de material em suspensão e de fósforo no sentido rio–barragem, ou seja, da zona fluvial para a lacustre (Thornton, 1990c). A biota, principalmente o plâncton, responde a essa zonação de forma previsível (Kimmel et al., 1990c; Thomaz et al., 1997). A caracterização dessas zonas é importante em medidas de manejo, pois a tipologia de um reservatório pode variar ao longo de seu eixo longitudinal.

Neste estudo foi testada a hipótese de que a zonação longitudinal afeta as características limnológicas abióticas de reservatórios. Para isso, as coletas foram realizadas nas regiões superiores, intermediárias e inferiores de seis reservatórios dos Estados do Paraná e de São Paulo (Iraí, Salto do Vau, Segredo, Mourão, Parigot de Souza e Rosana) nos quatro períodos sazonais de 2002.

Resultados e Discussão

Ordenação e zonação longitudinal dos reservatórios

Dos dados observados nos seis reservatórios, apesar de terem sido realizadas coletas em perfis verticais para os parâmetros físicos, químicos e biológicos da água, neste capítulo são analisados apenas os que tratam das camadas superficial e profunda da coluna de água em cada período, representando os valores extremos para cada parâmetro.

Em geral, os reservatórios apresentaram regiões bem distintas, onde os processos de sedimentação de material particulado em suspensão, tanto de origem alóctone quanto autóctone, provavelmente definiram os padrões de redução de nutrientes ao longo do reservatório (Figura 1). Estudos realizados no reservatório de Itaipu (Pagioro & Thomaz, 2002) revelaram que a rápida redução da quantidade de material sestônico influenciou acentuadamente as características ópticas da água, bem como as concentrações de nutrientes, em especial do fósforo, que constitui um dos principais fatores limitantes à produtividade primária em ambientes dulcícolas. Segundo os autores, esse fato revelou-se como a principal causa da nítida zonação longitudinal constatada no corpo central do reservatório, independentemente da estação do ano. Segundo Uhlmann et al. (1995), as altas taxas de retenção de fósforo no canal central de reservatórios faz com que essa região funcione como um reator de eliminação de fósforo, tanto por meio da sedimentação de diatomáceas planctônicas quanto por meio da adsorção e posterior sedimentação com partículas minerais ricas em ferro. Straškraba (1995) afirma haver dependência entre a porcentagem de fósforo total retido em reservatórios e o tempo de retenção da água, numa relação que segue um modelo exponencial.

Segundo Henry & Simão (1988), a produtividade primária pelo fitoplâncton é controlada pela ação combinada de dois fatores: luz e nutrientes, que podem agir em sinergismo ou não. Assim, é de se esperar que os maiores valores de clorofila-*a* fossem encontrados nas regiões intermediárias dos reservatórios estudados, onde haveria relação entre luz e fósforo mais adequada à produtividade primária fitoplanctônica. Entretanto, esse fato nem sempre fica evidente (Figura 1) nos reservatórios estudados, tendo em vista que outros fatores, como tempo de residência da água, tamanho do reservatório, morfometria, entre outros, tendem a influir sobre o metabolismo dessa comunidade.

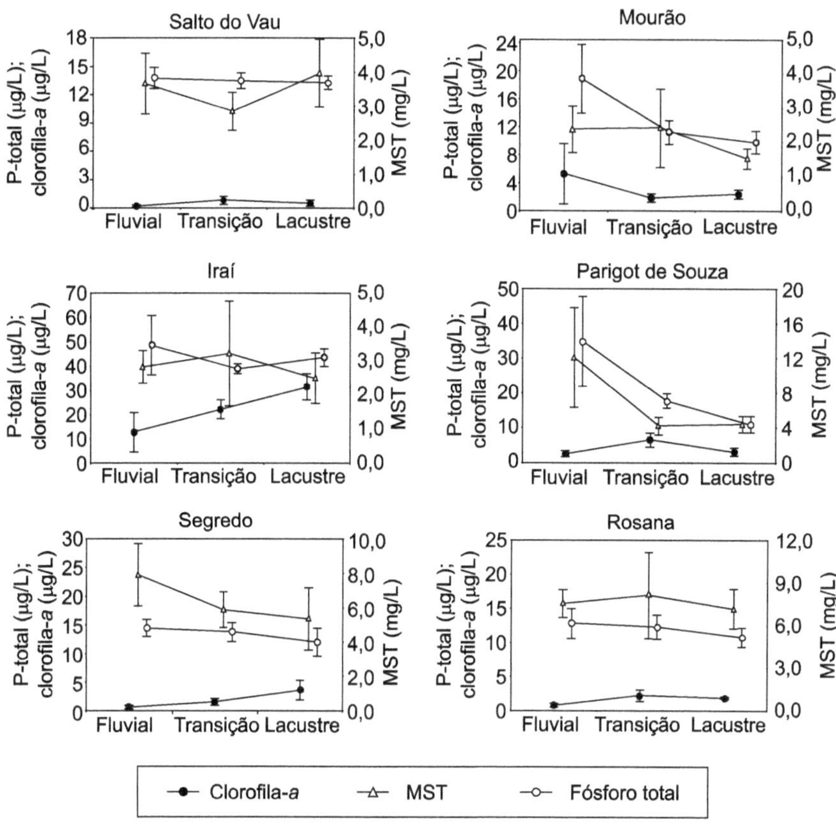

Figura 1 – Valores de material em suspensão total, fósforo total e clorofila-*a* obtidos em diferentes regiões dos reservatórios estudados.

Com o objetivo de agrupar os reservatórios ou suas zonas específicas em blocos com características similares, foi utilizada uma Análise de Componentes Principais (ACP). Os dois primeiros eixos da ACP separaram os reservatórios em relação à concentração de P-total (PT), N-total (NT), fósforo reativo dissolvido (FRD), turbidez, condutividade elétrica e alcalinidade, cujos maiores valores foram observadas no reservatório de Iraí, separando-o dos demais na ordenação (Figura 2). Seu elevado tempo de residência, superior a um ano, e baixa profundidade (z máxima = 8 m) proporcionam as condições ideais para o acúmulo desses nutrientes na coluna de água, os quais têm origem alóctone e autóctone, isto é, são liberados pelo sedimento e pela ciclagem na própria coluna de água. Deve-se acrescentar que esse é um reservatório recente, que passa por processos de eutrofização característicos das fases iniciais de desenvolvimento desses ambientes.

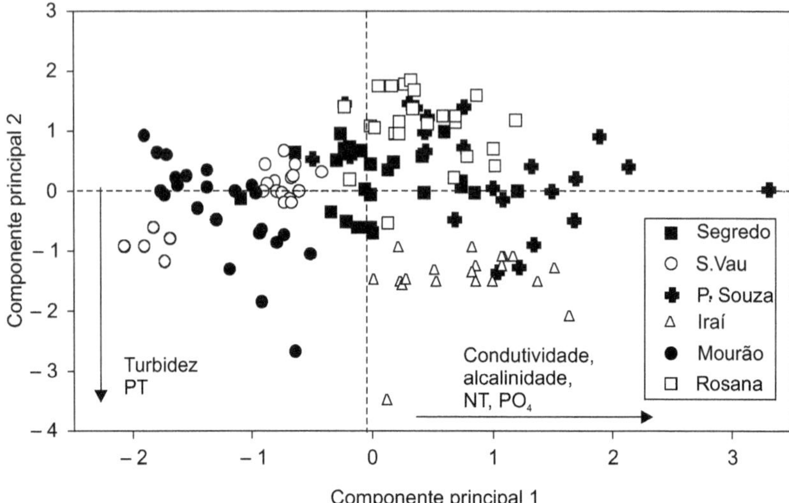

Figura 2 – Resultados dos dois primeiros eixos da ACP que utilizou os dados log-transformados (exceto os do pH) das seguintes variáveis limnológicas: condutividade elétrica, turbidez, oxigênio dissolvido, temperatura da água, alcalinidade total, clorofila-*a*, seston total, nitrogênio total, nitrato, nitrogênio amoniacal, fósforo total e fósforo reativo dissolvido (FRD).

Nos reservatórios de Salto do Vau e Mourão, caracteristicamente pouco dendríticos e com extensão reduzida (menores que 15 km em linha reta), foram registradas reduzidas concentrações de nutrientes e baixos valores de condutividade elétrica e alcalinidade. Cabe ressaltar que durante os períodos de maior pluviosidade (dezembro) observou-se elevação nos valores de turbidez e fósforo total, o que denota aportes de material particulado alóctone nesses reservatórios. Nos reservatórios de Rosana, Segredo e Parigot de Souza observou-se elevada transparência da água em determinados períodos do ano e reduzidas concentrações de PT. Por outro lado, as concentrações de FRD parecem ter maior importância nesses reservatórios que a fração particulada, revelando a maior capacidade desses ambientes em ciclar nutrientes na própria coluna de água.

Os escores dos dois primeiros componentes não separaram no diagrama as regiões dos seis reservatórios amostrados (Figura 2), evidenciando que a bacia hidrográfica do reservatório ou os impactos antrópicos são mais importantes em sua ordenação. Apesar de os resultados da ACP não terem evidenciado padrões definidos de variação longitudinal quando as variáveis limnológicas são consideradas em conjunto, uma análise de variância unifatorial (ANOVA) de modelos nulos revelou que há diferenças significativas entre as médias das regiões para algumas das variáveis limnológicas (Figura 3).

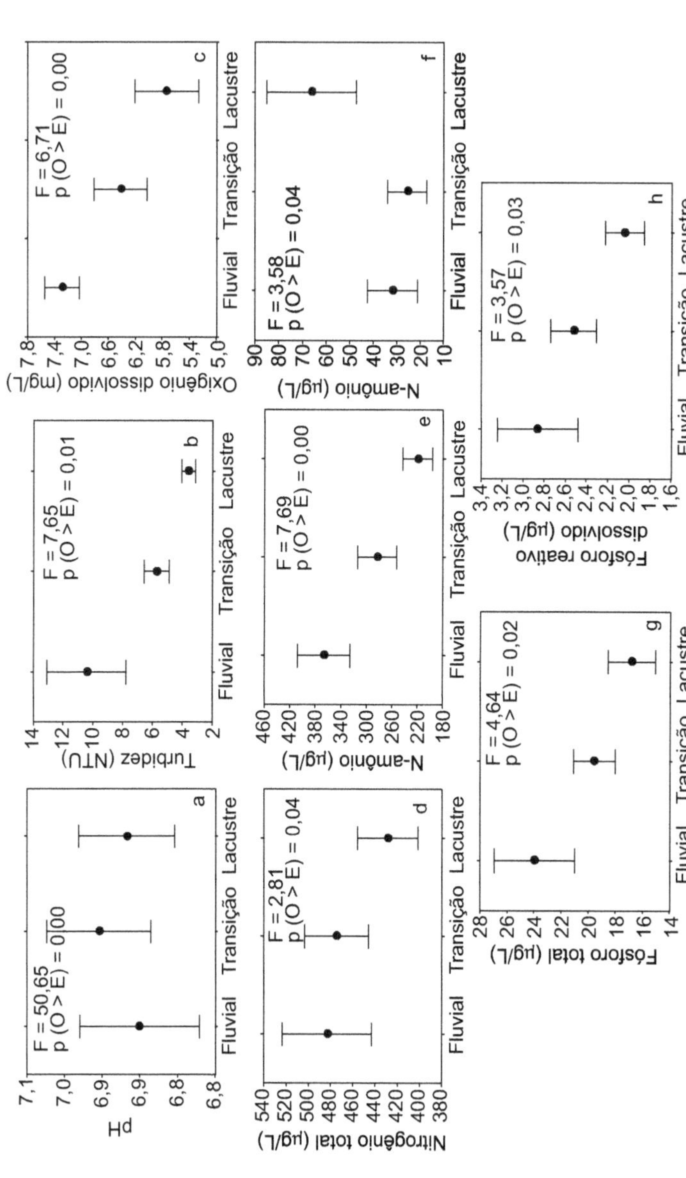

Figura 3 – Valores de algumas variáveis abióticas em diferentes zonas dos reservatórios estudados (média e erro-padrão dos seis reservatórios). F = índice observado (ANOVA); O = valor observado; E = valor esperado.

Houve decréscimo dos valores da turbidez, oxigênio dissolvido, NT, N-nitrato, P-total e P-reativo dissolvido no sentido das regiões fluvial–lacustre. Para o pH, os maiores valores foram registrados na região de transição, enquanto para o N-amoniacal, as maiores concentrações foram medidas na região lacustre. O aumento da transparência no sentido rio–barragem está diretamente relacionado à sedimentação de material particulado. A sedimentação explica parcialmente os decréscimos das diferentes frações de fósforo ao longo do gradiente, mas a absorção pelo fitoplâncton também pode ter contribuído de alguma forma para esse padrão, apesar da baixa biomassa para a maioria dos reservatórios (ver Capítulo 5). A absorção por essa comunidade também explica as quedas significativas das concentrações de N-nitrato.

Por outro lado, não foram observadas diferenças significativas em relação aos valores de condutividade elétrica da água (F = 2,17; p = 0,09); alcalinidade total (F = 1,20; p = 0,29); e clorofila-*a* (F = 1,37; p = 0,22).

Relação da clorofila-*a* com as demais variáveis

Com o intuito de modelar os reservatórios quanto a sua produtividade, especificamente em relação às concentrações de clorofila-*a*, essa variável foi relacionada a outras variáveis independentes. Fraca, mas significativa, correlação foi encontrada entre a clorofila e as concentrações de PT (Figura 4). Porém, utilizando os dados log-transformados, cerca de 61% da variabilidade permaneceu inexplicada.

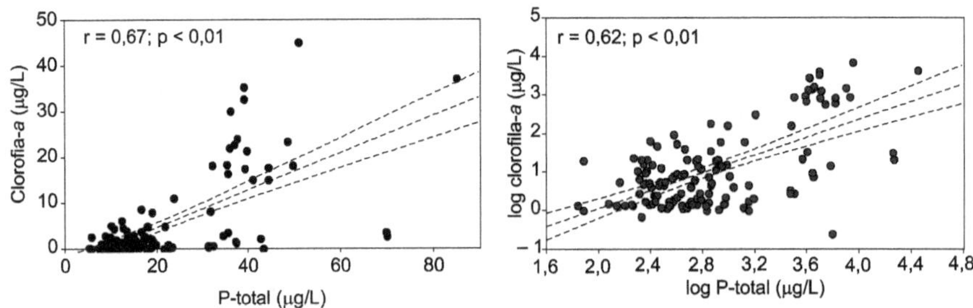

Figura 4 – Relação entre as concentrações de P-total e clorofila-*a*. (a) Dados reais e (b) dados log-transformados.

A aplicação de uma análise de regressão múltipla indicou que a temperatura da água, o material em suspensão total (MST) e o fósforo total contribuíram significativamente para a predição da clorofila-*a* (Tabela 1), apresentando um coeficiente de determinação de 0,58.

Tabela 1 – Sumário do modelo da regressão múltipla entre a variável dependente clorofila-*a* e as variáveis independentes temperatura da água, material em suspensão total e fósforo total.

Variável independente	Correlação parcial intercepto	B	t (126)	P
		–8,1467	–4,8276	0,0000
log T água	0,3409	1,3435	4,0710	0,0001
log MST	–0,3747	–0,5564	–4,5360	0,0000
log P-total	0,5518	1,0547	7,4274	0,0000

Vários estudos têm relatado o fósforo como sendo um dos principais elementos preditores da biomassa fitoplanctônica (Dillon & Rigler, 1974; Rigler & Peters, 1995c; Attayde & Bozelli, 1999). A relação positiva da clorofila-*a* com o P-total indica que ele estimula a biomassa fitoplanctônica. Entretanto, outras variáveis abióticas, como o MST e a temperatura da água, devem aumentar o poder preditivo desse componente biológico. A relação negativa observada entre a clorofila-*a* e o material em suspensão pode indicar a importância do abioseston como fator limitante da biomassa fitoplanctônica e conseqüentemente das taxas fotossintéticas dos demais produtores aquáticos. A equação de regressão para esse modelo foi:

$$\log (\text{Clor-}a) = -8,1467 + 1,3435 \log (\text{T água}) - 0,5564 \log (\text{MST}) + 1,0547 \log (\text{P-total})$$

$$(n = 133; \; R^2 = 0,58; \; F = 28,60; \; P < 0,000)$$

As conclusões obtidas neste estudo diferem substancialmente daquelas registradas com os dados da região lacustre dos reservatórios (conforme Capítulo 2), pois para essa análise o fósforo não apareceu como elemento importante na predição das concentrações de clorofila-*a*. De fato, as regiões lacustres são pobres nesse elemento e em clorofila-*a*, principalmente porque o fósforo já foi incorporado ou sedimentado antes de atingir a região lacustre. Esse fato gera aumento da similaridade entre os reservatórios, com predomínio de condições oligotróficas. A incorporação das zonas intermediária e fluvial dos reservatórios neste trabalho resultou no aumento do número de resultados contendo elevadas concentrações de fósforo. Portanto, modelos preditivos da biomassa fitoplanctônica dependem da escala analisada, apresentando respostas diferentes dependendo das regiões dos reservatórios que são analisadas. Assim, a inclusão de mais ambientes com características mesotróficas e eutróficas em suas regiões fluviais e lacustres e a conseqüente expansão do gradiente de trofia analisado podem ter levado à obtenção de relações significativas. Esses resultados demonstram que os modelos preditivos em reservatórios, especialmente em relação à produtividade desses ambientes, devem levar em consideração, além das variações temporais (sazonais) comumente analisadas em estudos limnológicos, as dimensões espaciais, ou seja, os gradientes verticais da coluna de água, os longitudinais e os laterais.

Referências Bibliográficas

ATTAYDE, J. L.; BOZELLI, R. L. Environmental heterogeneity patterns and predictive models of chlorophyll-*a* in a Brazilian coastal lagoon. *Hydrobiologia*, Dordrecht, v. 390, p. 129-139, 1999.

DILLON, P. J.; RIGLER, F. H. The phosphorus-chlorophyll relationship in lakes. *Limnology and Oceanography*, Lawrence, v. 19, n. 5, p. 767-773, Sept. 1974.

GALVEZ, J. A.; NIELL, F. X. Sedimentation and mineralization of seston in a eutrophic reservoir, with a tentative sedimentation model. In: STRASKRABA, M.; TUNDISI, J. G.; DUNCAN, A. (Eds.). *Comparative reservoir limnology and water quality management*. Dordrecht: Kluwer Academic, 1993. ch. 7, p. 119-126. (Developments in hydrobiology, 77).

HENRY, R.; SIMÃO, C. A. Aspectos sazonais da limitação potencial por N, P, e Fe no fitoplâncton da represa de Barra Bonita (Rio Tietê, SP). *Revista Brasileira de Biologia*, Rio de Janeiro, v. 48, n. 1, p. 1-14, fev. 1988.

KIMMEL, B. L.; LIND, O. T.; PAULSON, L. J. Reservoir primary production. In: THORNTON, K. W.; KIMMEL, B. L.; PAYNE, F. E. (Eds.). *Reservoir limnology*: ecological perspectives. New York: J. Wiley & Sons, 1990c. ch. 6, p. 133-194.

PAGIORO, T. A.; THOMAZ, S. M. Longitudinal patterns of sedimentation in a deep, monomictic subtropical reservoir Itaipu (Brazil-Paraguay). *Archiv für Hydrobiologie*, Stuttgart, v. 154, n. 3, p. 515-528, June 2002.

RIGLER, F. H.; PETERS, R. H. *Science and limnology*. Oldendorf/Lune: Ecology Institute, 1995c. 239 p., il. (Excellence in ecology, 6).

STRAŠKRABA, M. Ecotechnology and mathematical modelling in reservoir water-quality management. *Journal of Water Supply Research and Technology-SRT.Aqua*, London, v. 44 (suppl.1), p. 112-116, 1995.

THOMAZ, S. M.; BINI, L. M.; ALBERTI, S. M. Limnologia do reservatório de Segredo: padrões de variação espacial e temporal. In: AGOSTINHO, A. A.; GOMES, L. C. (Ed). *Reservatório de Segredo*: bases ecológicas para o manejo. Maringá: EDUEM, 1997. cap. 2, p. 19-37.

THORNTON, K. W. Sedimentary processes. In: THORNTON, K. W.; KIMMEL, B. L.; PAYNE, F. E. (Eds). *Reservoir limnology*: ecological perspectives. New York: J. Wiley & Sons, 1990c. ch. 3, p. 43-69.

UHLMANN, D.; HUPFER, M.; PAUL, L. Longitudinal gradients in the chemical and microbial composition of the bottom sediment in a channel reservoir (Saidenbach R., Saxony). *Internationale Revue der Gesamten Hydrobiologie*, Berlin, v. 80, p. 15-25, 1995.

Capítulo 4

Influência do Grau de Trofia sobre os Padrões de Abundância de Bactérias e Protozoários Planctônicos em Reservatórios do Estado do Paraná

Thomaz Aurélio Pagioro
Luiz Felipe Machado Velho
Fábio Amodêo Lansac-Tôha
Danielle Goeldner Pereira
André Kioshi da Silva Nakamura

Introdução

A visão tradicional de cadeias tróficas de herbivoria e detritivoria tem sido ampliada pelo conceito do elo microbiano. Esse novo paradigma reconhece o papel das bactérias e dos protozoários em ecossistemas aquáticos como fundamental para produção, transferência e manutenção da matéria orgânica no compartimento planctônico (Pomeroy, 1974; Azam et al., 1983).

As bactérias, em ambientes aquáticos, encontram-se entre os menores organismos, atuando como decompositoras da matéria orgânica, além de desempenharem papel central no retorno dos nutrientes para os ecossistemas aquáticos e terrestres (Esteves, 1998).

Os protozoários são os principais consumidores de bactérias e, por sua vez, são predados pelo zooplâncton de maior porte (Sherr & Sherr, 1988; Laybourn-Parry, 1992), constituindo-se, muitas vezes, no elo trófico dominante, por meio do qual a produção pico e nanoplanctônica é transferida para níveis tróficos superiores (Hwang & Health, 1997).

Entre os protozoários, os nanoflagelados heterotróficos (Hnan) são freqüentemente responsáveis pela remineralização de nitrogênio e fósforo (Azam et al., 1983) e pelo controle da biomassa e da produção bacteriana em ecossistemas aquáticos (Sanders et al., 1989). Os ciliados, por sua vez, são potenciais predadores dos Hnan, podendo controlar sua abundância (Weisse, 1991), embora se alimentem de presas de diferentes partes, desde bactérias até organismos do seu próprio tamanho (Gifford, 1985).

Estudos recentes têm demonstrado que, em cadeias alimentares formadas linearmente, o nível de topo e cada nível trófico secundário abaixo dele irão adquirir maior biomassa se a disponibilidade de nutrientes na água aumentar (Samuelsson et al., 2002). Entretanto, segundo esses autores, pode-se hipotetizar que, se a cadeia alimentar for menos linear, ou seja, dominada por organismos omnívoros, como os ciliados, essa clara mudança nas biomassas dos níveis tróficos poderia não ocorrer com o enriquecimento dos nutrientes.

Neste capítulo serão discutidos os resultados de abundância de diferentes componentes heterotróficos das cadeias microbianas obtidos durante o ano de 2001 nos reservatórios de Chavantes, Rosana e Iraí, que se diferenciam por apresentarem distintos graus de trofia (Figura 1). O reservatório de Chavantes, categorizado como oligotrófico, e Rosana, com características oligo-mesotróficas, estão localizados no rio Paranapanema, sendo Chavantes um dos primeiros e Rosana o último de uma série de reservatórios em cascata. Esses reservatórios têm como principal finalidade a geração de energia elétrica. O reservatório de Iraí, localizado na região metropolitana de Curitiba, é utilizado essencialmente para o abastecimento. No entanto, tendo em vista sua localização, esse reservatório recebe elevada carga de nutrientes, o que determina recorrentes florescimentos de algas e conseqüente degradação da qualidade da água. Essas características têm legado a esse reservatório a categorização de eutrófico.

Caracterização Limnológica dos Reservatórios

Os valores médios de alguns parâmetros físicos e químicos da água desses ambientes, obtidos concomitantemente às amostragens bióticas, são apresentados na Tabela 1. Os dados foram encontrados na região lacustre de cada reservatório em duas profundidades, subsuperfície e camada de mistura (Z_{mix}), e em dois períodos hidrológicos (estiagem e chuvoso).

A dispersão dos escores das variáveis limnológicas e dos pontos de coletas resultantes de uma Análise de Componentes Principais (ACP), utilizada para caracterizar e identificar os fatores ambientais responsáveis pelas diferenças entre os reservatórios, é apresentada na Figura 2. Os dois primeiros eixos dessa análise explicaram, cumulativamente, 57,0% e 73,5% da variabilidade total dos dados. A condutividade elétrica e N-nitrato estiveram positivamente correlacionados no eixo 1, enquanto turbidez, fósforo total, fósforo total dissolvido, nitrogênio total e séston total estiveram correlacionados negativamente. A alcalinidade total apresentou correlação negativa e o ortofosfato, positiva com o eixo 2 (Figura 2a). Essas variáveis foram as principais responsáveis pela ordenação dos reservatórios ao longo dos eixos dessa análise.

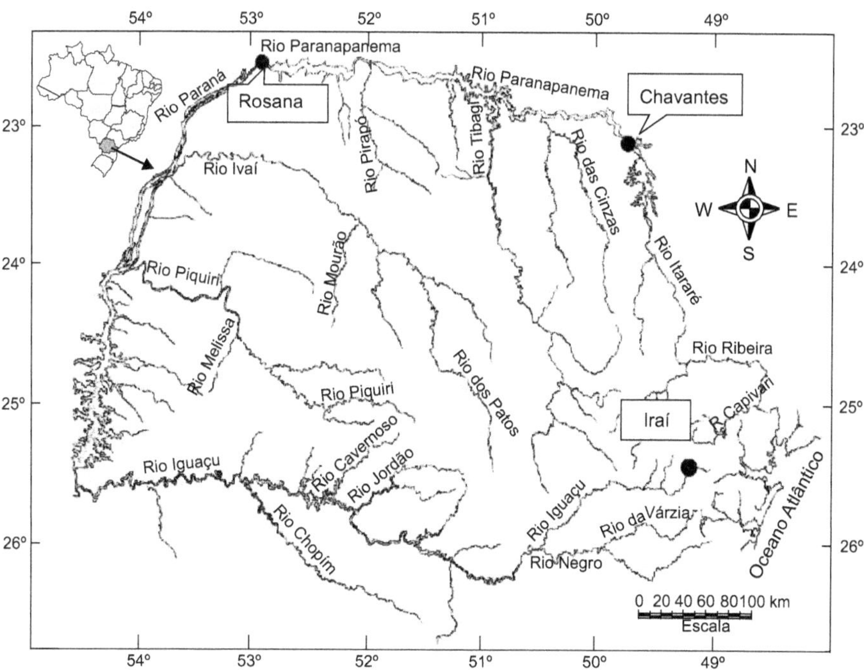

Figura 1 – Mapa do Estado do Paraná com a localização dos reservatórios estudados.

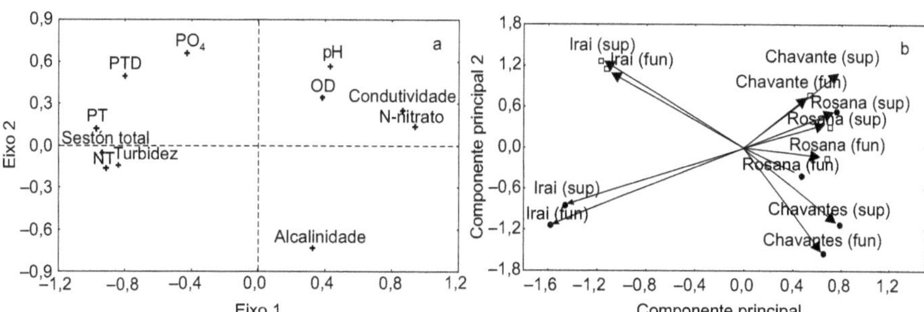

Figura 2 – Escores resultantes da Análise dos Componentes Principais realizada sobre a matriz logaritmizada dos dados originais: (a) escores das variáveis limnológicas e (b) escores das unidades amostrais. Círculos fechados representam as amostras obtidas no período de estiagem e os quadrados vazios, as obtidas no período de chuva.

Tabela 1 –   Valores médios de alguns parâmetros físicos e químicos da água nos reservatórios do Iraí, Rosana e Chavantes.

	Iraí	Rosana	Chavantes
pH	6,9	7,6	7,0
Condutivide elétrica (µS/cm)	49,7	59,4	55,9
Turbidez(NTU)	18,4	4,7	1,4
Disco de Secchi (m)	0,95	2,10	5,15
Fósforo total (µg/L)	54,3	10,4	7,2
Nitrogênio total (µg/L)	1152	477	306
Clorofila-a (µg/L)	77,1	4,2	1,1
Oxigênio dissolvido(mg/L)	7,4	7,5	6,0

Em relação às unidades amostrais, o eixo 1 discriminou-as em uma escala espacial, separando as amostras do reservatório do Iraí, correlacionadas negativamente, daquelas obtidas nos reservatórios de Chavantes e Rosana, correlacionadas positivamente com esse eixo (Figura 2b).

O eixo 2, em geral, diferenciou as unidades amostrais em uma escala temporal, discriminando as amostras obtidas no período chuvoso, correlacionadas positivamente, daquelas do período de estiagem, correlacionadas negativamente com esse eixo, principalmente nos reservatórios de Iraí e Chavantes (Figura 2b).

Em síntese, o eixo 1 da ACP discriminou as amostras do reservatório do Iraí, caracterizado por apresentar elevados valores de fósforo total, nitrogênio total, séston e turbidez, das amostras de Chavantes e Rosana que se caracterizaram pelos maiores valores de N-nitrato e condutividade elétrica. Por outro lado, o eixo 2 discriminou, em geral, as amostras do período chuvoso dos reservatórios de Iraí e Chavantes, com elevados valores de pH e ortofosfato, daquelas obtidas no período de estiagem, que apresentaram maiores valores de alcalinidade.

Densidade e Biomassa de Bactérias e Protozoários Planctônicos

A densidade bacteriana variou entre 1,38 e 5,60 × 10^6 cel.ml^{-1}, com maiores valores no reservatório eutrófico do Iraí e menores no reservatório oligotrófico de Chavantes (Figura 3a). O reservatório de Rosana, caracterizado como oligo-mesotrófico, apresentou, em geral, valores intermediários. Para ambos os períodos, os maiores valores de densidade foram observados na camada superficial da coluna de água, revelando maiores valores de produtividade bacteriana nessa camada. A densidade bacteriana de ambientes aquáticos normalmente oscila entre 10^5 e 10^6 células ml^{-1}. Entretanto, essa grande variação está, na maioria dos casos, relacionada ao estado trófico dos ambientes. Assim, valores inferiores a $1,7 \times 10^6$ estão relacionados a ambientes oligotróficos, valores entre $1,7 \times 10^6$ e $6,5 \times 10^6$ são encontrados em ambientes mesotróficos e superiores a $6,5 \times 10^6$, em ambientes eutróficos (Forsberg & Ryding, 1980; Bird & Kalff, 1984).

A biomassa bacteriana, representada pelo conteúdo de carbono, apresentou variação entre 87,1 µgC.L^{-1} e 819,5 µgC.L^{-1}, sendo observados também maiores valores no reservatório de Iraí e menores no de Chavantes (Figura 3b).

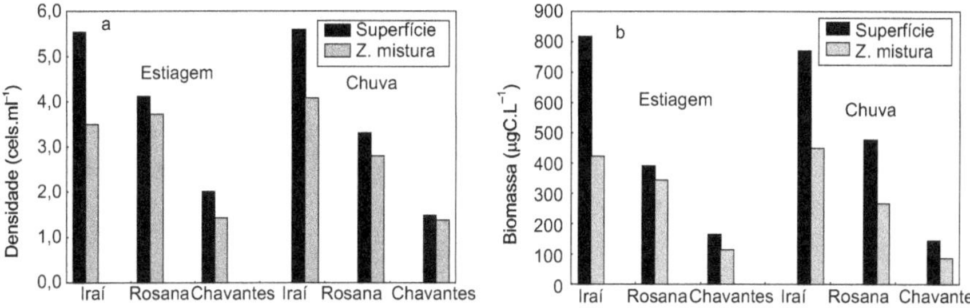

Figura 3 – Densidade (a) e biomassa (b) de bactérias nos diferentes reservatórios e períodos hidrológicos estudados.

Embora, de acordo com Kalff (2002), as bactérias de vida livre difiram muito em relação ao seu volume e os valores de densidade não sejam, dessa forma, bons indicadores de biomassa bacteriana, produção e fluxo de energia em cadeias alimentares, neste estudo, os valores de biomassa, calculados a partir do volume celular das bactérias, seguiram um padrão semelhante ao observado para os valores de densidade (Figura 1), sendo esses estatisticamente correlacionados, como será mostrado posteriormente.

Também, para Hnan e ciliados, os maiores valores de densidade e biomassa foram, em geral, observados no reservatório de Iraí, já os menores foram registrados em Chavantes, em ambos os períodos estudados. Em relação à distribuição vertical, maiores valores de densidade e biomassa foram encontrados, em geral, na superfície (Figuras 4 e 5).

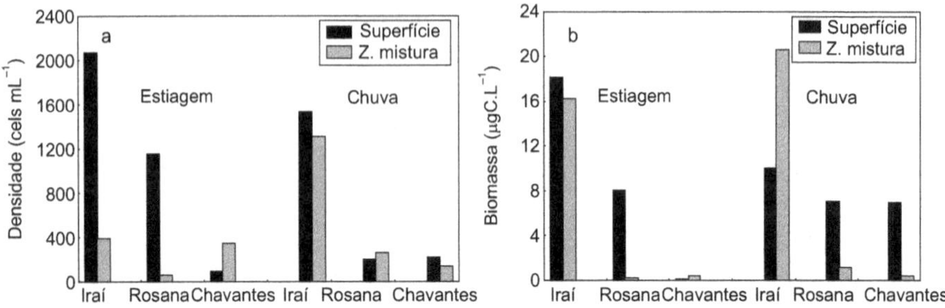

Figura 4 –   Densidade (a) e biomassa (b) de HNAN nos diferentes reservatórios e períodos
hidrológicos estudados.

Em relação à contribuição dos diferentes grupos para a densidade total de
ciliados, Oligotrichios e Hymenostamatideos constituíram os grupos dominantes
em todos os reservatórios, camadas e períodos estudados. Além desses dois grupos
destacaram-se ainda, em termos de biomassa, Peritrichios nos reservatórios de
Chavantes e Iraí, no período de estiagem, Colpodea no de Iraí e Hypotrichios
nos de Rosana e Chavantes.

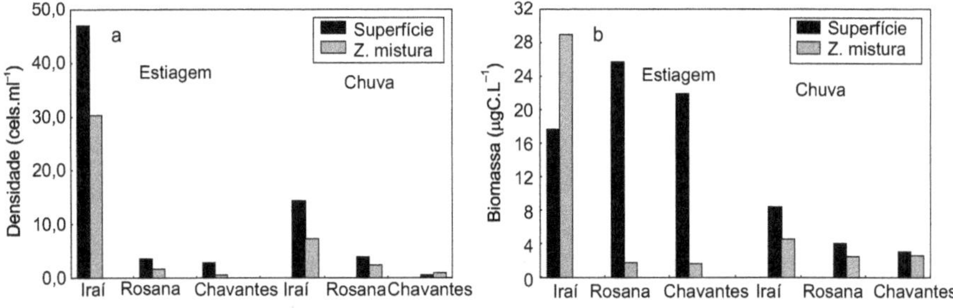

Figura 5 –   Densidade (a) e biomassa (b) de ciliados nos diferentes reservatórios e períodos
hidrológicos estudados.

Interações Tróficas na Cadeia Microbiana

Análises de correlação de Pearson foram realizadas com o objetivo de fazer
inferências sobre as relações entre as comunidades, e destas com a disponibilidade
de nutrientes a partir de possíveis correlações significativas entre as densidades
e as biomassas de bactérias, Hnan, ciliados e fitoplâncton (concentrações de
clorofila-a), e destas com os eixos 1 e 2 da ACP (Tabela 2).

Os resultados dessas correlações evidenciaram que as densidades bacterianas,
de flagelados heterotróficos e de ciliados, e, ainda, os valores de biomassa de

bactérias e de flagelados estiveram direta e significativamente relacionados entre si e com o eixo 1 da ACP. Dessa forma, as maiores densidades desses organismos ocorreram em ambientes com maiores concentrações de nutrientes totais e material suspenso e menores valores de N-nitrato. Foram observadas, ainda, correlações significativas dessas comunidades com os valores de clorofila-a (Tabela 2). Em síntese, os resultados sugerem que as concentrações de nutrientes e a produtividade fitoplanctônica dos ambientes foram os fatores mais importantes na determinação dos padrões de abundância dos componentes da cadeia microbiana. Resultados semelhantes foram encontrados por Berninger et al. (1991), Sanders et al. (1992), Gasol et al. (1995) e Hwang & Health (1997).

Em relação aos ciliados, embora tenham sido observadas relações significativas de suas densidades com as demais comunidades e as variáveis ambientais, resumidas no eixo 1 da ACP, o mesmo não foi observado para os valores de biomassa (Tabela 2). Tal constatação está associada à baixa relação, embora significativa, entre os valores de densidade e biomassa desse grupo, que foi determinada pelos elevados valores de biomassa e reduzidas densidades de ciliados observados na superfície dos reservatórios de Rosana e Chavantes no período de estiagem. Esses resultados evidenciam que, nesses ambientes menos produtivos, embora os ciliados estivessem em pequeno número, os indivíduos eram de grande porte. Os fatores que influenciam a estrutura de tamanho das comunidades têm sido pouco pesquisados (Peters, 1983). Segundo esse autor, em relação à produtividade, embora a maior parte dos estudos tenha evidenciado tendência para redução do tamanho dos indivíduos, em ambientes com reduzidos níveis de recursos, exceções a esses padrões são passíveis de serem encontradas.

Com o objetivo de testar a significância das diferenças observadas entre os reservatórios, foi utilizada uma análise de variância unifatorial (ANOVA) de modelos nulos, a qual revelou diferenças significativas entre os reservatórios quando se utilizaram os escores do eixo 1 da ACP (*I.O.* = 194,20; p = 0,004) (ordenados principalmente em função das diferentes formas de nitrogênio e fósforo; ver Figura 1) e os valores de clorofila-a (*I.O.* = 473,93; p = 0,000), não sendo observadas diferenças quando utilizados os escores do eixo 2 (*I.O.* = 0,090; p = 0,907). Esses resultados indicam que os nutrientes e a produtividade fitoplanctônica são responsáveis pelas diferenças estatísticas observadas entre os reservatórios.

A aplicação desse mesmo protocolo estatístico sobre os valores de densidade de bactérias, flagelados e ciliados, para os dois períodos hidrológicos e ambas as profundidades analisadas, evidenciou que o estado trófico do reservatório foi, também, o fator determinante das diferenças significativas observadas na distribuição da abundância bacteriana e de Hnan nos diferentes reservatórios (Figura 6a, b). Esse fato pode sugerir que mecanismos do tipo "botton-up" prevalecem na regulação desses componentes do elo microbiano.

Tabela 2 – Coeficiente de correlação de Pearson entre a biomassa de bactérias, ciliados e flagelados (Hnan) entre si e com os escores dos dois principais eixos da ACP e clorofila-a.

	Bactérias (Log cels/ml)	Bactérias (Log υg C/L)	Hnan (Log cels/ml)	Hnan (Log υg C/L)	Ciliados (Log cels/ml)	Ciliados (Log υg C/L)
Eixo 1 ACP	**–0,6466***	**–0,6729***	**–0,6594***	**–0,7157****	**–0,8040****	–0,4720
Eixo 2 ACP	0,1370	0,1319	–0,2558	0,3279	–0,1613	–0,2474
Clorofila-a	**0,7788****	**0,8086****	**0,7166****	**0,7998****	**0,8986****	0,4452
Densidade bacteriana	–	**0,9748****	**0,6201***	**0,6299***	**0,7948****	0,4340
Biomassa bacteriana	**0,9748****	–	**0,6351***	**0,7168****	**0,8368****	0,4294
Densidade de Hnan	**0,6201***	**0,6351***	–	**0,7715****	**0,6568***	0,3831
Biomassa de Hnan	**0,6299***	**0,7168****	**0,7715****	–	**0,7519****	0,5388
Densidade de ciliados	**0,7948****	**0,8368****	**0,6568***	**0,7519****	–	**0,6978***
Biomassa de ciliados	0,4340	0,4294	0,3831	0,5388	**0,6977***	–

Por outro lado, embora uma tendência de aumento da densidade em relação ao grau de trofia tenha sido observada também para os ciliados, o resultado da ANOVA não evidenciou diferenças significativas (Figura 6c), sugerindo que outros processos, como os relacionados ao mecanismo "top-down", possam exercer maior influência sobre as densidades desse componente da cadeia microbiana. Além disso, considerando que os ciliados são, em geral, omnívoros, formando cadeias alimentares menos retilíneas, esses organismos tendem a responder menos diretamente ao enriquecimento de nutrientes, de acordo com o hipotetizado por Samuelsson et al. (2002).

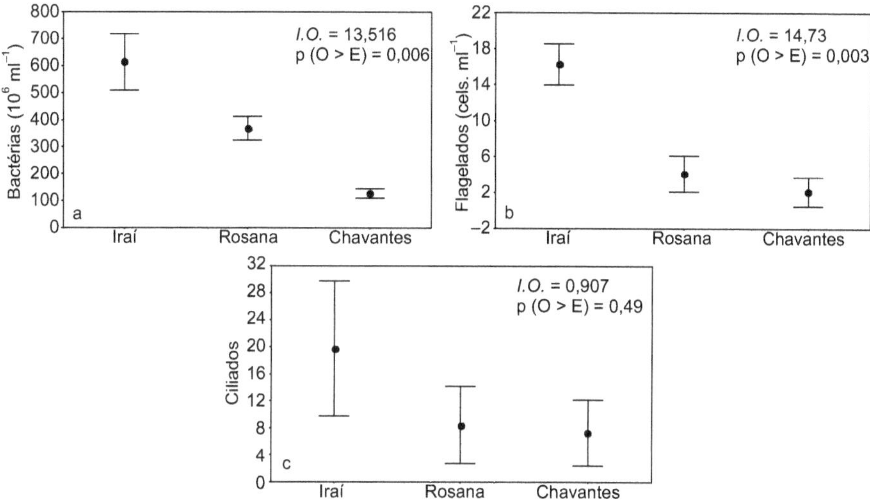

Figura 6 – Valores médios e erro-padrão das densidades de (a) bactérias, (b) Hnan e (c) ciliados nos três reservatórios estudados. São apresentados, ainda, os Índices Observados (I.O.) e a Probabilidade (p), derivados da Análise de Variância Unifatorial de modelos nulos (O = valor observado; E = valor esperado).

Referências Bibliográficas

AZAM, F. et al. The ecological role of water-column microbes in the sea. *Marine Ecology Progress Series*, Oldendorf, v. 10, n. 3, p. 257-263, 1983.

BERNINGER, U. -G.; FINLAY, B. J.; KUUPPO-LEINIKKI, P. Protozoan control of bacterial abundances in freshwater. *Limnology and Oceanography*, Lawrence, v. 36, n. 1, p. 139-147, Jan. 1991.

BIRD, D. F.; KALFF, J. Empirical relationships between bacterial abundance and chlorophyll concentration in fresh and marine waters. *Canadian Journal of Fisheries and Aquatic Sciences*, Ottawa, v. 41, n. 7, p. 1015-1023, July 1984.

ESTEVES, F. A. *Fundamentos de limnologia*. 2. ed. Rio de Janeiro: Interciência, 1998. 602 p.

FORSBERG, C.; RYDING, S. O. Eutrophication parameters and trophic state indices in 30 Swedish waste-receiving lakes. *Archiv fur Hydrobiologie*, Stuttgat, v. 89, p. 189-207, 1980.

GASOL, J. M.; SIMONS, A. M.; KALFF, J. Patterns in the top-down versus bottom-up regulation of heterotrophic nanoflagellates in temperate lakes. *Journal of Plankton Research*, Oxford, v. 17, n. 10, p. 1879-1903, Oct. 1995.

GIFFORD, D. J. Laboratory culture of marine planktonic oligotrichs (Ciliophora, Oligotrichida). *Marine Ecology Progress Series*, Oldendorf, v. 23, p. 257-267, 1985.

HWANG, S. -J.; HEALTH, R. T. The distribution of protozoa across a trophic gradient, factors controlling their abundance and importance in the plankton food web. *Journal of Plankton Research*, Oxford, v. 19, n. 4, p 491-518, Apr. 1997.

KALFF, J. *Limnology*: inland water ecosystems. Upper Saddle River, New Jersey: Prentice Hall, 2002.

LAYBOURN-PARRY, J. *Protozoan plankton ecology*. 1st ed. London: Chapmann & Hall, 1992. 231 p.

PETERS, R. H. *The ecological implications of body size*. Cambridge: Cambridge University Press, 1983. 329 p. (Cambridges studies in ecology.)

POMEROY, L. R. The ocean's food web: a changing paradigm. *BioScience*, Washington, D.C., v. 24, p. 499-504, 1974.

SAMUELSSON, K. et al. Structural changes in an aquatic microbial food web caused by inorganic nutrient addition. *Aquatic Microbial Ecology*, Oldendorf, v. 29, n. 1, p. 29-38, 2002.

SANDERS, R. W.; CARON, D. A.; BERNINGER, U. G. Relationships between bacteria and heterotrophic nanoplankton in marine and fresh waters: an inter-ecosystem comparison. *Marine Ecology Progress Series*, Oldendorf, v. 86, p. 1-14, 1992.

SANDERS, R. W. et al. Seasonal patterns of bacterivory by flagellates, ciliates, rotifers, and cladocerans in a freshwater planktonic community. *Limnology and Oceanography*, Lawrence, v. 34, n. 4, p. 673-687, June 1989.

SHERR, E. B.; SHERR, B. F. Role of microbes in pelagic food webs: a revised concept. *Limnology and Oceanography*, Lawrence, v. 33, n. 5, p. 1225-1227, Sept. 1988.

WEISSE, T. The annual cycle of heterotrophic freshwater nanoflagellates: hole of bottom-up versus top-down control. *Journal of Plankton Research*, Oxford, v. 13, n.1, p.167-185, Jan. 1991.

Capítulo 5

Assembléias Fitoplanctônicas de Trinta Reservatórios do Estado do Paraná

Luzia Cleide Rodrigues
Sueli Train
Bianca Matias Pivato
Vânia Mara Bovo
Paula Aparecida Federiche Borges
Susicley Jati

Introdução

Reservatórios são sistemas construídos, em geral, para usos múltiplos, incluindo, entre outros, a geração de energia elétrica, abastecimento, irrigação, recreação e produção pesqueira. O crescente desenvolvimento urbano e a agricultura intensiva promovem o enriquecimento de nutrientes nos corpos de água, favorecendo o desenvolvimento do fitoplâncton e ocasionando freqüentes florações de cianobactérias em ambientes aquáticos. Esse acelerado processo de eutrofização causa sérios problemas econômicos e ambientais, comprometendo a qualidade da água e seus usos (Reynolds, 1987; Codd, 2000; Padisák & Reynolds, 1998).

A biomassa fitoplanctônica em reservatórios depende de vários e inter-relacionados fatores físicos, químicos e biológicos (Kimmel et al., 1990c), que, por sua vez, estão fortemente sujeitos à ação dos pulsos produzidos no sistema, os quais podem ser de origem natural, como precipitação, vento e influxo do rio, ou antropogênica, principalmente, pelo aporte de nutrientes e pela saída de água em função de seus diversos usos (Tundisi et al., 1999).

A intensidade das alterações promovidas pelos pulsos ocorre em função da morfometria do reservatório, de forma que reservatórios pequenos e com reduzida profundidade são mais afetados (Straškraba & Tundisi, 1999).

O fitoplâncton foi avaliado quanto à composição, riqueza e diversidade de espécies e biomassa (estimada por meio do biovolume) nos períodos de seca (julho-agosto de 2001) e chuva (novembro-dezembro de 2001). Este estudo foi realizado na região lacustre (subsuperfície) de 30 reservatórios pertencentes às bacias de diversos tributários do rio Paraná (ver Capítulo 1), entre os quais os rios Piquiri (Santa Maria – SMA e Melissa – MEL), Ivaí (Patos – PAT e Mourão – MOU),

Tibagi (Alagados - AL, Harmonia - HAR), Paranapanema (Xavantes - XAV, Salto Grande - SGR, Canoas II - CANII, Canoas I - CANI, Capivara - CAP, Taquaruçu - TAQ e Rosana - ROS), Iguaçu (Salto do Vau -SV, Curucaca - CUR, Júlio Mesquita Filho - JMF, Foz do Areia - FA, Segredo - SE, Salto Santiago - AS, Salto Osório - OS, Caxias - CA, Jordão - JOR, Piraquara - PIR, Cavernoso - CAV, Passaúna - PAS e Iraí - IR) e rios da região leste (Vossoroca - VOS, Salto do Meio - SME, Parigot de Souza - PSO e Guaricana - GUAR). Os reservatórios diferem quanto à morfometria, idade e usos da água, fatores condicionantes da produtividade fitoplanctônica.

Resultados e Discussão

Estrutura física: zona de mistura (Z_m) e zona eufótica (Z_{eu})

Em decorrência da ausência de dados de vazão e tempo de renovação para a maioria dos reservatórios, utilizaram-se os valores da profundidade da camada de mistura e da zona eufótica para avaliar a estrutura física da coluna de água dos ambientes nos períodos estudados (Figura 1a, b). A maioria dos reservatórios apresentou extensa zona de mistura da coluna de água no período seco (Figura 1a). Os reservatórios rasos, tipo "fio d'água", encontrados nas bacias dos rios Piquiri (Santa Maria e Melissa), Ivaí (Patos), Tibagi (Alagados), Iguaçu (Júlio de Mesquita, Salto do Vau, Curucaca e Cavernoso) e Paranapanema apresentaram mistura completa da coluna de água em ambos os períodos estudados (Figura 1a, b). Nogueira et al. (2002) verificaram contínuo regime de mistura nos reservatórios em cascata do rio Paranapanema, exceto para o reservatório de Chavantes.

A profundidade média da zona eufótica foi maior no período seco na maioria dos grandes reservatórios pertencentes às bacias dos rios Iguaçu e Paranapanema. De acordo com Nogueira et al. (2002), os baixos valores de transparência no período de maior precipitação nos reservatórios em cascata do rio Paranapanema estão associados à maior entrada de sedimentos alóctones nesse período. No mês de novembro, a extensão da zona eufótica foi menor, especialmente nos reservatórios pequenos, que, pela ação das chuvas, apresentaram elevada turbidez abiogênica.

A razão $Z_{eu}:Z_m$ em geral foi maior no período chuvoso, sendo igual a 1 nos reservatórios de Santa Maria, Mourão e Salto do Vau nos dois períodos amostrados. Os menores valores foram registrados no período seco, nos reservatórios mais profundos da bacia do rio Iguaçu (Foz do Areia e Segredo).

Composição taxonômica

As assembléias fitoplanctônicas dos reservatórios amostrados em diferentes profundidades constituíram-se em 171 táxons, distribuídos em 9 classes taxonômicas (Tabela 1).

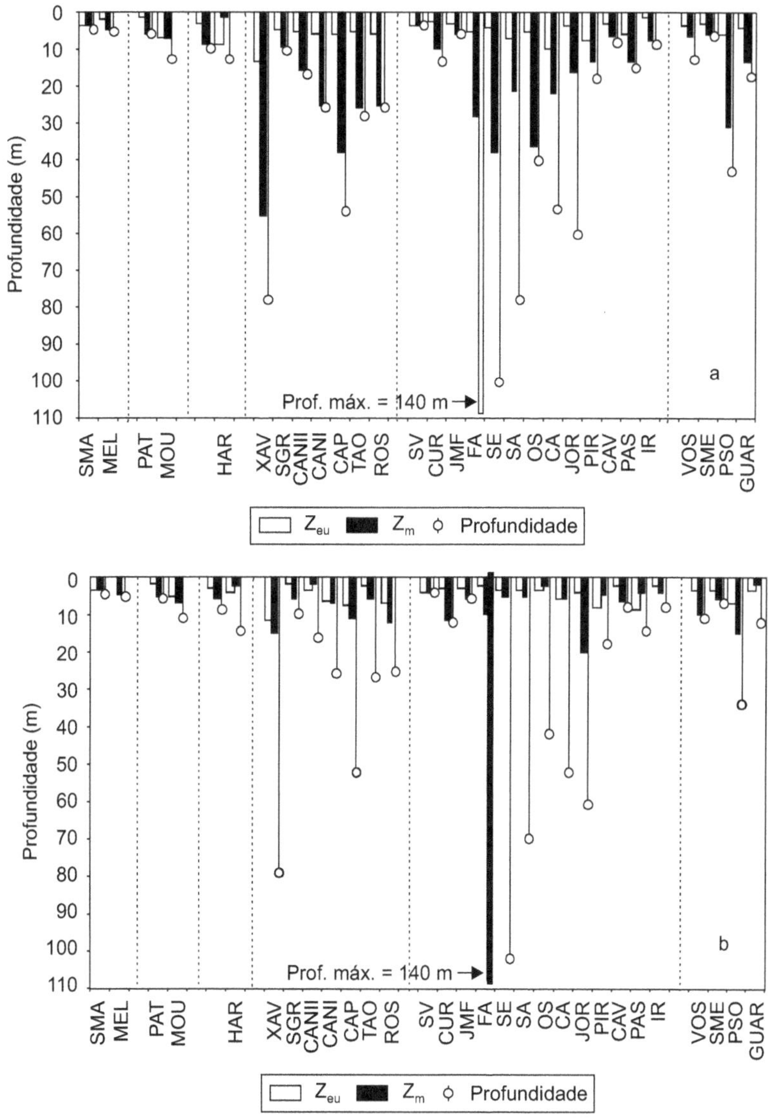

Figura 1 – Profundidades das zonas eufótica e de mistura e de profundidade máxima, no período de seca (a) e chuva (b), nos reservatórios amostrados.

A classe Chlorophyceae, representada principalmente pela ordem Chloroccocales, apresentou o maior número de táxons (75), sendo *Scenedesmus* e *Monoraphidium* os mais especiosos.

Tabela 1 – Táxons inventariados em diferentes profundidades nos reservatórios amostrados.

BACILLARIOPHYCEAE	
Asterionella cf. *formosa* Hassall	*Gomphonema* sp.
Aulacoseira ambigua (Grun.) Sim. var. *Ambígua*	*Gyrosigma* sp.
A. ambigua (Grun.) Sim. var. *ambigua* f. *Spiralis*	*Melosira varians* Agar.
A. distans (Ehr.) Sim.	*Navicula* sp.
A. granulata (Ehr.) Sim. var. *Granulata*	*Navicula* sp. 1
A. granulata (Ehr.) Sim. var. *angustissima* (O. Mül.) Sim.	*Navicula* sp. 2
A. herzogii (Lemm.) Sim.	*Nitszchia acicularis* (Kütz.) W. Sm.
Cocconeis sp.	*N. amphibia* Grun.
Cyclotella sp.	*N. palea* (Kütz.) Wm. Sm.
Cyclotella sp. 1	*Nitszchia* sp.
Cymbella sp.	*Pinnularia* sp.
Eunotia sp.	*Surirella* sp.
Fragilaria capuccina Desm.	*Thalassiosira* sp.
Fragilaria sp.	*Urosolenia eriensis* (H. L. Sm.) Round et Craw.
Frustulia sp.	*U. longiseta* (Zach.) Edl. & Stoer.
Gomphonema parvulum (Küt.) Küt.	
CIANOBACTÉRIAS	
Anabaena circinalis Rab.	*Lyngbia* sp.
A. solitaria Kom.	*Merismopedia tenuissima* Lemm.
A. spiroides Kleb.	*Microcystis aeruginosa* Kütz.
Aphanocapsa delicatissima W. et G.S. West	*Microcystis* sp.
Aphanocapsa sp.	*Oscillatoria* sp.
Aphanocapsa sp. 1	*Planktothrix agardhii* (Gom.) Kom. & Anag.
Chroococcus sp.	*Pseudoanabaena mucicola* (Hüb.-Pest. & Naum.) Bour.
Coelomoron tropicalis Senna, Peres & Kom.	*Pseudoanabaena* sp.
Cylindrospermopsis raciborskii (W.) Seen. & Sub. Rajú	*Synechocystis aquatilis* Sauv.
Cylindrospermopsis sp.	*S. salina* Wisl.
Geitlerinema sp.	

Tabela 1 – *Continuação...*

CHLOROPHYCEAE

Actinastrum hantzschii Lagerh.	*Micractinium bornhemiense* (Conr.) Kors.
Ankistrodesmus bernardii Kom.	*M. pusillum* Fres.
A. gracilis (Reins.) Kors.	*Monoraphidium arcuatum* (Kors.) Hind.
Ankyra judayi (G.W. Smith) Fott	*M. contortum* (Thur.) Kom.-Legn.
A. ocellata (Kors.) Fott	*M. convolutum* (Cor.) Kom.-Legn.
Ankyra sp.	*M. griffithii* (Berk.) Kom.-Legn.
Botryococcus sp.	*M. irregulare* (G. M. Sm.) Kom.-Legn.
Chlamydomonas sp.	*M. komarkovae* Nyg.
Chlorella sp.	*M. minutum* (Näg.) Kom.-Legn.
Closteriopsis sp.	*M. tortile* (W. & G.S. West) Kom.- Legn.
Coelastrum microporum Näg. in A. Br.	*Oocystis borgei* Snow
C. reticulatum (Dang.) Senn.	*O. lacustris* Chod.
Coenochloris planconvexa Hind.	*Oocystis* sp.
Coenochloris sp.	*Oocystis* sp. 1
Coenocystis tapasteana Kom.	*Pandorina morum* (O F. Müller) Bory
Coenocystis sp.	*Pediastrum biradiatum* Mey.
Crucigenia quadrata Mor.	*Pediastrum duplex* Mey.
C. tetrapedia (Kirch.) W & G.S. West	*Pediastrum. simplex* Mey. var. *biwaense* Fuk.
Crucigenia sp.	*Pediastrum simplex* Mey. var. *sturmii* (Reins.) Wol.
Crucigeniella sp.	*P. tetras* (Ehr.) Ralfs
Desmodesmus armatus (R. Chod.) Hegew.[1, 3]	*Quadrigula* sp.
D. armatus var. *bicaudatus* (Gugl.) Hegew.[1]	*Radiococcus* sp.
D. denticulatus (Lagerh.) An, Friedl et Hegew.	*Scenedesmus acuminatus* (Lagerh.) Chod.
D. opoliensis (P. Richt.) Hegew.	*S. acunae* Comas
Dictyosphaerium ehrenberghianum Näg.	*S. ecornis* (Her.) Chod.
D. elegans Bachm.	*S. heteracanthus* Guer.
D. pulchellum Wood	*S. ovalternus* Chod.
Eutetramorus fottii (Hind.) Kom. Sensu Kom.	*Scenedesmus* sp.
E. planctonicus (Kors.) Bour.	*Schroederia antillarum* Kom.
Eutetramorus tetrasporus Kom.	*S. setigera* (Schröd.) Lemm.
Eutetramorus sp.	*Selenodyctium brasiliensis* in Uherk. & Schm.
Fusola sp.	*Tetraedron caudatum* (Cor.) Hansg.

Tabela 1 – *Continuação...*

Golenkinia radiata Chod.	*T. minimum* (A Braun) Hansg.
Kirchneriella contorta (Schm.) Bohl.	*Tetrallantos lagerheimii* Teil.
K. irregularis (G. M. Schm.) Kors.	*Thorakochloris nygardii* Kom.
Kirchneriella sp.	*T. planktonica* Fott

CHRYSOPHYCEAE

Dinobryon divergens Imh.	*Mallomonas* sp. 1
D. sertularia Ehr.	*Mallomonas* sp. 2
Mallomonas sp.	*Synura* sp.

EUGLENOPHYCEAE

Euglena acus var. *acus* Ehr.	*T. minuscula* Drez.
Euglena sp.	*T. volvocina* Her.
Phacus longicauda (Ehr.) Duj.	*T. volvocinopsis* Swir.
P. tortus (Lemm.) Skv.	*T. woycickii* Koczw.
Strombomonas scabra (Playf.) Tell et Conf.	*Trachelomonas* sp.
Trachelomonas hispida (Perty) Stein.	

CRYPTOPHYCEAE

Cryptomonas brasiliensis Castro, Bic. & Bic.	*C. ovata* Ehr.
C. curvata Ehr. Emend. Pen.	*Cryptomonas* sp.
C. marssonii Skuja	*Cryptomonas* sp. 1

ZYGNEMAPHYCEAE

Closterium aciculare T. West.	*Staurastrum* sp.
Closterium sp.	*Staurastrum* sp. 1
Cosmarium sp.	*Staurastrum* sp. 2
Cosmarium sp. 1	*Staurodesmus dejectus* (Bréb.) Teil
Gonatozygon kinahanii (Arch.) Rabenh.	*S. extensus* (And.) Teil.
Staurastrum cf. *paradoxum* Mey.	*S. o'mearii* (Archer) Teil.
S. pseudosebaldi Wille	*S. triangularis* (Lagerh.) Teil.
S. quadrangulare (Bréb.) Ralfs	*Staurodesmus* sp.
S. tetracerum (Kütz.) Ralfs	*Staurodesmus* sp. 1

XANTHOPHYCEAE

Isthmochloron sp.	*Tetraedriella jovetii* (Bour.) Bour.

DINOPHYCEAE

Peridinium sp.	*Peridinium* sp. 1

As clorofíceas são comumente registradas como as mais importantes em número de espécies em ambientes dulcícolas (Train & Rodrigues, 1997, 2004; Bicudo et al., 1999; Silva et al., 2004) sendo favorecidas por apresentarem alta variabilidade morfométrica, podendo se desenvolver em diversos habitats (Reynolds, 1984; Happey-Wood, 1988).

Riqueza e diversidade de espécies

Os reservatórios amostrados apresentaram, de forma geral, baixos valores de riqueza de espécies, em razão, entre outros fatores, do reduzido esforço amostral (Figura 2). O número de espécies fitoplanctônicas por amostra variou de 2, no reservatório de Salto do Vau, a 36, no de Salto Santiago.

Os maiores valores de riqueza foram registrados nos reservatórios mais profundos da bacia do rio Iguaçu, no período seco, e os menores, na do rio Piquiri, nos dois períodos estudados.

Os reservatórios de Patos, Salto do Vau, Vossoroca, Salto Grande, Rosana, Canoas II e Taquaruçu apresentaram as maiores diferenças quanto ao número de táxons entre os períodos seco e chuvoso. As características morfométricas dos reservatórios, ou seja, suas reduzidas profundidades, provavelmente, os tornam mais suscetíveis às mudanças ambientais, como, por exemplo, as causadas pelas chuvas.

Biomassa fitoplanctônica

Os valores de biomassa fitoplanctônica foram baixos, inferiores a 2 $mm^3.L^{-1}$ na maioria dos reservatórios em ambos os períodos estudados (Figura 3a, b). A região lêntica de reservatórios extensos e profundos, em geral, apresenta reduzida produtividade fitoplanctônica, em decorrência, entre outros fatores, do processo de sedimentação de nutrientes (Lind, 1984; Kimmel et al., 1990c; Thornton, 1990c). O desenvolvimento fitoplanctônico nos reservatórios mais profundos, especialmente nos localizados em cascata no rio Iguaçu (Foz do Areia, Segredo, Salto Santiago, Salto Osório e Salto Caxias), provavelmente, foi limitado pelo processo de sedimentação de nutrientes em ambos os períodos (ver Capítulo 2). O mesmo tem sido verificado em outros reservatórios profundos, como no de Corumbá (GO), no qual a reduzida biomassa fitoplanctônica (estimada pela clorofila-a), registrada na zona lacustre, esteve associada à sedimentação de nutrientes (dados não publicados).

A mistura em reservatórios em razão da elevada vazão tem sido considerada importante fator, definindo a composição e a abundância do fitoplâncton (Tundisi, 1990; Reynolds, 1999; Dos Santos & Calijuri, 1998; Marinho & Huszar, 2002). A baixa biomassa registrada nos reservatórios do rio Paranapanema em ambos os períodos estudados pode ser atribuída a sua elevada vazão e a suas características oligotróficas (Tundisi et al., 1988; Nogueira et al., 2002). De acordo com Nogueira et al. (2002), os processos de exportação de material pelos reservatórios prevalecem sobre os processos de retenção.

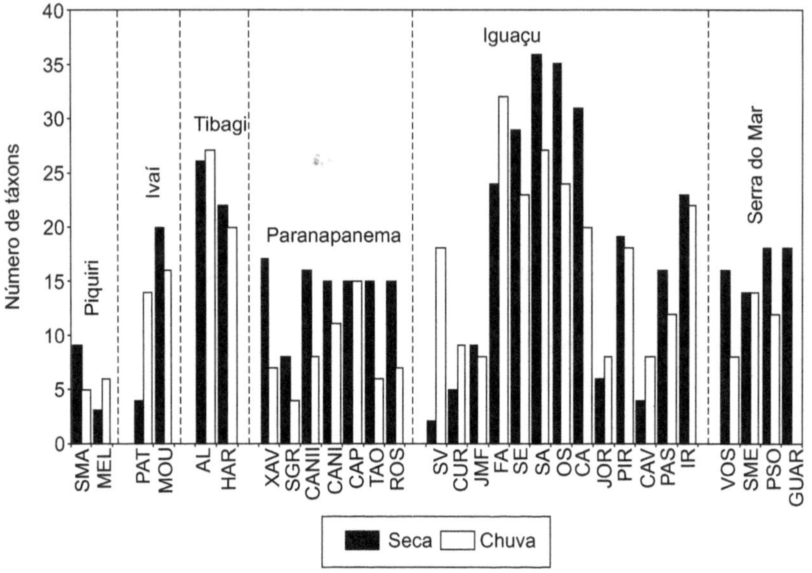

Figura 2 –   Número de táxons nos meses de julho-agosto e novembro-dezembro de 2001 nos reservatórios amostrados.

Já nos reservatórios pequenos (área < 3,3 km²), tipo "fio d'água" (Santa Maria, Melissa, Patos, Cavernoso, Curucaca, Salto do Vau e Júlio de Mesquita Filho), outro fator limitante da biomassa fitoplanctônica foi a elevada turbidez abiogênica, uma vez que esses reservatórios apresentaram altas concentrações de fósforo (ver Capítulo 2).

De acordo com Ney (1996), ambientes com altas turbidez e velocidade de fluxo não apresentam correlação entre concentrações de fósforo e biomassa fitoplanctônica.

Os maiores valores de biomassa fitoplanctônica ocorreram nos reservatórios de Iraí (130,4 mm³.L⁻¹) e Passaúna (16,2 mm³.L⁻¹) nos meses de menor pluviosidade (Figura 3a). Cabe ressaltar que ambos os reservatórios são componentes do Sistema Integrado de Abastecimento da Região Metropolitana de Curitiba.

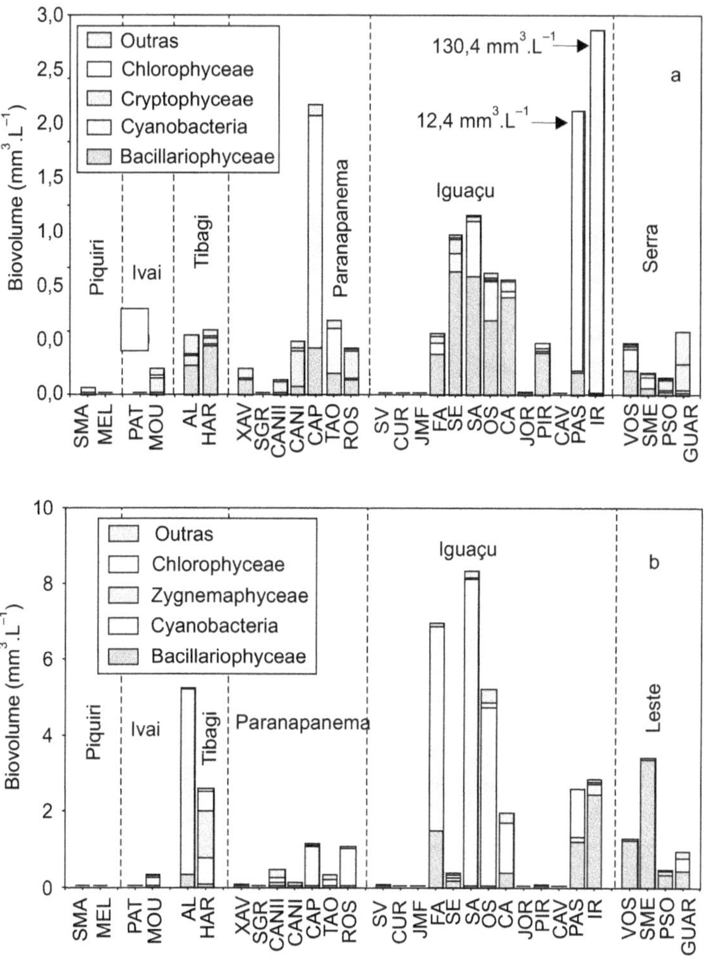

Figura 3 – Biovolume das classes fitoplanctônicas nos meses de julho-agosto (a) e novembro-dezembro (b) de 2001 nos reservatórios amostrados.

A classe Chlorophyceae foi responsável pelos elevados valores de biovolume registrados no reservatório de Passaúna (11,9 mm³.L⁻¹), sendo representada especialmente por *Pediastrum simplex*, que é caracterizada como S-estrategista (Reynolds, 1997) por apresentar baixa relação superfície/volume e tamanho elevado. Esse fato a torna menos suscetível à herbivoria pelo zooplâncton (Reynolds, 1988). Espécies S-estrategistas são comuns em ambientes com alta disponibilidade luminosa, como observado nesse reservatório (Figura 1a, b).

A cianobactéria heterocitada *Anabaena solitaria* foi dominante no reservatório de Iraí, contribuindo com 116 mm^3.L^{-1} para o biovolume total no mês de agosto (Figura 3a). Essa espécie também apresentou altos valores de biovolume, no mês de maior pluviosidade, nos reservatórios de Salto Santiago (6,5 mm^3.L^{-1}), Alagados (4,9 mm^3.L^{-1}), Foz do Areia (3,9 mm^3.L^{-1}) e Salto Osório (3,1 mm^3.L^{-1}) (Figura 3b).

Os elevados valores de biomassa registrados e a dominância de cianobactérias nos reservatórios em cascata do rio Iguaçu, principalmente nos localizados no final da cascata, não evidenciam que há uma tendência de oligotrofização (Silva et al., 2004), como proposto por Ney (1996) e verificado para os reservatórios em cascata da bacia do rio Tietê (Barbosa et al., 1999).

A dominância de *Anabaena solitaria* ocorreu concomitantemente a baixas concentrações de nitrato e a altas concentrações de fósforo. Essa espécie é considerada *R*-estrategista, caracterizada pelo elevado volume, mas, no entanto, preserva uma alta relação superfície/volume (Reynolds, 1988, 1997). Assim, como as espécies *S*-estrategistas são menos suscetíveis à herbivoria pelo zooplâncton (por apresentarem tamanho elevado), espécies *R*-estrategistas são favorecidas em condições de baixa razão zona eufótica/zona de mistura, como as registradas nos reservatórios onde essa espécie dominou (Z_m < 1).

A classe Bacillariophyceae foi abundante em todos os reservatórios em cascata localizados na calha principal do rio Iguaçu no mês de julho, com co-abundância de *Aulacoseira granulata* var. *granulata* (*R*-estrategista) e *Urosolenia eriensis* (*S*-estrategista). Os maiores valores de biovolume desse grupo nos reservatórios do rio Iguaçu estiveram relacionados à temperatura e aos padrões de mistura da coluna de água. No período chuvoso, essa classe, representada por *Asterionella formosa* (*R*-estrategista), também foi dominante nos reservatórios que apresentaram mistura total da coluna de água, como Salto do Meio (3,3 mm^3.L^{-1}), Iraí (2,1 mm^3.L^{-1}) e Vossoroca (1,2 mm^3.L^{-1}).

As diatomáceas estiveram, como indica a literatura (Trimbee & Harris, 1984; Zhang & Prepas, 1996; Reynolds, 1997; Huszar & Caraco, 1998), inversamente relacionadas à temperatura, tendo ocorrido, preferencialmente, em temperaturas médias inferiores a 18°C, e diretamente relacionadas a maiores profundidades da camada de mistura (Silva et al., 2004).

Ordenação dos reservatórios: Análise de Correspondência Canônica (CCA)

Uma CCA foi realizada utilizando-se uma matriz com o biovolume das espécies (> 0,1 mm^3.L^{-1}) e outra com algumas variáveis abióticas (pH, turbidez, temperatura da água, fósforo solúvel reativo, N-nitrato, N-amoniacal, relação

Z_{eu}/Z_m, área e profundidade do reservatório) e bióticas (abundância total de cladóceros, rotíferos e Cyclopoida, abundância de formas jovens e adultas de Cyclopoida e Calanoida).

Os dois primeiros eixos canônicos foram significativos de acordo com o teste de Monte Carlo (p = 0,01), explicando 27% da variabilidade encontrada, mas não evidenciando, no entanto, nítidos gradientes temporais e espaciais (Figura 4a, b).

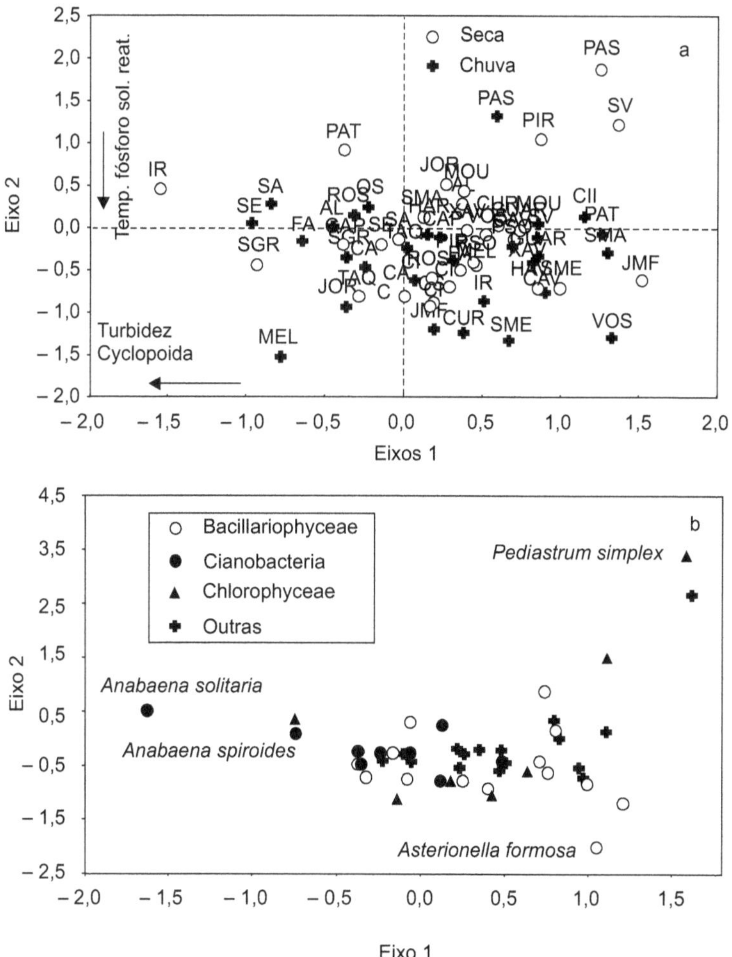

Figura 4 – Distribuição dos escores dos reservatórios (a) e biovolume das espécies (b) ao longo dos eixos canônicos.

Dentre as variáveis selecionadas para a análise, a turbidez (-0,77) e a densidade de formas jovens (-0,63) e adultas (-0,55) de Cyclopoida foram as mais importantes no eixo 1, sendo responsáveis pela separação, no diagrama, dos reservatórios de maior abundância de microcrustáceos e de maior turbidez, principalmente de natureza biogênica (biomassa fitoplanctônica).

A relação significativa entre a abundância de microcrustáceos e a biomassa de cianobactérias corrobora os dados existentes na literatura quanto à inedibilidade desse grupo para o zooplâncton (Mayer et al., 1997).

Esse fato, provavelmente, tem favorecido a dominância desse grupo de algas em ambientes dulcícolas de todo o mundo (Padisák, 1997; Padisák & Reynolds, 1998; Huszar et al., 2000), especialmente onde há a dominância de espécies de Cyclopoida, uma vez que são predadores herbívoros que selecionam o alimento (Esteves, 1998).

No eixo 2, o fósforo solúvel reativo (-0,58) foi a variável mais importante, agrupando os reservatórios com maiores concentrações desse nutriente: Iraí (24,0 mg.L^{-1}), Júlio de Mesquita (12,8 mg.L^{-1}) e Salto do Meio (9,0 mg.L^{-1}), como pode ser observado no diagrama da CCA (Figura 4a).

Considerações Finais

Observou-se clara tendência à eutrofização, evidenciada principalmente pelos picos de biomassa fitoplanctônica, em especial nos sistemas que mais sofrem ação antrópica em suas bacias hidrográficas, como os mais antigos e os localizados em regiões urbanas.

O tempo de residência da água no reservatório constitui uma importante função de força nos reservatórios, influindo fortemente sobre o desenvolvimento da comunidade fitoplanctônica (Reynolds, 1984; Straškraba et al., 1993c; Tundisi, 1990; Kimmel et al., 1990c), como observado no reservatório de Iraí, onde foi verificada a maior degradação da qualidade da água, a qual pode ser atribuída ao elevado tempo de residência da água (1,2 ano) e à alta concentração de nutrientes, decorrentes da intervenção antrópica e da intensa decomposição da matéria orgânica inundada, dada a recém-formação desse reservatório (1999), o que favoreceu a ocorrência de florações de cianobactérias.

A ocorrência de florações de cianobactérias em alguns dos reservatórios paranaenses, em especial no de Iraí, e seu registro associado à eutrofização por Branco & Senna (1994), Padisák (1997), Padisák & Reynolds (1998), Huszar et al. (2000) e Bouvy et al. (2001) é preocupante, não apenas sob o aspecto ecológico, mas também do ponto de vista sanitário, pois essa espécie heterocitada é potencialmente tóxica (Codd, 2000; Carmichael, 1997), oferecendo riscos à saúde humana e animal.

Elevadas biomassas de cianobactérias podem comprometer a qualidade da água, prejudicando seus usos múltiplos, uma vez que promovem aumento da turbidez e das concentrações de material particulado, produzindo, muitas vezes, gosto e odor desagradáveis em águas utilizadas para abastecimento (Codd, 2000).

De acordo com a Portaria nº 1469, de 29 de dezembro de 2000, do Ministério da Saúde (em vigor a partir de janeiro de 2004 quanto a esse critério), o monitoramento de cianobactérias em mananciais deve ter freqüência semanal quando o valor exceder a 1 mm³.L⁻¹ e mensal quando for inferior a esse valor. No caso de valores superiores a 2 mm³.L⁻¹ no ponto de captação, deverá ser efetuada semanalmente a análise de toxinas na água tratada, dispensada apenas nos casos em que bioensaios em camundongos não comprovem toxicidade. Desse modo, torna-se necessária a implementação de um programa de monitoramento intensivo e controle da biomassa de cianobactérias, com medidas de contenção ao acelerado processo de eutrofização em que se encontram alguns dos reservatórios paranaenses.

Referências Bibliográficas

BARBOSA, F. A. R. et al. The cascading reservoir continuum concept (CRCC) and its application to the river Tietê-Basin, São Paulo State, Brazil. In: TUNDISI, J. G.; STRAŠKRABA, M. (Eds.). *Theoretical reservoir ecology and its applications.* São Carlos: International Institute of Ecology; Leiden, The Netherlands: Backhuys Publishers; Rio de Janeiro: Brazilian Academy of Sciences, 1999. p. 425-437.

BICUDO, C. E. M. et al. Dinâmica de populações fitoplanctônicas em ambiente eutrofizado: o lago das Garças, São Paulo. In: HENRY, R. (Ed.). *Ecologia de reservatórios:* estrutura, função e aspectos sociais. Botucatu: FUNDIBIO; São Paulo: FAPESP, 1999. cap. 15, p. 451-507.

BOUVY, M.; PAGANO, M.; TROSSELLIER, M. Effects of a cyanobacterial bloom (*Cylindrospermopsis raciborskii*) on bacteria and zooplankton communities in Ingazeira reservoir (northeast Brazil). *Aquatic Microbial Ecology,* Oldendorf/Luhe, v. 25, n. 3, p. 215-227, Sept. 2001.

BRANCO, C. W. C.; SENNA, P. A. C. Factors influencing the development of *Cylindrospermopsis raciborskii* and *Microcystis aeruginosa* in the Paranoá reservoir, Brasília, Brazil. *Algological Studies,* Stuttgart, v. 75, p. 85-96, Nov. 1994.

CARMICHAEL, W. W. The cyanotoxins. In: CALLOW, J. (Ed.). *Advances in botanical research.* London: Academic Press, 1997. v. 27, p. 211-256.

CODD, G. A. Cyanobacterial toxins, the perception of water quality, and the prioritisation of eutrofication control. *Ecological Engineering*, Amsterdam, v. 16, n. 1, p. 51-60, Oct. 2000.

DOS SANTOS, A. C. A.; CALIJURI, M. C. Survival strategies of some species of the phytoplankton community in the Barra Bonita reservoir (São Paulo, Brazil). *Hydrobiologia*, Dordrecht, v. 367, p. 139-152, 1998.

ESTEVES, F. A. *Fundamentos de limnologia*. 2. ed. Rio de Janeiro: Interciência, 1998. 602 p.

HAPPEY-WOOD, C. M. Ecology of freshwater planktonic green algae. In: SANDGREN, C. D. (Ed.). *Growth and reproductive strategies of freshwater phytoplankton*. Cambridge: Cambridge University Press, 1988. ch. 5, p. 175-226.

HUSZAR, V. L. M.; CARACO, N. F. The relationship between phytoplankton composition and physical-chemical variables: a comparison of taxonomic and morphological-functional descriptors in six temperate lakes. *Freshwater Biology*, Oxford, v. 40, n. 4, p. 679-696, Dec. 1998.

HUSZAR, V. L. M. et al. Cyanoprokaryote assemblages in eight productive tropical Brazilian waters. *Hydrobiologia*, Dordrecht, v. 424, p. 67-77, Apr. 2000.

KIMMEL, B. L.; LIND, O. T.; PAULSON, L. J. Reservoir primary production. In: THORNTON, K. W.; KIMMEL, B. L.; PAYNE, F .E. (Eds.). *Reservoir limnology*: ecological perspectives. New York: J. Wiley & Sons, 1990c. ch. 6, p. 133-194.

LIND, O. T. Patterns phytoplankton populations and their relationship to trophic state in an elongate reservoir. *Internationale Vereinigung für Theoretische und Angewandte Limnologie*, Stuttgart, v. 22, pt. 3, p. 1465-1469, Dez. 1984.

MARINHO, M. M.; HUSZAR, V. L. M. Nutrient availability and physical conditions as controlling factors of phytoplankton composition and biomass in a tropical reservoir (Southeastern Brazil). *Archiv für Hydrobiologie*, Stuttgart, v. 153, n. 3, p. 443-468, Feb. 2002.

MAYER, J. et al. Seasonal successions and trophic relations between phytoplankton, zooplankton, ciliate and bacteria in a hypertrophic shallow lake in Vienna, Austria. *Hydrobiologia*, Dordrecht, v. 342/343, p. 165-174, Jan. 1997.

NEY, J. J. Oligotrophication and its discontents: effects of reduced nutrient loading on reservoir fisheries. In: MIRANDA, L. E.; De VRIES, D. R. (Eds.). *Multidimensional approaches to reservoir fisheries management*. Bethesda: American Fisheries Society, 1996. p. 285-295. (American Fisheries Society Symposium, 16.)

NOGUEIRA, M. G. et al. Uma avaliação dos processos de eutrofização nos reservatórios em cascata do rio Paranapanema (SP/PR), Brasil. In: FERNANDÉZ-CIRELLI, A.; CHALAR MARQUISÁ, G. (Eds.). *El agua en iberoamérica de la Limnologia a la gestión en Sudamérica*. Buenos Aires: CYTED XVII/CETA–Centro de Estudios Transdiciplinarios del agua, Facultad de Ciencias Veterinarias, 2002. 1 CD-ROM, p. 91-106.

PADISÁK, J. *Cylindrospermopsis raciborskii* (Woloszynska) Seenayya et Subba Raju, an expanding, highly adaptive cyanobacterium: worldwide distribution and review of its ecology. *Archiv für Hydrobiologie*, Stuttgart, v. 4, suppl. 107, p. 563-593, Sept. 1997.

PADISÁK, J.; REYNOLDS, C. S. Selection of phytoplankton associations in lake Balaton, Hungary, in response to eutrophication and restoration measures, with special reference to the cyanoprokaryotes. *Hydrobiologia*, Dordrecht, v. 384, p. 41-53, Aug. 1998.

REYNOLDS, C. S. Cyanobacterial water-blooms. In: CALLOW, J. (Ed.). *Advances in botanical research*. London: Academic Press, 1987. v. 13. p. 67-143.

REYNOLDS, C. S. Functional morphology and the adaptative strategies of freshwater phytoplankton. In: SANDGREN, C. D. (Ed.). *Growth and reproductive strategies of freshwater phytoplankton*. Cambridge: Cambridge University Press, 1988. ch. 10, p. 388-433.

REYNOLDS, C. S. Phytoplankton assemblages in reservoirs. In: TUNDISI, J. G.; STRAŠKRABA, M. (Eds.). *Theoretical reservoir ecology and its applications*. São Carlos: International Institute of Ecology; Leiden, The Netherlands: Backhuys Publishers; Rio de Janeiro: Brazilian Academy of Sciences, 1999. p. 439-456.

REYNOLDS, C. S. *The ecology of freshwater phytoplankton*. Cambridge: Cambridge University Press, 1984. 384 p.

REYNOLDS, C. S. *Vegetation processes in the pelagic*: a model for ecosystem theory. Oldendorf/Luhe: Ecology Institute, 1997. 371 p. (Excellence in ecology, 9.)

SILVA, C. A.; TRAIN, S.; RODRIGUES, L. C. Phytoplankton assemblages in a Brazilian subtropical cascading reservoir system. *Hydrobiologia*, Dordrecht, v. 357?, 2004. No prelo.

STRAŠKRABA, M.; TUNDISI, J. G. Reservoir ecosystem functioning: theory and application. In: TUNDISI, J. G.; STRAŠKRABA, M. (Eds.). *Theoretical reservoir ecology and its applications*. São Carlos: International Institute of Ecology; Leiden, The Netherlands: Backhuys Publishers; Rio de Janeiro: Brazilian Academy of Sciences, 1999. p. 565-597.

STRAŠKRABA, M.; TUNDISI, J. G.; DUNCAN, A. State-of-the-art of reservoir limnology and water quality management. In: STRAŠKRABA, M.; TUNDISI, J. G. (Eds.). *Comparative reservoir limnology and water quality management*. Dordrecht: Kluwer Academic, c1993. p. 213-288. (Developments in hydrobiology, 77.)

THORNTON, K. W. Sedimentary processes. In: THORNTON, K. W.; KIMMEL, B. L.; PAYNE, F. E. (Eds.). *Reservoir limnology*: ecological perspectives. New York: J. Wiley & Sons, 1990c. ch. 3, p. 43-69.

TRAIN, S.; RODRIGUES, L. C. Distribuição espaço-temporal da comunidade fitoplanctônica. In: VAZZOLER, A. E. A. de M.; AGOSTINHO, A. A.; HAHN, N. S. (Eds.). *A planície de inundação do alto rio Paraná*: aspectos físicos, biológicos e socioeconômicos. Maringá: EDUEM: Nupélia, 1997. cap. II.1, p. 105-115.

TRAIN, S.; RODRIGUES, L. C. Phytoplanktonic assemblages. In: THOMAZ, S. M.; AGOSTINHO, A. A.; HAHN, N. S. (Eds.). *The upper Paraná river and its floodplain*: physical aspects, ecology and conservation. Leiden, The Netherlands: Backhuys Publishers, 2004. pt. 2, ch. 5, p. 103-124. (Biology of inland waters.)

TRIMBEE, A. M.; HARRIS, G. P. Phytoplankton population dynamics of a small reservoir-effect of intermittent mixing on phytoplankton succession and the growth of blue-green-algae. *Journal of Plankton Research*, Oxford, v. 6, n. 4, p. 699-713, 1984.

TUNDISI, J. G. Distribuição espacial, seqüência temporal e ciclo sazonal do fitoplâncton em represas: fatores limitantes e controladores. *Revista Brasileira de Biologia*, Rio de Janeiro, v. 50, n. 4, p. 937-955, nov. 1990.

TUNDISI, J. G. et al. Comparação do estado trófico de 23 reservatórios do Estado de São Paulo: eutrofização e manejo. In: TUNDISI, J. G. (Ed.). *Limnologia e manejo de represas*. São Paulo: EESC-USP/CRHEA/ACIESP, 1988. v. 1, t. 1, p. 165-204. (Série: Monografias em Limnologia.)

TUNDISI, J. G.; MATSUMURA-TUNDISI, T.; ROCHA, O. Theoretical basis for reservoir management. In: TUNDISI, J. G.; STRAŠKRABA, M. (Eds.). *Theoretical reservoir ecology and its applications*. São Carlos: International Institute of Ecology; Leiden, The Netherlands: Backhuys Publishers; Rio de Janeiro: Brazilian Academy of Sciences, 1999. p. 505-528.

ZHANG, Y.; PREPAS, E. E. Regulation of the dominance of planktonic diatoms and cyanobacteria in four eutrophic hardwater lakes by nutrients, water column stability, and temperature. *Canadian Journal of Fisheries and Aquatic Sciences*, Ottawa, v. 53, n. 3, p. 621-633, Mar. 1996.

Capítulo 6

Distribuição Espacial e Temporal do Fitoplâncton em Três Reservatórios da Bacia do Rio Paraná

Sueli Train
Susicley Jati
Luzia Cleide Rodrigues
Bianca Matias Pivato

Introdução

Reservatórios são ecossistemas aquáticos artificiais que funcionalmente são muito similares aos lagos naturais, mas que diferem fundamentalmente do ponto de vista estrutural (Wetzel, 1990). Alterações na bacia do reservatório e na vazão afluente geram gradientes longitudinais físicos, químicos e biológicos, os quais permitem distinguir três zonas distintas: fluvial, intermediária e lacustre. No entanto, em alguns reservatórios, a distinção entre essas três regiões é problemática, podendo haver predomínio de um ou dois desses compartimentos (Kimmel et al., 1990; Tundisi et al., 1999).

Fatores geológicos, considerados em macroescala, como a hidrologia da bacia hidrográfica, a topografia e os padrões climáticos que ocorrem no nível da bacia dos rios nos quais os reservatórios se encontram inseridos, assim como gradientes relacionados a fatores intrínsecos de cada reservatório, como a morfometria, a meteorologia e fatores hidrológicos, influenciam fortemente as respostas limnológicas dos reservatórios (Thornton, 1990; Straškraba & Tundisi, 1999). Adicionalmente, pulsos produzidos no sistema, por meio de abruptas modificações dos fatores hidrológicos produzidos pela operação das barragens, interferem nos ciclos biogeoquímicos, na disponibilidade de nutrientes e na radiação subaquática, afetando fortemente a comunidade fitoplanctônica (Tundisi, 1990; Barbosa et al., 1995). Os efeitos desses pulsos diversos estabelecem diferentes regimes de mistura vertical e compartimentalizações horizontais, determinando heterogeneidade dos fatores controladores da produção fitoplanctônica e, desse modo, influindo no estado trófico dos reservatórios.

A caracterização trófica dos reservatórios, no entanto, se faz problemática em decorrência da grande heterogeneidade espacial e temporal que eles apresentam.

Os modelos que relacionam a abundância fitoplanctônica à concentração de nutrientes consideram que o crescimento e a biomassa do fitoplâncton são controlados pela disponibilidade de fósforo ou nitrogênio. Entretanto, em reservatórios, é comum que outros fatores não relacionados a essa disponibilidade determinem as taxas de produtividade. Assim, duvidosas relações registradas em relação às estimativas de suprimento de nutrientes em reservatórios e à produção primária fitoplanctônica se devem, muitas vezes, às discrepâncias existentes entre seu aporte e sua real disponibilidade para a comunidade fitoplanctônica e também à influência de outros fatores, principalmente, o curto tempo de residência e a radiação subaquática limitada (Lind et al., 1993).

Com base nesses pressupostos e com o objetivo de analisar as flutuações temporais e espaciais da composição e da biomassa das assembléias fitoplanctônicas de reservatórios distintos quanto à morfometria e hidrodinâmica, foram analisados dados obtidos em 2002, nas regiões superiores, intermediárias e inferiores de três reservatórios da bacia do rio Paraná – Iraí, Salto do Vau e Rosana.

Composição e Riqueza de Espécies

Foram inventariados, considerando o total de amostragens realizadas em quatro períodos de 2002, 90 táxons fitoplanctônicos assim distribuídos: Cyanobacteria (17 táxons), Bacillariophyceae (15 táxons), Chlorophyceae (32 táxons), Chrysophyceae (4 táxons), Euglenophyceae (7 táxons), Cryptophyceae (5 táxons), Zygnemaphyceae (5 táxons), Xanthophyceae (3 táxons) e Dinophyceae (2 táxons) (Tabela 1).

O maior número de táxons foi registrado no reservatório de Iraí (Figura 1). Não se verificou conspícua variação quanto à distribuição vertical e longitudinal da riqueza de espécies. A maior diversidade foi registrada próxima à barragem, provavelmente, em decorrência do maior esforço amostral na zona lêntica (quatro profundidades de coleta). O grupo melhor representado foi Chlorophyceae, com 29 táxons pertencentes à Ordem Chlorococcales (Tabela 1), a maioria dos quais cosmopolita e característico de ambientes com elevadas concentrações de fósforo e alta transparência, confirmando as preferências ecológicas atribuídas a esse grupo (Happey-Wood, 1988). Nesse reservatório, contrariamente ao registrado em outros, nos quais a dominância de *Microcystis aeruginosa* em geral está associada à diminuição da diversidade específica (Calijuri & dos Santos, 1996; Beyruth, 2000; Calijuri et al., 2002), foram observados os maiores valores de riqueza de espécies (Figura 1), associados ao alto tempo de residência da água (1,2 ano), à elevadas concentrações de nutrientes e à disponibilidade de luz.

Tabela 1 –   Táxons inventariados nos reservatórios de Iraí,[1] Rosana[2] e Salto do Vau[3].

CYANOBACTERIA

Anabaena circinalis Rabenh. Ex. Born. & Flah. [2]	*Microcystis* sp. [1]
A. solitaria Kom. [1,2]	*Planktothrix agardhii* (Gom.) Kom. & Anag. [1]
Aphanocapsa elachista W. & West [1,2,3]	*Pseudanabaena galeata* Böc. [2]
Aphanocapsa sp.1 [1,2]	*P. mucicola* (Hüb.-Pest. & Naum.) Bourr. [1]
Aphanocapsa sp.2 [1]	*Pseudanabaena* sp. [1]
Cylindrospermopsis raciborskii (W.) Seen. & Sub. Raju [1]	*Romeria* sp. [1]
Geitlerinema sp. [1]	*Synechocystis aquatilis* Sauv. [1,2,3]
Microcystis aeruginosa Kütz. [1]	*S. salina* Wisl. [1,2,3]
Microcystis wesenbergii (Kom.) Kom. [1]	

BACILLARIOPHYCEAE

Asterionella formosa Has. [1]	*Fragilaria capucina* Desm. [1]
Aulacoseira ambigua (Grun.) Sim. var. *ambigua* [1]	*Fragilaria* sp. [1]
A. granulata (Ehr.) Sim. var. *angustissima* (O.Mül.) Sim.[1,2]	*Navicula* sp. [1]
A. granulata (Ehr.) Sim. var. *granulata* [1,2]	*Nitzschia palea* (Kütz.) W. Sim. [1]
A. granulata (Ehr.) Sim. var. *granulata* f. *curvata* [1]	*Nitzschia* sp. [1]
Cyclotella sp. [1,2,3]	*Urosolenia eriensis* (Sm.) Round & Craw. [1]
A. ambigua (Grun.) Sim. var. *ambigua* f. *spiralis* Ludw. [1]	*U. longiseta* (Zach.) Round & Craw. [1]
A. distans (Ehr.) Sim. [1,2]	

CHLOROPHYCEAE

Ankistrodesmus fusiformis Cor. [1]	*Monoraphidium arcuatum* (Kors.) Hind. [1,2]
Ankyra ancora (Sm.) Fott [1]	*M. contortum* (Thur.) Kom. – Legn. [1]
Chlamydomonas sp. [2]	*M. griffithii* (Berk.) Kom.- Legn. [1,2,3]
Chlorella sp. [3]	*M. irregulare* (Sm.) Kom.-Legn. [3]
Closteriopsis scolia Com. [1,2]	*M. minutum* (Näg.) Kom.-Legn. [1]
Coelastrum microporum Näg. [1]	*M. tortile* (West) Kom.- Legn. [1]
Crucigenia tetrapedia (Kirchn.) W. & West. [1]	*Oocystis borgei* Snow [1]
Desmodesmus armatus (R. Chod.) Hegew. [1,3]	*O. lacustris* Chod. [1]
D. armatus var. *bicaudatus* (Gugl.) Hegew. [1]	*O. solitaria* Wittr. [1]

Tabela 1 – *Continuação...*

CHLOROPHYCEAE	
Dictyosphaerium elegans Bachm. [1]	*Oocystis* sp. [1]
D. tetrachotomum Printz. [1]	*Raphidocelis contorta* (Sch.) Marv. *et al.* [1]
Eutetramorus fottii (Hind.) Kom. Sensu Kom. [1]	*Scenedesmus acunae* Com. [1, 2, 3]
Eutetramorus sp. [1]	*S. ecornis* (Ehr.) Chod. [1, 2]
Fusola sp. [1]	*Schroederia antillarum* Kom. [1]
Koliela sp. [1]	*Tetraedron caudatum* (Cor.) Hansg. [1]
Micractinium pusillum Fres. [1]	*Tetrastrum komarekii* Hind. [1]

CHRYSOPHYCEAE	
Dinobryon divergens Imh. [1]	*Dinobryon* sp. [1]
D. sertularia Ehr. [2]	*Mallomonas* sp. [1, 2]

EUGLENOPHYCEAE	
Euglena oxyuris Sch. [1]	*T. sculpta* Balech. [1]
Lepocinclis sp. [2]	*T. volvocinopsis* Swir. [1, 2, 3]
Trachelomonas armata (E.) Stein [2]	*Trachelomonas* sp. [1]
T. hispida (Perty) Stein. [1]	

CRYPTOPHYCEAE	
Chroomonas acuta Uterm. [1, 2, 3]	*C. marssonii* Skuja [1, 2]
Cryptomonas brasiliensis Castro, Bic. & Bic. [1, 2, 3]	*Cryptomonas* sp. [1, 2, 3]
C. curvata Ehr. Emend. Pen. [2]	

ZYGNEMAPHYCEAE	
Closterium lineatum Ehr. Ex. Ralfs [1]	*Staurastrum* cf. *planctonicum* Teil. [1]
Cosmarium sp. [1]	*Staurastrum* cf. *tetracerum* (Küt.) Ralfs [1]
Cosmarium sp. 1 [1]	

XANTHOPHYCEAE	
Pseudostaurastrum limneticum (Bourr.) Chod. [1]	*T. spinigera* Skuja [1]
Tetraedriella jovetii (Bourr.) Bourr. [1]	

DINOPHYCEAE	
Peridinium sp. [1, 2]	*Peridinium* sp.1 [1, 2]

No reservatório de Salto do Vau, que possui reduzida extensão (cerca de 15 km) e é pouco dendrítico, o baixo número de táxons encontrado nas diversas estações de amostragem (Figura 1) esteve associado ao curto tempo de residência da água e à escassez de nutrientes, assim como no reservatório de Rosana, com maior extensão e dendrítico. Nesses dois reservatórios, não foram identificados padrões nítidos de distribuição vertical e longitudinal de riqueza de espécies (Tabela 1), sendo que, em ambos, as criptofíceas, representadas por espécies C-estrategistas (Reynolds, 1988), ocorreram em todas as estações de amostragem, apresentando, porém, baixa densidade.

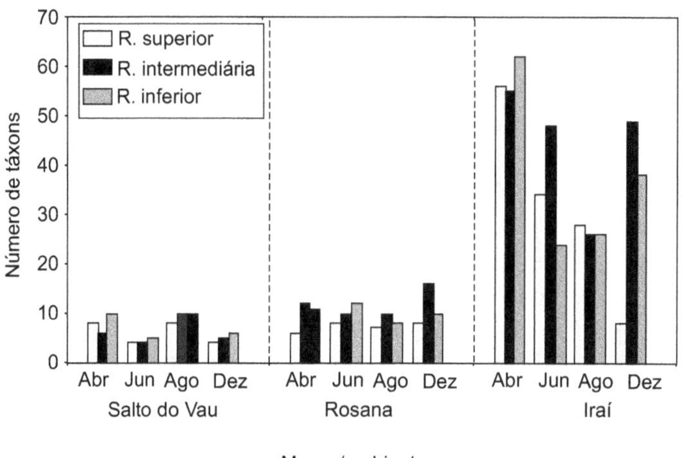

Figura 1 –   Riqueza de espécies nas regiões superiores, intermediárias e inferiores dos reservatórios de Salto do Vau, Rosana e Iraí, em 2002 (meses de abril, junho, agosto e dezembro).

Biomassa Fitoplanctônica

Os valores de biomassa fitoplanctônica, estimados pelo biovolume, apresentaram grande amplitude de variação, de acordo com o grau de trofia dos reservatórios amostrados, de forma que os reservatórios de Rosana (bacia do rio Paranapanema) e Salto do Vau (bacia do rio Iguaçu) apresentaram baixos valores de biovolume (menores que 0,4 mm^3 L^{-1}) em todas as regiões amostradas, caracterizando-se como pouco produtivos, enquanto no reservatório de Iraí, classificado como eutrófico (ver Capítulos 2 e 3), os valores de biovolume, em geral, foram elevados.

O reservatório de Iraí, embora sem nítida delimitação entre as zonas superior, intermediária e inferior, apresentou gradiente de distribuição da biomassa fitoplanctônica quanto ao eixo longitudinal, com valores baixos de biovolume na zona superior e altos na porção média e próximo à barragem (Figura 1a). A observação desse padrão, mesmo em um reservatório de curta extensão, foi decorrência da disponibilidade de nutrientes e do alto tempo de residência da água, que favoreceram o desenvolvimento massivo do fitoplâncton. Os altos valores de biovolume encontrados na zona lacustre contrastam com os padrões descritos para reservatórios profundos, nos quais essa região apresenta os menores valores de nutrientes e de biomassa fitoplanctônica, em decorrência dos processos de sedimentação (Armengol et al., 1999; Nogueira, 2000). Foram registradas florações de cianoprocariotas potencialmente tóxicas (*Microcystis aeruginosa* e *Cylindrospermopsis raciborskii*) nas zonas intermediária e lacustre, comuns em reservatórios que apresentam longo tempo de residência e estão sujeitos à intensa ação antrópica (Calijuri & dos Santos, 1996; Tundisi & Matsumura-Tundisi, 1990).

Considerando a distribuição vertical da biomassa fitoplanctônica na coluna de água da zona lacustre desse reservatório, apenas no mês de junho, foi registrado acentuado gradiente vertical, quando ocorreu o maior pico de biovolume (62 mm^3.L^{-1}) na camada epilimnética, em decorrência da floração de M. *aeruginosa*. Essa cianoprocariota colonial também foi responsável pelos altos valores de biovolume registrados no mês de setembro nos diversos estratos da coluna de água, o que corrobora seu enquadramento na associação M (Reynolds, 1997; Reynolds et al., 2002), pois além de ser capaz de regular sua flutuação na coluna de água em condições de estratificação, em decorrência da presença de bainha mucilaginosa e aerótopos, também é tolerante a condições de mistura, sendo freqüentes em lagos e reservatórios rasos, como é o caso do reservatório de Iraí, que apresenta profundidade máxima de 8 metros e também se encontra fortemente exposto à ação do vento.

Foram registrados valores acima de 40 mm^3.L^{-1} de biomassa fitoplanctônica nas zonas intermediária e lacustre do reservatório de Iraí por ocasião da floração, no mês de abril, da cianoprocariota heterocitada C. *raciborskii*, que, ao contrário de outras espécies heterocitadas, é adaptada a condições de mistura turbulenta, por ser boa captadora de luz, justificando, desse modo, seu enquadramento no grupo funcional S$_n$ (Padisák & Reynolds, 1998; Reynolds et al., 2002). A dominância de C. *raciborskii* esteve associada às menores concentrações de nitrato (inferiores a 10 mg.L^{-1}), evidenciando sua vantagem competitiva em condições de depleção desse nutriente, em decorrência de sua capacidade de fixar nitrogênio atmosférico, enquanto M. *aeruginosa* foi dominante no restante do período estudado, associada a altos teores de nitrato. A disponibilidade das formas combinadas de nitrogênio parece exercer papel fundamental na ocorrência e na substituição dessas cianoprocariotas nesse reservatório, o que deverá ser melhor investigado em estudos de curta duração.

No reservatório Paranoá, localizado no Distrito Federal, também há registros de ocorrência dessas duas espécies, com a dominância de *C. raciborskii* na estação chuvosa e sua substituição por *M. aeruginosa* no final da estação seca, em condições de altas concentrações de compostos nitrogenados, em decorrência de poluição orgânica (Branco & Senna, 1994).

O reservatório de Iraí foi o único a apresentar flutuações temporais acentuadas da biomassa fitoplanctônica, sendo registrados no período chuvoso (mês de dezembro) baixos valores de biomassa fitoplanctônica em todas as regiões amostradas (Figura 2a). Esses valores foram relacionados a baixas concentrações de fósforo solúvel reativo, indicando que o desenvolvimento do fitoplâncton foi limitado por fósforo nesse período, além do efeito diluitivo promovido pelas chuvas.

Os reservatórios de Rosana e Salto do Vau não apresentaram conspícuos gradientes verticais e longitudinais de distribuição da biomassa fitoplanctônica, estimada por meio do biovolume, provavelmente, em razão da escassez de nutrientes, da alta vazão e do conseqüente curto tempo de residência da água que os reservatórios apresentam. No reservatório Salto do Vau, foram verificados valores de biomassa inferiores a 0,1 mm^3.L^{-1} em todas as estações de amostragem (Figura 2c) em condições de Z_{eu}/Z_m = 1 e dominância de *Cryptomonas* sp. Da mesma forma, o reservatório de Rosana apresentou valores de biovolume inferiores a 0,5 mm^3.L^{-1} (Figura 2b), sendo as classes Cryptophyceae e Bacillariophyceae os grupos mais abundantes, representadas principalmente por *Cryptomonas* sp. e *Aulacoseira granulata*, respectivamente. Baixos valores de biomassa fitoplanctônica (estimada pela clorofila-*a*) também foram verificados por Nogueira et al. (2002) nesse reservatório.

A dominância de *Cryptomonas* sp. e *Aulacoseira granulata*, C e R-estrategistas (Reynolds, 1988, 1997), respectivamente, nos reservatórios de Rosana e Salto do Vau esteve associada aos regimes de mistura, caracterizados pela mistura total da coluna de água registrada nesses reservatórios. Embora essas algas apresentem maior adaptação à mistura turbulenta que outras espécies fitoplanctônicas, provavelmente, suas populações sofreram acentuadas perdas por lavagem hidráulica, decorrente do curto tempo de residência.

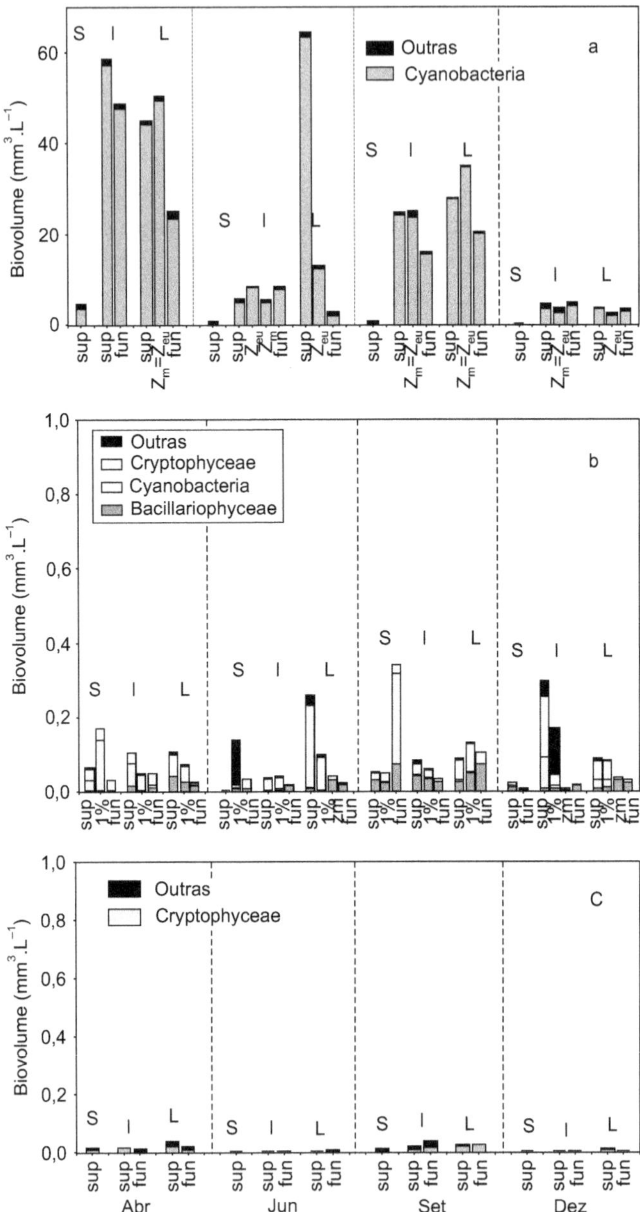

Figura 2 – Distribuição da biomassa fitoplanctônica nos reservatórios de Iraí (a), Rosana (b) e Salto do Vau (c) nas diferentes regiões (S – superior, I – intermediária, L – lacustre) e profundidades (superfície – sup, profundidade da zona eufótica – Z_{eu}, zona de mistura – Z_m e fundo – fun, profundidades de Z_{eu} e Z_m coincidentes – $Z_{eu} = Z_m$).

Apesar de o curto tempo de residência acentuar a vantagem competitiva de espécies C-estrategistas, com pequenas dimensões e altas taxa de reprodução e razão superfície/volume (Reynolds, 1988), em condições de depleção de nutrientes, como as verificadas nos reservatórios de Rosana e Salto do Vau, esse fator não favoreceu o desenvolvimento desse grupo morfológico-funcional, resultando em baixos valores de biomassa fitoplanctônica.

Com o objetivo de detectar padrões de variação da biomassa das espécies fitoplanctônicas foi realizada Análise de Correspondência Canônica (CCA). Utilizou-se para tal uma matriz com os valores de biovolume (> 0,1 $mm^3.L^{-1}$) das espécies fitoplanctônicas e uma matriz com variáveis abióticas, considerando apenas as amostragens de subsuperfície. Os dois primeiros eixos foram significativos segundo o teste de Monte Carlo (p < 0,05), explicando 30% da variabilidade total dos dados (Figura 3).

Dentre as variáveis selecionadas para análise, a temperatura da água (0,658), o nitrato (-0,538), o nitrito (-0,671) e a turbidez (-0,403) foram as mais importantes no eixo 1. As variáveis que estiveram correlacionadas ao eixo 2 foram a Z_{eu}/Z_m (0,534), o fósforo dissolvido total (0,352) e o nitrato (-0,679) (Figura 3).

Os agrupamentos dos reservatórios delineados no diagrama da CCA refletem seu grau de trofia, visto que o reservatório Iraí apresentou as maiores concentrações de nutrientes. Os meses de setembro, junho e dezembro, desse modo, se encontram separados no diagrama por terem apresentado os maiores valores de turbidez, nitrito e nitrato, o que foi observado de forma inversa no mês de abril (Figura 3a).

A CCA evidenciou a ocorrência de um gradiente temporal para o reservatório de Iraí, distinguindo o mês de abril, quando foram registradas altas temperaturas da água em todos os reservatórios, do mês de dezembro, período chuvoso, no qual os menores valores de biomassa fitoplanctônica estiveram associados à alta turbidez abiogênica. Essa análise evidenciou ainda um gradiente latitudinal determinado pela temperatura ao separar no diagrama o reservatório Salto do Vau, o único localizado em região de clima subtropical, com temperaturas variando de 12,7 a 23,7ºC.

Além dos nutrientes, o regime de mistura da coluna de água e a disponibilidade de luz constituíram fatores que distinguiram o reservatório de Rosana dos demais, pois ele apresentou as menores razões Z_{eu}/Z_{mix} (< 1), evidenciadas no eixo 2 da CCA. A composição e a biomassa das assembléias fitoplanctônicas estiveram, assim, fortemente condicionadas às variáveis físicas nesse reservatório (Figura 2b). Como também foi constatado por Naselli-Flores (1999), em reservatórios sicilianos, reduções na extensão da zona eufótica e na razão Z_{eu}/Z_m, a despeito das condições tróficas, constituem importante fator para a estrutura do fitoplâncton. No reservatório Rosana, essas variáveis devem ter afetado, juntamente com o curto tempo de residência da água, o desenvolvimento das espécies fitoplanctônicas, manifesto nos baixos valores de biomassa fitoplanctônica registrados nesse reservatório.

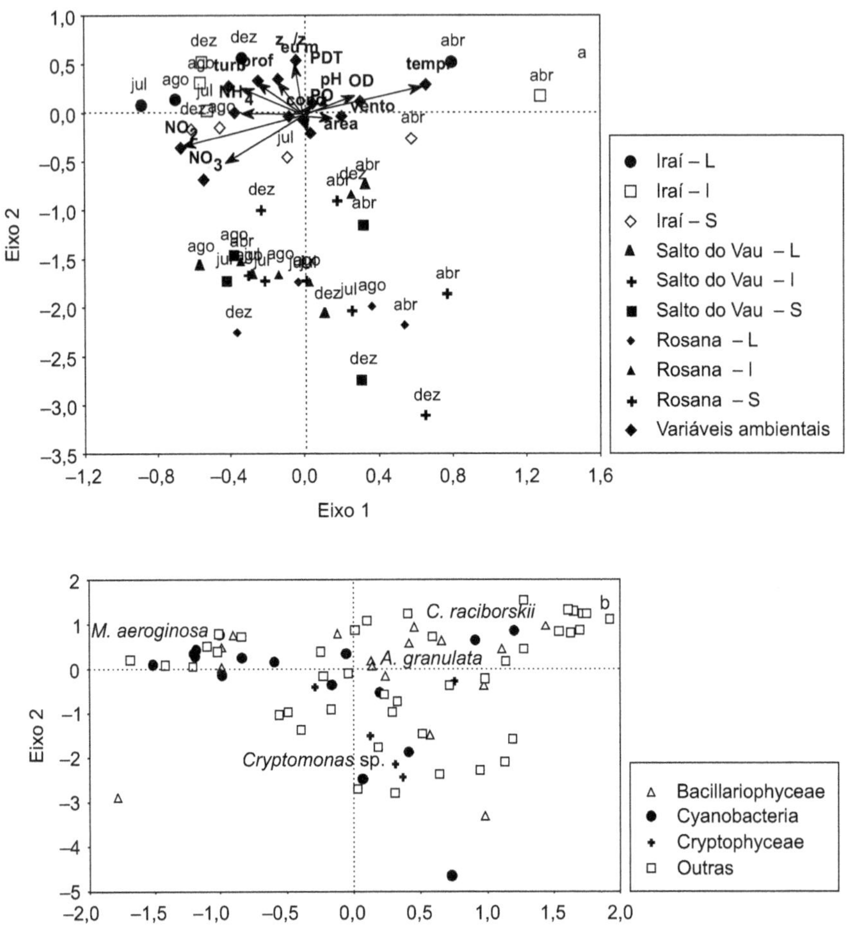

Figura 3 – Distribuição dos escores dos reservatórios (a) e biovolume das espécies (b) ao longo dos eixos canônicos. Códigos e abreviações: S - superior, I - intermediária, L -lacustre, temp - temperatura da água, OD - oxigênio dissolvido, PDT - fósforo dissolvido total, prof - profundidade local, turb - turbidez, Z_{eu}/Z_m - razão zona eufótica/zona de mistura, NO_3 - nitrato, NO_2 - nitrito, NH_4 - amônio.

Responsável pelo abastecimento de cerca de 25% da população da região metropolitana de Curitiba, o reservatório Iraí não apresenta mata ciliar em suas margens, além de receber o aporte de diversos efluentes domésticos e industriais. As elevadas concentrações das formas de nitrogênio e fósforo foram responsáveis pela alta turbidez e pelos valores excessivamente elevados de biomassa fitoplanctônica observados, com a dominância de cianobactérias potencialmente tóxicas.

As atividades antrópicas desenvolvidas nas microbacias dos tributários contribuintes, bem como as características morfométricas, o tempo de renovação da água e a idade de cada reservatório, foram determinantes para a variação espaço-temporal da biomassa fitoplanctônica observada nos três reservatórios. Desse modo, os reservatórios de Rosana e Salto do Vau, mais antigos e com reduzido tempo de residência da água, apresentaram baixa biomassa fitoplanctônica associada à alta disponibilidade de luz e à baixa concentração de nutrientes. O reservatório de Iraí, cujo tempo de renovação da água é superior a um ano, esteve mais susceptível à influência impactante de atividades antrópicas que degradaram a paisagem inicial ainda em sua fase de colonização, fato manifestado pelas florações das cianobactérias nocivas registradas, o que nos faz recomendar a execução de um plano de manejo sustentável de sua bacia, de abordagem holística, visando a sua recuperação, além de ser imperativo o cumprimento da Portaria MS–Funasa nº 518/2004, no tocante ao monitoramento de cianobactérias e cianotoxinas.

Referências Bibliográficas

ARMENGOL, J. et al. Longitudinal processes in Canyon Type reservoirs: the case of Sau (N.E. Spain). In: TUNDISI, J. G.; STRASKRABA, M. (Eds.). *Theoretical reservoir ecology and its applications*. São Carlos: International Institute of Ecology; Leiden, The Netherlands: Backhuys Publishers; Rio de Janeiro: Brazilian Academy of Sciences, 1999. p. 313-345.

BARBOSA, F. A. R.; BICUDO, C. E. M.; HUSZAR, V. L. M. Phytoplankton studies in Brazil: community structure variation and diversity. In: TUNDISI, J. G.; BICUDO, C. E. M.; MATSUMURA-TUNDISI, T. (Eds.) *Limnology in Brazil*. Rio de Janeiro: ABC/SBL, 1995. p. 19-36.

BEYRUTH, Z. Periodic disturbances, trophic gradient and phytoplankton characteristics related to cyanobacterial growth in Guarapiranga reservoir, São Paulo State, Brazil. *Hydrobiologia*, Dordrecht, v. 424, p. 51-65, Apr. 2000.

BRANCO, C. W. C.; SENNA, P. A. C. Factors influencing the development of *Cylindrospermopsis raciborskii* and *Microcystis aeruginosa* in the Paranoá reservoir, Brasília, Brazil. *Algological Studies*, Stuttgart, v. 75, p. 85-96, Nov. 1994.

CALIJURI, M. C.; DOS SANTOS, A. C. A. Short-term changes in the Barra Bonita reservoir (São Paulo, Brazil): emphasis on the phytoplankton communities. *Hydrobiologia*, Dordrecht, v. 330, p. 163-175, Sep. 1996.

CALIJURI, M. C.; DOS SANTOS, A. C. A.; JATI, S. Temporal changes in the phytoplankton community structure in a tropical and eutrophic reservoir (Barra Bonita, SP, Brasil). *Journal of Plankton Research*, Oxford, v. 24, n. 7, p. 617-634, July 2002.

HAPPEY-WOOD, C. M. Ecology of freshwater planktonic green algae. In: SANDGREN, C. D. (Ed.). *Growth and reproductive strategies of freshwater phytoplankton*. Cambridge: Cambridge University Press, 1988. ch. 5, p. 175-226.

KIMMEL, B. L., LIND, O. T.; PAULSON, L. J. Reservoir primary production. In: THORNTON, K. W.; KIMMEL, B. L.; PAYNE, F. E. (Eds.). *Reservoir limnology*: ecological perspectives. New York: J. Wiley & Sons, 1990. ch. 6, p. 133-194.

LIND, O. T.; TERRELL, T. T.; KIMMEL, B. L. Problems in reservoir trophic-state classification and implications for reservoir management. In: STRAŠKRABA, M.; TUNDISI, J. G.; DUNCAN, A. (Eds.). *Comparative reservoir limnology and water quality management*. Dordrecht: Kluwer Academic Press, 1993. ch. 3, p. 57-67 (Developments in hydrobiology, 77).

NASELLI-FLORES, L. Limnological aspects of Sicilian reservoirs: a comparative, ecosystemic approach. In: TUNDISI, J. G.; STRAŠKRABA, M. (Eds.). *Theoretical reservoir ecology and its applications*. São Carlos: International Institute of Ecology; Leiden, The Netherlands: Backhuys Publishers; Rio de Janeiro: Brazilian Academy of Sciences, 1999. p. 283-311.

NOGUEIRA, M. G. Phytoplankton composition, dominance and abundance as indicators of environmental compartmentalization in Jurumirim reservoir (Paranapanema river), São Paulo, Brazil. *Hydrobiologia*, Dordrecht, v. 431, n. 2-3, p. 115-128, July 2000.

NOGUEIRA, M. G. et al. Uma avaliação dos processos de eutrofização nos reservatórios em cascata do rio Paranapanema (SP/PR), Brasil. In: FERNANDÉZ-CIRELLI, A.; CHALAR MARQUISÁ, G. (Eds.). *El agua en iberoamérica, de la Limnologia a la gestión en Sudamérica*. Buenos Aires: CYTED XVII/Centro de Estudios Transdiciplinarios del Água (CETA), Facultad de Ciencias Veterinarias, 2002. 1 CD-ROM, p. 91-106.

PADISÁK, J.; REYNOLDS, C. S. Selection of phytoplankton associations in lake Balaton, Hungary, in response to eutrophication and restoration measures, with special reference to the cyanoprokaryotes. *Hydrobiologia*, Dordrecht, v. 384, p. 41-53, Aug. 1998.

REYNOLDS, C. S. Functional morphology and the adaptative strategies of freshwater phytoplankton. In: SANDGREN, C. D. (Ed.). *Growth and reproductive strategies of freshwater phytoplankton*. Cambridge: Cambridge University Press, 1988. ch. 10, p. 388-433.

REYNOLDS, C. S. *Vegetation process in the pelagic*: a model for ecosystem theory. Oldendorf/Luhe: Ecology Institute, 1997. 371 p., ill. (Excellence in ecology, 9).

REYNOLDS, C. S. et al. Towards a functional classification of the freshwater phytoplankton. *Journal of Plankton Research*, Oxford, v. 24, n. 5, p. 417-428, May 2002.

STRAŠKRABA, M.; TUNDISI, J. G. Reservoir ecosystem functioning: theory and application. In: TUNDISI, J. G.; STRAŠKRABA, M. (Eds.). *Theoretical reservoir ecology and its applications*. São Carlos: International Institute of Ecology; Leiden, The Netherlands: Backhuys Publishers; Rio de Janeiro: Brazilian Academy of Sciences, 1999. p. 565-597.

THORNTON, K. W. Sedimentary processes. In: THORNTON, K. W.; KIMMEL, B. L.; PAINE, F. E. (Eds.). *Reservoir limnology*: ecological perspectives. New York: J. Wiley & Sons, 1990. ch. 3, p. 43-69.

TUNDISI, J. G. Distribuição espacial, seqüência temporal e ciclo sazonal do fitoplâncton em represas: fatores limitantes e controladores. *Revista Brasileira de Biologia*, Rio de Janeiro, v. 50, n. 4, p. 937-955, nov. 1990.

TUNDISI, J. G.; MATSUMURA-TUNDISI, T. Limnology and eutrophication of Barra Bonita reservoir, São Paulo State, Southern Brazil. *Archiv für Hydrobiologie Beiheft. Ergebnisse der Limnologie*, Stuttgart, v. 33, pt. 3, p. 661-678, May 1990.

TUNDISI, J. G.; MATSUMURA-TUNDISI, T.; ROCHA, O. Theoretical basis for reservoir management. In: TUNDISI, J. G.; STRAŠKRABA, M. (Eds.). *Theoretical reservoir ecology and its applications*. São Carlos: International Institute of Ecology; Leiden, The Netherlands: Backhuys Publishers; Rio de Janeiro: Brazilian Academy of Sciences, 1999. p. 505-528.

WETZEL, R. G. Reservoir ecosystems: conclusions and speculations. In: THORNTON, K. W.; KIMMEL, B. L.; PAYNE, F. E. (Eds.). *Reservoir limnology*: ecological perspectives. New York: J. Wiley & Sons, 1990. ch. 9, p. 227-238.

Capítulo 7

Distribuição Espacial da Biomassa Perifítica em Reservatórios e Relação com o Tipo de Substrato

Liliana Rodrigues
Iraúza Arroteia Fonseca
Josimeire Aparecida Leandrini
Sirlene Aparecida Felisberto
Elizângela Luiza Vilagra da Silva

Introdução

A percepção geral dentre os limnólogos durante muitos anos foi a de que o fitoplâncton e as macrófitas aquáticas constituíam os grandes produtores primários dos ecossistemas aquáticos continentais, ficando a comunidade perifítica negligenciada e considerada apenas uma curiosidade científica.

Essa mentalidade foi alterada com a intensificação das pesquisas, que estabeleceram evidências de sua grande contribuição para a produtividade primária do ambiente, assim como seu papel como importante regulador do fluxo de nutrientes em águas interiores (Wetzel, 1990; Rodrigues et al., 2003). Elas ainda desempenham importante papel na base de cadeias alimentares em muitos ecossistemas aquáticos e contribuem significativamente mais para a nutrição da epifauna aquática do que os tecidos das macrófitas aquáticas (Gray & Hill, 1995).

Em decorrência do curto ciclo de vida das espécies que compõem o perifíton, do típico hábito de vida séssil e também de sua atuação dinâmica nos processos funcionais, esses organismos respondem prontamente às alterações ambientais, funcionando como sensores confiáveis da qualidade da água e de seu estado trófico (Stevenson, 1996). Sua utilização para desenvolver e testar modelos ecológicos matemáticos é altamente recomendável, uma vez que, além das características descritas, essa comunidade apresenta alta biodiversidade.

As algas perifíticas recebem influência de inúmeros fatores para o seu desenvolvimento, incluindo macro e micronutrientes, luz, temperatura, predação, velocidade de corrente, partículas transportadas pela corrente e natureza do substrato (Darley, 1982; Rodrigues et al., 2003). Moschini-Carlos (1996), Fernandes & Esteves (2003) e Rodrigues & Bicudo (2004) afirmam que esses organismos são muito sensíveis às modificações na qualidade e na hidrodinâmica da água de diferentes ecossistemas brasileiros. Assim, o acúmulo de biomassa perifítica resulta da integração de processos que envolvem o ganho e a perda ao longo de uma escala temporal.

Os aspectos físicos do substrato podem ser determinantes na composição, na densidade e na biomassa dos organismos perifíticos (Burkholder, 1996c). Dentre os vários substratos utilizados pela comunidade perifítica, as macrófitas aquáticas apresentam um dos maiores índices de abundância e riqueza de espécies, o que pode estar relacionado a sua complexidade morfológica e estrutural (Botts & Cowell, 1993; Engle & Melack, 1993). Os bancos de macrófitas também representam, além de um local rico em alimento, abrigo e proteção para inúmeros organismos aquáticos. Já o substrato do tipo epilíton pode ser considerado inerte e propicia uma fonte a mais de nutrientes para as algas perifíticas. Entretanto, vários fatores interferem, como composição química da rocha, porosidade e tamanho dos cristais (Burkholder, 1996c).

Durante 2001 investigamos 31 reservatórios espalhados pelo estado paranaense. Esses sistemas podem ser classificados basicamente como tendo dois tipos de substratos: macrófitas aquáticas e fundo pedregoso. Portanto, utilizamos sempre substrato natural. Nos reservatórios amostrados das bacias dos rios Iguaçu, Ivaí e Serra do Mar foi coletado epilíton (seixos) e naqueles dos rios Piquiri, Tibagi, Paranapanema e tributários do rio Iguaçu, epifíton (macrófitas).

As amostragens foram realizadas em distintas condições climáticas e ambientais, o que exerce importante influência na estrutura e na dinâmica da comunidade perifítica, como já apontado por Fernandes & Esteves (2003). Estudos comparativos sobre a comunidade perifítica em reservatórios com características totalmente distintas, como tipo de substrato, e com características ambientais extremas, podem fornecer importantes esclarecimentos sobre a capacidade de suporte do sistema, biodiversidade e bioindicadores de ambientes eutrofizados.

Utilizando dados sobre a biomassa perifítica (clorofila-*a*) buscamos avaliar a heterogeneidade espacial do perifíton nos reservatórios de distintas bacias, verificar se há relação entre o tipo de substrato e a presença de maior ou menor biomassa perifítica e, finalmente, contribuir, numa visão abrangente, com informações sobre a biomassa de algas perifíticas no estado paranaense.

Distribuição Espacial da Biomassa Perifítica

Dos 31 reservatórios estudados, 35% (11 reservatórios) apresentaram concentrações de clorofila-*a* inferior a 0,5 mg.cm^{-2} (Figura 1).

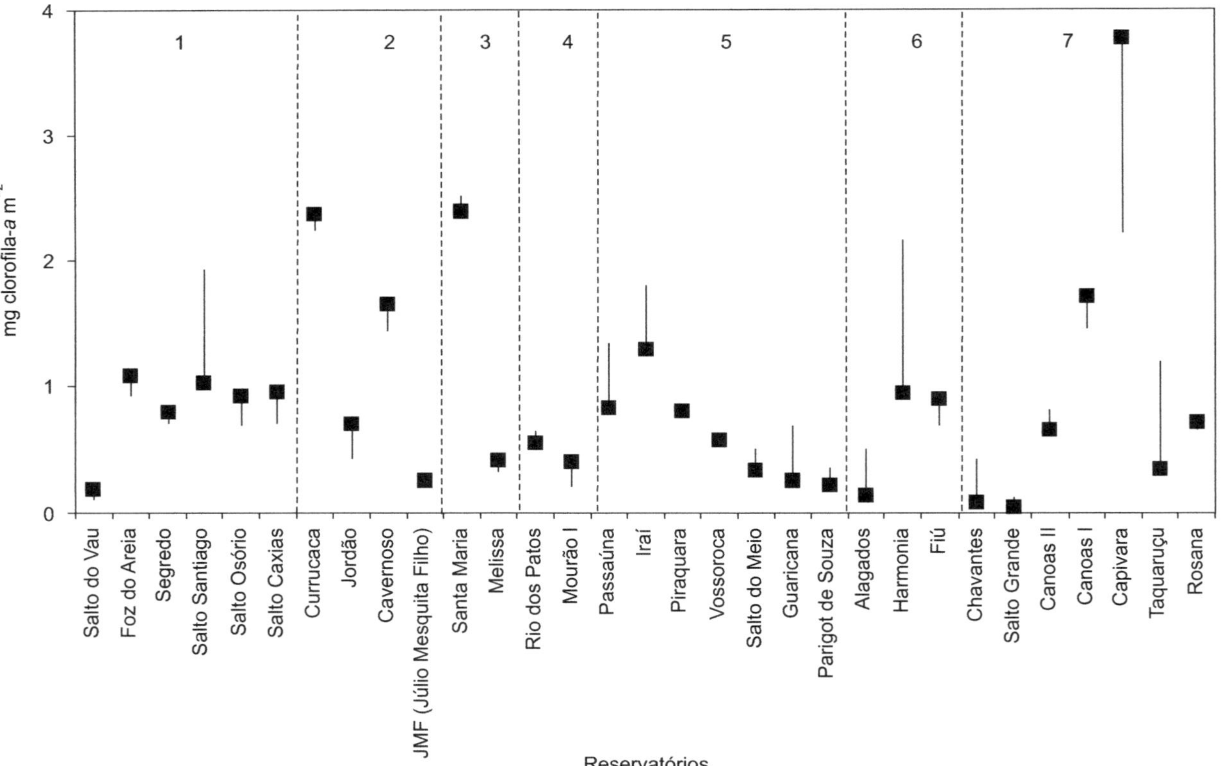

Figura 1 – Biomassa fotossintética (média e desvio-padrão) da comunidade de algas perifíticas nos 31 reservatórios amostrados em 2001 (n = 6). Os reservatórios estão separados de acordo com as bacias hidrográficas: (1) Iguaçu; (2) tributários do Iguaçu; (3) Piquiri; (4) Ivaí; (5) Serra do Mar; (6) Tibagi; (7) Paranapanema.

São eles: Salto do Vau, Julio de Mesquita Filho, Melissa, Mourão I, Salto do Meio, Guaricana, Parigot de Souza, Alagados, Chavantes, Salto Grande e Taquaruçu.

Outros trabalhos realizados em sistemas lênticos tropicais/subtropicais no Brasil demonstraram que as maiores concentrações de clorofila-*a* foram registradas em sistemas eutrofizados (Vercellino, 2001) e valores reduzidos para ambientes oligotróficos (Schwarzbold, 1992; Moschini-Carlos, 1996).

A biomassa perifítica apontou diferenças entre bacias de drenagem e, dentre estas, separou determinados reservatórios, provavelmente em decorrência de suas características morfológicas e funcionais, localização na bacia hidrográfica, tamanho (área de inundação e volume), profundidade, tempo de retenção e altura das descargas, considerando que esses fatores influenciam as características limnológicas do sistema e conseqüentemente toda a biota. Uma área importante para a comunidade perifítica é a margem das represas (fronteira), onde podem ocorrer gradientes físicos e químicos acentuados, originando maior ou menor diversidade (Tundisi, 1999).

Dentro da bacia hidrográfica do Iguaçu, o maior teor de clorofila-*a* foi observado no Reservatório de Curucaca (tributário do rio Iguaçu), enquanto no rio Tibagi, dos três reservatórios amostrados, a maior concentração foi observada na represa de Harmonia (Figura 1).

Os reservatórios Santa Maria e Melissa, ambos construídos na bacia de drenagem do rio Piquiri, apresentaram comportamento inverso quanto à concentração de pigmentos fotossinteticamente ativos, sendo que no primeiro o teor de clorofila-*a* foi um dos mais elevados dentre todos os 31 reservatórios analisados (Figura 1).

Os reservatórios Rio dos Patos e Mourão I, assim como Melissa, apresentaram valores baixos de biomassa fotossinteticamente ativa. Esses reservatórios estão inseridos em região de forte atividade agrícola e, conseqüentemente, sem a proteção da vegetação ciliar, elevado aporte de material argiloso é carreado via escoamento superficial. Como resultado imediato ocorre a diminuição de penetração de luz no sistema, o que dificulta o desenvolvimento das algas. Conforme já ressaltado por Murkin et al. (1992), a biomassa de algas perifíticas diminui em baixa intensidade luminosa, sendo esse fator limitante para o desenvolvimento de tal comunidade.

Para o rio Paranapanema, a maior biomassa fotossintética foi registrada para o reservatório de Capivara (Figura 1). Nesse reservatório ocorre a entrada de água do rio Tibagi, o qual muito provavelmente contribui com grande diversidade de espécies, principalmente de clorofíceas e zignemafíceas. Bittencourt-Oliveira (2002) registrou elevada diversidade de algas planctônicas para esse rio, o que nos leva a acreditar que essas espécies contribuem fortemente para o aumento de propágulos na comunidade perifítica.

Na Serra do Mar, a maior concentração dos teores de clorofila-*a* estão no reservatório de Iraí. Inserido em meio urbano, esse reservatório, assim como Passaúna e Piraquara, tem as margens desprotegidas de vegetação ripária, recebendo efluentes domésticos e industriais, o que propicia maior disponibilidade nutricional, principalmente de nitrogênio e fósforo, tanto na coluna d'água como na matriz perifítica.

Estudando o perifíton em lagos de diferentes trofias, Cattaneo (1987) verificou que ele responde à eutrofização diferentemente do fitoplâncton e que a resposta de sua biomassa total é menos pronunciada e mais variável. Essa observação também foi constatada para os reservatórios analisados.

Acreditamos que a comunidade perifítica sofre grande influência de aportes laterais, principalmente pela entrada de tributários. A composição e a densidade algal causadas pela entrada e pelo desenvolvimento de propágulos reflete-se no aumento da biomassa perifítica. Como exemplo, Moschini-Carlos et al. (2001), estudando a comunidade perifítica de substrato natural no reservatório de Jurumirim, observaram que o pico de biomassa perifítica na fase chuvosa foi relacionada à diminuição da abundância relativa de diatomáceas e ao aumento da abundância de algas verdes filamentosas.

Em linhas gerais, a biomassa da comunidade perifítica, analisada nos 31 reservatórios paranaenses, apresentou separação no nível de bacias hidrográficas. Dessa forma, o clima, a geologia e o uso da terra foram fatores de grande escala que afetaram os recursos e os fatores abióticos, os quais atuaram diretamente sobre a biomassa da comunidade de algas perifíticas. Felisberto & Rodrigues (ver Capítulo 8) observaram que diferentes localizações de reservatórios, em bacias hidrográficas com características climáticas e geológicas distintas, influenciaram a densidade algal perifítica.

Por meio da correlação de Pearson, a biomassa das algas perifíticas de todos os ambientes estudados correlacionou-se positivamente com a disponibilidade de nutrientes, ou seja, PDT ($r = 0,67$), PT ($r = 0,63$), PO_4 ($r = 0,55$) e NT ($r = 0,52$). Por sua vez, quando os ambientes foram separados por bacia hidrográfica, houve correlação positiva com a temperatura e negativa com a turbidez, além dos nutrientes.

Essas variáveis estão fortemente relacionadas à localização regional de cada bacia hidrográfica (ver Capítulo 1). De acordo com Bernhardt & Likens (2004), o aumento da disponibilidade luminosa, do suprimento de nutrientes e da temperatura, além da redução do pH, afetam diretamente a comunidade de algas perifíticas.

Dentre os recursos necessários para o desenvolvimento da comunidade perifítica, os nutrientes são comumente tidos como fatores limitantes (Lowe & Pan, 1996c; Borchardt, 1996c). A abundância dos principais nutrientes limitantes, nitrogênio e fósforo, nos ecossistemas é um importante fator na determinação da qualidade, da quantidade e da distribuição espacial e temporal da comunidade perifítica. Vários autores ressaltam a importância da interação do fósforo e do nitrogênio como estimulador do metabolismo das algas perifíticas (Burkholder & Cuker, 1991; Sand-Jansen & Sondergaard, 1981; Havens et al., 1999).

Cabe aqui destacar a capacidade potencial do complexo macrófitas–algas para reduzir a entrada de nutrientes inorgânicos na região pelágica dos ambientes aquáticos. N e P, particularmente, tendem a ser intensamente conservados dentro do complexo macrófitas aquáticas/perifíton/sedimento (Rodrigues et al., 2003).

A temperatura geralmente não constitui fator limitante para a biomassa e a produção primária do perifíton, porém estabelece limite de produção quando outras variáveis são ótimas (Denicola, 1996). A temperatura mais elevada em determinadas bacias hidrográficas deve ter promovido o aumento da atividade metabólica da comunidade, levando a um processo mais acelerado de incremento de biomassa (ver Capítulo 2).

Por sua vez, a turbidez, que apresentou correlação negativa com a biomassa fotossintética do perifíton, deve estar relacionada à maior quantidade de material alóctone propiciada pela maior precipitação em determinadas bacias hidrográficas. Felisberto & Rodrigues (ver Capítulo 8) verificaram grande influência da temperatura e da concentração de material em suspensão sobre a comunidade de algas perifíticas em três reservatórios paranaenses. Wellnitz & Ward (1998) afirmam que a intensidade luminosa pode determinar em parte a produtividade, a composição taxonômica e a estrutura física das assembléias de perifíton.

Assim, a sedimentação intensa que ocorre em determinadas regiões de reservatórios, especialmente na região lêntica, com acúmulo de matéria particulada sobre o perifíton, provoca diminuição das trocas de substâncias com a água, além de promover o sombreamento e conseqüentemente a redução da riqueza, da densidade e da biomassa ficoperifítica.

Segundo Vercellino (2001), a comunidade perifítica é dirigida pela disponibilidade de nutrientes e pelo período climático, no qual as perturbações físicas desempenham importante papel controlador, principalmente em sistemas eutrofizados. Também Moschini-Carlos & Henry (1997) comentam que a composição da comunidade perifítica varia em relação a diversos fatores, como o estado trófico do ambiente e a natureza do substrato.

Biomassa Perifítica e o Tipo de Substrato

Quando investigamos a comunidade perifítica levando em consideração o tipo de substrato coletado (Figura 2), foi possível separar os reservatórios por bacia hidrográfica. Apenas para os reservatórios pertencentes à bacia do rio Iguaçu houve divisão entre aqueles localizados nos tributários (Tributários Iguaçu) e aqueles situados em cascata no próprio rio, uma vez que os substratos foram diferentes entre as regiões.

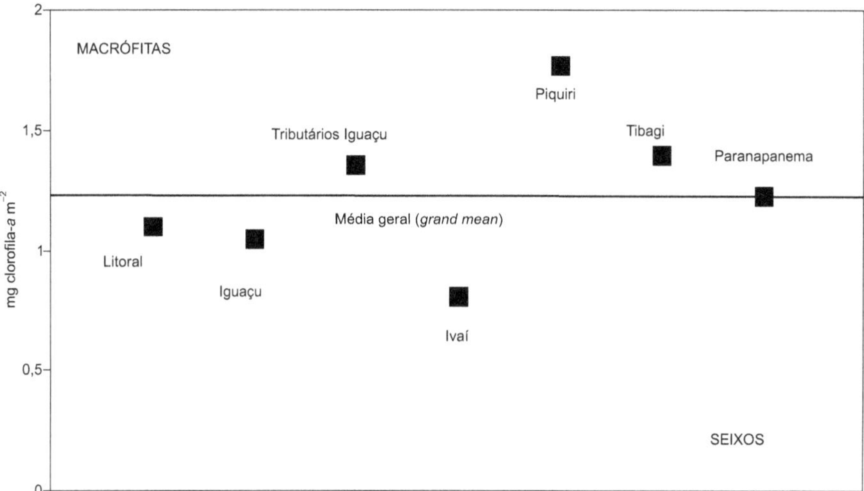

Figura 2 –   Reservatórios amostrados (n = 31) de diferentes bacias hidrográficas de acordo com o tipo de substrato coletado (macrófitas aquáticas e seixos) durante 2001. Grande média geral com n = 64.

De acordo com Hansson (1992), a variação da biomassa perifítica pode ser influenciada por vários fatores, incluindo entre os mais importantes a composição do substrato. Observamos que naqueles onde o substrato coletado foram seixos, a média de biomassa fotossintética ficou sempre abaixo da grande média geral de todos os reservatórios analisados, ou seja, 1,2 mg clorofila-a. m^{-2} (n = 64). Conforme salienta Sahín (2003), poucas espécies de algas são adaptadas para colonizar esse tipo de substrato.

Nos reservatórios onde a biomassa perifítica foi mais elevada, as macrófitas aquáticas foram o substrato predominante do sistema. De acordo com Planas (1996c), a proximidade com o tecido fotossintético das macrófitas aquáticas como substrato oferece às algas vantagem competitiva quando comparadas a algas epilíticas. Além disso, há uma forma de simbiose entre plantas aquáticas e epífitas, sendo essas algas beneficiadas pelos compostos orgânicos e pelos nutrientes excretados pelas plantas, que de certa forma são protegidas dos "grazers" pelas epífitas (Cattaneo & Kalff, 1979).

Assim, embora haja várias diferenças limnológicas entre as distintas bacias hidrográficas do Estado do Paraná, nossos dados demonstram clara diferença na biomassa perifítica, levando em consideração o tipo de substrato predominante no sistema.

Referências Bibliográficas

BERNHARDT, E. S.; LIKENS, G. E. Controls on periphyton biomass in heterotrophic streams. *Freshwater Biology*, Oxford, v. 49, p. 14-27, 2004.

BITTENCOURT-OLIVEIRA, M. C. A comunidade fitoplanctônica do rio Tibagi: uma abordagem preliminar de sua diversidade. In: MEDRI, M. E.; BIANCHINI, E.; SHIBATTA, O. A.; PIMENTA, J. A. (Eds.). *A bacia do rio Tibagi*. Londrina: M. E. Medri, 2002. cap. 21, p. 373-402.

BORCHARDT, M. A. Nutrients. In: STEVENSON, R. J.; BOTHWELL, M. L.; LOWE, R. L. (Eds.). *Algal ecology*: freshwater benthic ecosystems. San Diego: Academic Press, 1996c. Section 2: Factors affecting benthic algae, ch. 7, p. 183-227. (Aquatic ecology series).

BOTTS, P. S.; COWELL, B. C. Temporal patterns of abundance of epiphytic invertebrates on *Typha* shoots in a subtropical lake. *Journal of the North American Benthological Society*, Lawrence, v. 12, n. 1, p. 27-39, mar. 1993.

BURKHOLDER, J. M. Interactions of benthic algae with their substrata. In: STEVENSON, R. J.; BOTHWELL, M. L.; LOWE, R. L. (Eds.). *Algal ecology*: freshwater benthic ecosystems. San Diego: Academic Press, 1996c. Section 2: Factors affecting benthic algae, ch. 9, p. 253-297. (Aquatic ecology series).

BURKHOLDER, J. M; CUKER, B. E. Response of periphyton communities to clay and phosphate loading in a Shallow Reservoir. *Journal of Phycology*, Lawrence, v. 27, p. 373-384, 1991.

CATTANEO, A. Periphyton in lakes of different trophy. *Canadian Journal of Fisheries and Aquatic Sciences*, Ottawa, v. 44, n. 2, p. 296-303, Febr. 1987.

CATTANEO, A.; KALFF, J. Primary production of algae growing on natural and artificial aquatic plants: a study of interactions between epiphytes and their substrate. *Limnology and Oceanography*, Lawrence, v. 24, n. 6, p. 1031-1037, 1979.

DARLEY, W. M. *Algal biology*: a physiological approach. Oxford: Blackwell Scientific, 1982. 168 p., ill. (Basic macrobiology, v. 9).

DeNICOLA, D. M. Periphyton responses to temperature at different ecological levels. In: STEVENSON, R. J.; BOTHWELL, M. L.; LOWE, R. L. (Eds.). *Algal ecology*:

freshwater benthic ecosystems. San Diego: Academic Press, 1996c. Section 2: Factors affecting benthic algae, ch. 6, p. 149-181. (Aquatic ecology series).

ENGLE, D. L.; MELACK, J. M. Consequences of riverine flooding for seston and the periphyton of floating meadows in an Amazon floodplain lake. *Limnology and Oceanography*, Lawrence, v. 38, n. 7, p. 1500-1520, Nov. 1993.

FERNANDES, V. O.; ESTEVES, F. A. The use of indices for evaluating the periphytic community in two kinds of substrate in Imboassica lagoon, Rio de Janeiro, Brazil. *Brazilian Journal of Biology*, São Carlos, v. 63, n. 2, p. 233-243, May 2003.

GRAY, B. R.; HILL, W. R. Nickel sorption by periphyton exposed to different light intensities. *Journal of the North American Benthological Society*, Lawrence, v. 14, n. 2, p. 299-305, June 1995.

HANSSON, L.-A. Factors regulating periphytic algal biomass. *Limnology and Oceanography*, Lawrence , v. 37, n. 2, p. 322-328, Mar. 1992.

HAVENS, K. E. et al. Littoral periphyton responses to nitrogen and phosphorus: an experimental study in a subtropical lake. *Aquatic Botany*, Amsterdam, v. 63, n. 3-4, p. 267-290, Apr. 1999.

LOWE, R. L.; PAN, Y. Benthic algal communities as biological monitors. In: STEVENSON, R. J.; BOTHWELL, M. L.; LOWE, R. L. (Eds.). *Algal ecology*: freshwater benthic ecosystems. San Diego: Academic Press, 1996c. Section 3: The niche of benthic algae in freshwater ecosystems, ch. 22, p. 705-739. (Aquatic ecology series).

MOSCHINI-CARLOS, V. *Dinâmica e estrutura da comunidade perifítica (substratos artificial e natural), na zona de desembocadura do rio Paranapanema, represa de Jurumirim, SP.* 1996. 172 f. Tese (Doutorado em Ecologia e Recursos Naturais) – Universidade Federal de São Carlos, São Carlos.

MOSCHINI-CARLOS, V.; HENRY, R. Aplicação de índices para a classificação do perifíton em substratos natural e artificial, na zona de desembocadura do rio Paranapanema (represa de Jurumirim), SP. *Revista Brasileira de Biologia*, Rio de Janeiro, v. 57, n. 4, p. 655-663, nov. 1997.

MOSCHINI-CARLOS, V.; POMPÊO, M. L. M.; HENRY, R. Periphyton on natural substratum in Jurumirim reservoir (São Paulo, Brazil): communitiy biomass and primary productivity. *International Journal of Ecology and Environmental Sciences*, New Delhi, v. 27, n. 3-4, p. 171-177, Dec. 2001.

MURKIN, E. J.; MURKIN, H. R.; TITMAN, R. D. Nektonic invertebrate abundance and distribution at the emergent vegetation-open water interface in the Delta Marsh, Manitoba, Canada. *Wetlands*, Ottawa, v. 12, p. 45-52, 1992.

PLANAS, D. Acidification effects. In: STEVENSON, R. J.; BOTHWELL, M. L.; LOWE, R. L. (Eds.). *Algal ecology*: freshwater benthic ecosystems. San Diego: Academic Press, 1996c. Section 2: Factors affecting benthic algae, ch. 16, p. 497-530. (Aquatic ecology series).

RODRIGUES, L.; BICUDO, D. C. Periphytic algae. In: THOMAZ, S. M.; AGOSTINHO, A. A.; HAHN, N. S. (Eds.). *The Upper Paraná River and its floodplain*: physical aspects, ecology and conservation. Leiden, The Netherlands: Backhuys, 2004. Pt. 2: Ecology, biodiversity and conservation, ch. 6, p. 125-143. (Biology of inland waters).

RODRIGUES, L.; BICUDO, D. C.; MOSCHINI-CARLOS, V. O papel do perifíton em áreas alagáveis e nos diagnósticos ambientais. In: THOMAZ, S. M.; BINI, L. M. (Eds.). *Ecologia e manejo de macrófitas aquáticas*. Maringá: EDUEM, 2003. cap. 10, p. 211-229.

SAHÍN, B. Epipelic and epilithic algae of lower parts of Yanbolu river (Trabzon, Turkey). *Turkish Journal of Biology*, v. 27, p. 107-115, 2003.

SAND-JANSEN, K.; SONDERGAARD, M. Phytoplankton and epiphyte development and their shading effect on submerged macrophytes in lakes of different nutrient status. *International Revue gesamten Hydrogiology*, v. 66, n. 4, p. 529-552, 1981.

SCHWARZBOLD, A. *Efeitos do regime de inundação do rio Mogi-guaçu (SP) sobre a estrutura, diversidade, produção e estoques do perifíton na Lagoa do Infernão*. São Carlos, 1992. 148 f. Tese (Doutorado em Ecologia e Recursos Naturais) – Universidade Federal de São Carlos, São Carlos, SP.

STEVENSON, R. J. An Introduction to algal ecology in freshwater benthic habitats. In: STEVENSON, R. J.; BOTHWELL, M. L.; LOWE, R. L. (Eds.). *Algal ecology*: freshwater benthic ecosystems. San Diego: Academic Press, 1996. Section 1: Patterns of benthic algae in aquatic ecosystems, ch. 1, p. 3-30. (Aquatic ecology series).

TUNDISI, J. G. Reservatórios como sistemas complexos: teoria, aplicações e perspectivas para usos múltiplos. In: HENRY, R. (Ed.). *Ecologia de reservatórios*: estrutura, função aspectos sociais. Botucatu: FUNDIBIO; São Paulo: FAPESP, 1999. cap. 1, p. 19-38.

VERCELLINO, I. S. *Sucessão da comunidade de algas perifíticas em dois reservatórios do Parque Estadual das Fontes do Ipiranga, São Paulo*: influência do estado trófico e período climatológico. 2001. 176 f., il. Dissertação (Mestrado em Conservação e Manejo de Recursos) – UNESP, Rio Claro, SP.

WELLNITZ, T. A.; WARD, J. V. Does light intensity modify the mayfly grazers have on periphyton? *Freshwater Biology*, Amsterdam, v. 39, n. 1, p. 135-149, Febr. 1998.

WETZEL, R. G. Reservoir ecosystems: conclusions and speculations. In: THORNTON, K. W.; KIMMEL, B. L.; PAYNE, F. E. (Eds.). *Reservoir limnology*: ecological perspectives. New York: J. Wiley, 1990. ch. 9, p. 227-238.

Capítulo 8

Comunidade de Algas Perifíticas em Reservatórios de Diferentes Latitudes

Sirlene Aparecida Felisberto
Liliana Rodrigues

Introdução

Em escala mundial, a comunidade perifítica vem sendo utilizada temporal e espacialmente para compreensão de problemas básicos em ecologia, como sucessão de comunidades, padrões de colonização e efeitos de pulsos (Tundisi, 1999).

O perifíton responde prontamente às alterações do meio, funcionando como sensores refinados das variações ambientais. Além disso, sua biomassa pode ser alocada em vários níveis energéticos, como acumulação algal, decomposição (cadeia detritívora), herbivoria (cadeia dos consumidores) ou exportação de matéria orgânica. Segundo Carpenter & Lodge (1986), altas densidades de invertebrados tipicamente associados a macrófitas, comparados a outros substratos, podem ser resultantes da disponibilidade alimentar de algas perifíticas sobre sua superfície. Certamente é verdadeiro que muitos invertebrados associados às macrófitas preferem se alimentar do complexo epifíton-detrito da superfície de macrófitas do que das próprias macrófitas (Cattaneo, 1983).

A importância das algas em sistemas aquáticos como um recurso natural é, em parte, decorrente de sua disponibilidade por toda a superfície da água e de qualquer substrato imerso. Algas são importantes na dieta alimentar porque, como simples ou pequenos agrupamentos de células, são facilmente assimiladas (Goldsborough & Robinson, 1996).

A escolha dos reservatórios para análise da estrutura e da dinâmica da comunidade perifítica contempla ambientes com áreas, morfometrias e idades variáveis, situados em diferentes microbacias e com distintos graus de ocupação antropogênica e condições climáticas.

Reservatórios estudados e coleta do material perifítico

O reservatório de Salto do Vau, situado na bacia do rio Iguaçu, foi construído em 1959 numa região de vale com grande área de mata nativa e preservada. O reservatório, com 8,2 km de extensão, apresenta profundidade aproximada de 0,8 m na região fluvial, 2 m na transição e 3 m na lacustre. O reservatório da Usina Hidrelétrica Mourão I está localizado dentro do Parque Estadual Lago Azul, na bacia do rio Ivaí, com 22 km de extensão e apresentando profundidade aproximada de 2,7 m na região fluvial, 7,5 na transição e 8 na lacustre. Sua inauguração ocorreu em 1987. O reservatório de Rosana, inaugurado em 1964, está situado na bacia do rio Paranapanema. Apresenta 116 km de extensão, profundidade de 12 m nas regiões fluvial e de transição e 22 m na lacustre. Esses reservatórios apresentam usos prioritários distintos, entretanto, tem na produção de energia a sua principal finalidade.

O perifíton foi coletado durante 2002 em períodos estacionais característicos de verão e inverno, sempre na área litorânea das regiões fluvial, de transição e lacustre dos três reservatórios. O substrato coletado foi do tipo epifíton. O perifíton, após removido do substrato, foi transferido para frascos de 150 ml, fixado e preservado com solução de Transeau para análise qualitativa e com lugol acético 5% para estudo quantitativo. A enumeração foi realizada segundo o método de Utermöhl (1958), por meio de microscópio invertido Olympus CK2 e com aumento de 400 vezes. A contagem dos indivíduos foi realizada em campos aleatórios, conforme recomendado em Bicudo (1990). Os valores da densidade algal foram convertidos por unidade de área do substrato.

A identificação das algas perifíticas foi baseada em literaturas clássicas (Croasdale & Flint, 1986, 1988; Förster, 1982; Geitler, 1932; Kramer & Lange-Bertalot, 1986; Prescott et al., 1981; Prescott (reprint 1982), entre outras), específicas e regionais.

Tratamento dos dados

Os dados limnológicos abióticos foram coletados simultaneamente com os dados bióticos e fornecidos pelo Laboratório de Limnologia Básica, do Núcleo de Pesquisas em Limnologia, Ictiologia e Aquicultura – Nupélia, da Universidade Estadual de Maringá (ver Capítulo 3).

A Análise de Componentes Principais (PCA) e a Análise de Correspondência Destendenciada (DCA) foram aplicadas para reduzir a dimensionalidade dos dados abióticos (Secchi, condutividade, pH, turbidez, oxigênio dissolvido, temperatura da água, clorofila-a, profundidade, NO_3, NT, alcalinidade, Ppart., PT e CPO_4) e bióticos (quantidade de macrófitas aquáticas e densidade das algas perifíticas). As análises foram realizadas com transformação dos dados [log10 (x + 1)], utilizando o programa PC-ORD, versão 4.0. Para a PCA foram considerados os eixos com valores maiores que o modelo de Broken-Stick. Na construção da matriz biológica das espécies de algas perifíticas, todos os táxons (416) registrados nos dois períodos e nos três reservatórios amostrados foram considerados na DCA.

Os valores da densidade da comunidade ficoperifítica foram correlacionados com as variáveis limnológicas por meio do coeficiente de Pearson, a fim de analisar a influência dessas variáveis sobre a densidade ($p < 0,05$ %).

Caracterização Limnológica dos Reservatórios

O reservatório de Salto do Vau está localizado em uma região com temperaturas do ar mais baixas e da água variando de 13 a 23,7°C durante o período estudado em 2002 (Figura 1a). A região onde ele está inserido apresenta maior precipitação pluviométrica (Figura 1b) quando comparada aos locais dos demais reservatórios. Rosana, por sua vez, se situa em uma região com temperaturas da água mais elevadas, as quais oscilaram entre 21,7 e 27,7°C (Figura 1a) e com menor nível de precipitação (Figura 1b). Esse reservatório constitui um ambiente de caráter intermediário entre o regime lêntico e lótico, sendo bastante influenciado pelo controle da vazão (Romanini et al., 1994). Já o reservatório de Mourão está inserido numa região com condições intermediárias aos dois anteriores, com temperaturas variando entre 16,7 e 26,7°C (Figura 1a).

Os resultados da PCA com base nos dados físicos, químicos e biológicos se encontram na Figura 2 e na Tabela 1. Os dois primeiros eixos explicaram 68,81% da variabilidade conjunta dos dados. No eixo 1 (43,89%) houve separação dos reservatórios amostrados em função das diferentes bacias hidrográficas (Figura 2). As variáveis que contribuíram para a formação do primeiro eixo separaram o reservatório de Rosana dos demais, principalmente quanto aos valores de alcalinidade, condutividade e macrófitas aquáticas.

As diferentes regiões do reservatório de Salto do Vau se posicionaram acima do eixo, enquanto as relativas ao reservatório de Mourão se posicionaram à direita do eixo, associando-se aos valores de fósforo particulado, turbidez e fósforo total.

No eixo 2 (24,92 %) houve separação dos reservatórios amostrados em função do período estacional (Figura 2), principalmente para os reservatórios de Salto do Vau e Rosana. As unidades amostrais referentes ao inverno se colocaram acima do eixo, relacionando-se positivamente aos maiores valores de oxigênio dissolvido, carbono orgânico particulado, nitrogênio total e nitrato e negativamente à temperatura da água e à profundidade (Tabela 1).

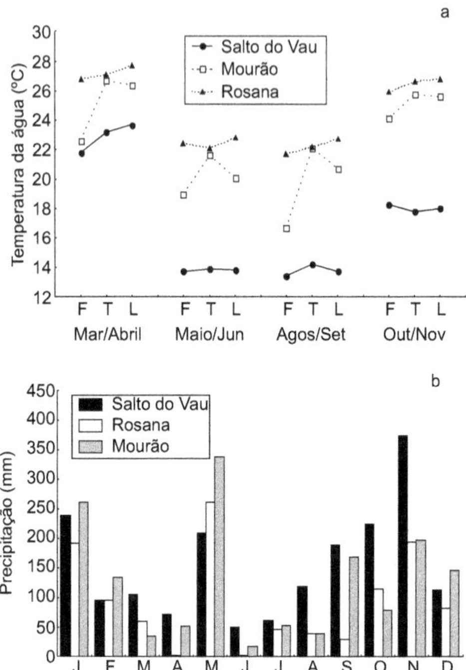

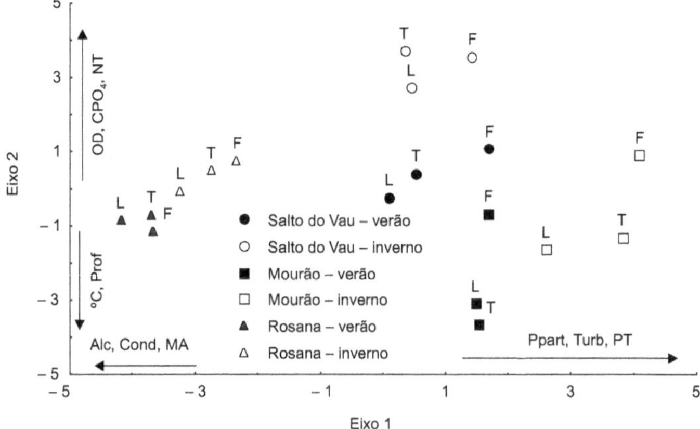

Figura 1 – Variação da temperatura da água durante quatro meses em 2002 (a) e precipitação mensal total no período de janeiro a dezembro de 2002 (b).

Figura 2 – Posição dos reservatórios ordenados de acordo com os dois primeiros eixos da Análise de Componentes Principais; Turb = turbidez, Cond = condutividade, MA = macrófitas aquáticas, Ppart = fósforo particulado, PT = fósforo total, °C = temperatura da água, OD = oxigênio dissolvido, CPO_4 = carbono orgânico particulado, NT = nitrogênio total. Regiões: F = fluvial, T = transição, L = lacustre.

Tabela 1 – Contribuição das variáveis nos dois primeiros eixos da análise de componentes principais.

Variáveis	Eixo 1	Eixo 2
pH	–0,263	–0,2323
Secchi (m)	–0,3241	0,0200
Condutividade (µS/c)	**–0,3406**	–0,0954
Turbidez (NTU)	**0,2913**	0,0303
Oxigênio dissolvido (mg/L)	0,0803	**0,4015**
Temperatura da água (°C)	–0,1572	**–0,4352**
Alcalinidade (mEq)	**–0,3489**	–0,0011
Clorofila-a (mg.cm^{-2})	–0,1915	0,2722
Nitrogênio total (µg/L)	–0,2477	**0,3466**
Nitrato (µg/L)	–0,1787	**0,3266**
Fósforo total (µg/L)	**0,2107**	0,2492
Carbono orgânico particulado (µg/L)	–0,1604	**0,3742**
Fósforo particulado (µg/L)	**0,2957**	–0,080
Nº de espécies de macrófitas aquáticas	**–0,3357**	0,1103
Profundidade (m)	–0,2683	**–0,2518**

Comunidade de Algas Perifíticas

Por meio da análise qualitativa, 649 táxons foram registrados para os três reservatórios considerando os dois períodos. Desse total, 296 ocorreram no reservatório de Salto do Vau, 318, no de Mourão e 405, no de Rosana. As classes de algas representadas foram: Bacillariophyceae (diatomáceas), Chlorophyceae, Chrysophyceae, Cryptophyceae, Cyanophyceae (cianofíceas), Dinophyceae, Euglenophyceae, Oedogoniophyceae, Rhodophyceae, Ulothricophyceae, Xanthophyceae e Zygnemaphyceae. Os valores observados para a densidade variaram de 0,1 a 8,1 × 10^{-5} ind.cm^{-2} no verão e de 0,1 a 5,4 × 10^{-5} ind.cm^{-2} no inverno (Figura 3). Os maiores valores de densidade algal foram sempre registrados na região lacustre do reservatório de Rosana, independente da estação do ano, e os menores foram observados em Salto do Vau no verão, em sua região fluvial, e em Mourão, no inverno, na região lacustre.

Em geral, a densidade da comunidade ficoperifítica foi mais elevada no período de inverno para os reservatórios de Salto do Vau e de Rosana. Já no reservatório de Mourão, esse fato ocorreu de forma contrária, ou seja, a densidade foi maior no verão.

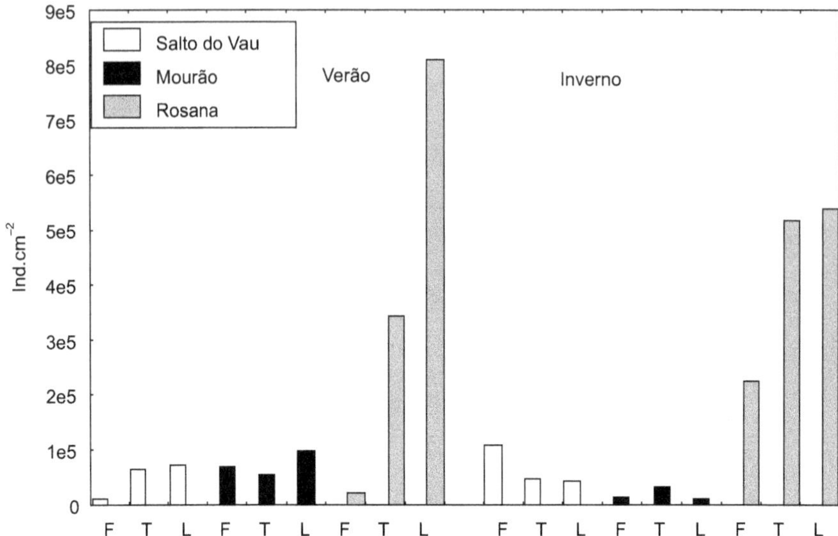

Figura 3 – Densidade média ($n = 2$) nos três reservatórios e regiões fluvial (F), de transição (T) e lacustre (L) em 2002, nos dois períodos.

Apesar de não terem apresentado diferença significativa estatisticamente, os valores de densidade foram mais discrepantes entre as regiões do reservatório de Rosana em ambos os períodos, enquanto para os reservatórios de Salto do Vau e Mourão os valores foram mais semelhantes.

A variação na densidade das classes de algas foi diferenciada entre os períodos nos diferentes reservatórios. Em linhas gerais, a classe dominante em todos os reservatórios, períodos e regiões foi Bacillariophyceae (Figura 4). Em Salto do Vau, no período de verão, as classes algais que apresentaram maiores densidades foram Bacillariophyceae (87%), Cyanophyceae (5,8%), Zygnemaphyceae (5%) e Chlorophyceae (1,5%), enquanto no inverno a ordem foi Bacillariophyceae (85,5%), Cyanophyceae (11,4%), Chlorophyceae (1,2%) e Zygnemaphyceae (1%) (Figuras 4, 5 e 6).

No reservatório de Mourão, Bacillariophyceae (59,6%), Cyanophyceae (16,1%), Zygnemaphyceae (14,9%) e Chlorophyceae (7%) foram as mais representativas no verão, enquanto Bacillariophyceae (81,2%), Cyanophyceae (6,4%), Zygnemaphyceae (4,9%) e Chlorophyceae (4,4%) o foram no inverno (Figuras 4, 5 e 6).

No reservatório de Rosana, as classes com maiores densidades foram Bacillariophyceae (87,1%), Zygnemaphyceae (5,2%), Cyanophyceae (2,9%), Oedogoniophyceae (2,2%) e Chlorophyceae (2,1%) no verão, e Bacillariophyceae

(93,4%), Cyanophyceae (2,4%), Zygnemaphyceae (2,1%) e Chlorophyceae (1%) no inverno (Figuras 4, 5 e 6).

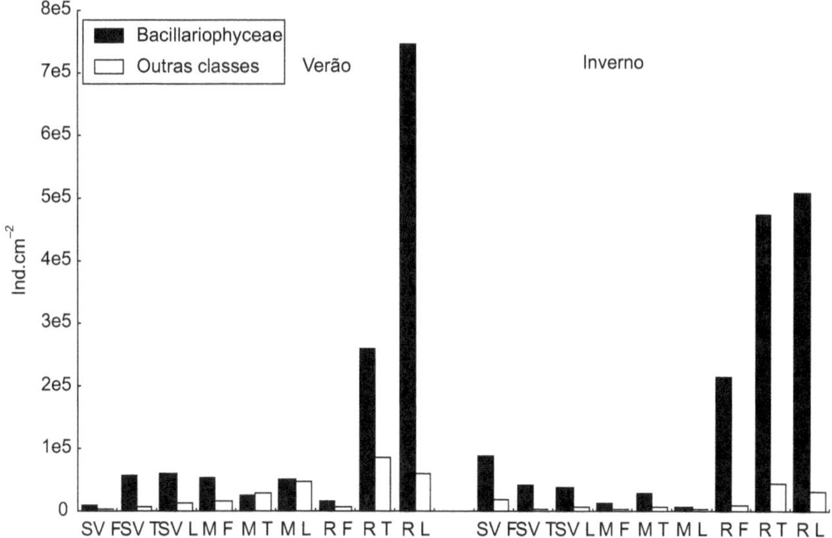

Figura 4 – Densidade da classe Bacillariophyceae em relação a outras classes nos reservatórios de Salto do Vau (SV), Mourão (M) e Rosana (R), nas regiões fluvial (F), de transição (T) e lacustre (L), nos períodos de verão e inverno de 2002.

Ao comparar as diferentes regiões de cada reservatório verificou-se aumento na densidade de outras classes, como, por exemplo, as classes Zygnemaphyceae e Cyanophyceae, que contribuíram especialmente no verão. A classe Zygnemaphyceae, representada principalmente pelas desmídias, apresentou em todos os reservatórios elevada densidade na região lacustre no verão (Figura 5). Ressalta-se ainda um acréscimo na densidade dessa classe (4,2%) na mesma região para o reservatório de Rosana no período do inverno (Figura 6).

Já a classe Cyanophyceae apresentou maior contribuição no inverno, em especial no reservatório de Salto do Vau, com 18,3% (16170,03 ind.cm^{-2}) na região fluvial e 13,2% (4970,41 ind.cm^{-2}) na região lacustre (Figura 6). No inverno, para o reservatório de Rosana, a maior densidade de cianobactérias foi registrada na região de transição.

Outra classe com participação importante na densidade algal, principalmente no reservatório de Rosana, no período de verão, foi Oedogoniophyceae, com 26099,3 ind.cm^{-2} (Figura 5), representada pelos gêneros *Oedogonium* e *Bulbochaete*.

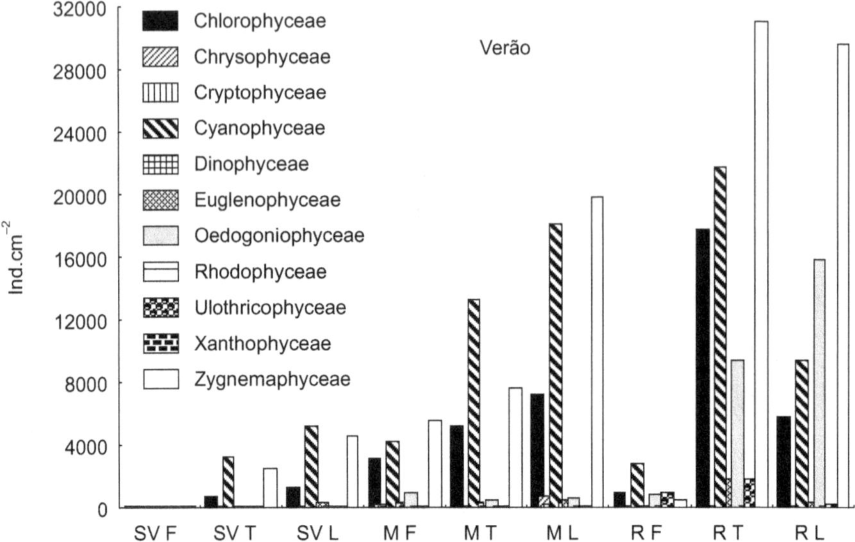

Figura 5 – Densidade das demais classes no verão, exceto Bacillariophyceae, nos reservatórios de Salto do Vau (SV), Mourão (M) e Rosana (R), nas regiões fluvial (F), de transição (T) e lacustre (L) em 2002.

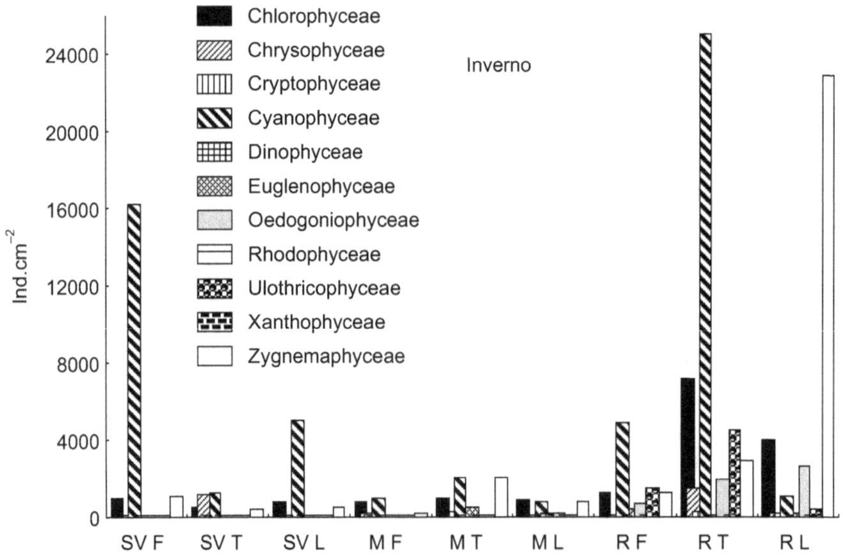

Figura 6 – Densidade das demais classes no inverno, exceto Bacillariophyceae, nos reservatórios de Salto do Vau (SV), Mourão (M) e Rosana (R), nas regiões fluvial (F), de transição (T) e lacustre (L) em 2002.

Por meio da correlação de Pearson, a densidade das algas perifíticas se correlacionou positivamente com pH (r = 0,56), Secchi (r = 0,61), condutividade (r = 0,64), alcalinidade (r = 0,71) e número de táxons de macrófitas aquáticas (r = 0,68).

Os resultados obtidos da DCA, baseados nos valores da densidade da comunidade ficoperifítica nas distintas regiões dos reservatórios e em dois períodos analisados (verão e inverno), são mostrados na Figura 7a-b. Os dois primeiros eixos retidos para interpretação apresentaram autovalores de 0,44 e 0,22, respectivamente.

Assim, a distribuição dos escores das regiões e dos períodos nesses eixos mostra que a comunidade de algas perifíticas do reservatório de Mourão foi separada dos outros dois reservatórios. Nesse reservatório, as regiões fluvial, de transição e lacustre e os períodos estacionais apresentaram maior similaridade na densidade (baixa em comparação aos dois outros reservatórios) (Figura 7a-b).

No reservatório de Salto do Vau, observou-se diferenciação na abundância da comunidade ficoperifítica, principalmente entre os períodos. No verão, as regiões lacustre e de transição apresentaram maiores densidades, sendo mais similares. Já no inverno, as regiões fluvial e lacustre foram mais similares, também com maiores densidades (Figura 7a-b). O reservatório de Rosana seguiu a mesma tendência de Salto do Vau: a densidade no período do inverno foi maior, sendo a região lacustre com a maior densidade em relação às demais nesse período (Figura 7a-b).

O resultado da correlação de Pearson entre os escores do eixo 1 da DCA e o eixo 1 da PCA apresentou coeficiente de correlação significativo com r = 0,81 (p < 0,05). Os fatores analisados no eixo 1 da PCA influenciaram os escores do eixo 1 da DCA, ou seja, fatores como quantidade de táxons de macrófitas, condutividade e alcalinidade foram os que mais influenciaram os valores da densidade da comunidade de algas perifíticas (Figura 8).

Espécies dominantes e abundantes

As espécies dominantes foram definidas como aquelas que ocorrem em densidades superiores a 50% da densidade total da amostra, já as abundantes são aquelas com densidades superiores às densidades médias de cada amostra (Lobo & Leighton, 1986). *Fragilaria capucina*, com 62,4% (213212,83 ind.cm⁻²), foi dominante na região de transição do reservatório de Rosana no verão e *Achnanthes minutissima* apresentou dominância de 69,7% na região de transição e 74,7% na lacustre (360509,98 e 402906,21 ind.cm⁻²) em Rosana no inverno.

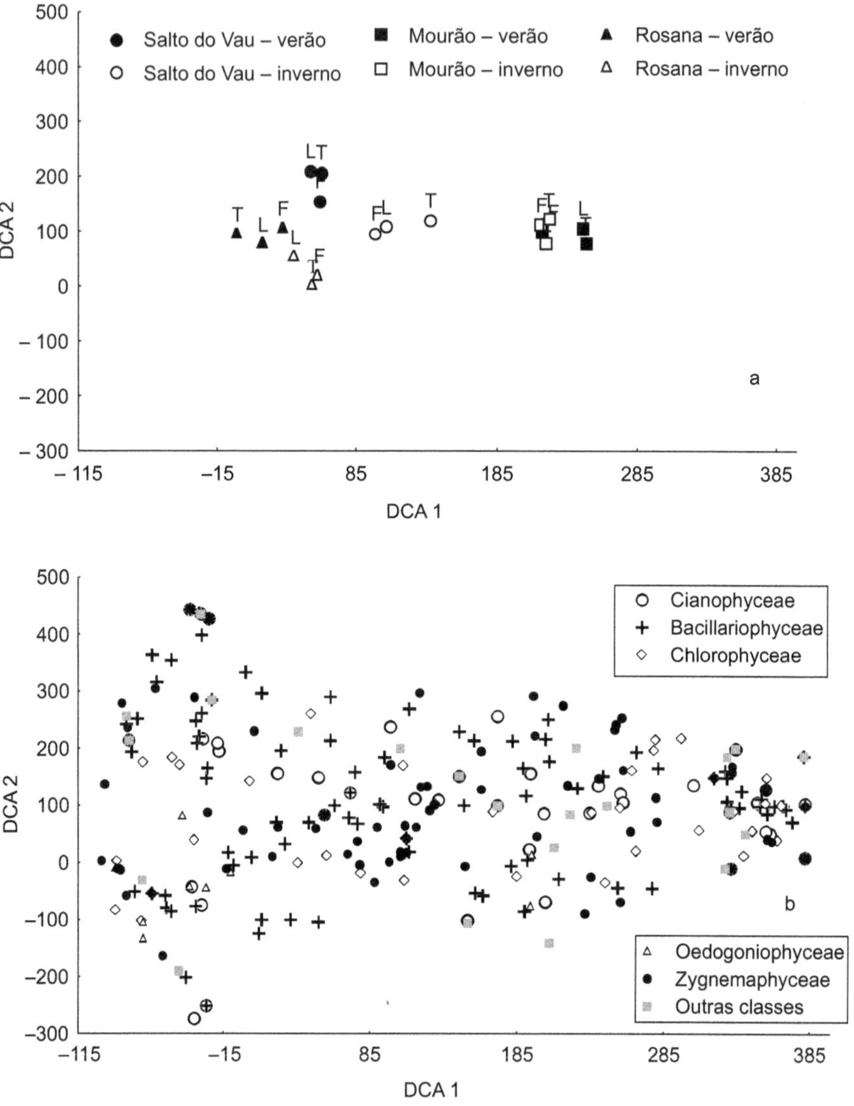

Figura 7 - Análise de correspondência com remoção do efeito de arco (DCA) aplicada aos dados de densidade da comunidade ficoperifítica. (a) Ordenação dos ambientes e regiões (F = fluvial, T = transição, L = lacustre) e (b) ordenação das classes de algas perifíticas encontradas.

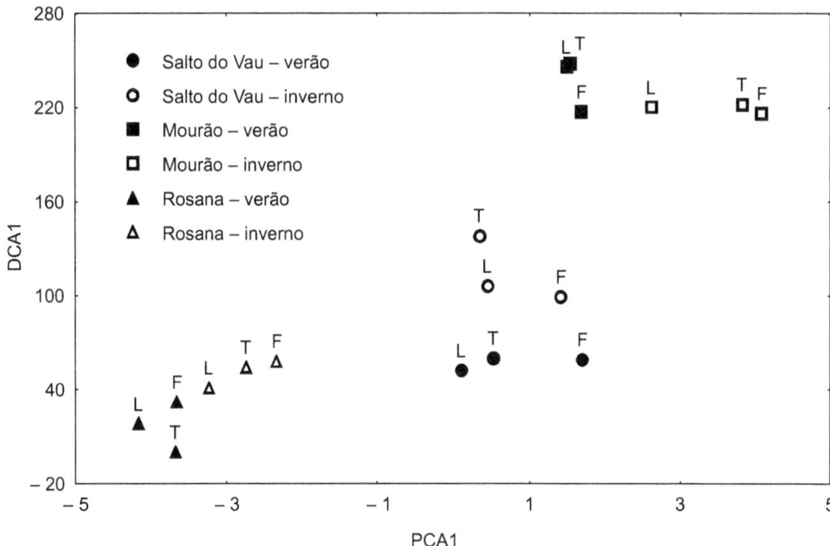

Figura 8 – Posição dos reservatórios ordenados de acordo com os dois primeiros eixos da PCA e da DCA. Regiões: F = fluvial, T = transição e L = lacustre.

No reservatório de Salto do Vau, dos 169 táxons registrados, 16 espécies foram registradas como abundantes no verão, sendo 2 na região fluvial e 11 na de transição e também na lacustre. *Achnanthes minutissima* e *Eunotia* sp. estiveram presentes ao longo do eixo longitudinal desse reservatório nesse período do ano. No inverno, 20 espécies foram abundantes, com 13 registradas na região fluvial, 12, na de transição e 11, na lacustre, estando *A. minutissima*, *Eunotia* sp., *Fragilaria capucina*, *Frustulia* sp., *Gomphonema* sp. e *Navicula* cf. *cryptocephala* presentes em todas as regiões do reservatório. Apenas *A. minutissima* e *Eunotia* sp. foram comuns a todas as regiões e períodos estacionais.

No reservatório de Mourão, dos 223 táxons contados, 35 foram abundantes no período do verão, com 16 na região fluvial, 18 na de transição e 19 na lacustre. *A. minutissima*, *Fragilaria capucina*, *Navicula* cf. *cryptocephala*, *Nitzschia* cf. *palea* e *Staurastrum quadricornutum* estiveram presentes ao longo do eixo longitudinal do reservatório. No inverno, 20 espécies foram abundantes, com 7 nas regiões fluvial e de transição e 15 na lacustre. *Fragilaria capucina*, *Navicula* cf. *cryptocephala* e *Nitzschia* cf. *palea* estiveram presentes em todas as regiões do reservatório nesse período.

Dentre as 232 espécies registradas no reservatório de Rosana, 25 táxons foram abundantes no período de verão, sendo 14 na região fluvial e 8 na de transição e na lacustre. *A. minutissima* foi a única espécie comum a todas as regiões.

No inverno, 16 espécies foram abundantes, com 11 na região fluvial, 5 na de transição e 8 na lacustre. Dentre essas, *A. minutissima, F. capucina, Gomphonema parvulum* e *Gomphonema* sp. apareceram em todas as regiões nesse período.

Discussão

A grande variação observada nos valores da densidade ficoperifítica dos reservatórios foi relacionada às diferentes condições ambientais das bacias de drenagem nas quais esses sistemas estão inseridos. As condições climáticas, bem como os diferentes usos da bacia de drenagem à qual os reservatórios de Salto do Vau, Rosana e Mourão pertencem, podem regular uma quantidade de variáveis locais (gradiente espacial da bacia, extensão, tipos de substratos, entre outros) e intermediárias (estabilidade de fluxo) do sistema aquático que influenciam em diferentes intensidades a comunidade ficoperifítica.

Segundo Carpenter & Lodge (1986), os efeitos físicos mais importantes das macrófitas aquáticas sobre o ambiente são luz, temperatura, velocidade de corrente e substrato. Diferenças interespecíficas quanto à extinção da luz têm implicações diretas em plantas submersas e conseqüentemente no crescimento do epifíton.

Em todos os reservatórios, o padrão da densidade total das algas perifíticas durante os períodos analisados foi determinado pela densidade de Bacillariophyceae. Espécies de diatomáceas têm maior tolerância a intensidades luminosas mais baixas (Hutchinson, 1967), apresentando maior eficiência de crescimento nessas condições que outros grupos de algas (Sommer, 1988). Isso provavelmente explica, em parte, a alta densidade da comunidade ficoperifítica no período de inverno nos reservatórios de Salto do Vau e de Rosana, que foi representada por 85,5% e 93,4% de diatomáceas, respectivamente. Outros fatores que favorecem o desenvolvimento das diatomáceas, segundo Reynolds (1984), é a instabilidade da coluna da água, a elevada transparência e as baixas temperaturas da água, características registradas no inverno para ambos os reservatórios. Além do menor requerimento de luz, as diatomáceas apresentam, em comparação aos demais grupos de algas, menor suprimento de fósforo, sendo, portanto, excelentes competidoras (Vercellino, 2001).

A análise das correlações entre as variáveis limnológicas e biológicas sugere que a estrutura da comunidade ficoperifítica seja controlada por um conjunto de fatores hidrodinâmicos, físicos e químicos da água (Stevenson, 1997; Moschini-Carlos et al., 1999). Vale ressaltar que, para o reservatório de Salto do Vau, a densidade algal se correlacionou positivamente com a temperatura da água (r = 0,98) e negativamente com a turbidez (r = -1,0) no verão. A elevada turbidez nesse período provavelmente provém da quantidade de material alóctone propiciada pela maior precipitação que ocorre no verão. No inverno, esse fato ocorreu de forma contrária, ou seja, a densidade se correlacionou negativamente (r = -0,76) com a temperatura e positivamente com a turbidez (r = 0,97), revelando, assim, a grande influência que a temperatura e a concentração de material em suspensão exercem sobre os organismos.

Já para o reservatório de Rosana, essa análise de correlações entre a densidade e as variáveis abióticas revelaram relação positiva com a temperatura (r = 0,89 no verão e 0,86 no inverno), NT (r = 0,75 e 0,94, respectivamente), NO_3 (r = 1,0 em ambos os períodos) e com a quantidade de macrófitas aquáticas (r = 0,86) no verão. De acordo com Stevenson (1997), há um padrão hierárquico de interação entre os fatores ecológicos que afetam o funcionamento e a estrutura das algas bênticas. Essa interação pode ser hipotetizada na forma pela qual esses fatores atuam, seja direta ou indiretamente, e ainda na escala de variabilidade dessas variáveis. Dessa forma, o clima, a geologia e o uso da terra são fatores de grande escala que afetam os recursos e os fatores bióticos e abióticos e que atuarão diretamente sobre o funcionamento e a estrutura das assembléias algais bênticas (Stevenson, 1997).

No reservatório de Mourão, a maior densidade registrada no verão teve predomínio das principais classes: Bacillariophyceae, Cyanophyceae, Zygnemaphyceae e Chlorophyceae. A grande contribuição dessas três últimas classes, nesse período, pode estar relacionada aos menores valores na concentração de fósforo particulado e turbidez, bem como à maior temperatura da água, quando comparado ao inverno. No período do inverno, as diatomáceas apresentaram acréscimo em sua densidade de 21,6%, ocorrendo, assim, diminuição da densidade de outros grupos. O aumento das diatomáceas nessa fase provavelmente está relacionado às condições citadas anteriormente, uma vez que no inverno os valores de fósforo particulado e turbidez foram mais elevados no reservatório de Mourão (8,4 a 11,1 mg/L e 2,7 a 15,8 NTU, respectivamente), dificultando, assim, a penetração da luz no sistema e, ao mesmo tempo, proporcionando maior quantidade de nutrientes. A sedimentação de material pode afetar as algas bênticas negativamente por meio da redução da disponibilidade de luz ou positivamente pelo aumento da disponibilidade de fósforo (Burkholder & Cuker, 1991, apud Stenvenson, 1997). Isso provavelmente explica a correlação negativa entre a densidade algal e a transparência da água e a turbidez (r = - 0,81, r = - 0,73, respectivamente) e positiva com as concentrações de fósforo total (r = 0,77) e fósforo particulado (r = 0,88). Espécies de diatomáceas são excelentes competidoras por nutrientes, principalmente por fósforo (Sommer, 1988).

Segundo Van Dam et al. (2002), outra estratégia para garantir ótimas condições de nutrientes e luz mostrada pelas diatomáceas penadas e pelas células de cianobactérias são os movimentos que elas realizam ao redor do substrato, deslizando através de excreção de mucilagem polissacarídica, que se prende ao substrato (diatomáceas), ou usando fibrilas contráteis de suas paredes celulares (cianofíceas). Dessa forma, elas podem se mover para fora de áreas onde a luz ou os nutrientes se tornaram limitantes. Essa provavelmente também é uma forma de escapar de serem cobertas pelos depósitos de sedimento (Hutchinson, 1975).

Os ambientes aquáticos de água doce com diversos estados tróficos são habitats propícios para o desenvolvimento das cianofíceas, pois elas apresentam uma capacidade impressionante para colonizar substratos estéreis, além de excelente aptidão para sobreviver a temperaturas extremamente altas e baixas. As cianofíceas contam com notável habilidade para armazenar nutrientes essenciais e metabólicos dentro de seu citoplasma, principalmente sob condições de fornecimento em excesso. Outra vantagem das cianofíceas é a fixação de nitrogênio, fornecendo a elas um requerimento nutricional simples, mesmo em condições predominantemente limitadas pelo gás. E ainda, para otimizar sua posição e assim encontrar um nicho favorável para sobrevivência e crescimento, as cianofíceas usam diferentes estímulos ambientais, como, por exemplo, a luz e a gravidade. A proteína ficobilina, com a clorofila-*a*, permite que as cianofíceas absorvam energia luminosa eficientemente e vivam em ambientes com pouca luz. Portanto, essa classe apresenta uma vantagem competitiva em ambientes lênticos com maior turbidez decorrente do denso crescimento de outros organismos, permitindo que elas possam crescer na "sombra" de outros (Chorus & Bartram, 1999).

Para o reservatório de Salto do Vau, a baixa temperatura (13 a 23,7°C) deve ter influenciado a redução do número de indivíduos dos demais grupos, em especial das Zygnemaphyceae (desmídias), principalmente no inverno, uma vez que esse grupo geralmente ocupa a segunda ou a terceira posição em densidade, representando nesse sistema a quarta classe mais abundante. Segundo Coesel & Wardenaar (1990), a temperatura ótima para o crescimento para muitas das espécies dessa assembléia está em torno de 25-30°C.

A maior densidade (desmídias e Oedogoniaceae) registrada na região lêntica de Rosana, em especial no verão, foi relacionada, principalmente, ao maior número de táxons de macrófitas aquáticas, à temperatura mais elevada, aos maiores valores de alcalinidade e à condutividade. De acordo com Coesel (1982), a abundância de vegetação aquática submersa com folhas finamente divididas, especialmente *Ceratophyllum*, *Miriophyllum* e *Utricularia*, favorecem o desenvolvimento das desmídias. Segundo Dias (1997), as algas verdes filamentosas, como, por exemplo, *Oedogonium* sp. e *Bulbochaete* sp., se desenvolvem preferencialmente em ambientes lênticos, mais rasos e colonizados por macrófitas, sendo que a temperatura favorável ao seu bom desenvolvimento varia entre 25 e 30°C, assim como para as desmídias. Desse modo, no reservatório de Rosana, as regiões litorâneas colonizadas por densos bancos de macrófitas constituem excelente habitat para as desmídias e algas verdes filamentosas, uma vez que, além de fornecerem substrato, liberam nutrientes dissolvidos e diminuem a turbulência da coluna da água (Marinho, 1994).

Os menores valores de densidade ficoperifítica registrados na região fluvial dos reservatórios, muito provavelmente, estavam relacionados à maior velocidade de corrente e à menor distribuição de macrófitas aquáticas, o que justifica sua diferença em relação às demais regiões, principalmente nos reservatórios de Rosana e Salto do Vau.

Os resultados da DCA levam a afirmar que, para o reservatório de Rosana, a estrutura das algas perifíticas é mais similar entre as estações do ano, porém apresenta dissimilaridade entre as regiões ao longo do eixo rio–barragem. No reservatório de Mourão, a estrutura da comunidade algal perifítica, por sua vez, se apresenta mais similar entre as regiões e dissimilar entre os períodos. Já no reservatório de Salto do Vau se observou diferenciação mais acentuada na densidade da comunidade ficoperifítica, tanto entre os períodos como entre as regiões lêntica, intermediária e lótica. A densidade em cada reservatório e nas diferentes regiões ao longo do eixo rio–barragem esteve relacionada diretamente às diferenças de temperatura entre reservatórios, condutividade elétrica e quantidade de táxons de macrófitas aquáticas.

As espécies *Achnanthes minutissima* e *Fragilaria capucina* foram dominantes ou estiveram bem representadas em todos os reservatórios e em todas as regiões, assim como nos dois períodos. Ambas são espécies pertencentes à classe Bacillariophyceae, sendo a primeira considerada por Lobo et al. (2002) como α-polissapróbica de poluição e a segunda caracterizando condições α-me-sossapróbicas, e ambas tolerantes à poluição. Essas espécies também foram constatadas com maior abundância no reservatório de Iraí (Cetto et al., 2004). Vale ressaltar que esse reservatório é considerado eutrofizado, diferentemente do reservatório de Rosana, considerado por Nogueira et al. (2002) um ambiente com predomínio de condições oligo-mesotróficas. Almeida (2001), trabalhando a comunidade perifítica em substrato artificial no reservatório de Mourão, também registrou *A. minutissima* e *F. capucina* como espécies dominantes. Isso revela a grande plasticidade dessas espécies em se estabelecerem em diferentes condições ambientais.

Assim, conclui-se que a densidade da comunidade de algas perifíticas apresentou estrutura e dinâmica distintas nos reservatórios de Salto do Vau, Mourão e Rosana. As diferentes localizações desses reservatórios em bacias hidrográficas com características climáticas e geológicas distintas atuando sobre fatores limnológicos locais influenciaram a densidade algal perifítica. Além disso, a abundância de macrófitas aquáticas foi uma das variáveis mais atuantes para a diferenciação entre as densidades de cada reservatório, assim como a temperatura na separação entre os reservatórios.

Referências Bibliográficas

ALMEIDA, A. C. G. *Desenvolvimento da comunidade perifítica sobre substrato artificial em um reservatório paranaense.* Maringá, 2001. 28 f. Dissertação (Mestrado em Ecologia de Ambientes Aquáticos Continentais) – Departamento de Biologia, Universidade Estadual de Maringá, Maringá.

BICUDO, D. C. Considerações sobre metodologias de contagem de algas do perifíton. *Acta Limnologica Brasiliensia*, Botucatu, v. 3, t. 1, p. 459-475, 1990.

CARPENTER, S. R.; LODGE, D. M. Effects of submersed macrophytes on ecosystem processes. *Aquatic Botany*, Amsterdam, v. 26, p. 341-370, 1986.

CATTANEO, A. Grazing on epiphytes. *Limnology and Oceanography*, Lawrence, v. 28, n. 1, p. 124-132, jan. 1983.

CETTO, J. M. et al. Comunidade de algas perifíticas no reservatório de Iraí, Estado do Paraná, Brasil. *Acta Scientiarum*, Maringá, v. 26, n. 1, p. 1-7, jan./mar. 2004.

CHORUS, I.; BARTRAM, J. (Eds.). *Toxic cyanobacteria in water*: a guide to their public health consequences, monitoring and management. London; New York: Spon Press, 1999. p. 1-40.

COESEL, P. F. M. Structural characteristics and adaptations of desmid communities. *Journal of Ecology*, London, v. 70, p. 163-177, 1982.

COESEL, P. F. M.; WARDENAAR, K. Growth responses of planktonic desmid species in a temperature–light gradient. *Freshwater Biology*, Oxford, v. 23, n. 3, p. 551-560, June 1990.

CROASDALE, H.; FLINT, E. A. *Flora of New Zealand*: freshwater algae, Chlorophyta, Desmids. Wellington: V. R. Ward, 1986. 133 p.

CROASDALE, H.; FLINT, E. A. *Flora of New Zealand*: freshwater algae, Chlorophyta, Desmids with ecological comments on their habitats. Christchurch: Botany Division, D.S.I.R., 1988. 147 p.

DIAS, I. C. A. *Chlorophyta filamentosas da reserva biológica de Poço das Antas, Município de Silva Jardim, Rio de Janeiro*: taxonomia e aspectos ecológicos. São Paulo, 1997. 275 f. Tese (Doutorado em Ciências) – Instituto de Biociências, Universidade de São Paulo, São Paulo.

FÖRSTER, K. Conjugatophyceae: zygnematales und Desmidiales (excl. Zygnemataceae). In: HUBER-PESTALOZZI, G. (Ed.). *Das phytoplankton des süßwassers*: systematik und biologie. Stuttgart: E. Schweizerbart'sche Verlagsbuchhandlung, 1982. 8. Teil, 1. Hälfte (543 p., ill.). (Die Binnengeässer, Bd. 16).

GEITLER, L. Cyanophyceae. In: RABENHORSTS, L. (Ed.). *Kryptogamen-Flora von Deutschland, Osterreich und der Schweiz.* Leipzig: Akademische Verlagsgesellschft Schaft m. b. H., 1932. Bd. 14 (1196) p., ill.

GOLDSBOROUGH, L. G.; ROBINSON, G. G. C. Pattern in wetlands. In: STEVENSON, R. J.; BOTHWELL, M. L.; LOWE, R. L. (Ed.). *Algal ecology*: freshwater benthic ecosystems. San Diego: Academic Press, 1996. Section 1, ch. 4, p. 77-117 (Aquatic ecology series).

HUTCHINSON, G. E. *A treatise on Limnology.* New York: J. Wiley & Sons, 1967. v.2.

HUTCHINSON, G. E. *A treatise on Limnology.* New York: J. Wiley & Sons, 1975. v. 3: Limnological botany.

KRAMER, K.; LANGE-BERTALOT, H. Bacillariophyceae, 1. Naviculaceae. In: ETTEL, H. et al. (Eds.). *Süßwasserflora von Mitteleuropa.* Stuttgart: G. Fisher, 1986. v. 1, p. 1.

LOBO, E.; LEIGHTON, G. Estructuras comunitarias de las fitocenosis planctonicas de los sistemas de desembocaduras de ríos y esteros de la zona central de Chile. *Revista de Biologia Marina*, Valparaíso, v. 22, n. 1, p. 1-29, jul. 1986.

LOBO, E. A.; CALLEGARO, V. L. M.; BENDER, E. P. *Utilização de algas diatomáceas epilíticas como indicadoras da qualidade da água em rios e arroios da região hidrográfica do Guaíba, RS, Brasil.* Santa Cruz: Edunisc, 2002. 127 p.

MARINHO, M. M. *Dinâmica da comunidade fitoplanctônica de um pequeno reservatório raso densamente colonizado por macrófitas aquáticas submersas (Açude do Jacaré, Mogi-Guaçu, SP, Brasil).* São Paulo, 1994. 150 f. Dissertação (Mestrado em Ecologia) – Universidade de São Paulo, São Paulo.

MOSCHINI-CARLOS, V.; POMPÊO, M. L. M.; HENRY, R. Dinâmica da comunidade perifítica na zona de desembocadura do rio Paranapanem, represa de Jurumirim, SP. In: HENRY, R. (Ed.). *Ecologia de reservatórios*: estrutura, função e aspectos sociais. Botucatu: FUNDIBIO; São Paulo: FAPESP, 1999. cap. 24, p. 713-734.

NOGUEIRA, M. G. et al. Uma avaliação dos processos de eutrofização nos reservatórios em cascata do rio Paranapanema (SP/PR), Brasil. In: FERNÁNDEZ CIRELLI, A.; CHALAR MARQUISÁ, G. (Eds.). *El agua en iberoamérica de la Limnologia a la gestión en Sudamérica.* Buenos Aires: CYTED XVII CETA – Centro de Estudios Transdiciplinarios del Água, Facultad de Ciencias Veterinarias, 2002. 1 CD-ROM, p. 91-106.

PRESCOTT, G. W. *Algae of the western great lakes area*: with an illustrated key to the genera of desmids and freshwater diatoms. Rev. ed. Koenigstein/W-Germany: Otto Koeltz Science Publishers, (reprint 1982). 977 p.

PRESCOTT, G. W.; BICUDO, C. E. M.; VINYARD, W. C. A Synopsis of North American desmids. Part II. Desmidiaceae: Placodermae. Section 4. In: PRESCOTT, G. W. (Ed.). *Desmidiales.* Lincoln; London: University of Nebraska Press, 1982. 698 p., ill.

PRESCOTT, G. W. et al. A synopsis of North American desmids. Part II. Desmidiaceae: Placodermae. Section 3. In: PRESCOTT, G. W. (Ed.). *Desmidiales.* Lincoln; London: University of Nebraska Press, 1981. 720 p.

REYNOLDS, C. S. *The ecology of freshwater phytoplankton*. Cambridge: Cambridge University Press, 1984. 384 p.

ROMANINI, P. V. et al. *Alterações ecológicas provocadas pela construção da barragem da UHE Rosana, sobre o baixo rio Paranapanema SP/PR*. [S.l.]: CESP, 1994. 153 p.

SOMMER, U. Growth and survival strategies of planktonic diatoms. In: SANDGREN, C. D. (Ed.). *Growth and reproductive strategies of freshwater phytoplankton*. Cambridge: Cambridge University Press, 1988. ch. 6, p. 227-260.

STEVENSON, R. J. Scale-dependent determinants and consequences of benthic algal heterogeneity. *Journal of the North American Benthological Society*, Lawrence, v. 16, n. 1, p. 248-262, Mar. 1997.

TUNDISI, J. G. Reservatórios como sistemas complexos: teoria, aplicações e perspectivas para usos múltiplos. In: HENRY, R. (Ed.). *Ecologia de reservatórios*: estrutura, função e aspectos sociais. Botucatu: FUNDIBIO; São Paulo: FAPESP, 1999. cap. 1, p. 19-38.

UTERMÖHL, H. Zur Vervollkommung der quantitativen phytoplankton-methodik. *Mitteilungen Internationale Vereinigung Limnologie*, Stuttgart, v. 9, p. 1-38, 1958.

VAN DAM, A. A. et al. The potential of fish production based on periphyton. *Reviews in fish biology and fisheries*, Dordrecht, v. 12, n. 1 p. 1-31, 2002.

VERCELLINO, I. S. *Sucessão da comunidade de algas perifíticas em dois reservatórios do Parque Estadual das Fontes do Ipiranga, São Paulo*: influência do estado trófico e período climatológico. 2001. 176 f. Dissertação (Mestrado em Conservação e Manejo de Recursos) – Unesp, Campus de Rio Claro, Rio Claro.

Capítulo 9

Estrutura da Comunidade Zooplanctônica em Reservatórios

Fábio Amodêo Lansac-Tôha
Claudia Costa Bonecker
Luiz Felipe Machado Velho

Introdução

A estrutura das comunidades planctônicas em reservatórios é influenciada por diversas características do ambiente, como morfometria e hidrologia da bacia de drenagem, estado trófico, idade e regimes termais, químicos e operacionais (Schmid-Araya & Zuñiga, 1992; Rocha et al., 1999), além de fatores bióticos relacionados aos processos de colonização e seleção de espécies (Armengol, 1980). Esses fatores produzem certa instabilidade nas comunidades planctônicas que tendem a mostrar variabilidade ao longo do espaço e do tempo.

Tendo em vista que o zooplâncton representa um dos elos estruturadores das cadeias alimentares em reservatórios, a partir da transferência de matéria e energia entre os produtores primários e consumidores de níveis tróficos superiores, alguns estudos têm demonstrado que modificações na estrutura e na dinâmica dessa comunidade podem produzir mudanças em toda a estrutura trófica de um reservatório (Rocha et al., 1995), determinando, muitas vezes, processos indesejáveis, como florações algais e deterioração da qualidade de água.

Assim, este trabalho teve por objetivo investigar a estrutura da comunidade zooplanctônica, considerando a riqueza e a abundância dos diferentes grupos, em 31 reservatórios do Estado do Paraná, nos períodos de estiagem (agosto de 2001) e chuvoso (novembro de 2001).

Composição e riqueza de espécies

A comunidade zooplanctônica foi representada por 213 espécies (125 de rotíferos, 36 de testáceos, 28 de cladóceros e 24 de copépodes). Elevada diversidade de rotíferos em reservatórios tem sido considerada padrão freqüente no Brasil (Rolla et al., 1992; Moreno, 1996; Lopes et al., 1997; Sendacz, 1997; Lansac-Tôha et al., 1999; Espíndola et al., 2000; Nogueira, 2001; Sampaio et al., 2002) e está relacionada à elevada capacidade de colonização apresentada por esse grupo. O funcionamento hidrodinâmico dos reservatórios, com características de instabilidade, favorece o expressivo estabelecimento de espécies *R*-estrategistas, como as de rotíferos (Matsumura-Tundisi, 1999).

No período de estiagem, maiores riquezas foram registradas nos reservatórios de Santa Maria e Melissa (bacia do Piquiri), Patos (bacia do Ivaí), Salto do Vau e Curucaca (bacia do Iguaçu) e Salto do Meio (bacia do Leste) (Figura 1a).

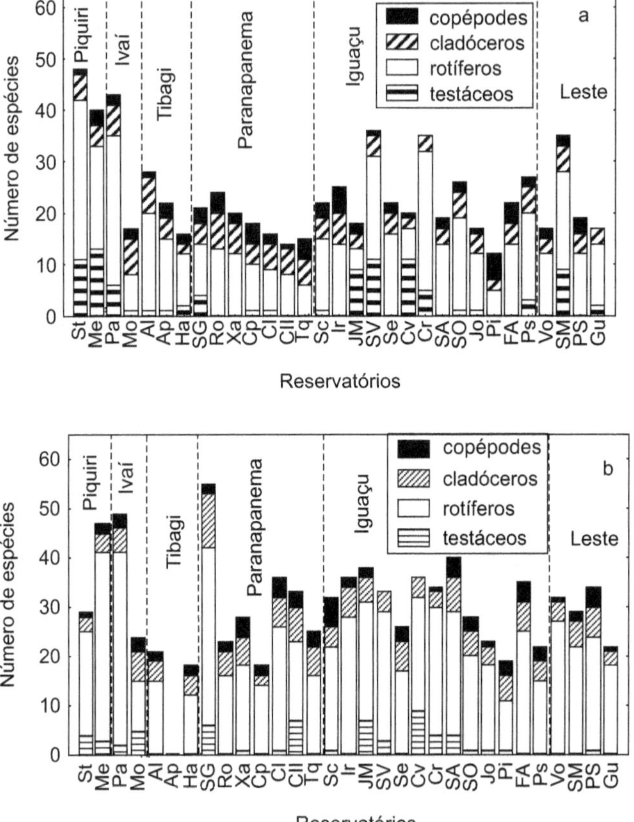

Figura 1 –   Número de espécies zooplanctônicas, por grupo, registrado nos períodos de estiagem (agosto de 2001) (a) e chuvoso (novembro de 2001) (b) nos diferentes reservatórios estudados e sua respectiva bacia hidrográfica (St = Santa Maria, Me = Melissa, Pa = Patos, Mo = Mourão, Al = Alagados, Ap = Apucaraninha, Ha = Harmonia, SG = Salto Grande, Ro = Rosana, Xa = Xavantes, Cp = Capivara, CI = Canoas I, CII = Canoas II, Tq = Taquaruçu, SC = Salto Caxias, Ir = Iraí, JM = Júlio Mesquita Filho, SV = Salto do Vaú, Se = Segredo, CV = Cavernoso, Cr = Curucaca, SA = Salto Santiago, SO = Salto Osório, Jo = Jordão, Pi = Piraquara, FA = Foz do Areia, Ps = Passaúna, Vo = Vossoroca, SM = Salto do Meio, PS = Parigot de Souza e Gu = Guaricana).

No período chuvoso, observou-se, em geral, aumento na riqueza de espécies em relação ao outro período hidrológico (Figura 1). Isso sugere uma expressiva influência dos processos hidrodinâmicos, tendo em vista que o aumento na vazão e no nível do reservatório incrementa a contribuição de espécies provenientes de outros compartimentos (região litorânea e sedimento). Nesse período, as maiores riquezas foram registradas nos reservatórios de Melissa (bacia do Piquiri), Patos (bacia do Ivaí) e Salto Grande (bacia do Paranapanema) (Figura 1b).

A maior diversidade observada nesses reservatórios se deve, provavelmente, ao fato de serem pequenos, rasos e com maior velocidade de corrente, o que propicia maior intercâmbio de fauna entre os diferentes compartimentos, com conseqüente incremento de espécies ticoplanctônicas na coluna de água, como as dos testáceos e de várias famílias de rotíferos e cladóceros.

Em relação à freqüência de ocorrência das espécies, considerando o conjunto de amostras analisadas, os cladóceros e os rotíferos apresentaram as espécies mais freqüentes (> 68%). No primeiro grupo destacou-se *Bosmina hagmanni* (96,72%), seguida por *Bosminopsis deitersi* e *Ceriodaphnia cornuta* (67,21%), e, entre os rotíferos, *Polyarthra vulgaris* (81,97%), *Ptygura* sp. (73,77%), *Kellicotia bostoniensis* e *Keratella americana* (68,85%). Já os copépodes foram representados, principalmente, por *Thermocyclops minutus* (49,18%), *Notodiaptomus amazonicus* (42,62%) e *T. decipiens* (31,15%), e, entre os testáceos, *Centropyxis aculeata* (31,15%) e *Arcella discoides* (29,51%) (Figura 2). Essas espécies também são freqüentes em outros reservatórios brasileiros (Lopes et al., 1997; Pinto-Coelho et al., 1999; Lansac-Tôha et al., 1999; Lansac-Tôha et al., 2000; Velho et al., 2000; Nogueira, 2001).

Abundância

Assim como o constatado para a riqueza, maiores abundâncias foram registradas no período chuvoso, destacando-se os reservatórios de Iraí, Salto Santiago e Salto Osório (bacia do Iguaçu) (Figura 3). Esses resultados podem estar relacionados ao aumento da disponibilidade de recursos alimentares durante esse período, decorrente do incremento de nutrientes e da quantidade de material em suspensão. Maiores abundâncias fitoplanctônicas observadas nos reservatórios de Salto Santiago e Salto Osório (ver Capítulo 5) na mesma época, bem como em reservatórios do Estado de São Paulo (Talamoni & Okano, 1997), reforçam a relação temporal encontrada. Rolla et al. (1992) também registraram maiores abundâncias do zooplâncton no período chuvoso no reservatório de Iguarapava (MG).

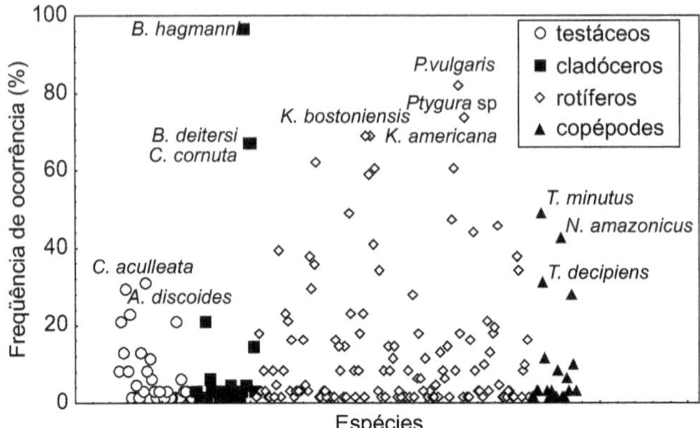

Figura 2 – Freqüência de ocorrência das espécies zooplanctônicas, por grupo, nos diferentes reservatórios nos dois períodos hidrológicos.

No período de estiagem, expressivo número de organismos também foi constado no reservatório de Iraí, assim como em Alagados (bacia do Tibagi) e Passaúna (bacia do Iguaçu) (Figura 3). A elevada produtividade do Iraí pode ter influenciado a permanência de populações zooplanctônicas nos dois períodos hidrológicos.

Ao contrário do verificado freqüentemente em reservatórios brasileiros, onde os rotíferos predominam numericamente (Matsumura-Tundisi et al., 1990; Nogueira & Matsumura-Tundisi, 1996; Lopes et al., 1997; Landa & Mourgués-Schurter, 1999), constatou-se neste estudo a dominância numérica dos microcrustáceos em grande parte dos reservatórios e em ambos os períodos hidrológicos (Figura 3). O elevado tempo de residência da água favoreceu o desenvolvimento de espécies com ciclo de vida longo. Esses resultados foram opostos aos descritos por Nogueira & Matsumura-Tundisi (1996), que observaram a dominância de rotíferos na represa de Monjolinho (SP), atribuindo esse fato ao baixo tempo de residência da água, que seria fator seletivo para o estabelecimento de microcrustáceos, sobretudo para os copépodes. Ainda segundo esses autores, o predomínio dos rotíferos estaria relacionado à capacidade desses organismos de atingirem a maturidade mais cedo e apresentarem taxa de reposição mais rápida que os microcrustáceos.

Dentre os copépodes constatou-se, em média, maior abundância das formas jovens (náuplios e copepoditos), principalmente de calanóides, embora os ciclopóides tenham sido expressivos nos reservatórios de Iraí, Salto Osório, Salto Santiago (bacia do Iguaçu) e Harmonia (bacia do Tibagi) (Figura 4). A dominância de náuplios e copepoditos de copépodes em relação aos adultos é freqüentemente registrada em reservatórios brasileiros (Cabianca & Sendacz, 1985; Lopes et al., 1997; Lansac-Tôha et al., 1999; Serafim Júnior, 2002). A produção de grande número de formas larvais pode ser considerada uma estratégia reprodutiva do grupo (Cabianca & Sendacz, 1985).

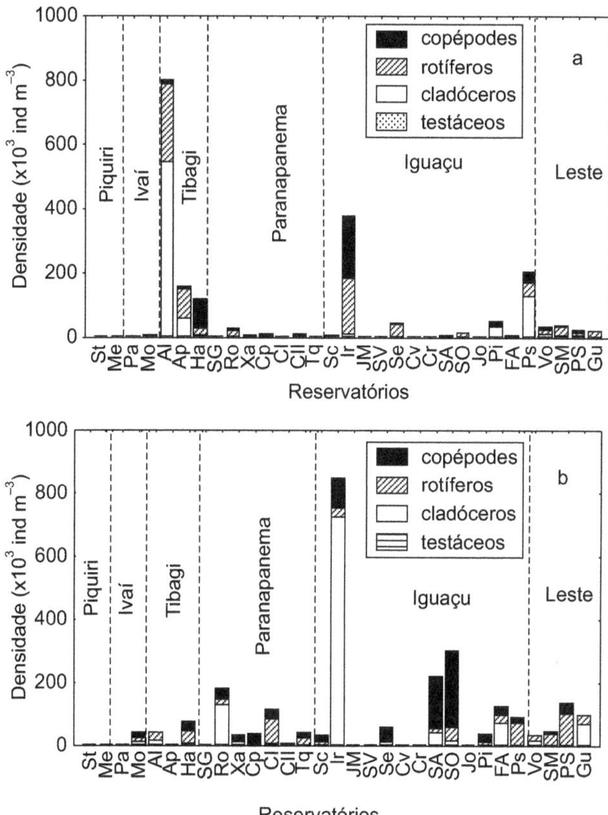

Figura 3 – Densidade do zooplâncton, por grupo, registrada nos períodos de estiagem (agosto de 2001) (a) e chuvoso (novembro de 2001) (b) nos diferentes reservatórios e sua respectiva bacia hidrográfica (ver códigos dos nomes dos reservatórios na Figura 1).

Considerando os diferentes estágios de desenvolvimento dos copépodes nos dois períodos, verificou-se maior densidade de ciclopóides durante a estiagem e de calanóides na época chuvosa. Nos dois períodos, as formas jovens (náuplios e copepoditos) se destacaram (Figuras 5 e 6), como já ressaltado anteriormente.

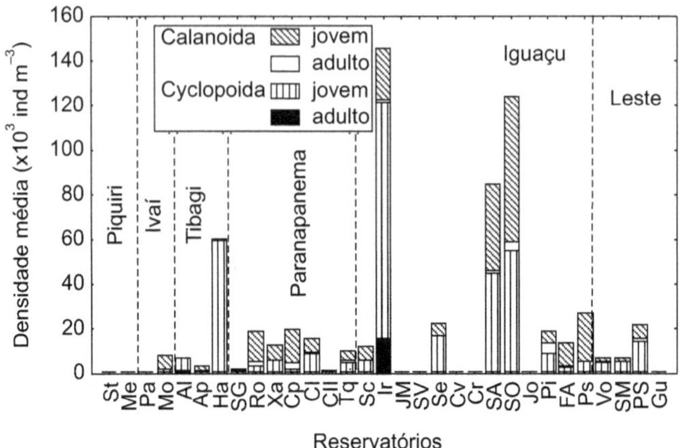

Figura 4 – Densidade média dos copépodes registrada nos diferentes reservatórios e sua respectiva bacia hidrográfica (ver códigos dos nomes dos reservatórios na Figura 1).

De acordo com Dussart & Defaye (1995), a maioria dos calanóides é herbívoro, consumindo principalmente algas, enquanto os ciclopóides tendem a ser onívoros, se alimentando adicionalmente, e mesmo preferencialmente, de outros microinvertebrados planctônicos e bentônicos. Nesse sentido, as elevadas densidades fitoplanctônicas no período chuvoso podem ter favorecido o desenvolvimento dos calanóides. Por outro lado, as baixas densidades de algas no período de estiagem não foram limitantes para o desenvolvimento dos ciclopóides, tendo em vista seu amplo espectro alimentar. Estudos realizados por Panarelli et al. (2003) também constataram maior abundância de calanóides no período chuvoso. Esses autores sugerem que a reduzida densidade desses copépodes no período de estiagem foi decorrente da menor estabilidade do ambiente e da predominância de algas cianofíceas, características desfavoráveis ao seu desenvolvimento. No período de estiagem, os ciclopóides foram numericamente importantes na bacia do Iguaçu, em especial no reservatório de Iraí, onde se constatou elevado número de náuplios, copepoditos e adultos. Os calanóides também apresentaram maiores densidades nessa bacia, destacando-se o reservatório de Passaúna (Figura 5).

Por outro lado, no período chuvoso, os dois grupos de copépodes apresentaram variação espacial semelhante. Os ciclopóides e calanóides foram abundantes na bacia do Iguaçu, principalmente nos reservatórios de Salto Osório, Salto Santiago e Iraí, destacando-se os náuplios e copepoditos (Figura 6).

Em relação aos adultos, ciclopóides ocorreram em maior densidade nos reservatórios das bacias do Iguaçu (reservatório de Iraí), do Paranapanema (reservatório de Capivara) e do Leste (reservatórios de Vossoroca, Salto do Meio, Parigot de Souza e Guaricana). Já os adultos de calanóides se destacaram nos reservatórios de Capivara e Rosana, na bacia do Paranapanema; de Iraí, Piraquara, Salto Osório e Salto Santiago, na bacia do Iguaçu; e de Parigot de Souza, na bacia do Leste (Figura 6).

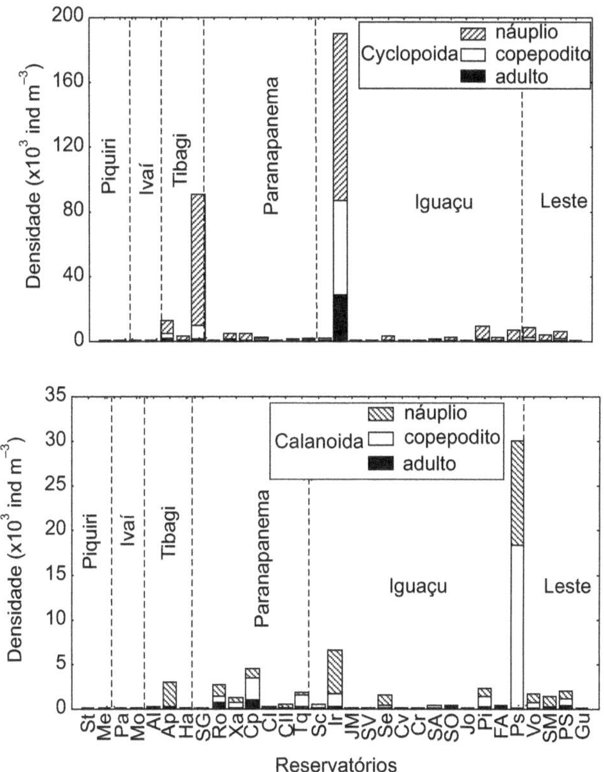

Figura 5 –   Densidade dos copépodes (Cyclopoida e Calanoida) registrada no período de estiagem (agosto de 2001) nos diferentes reservatórios e sua respectiva bacia hidrográfica (ver códigos dos nomes dos reservatórios na Figura 1).

Relação entre a abundância zooplanctônica e as variáveis ambientais

Os resultados das correlações de Pearson realizadas entre as densidades dos diferentes grupos zooplanctônicos e as concentrações de clorofila-*a* evidenciaram uma relação positiva e significativa para os rotíferos (F = 52,87; r = 0,69; p = 0,000001), cladóceros (F = 40,11; r = 0,64; p = 0,000001) e copépodes (F =47,57; r =0,67; p = 0,000001). Por outro lado, as densidades de testáceos apresentaram relação negativa e significativa com a biomassa fitoplanctônica (F =11,73; r =0,41; p = 0,001133) (Figura 7).

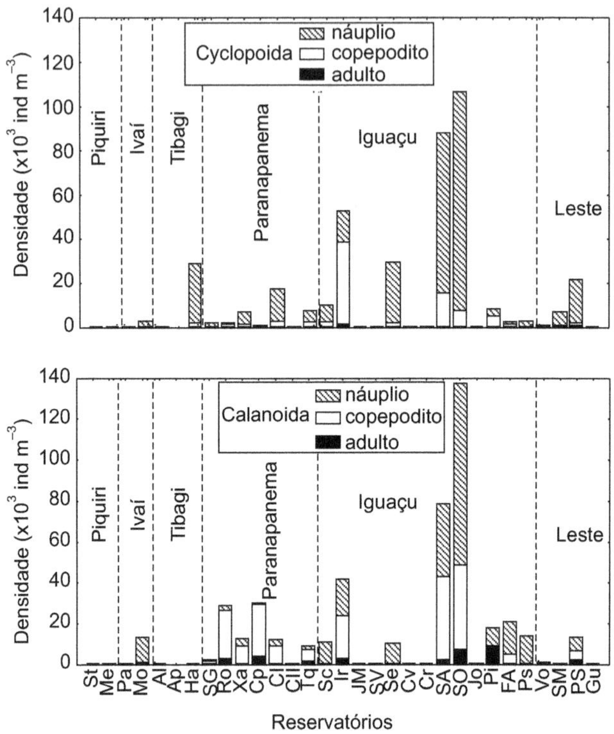

Figura 6 – Densidade de copépodes (Cyclopoida e Calanoida) registrada no período chuvoso (novembro de 2001) nos diferentes reservatórios e sua respectiva bacia hidrográfica (ver códigos dos nomes dos reservatórios na Figura 1).

Esses resultados sugerem que a abundância dos grupos tipicamente planctônicos (rotíferos e microcrustáceos) está diretamente relacionada à produtividade dos reservatórios, ou seja, quanto maior o grau de trofia, maior a abundância desses organismos. Gannon & Stemberger (1978) descreveram que o incremento no número de rotíferos é um indicador de eutrofização, e vários estudos também mostraram essa relação em reservatórios brasileiros (Arcifa et al., 1981; Esteves & Sendacz, 1988; Matsumura-Tundisi et al., 1990).

Em relação aos microcrustáceos, esses resultados estão relacionados principalmente às altas abundâncias de pequenos cladóceros (bosminídeos e *Ceriodaphnia*) e às formas jovens de copépodes (náuplios e copepóditos) (Figuras 2 a 6).

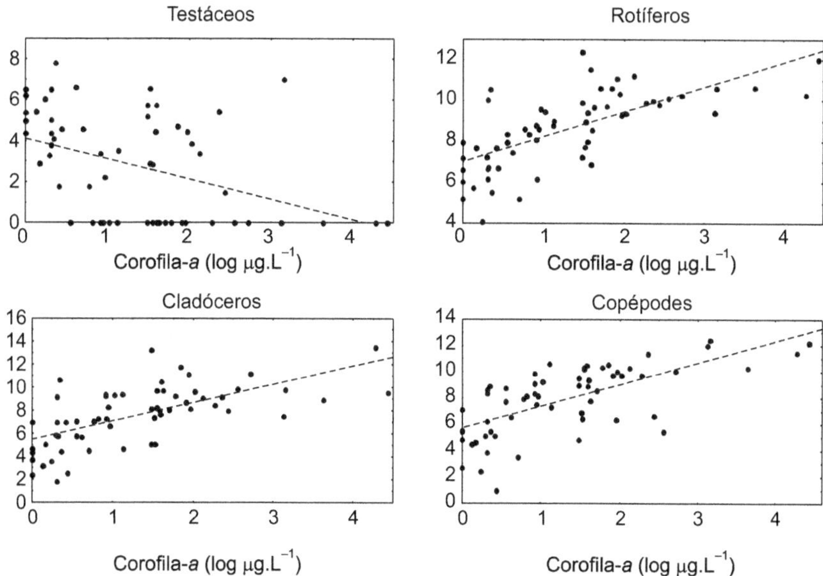

Figura 7 – Relação entre a densidade ($\log x + 1$) dos grupos zooplanctônicos e a concentração de clorofila-*a* ($\log x + 1$) nos 31 reservatórios estudados em dois períodos hidrológicos distintos.

A predominância desses pequenos cladóceros em águas eutróficas é geralmente ligada à presença de cianofíceas, que dominam o fitoplâncton nesses ambientes. O mecanismo filtrador de grandes cladóceros pode ser danificado pelos filamentos ou mucilagens de grandes colônias dessas algas (Sampaio et al., 2002). Branco & Senna (1996) mostraram também que as alterações da comunidade zooplanctônica no reservatório de Paranoá (Brasília) foram direcionadas pela dominância dessas algas, ou seja, foram decorrentes principalmente do desaparecimento de grandes cladóceros e do incremento na abundância de pequenos cladóceros, rotíferos e copépodes. Considerando ainda os copépodes, estudos realizados por Bonecker et al. (2001), no reservatório de Corumbá (GO), também associaram as elevadas abundâncias de náuplios e copepoditos às altas densidades do fitoplâncton.

Por outro lado, os testáceos, organismos preferencialmente associados a um substrato, como sedimento e vegetação litorânea (Velho et al., 1999), apresentam tendência de ocorrer com maior freqüência e abundância em reservatórios com reduzida densidade fitoplanctônica. De fato, os testáceos são encontrados em maiores densidades no plâncton de reservatórios pequenos, rasos e com maior velocidade de corrente, os quais, embora muitas vezes com grande disponibilidade de nutrientes, não propiciam condições favoráveis ao desenvolvimento do fitoplâncton (Velho et al., 2004)

Com o objetivo de avaliar se a dimensão dos reservatórios exerce alguma influência sobre a abundância do zooplâncton, foram realizadas correlações de Pearson entre a densidade dos grupos e a área dos reservatórios. Embora correlações significativas e positivas tenham sido observadas para rotíferos e microcrustáceos, não foram muito consistentes para os rotíferos ($F = 4,57$; $r = 0,27$; $p = 0,03670$) e cladóceros ($F = 6,44$; $r = 0,32$; $p = 0,013824$). As densidades de copépodes foram as que apresentaram relações mais evidentes com a área dos reservatórios ($F = 22,63$; $r = 0,53$; $p = 0,000013$) (Figura 8). Rocha et al. (1999) destacaram que não há dúvida de que a área e, no caso de ambientes aquáticos, também o volume influenciam a estrutura das comunidades, em geral, e particularmente a zooplanctônica.

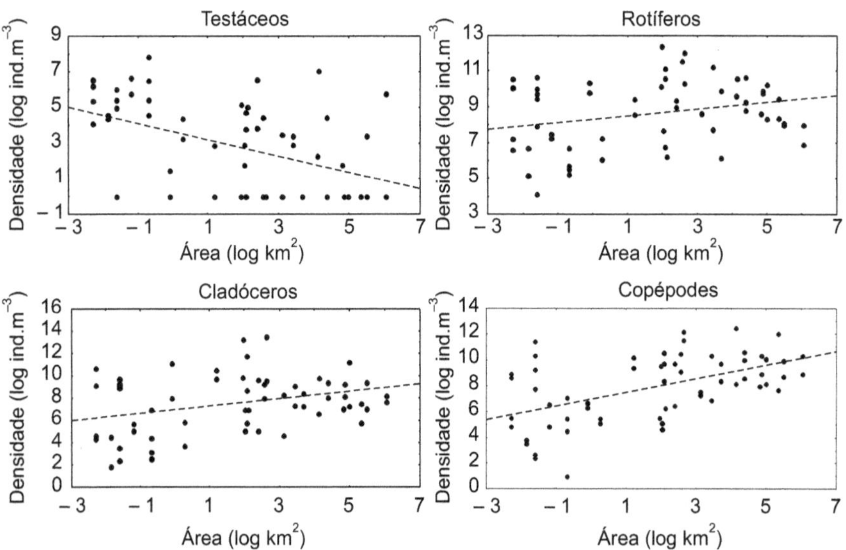

Figura 8 – Relação entre a densidade (log x + 1) dos grupos zooplanctônicos e a área inundada (log x + 1) nos 30 reservatórios estudados.

Por outro lado, as densidades dos testáceos apresentaram correlação significativa e negativa com a área dos reservatórios ($F = 16,11$; $r = 0,47$; $p = 0,000174$) (Figura 5). Como já discutido anteriormente, reservatórios pequenos e rasos propiciam maior ocorrência de testáceos no compartimento planctônico, tendo em vista o maior intercâmbio de fauna entre esse compartimento, o sedimento e a região litorânea, habitats preferenciais desses organismos.

Os resultados deste estudo mostraram que a comunidade zooplanctônica foi representada, nos 31 reservatórios, por elevada riqueza de rotíferos e abundância de pequenos cladóceros e náuplios de copépodes, principalmente no período chuvoso. As altas abundâncias zooplanctônicas estiveram diretamente relacionadas à densidade do fitoplâncton, que também apresentou maiores valores no mesmo período hidrológico. Essa relação foi evidenciada pelas correlações significativas encontradas entre as densidades dessas comunidades planctônicas. Por outro lado, a hidrodinâmica dos reservatórios parece ter sido o fator preponderante para o estabelecimento dos testáceos.

Referências Bibliográficas

ARCIFA, M. S. et al. Limnology of ten reservoirs in Southern Brazil. *Internationale Vereinigung für Theoretische und Angewandte Limnologie Verhandlungen*, Stuttgart, v. 21, pt. 2, p. 1048-1053, Okt. 1981.

ARMENGOL, J. Colonización de los embalses españoles por crustáceos planctónicos y evolución de la estructura de sus comunidades. *Oecologia Aquatica*, Barcelona, v. 4, p. 45-70, 1980.

BONECKER, C. C. et al. The temporal distribution pattern of copepods in Corumbá reservoir, State of Goiás, Brazil. *Hydrobiologia*, Dordrecht, v. 453/454, p. 375-384, June 2001.

BRANCO, C. W. C.; SENNA, P. A. C. Relations among heterotrophic bacteria, chlorophyll-*a*, total phytoplankton, total zooplankton and physical and chemical features in the Paranoá reservoir, Brasília, Brazil. *Hydrobiologia*, Dordrecht, v. 337, n. 1-3, p. 171-181, Nov. 1996.

CABIANCA, M. A. A.; SENDACZ, S. Limnologia do reservatório do Borba (Pindamonhangaba, SP). II-Zooplâncton. *Boletim do Instituto de Pesca*, São Paulo, v. 12, n. 3, p. 83-95, out. 1985.

DUSSART, B. H.; DEFAYE, D. *Copepoda*: introduction to the Copepoda. The Hague, The Netherlands: SPB Academic Publishing, 1995.

ESPÍNDOLA, E. L. G. et al. Spatial heterogeneity of the Tucuruí reservoir (State of Pará, Amazonia, Brazil) and the distribution of zooplanktonic species. *Revista Brasileira Biologia*, Rio de Janeiro, v. 60, n. 2, p. 179-194, maio 2000.

ESTEVES, K. E.; SENDACZ, S. Relações entre a biomassa do zooplâncton e o estado trófico de reservatórios do Estado de São Paulo. *Acta Limnologica Brasiliensia*, Botucatu, v. 2, p. 587-604, 1988.

GANNON, J. E.; STEMBERGER, R. S. Zooplankton (especially crustaceans and rotifers) as indicators of water quality. *Transactions of the american microscopical society*, Washington, DC, v. 97, p. 16-35, 1978.

LANDA, G. G.; MOURGUÉS-SCHURTER, L. R. Composição e abundância do zooplâncton em um sistema artificial raso (represa Pomar) no campus da Universidade Federal de Lavras, Minas Gerais. *Bios*, Belo Horizonte, v. 7, n. 7, p. 21-31, 1999.

LANSAC-TÔHA, F. A.; VELHO, L. F. M.; BONECKER, C. C. Estrutura da comunidade zooplanctônica antes e após a formação do reservatório de Corumbá, GO. In: HENRY, R. (Ed.). *Ecologia de reservatórios*: estrutura, função e aspectos sociais. Botucatu: FUNDIBIO; São Paulo: FAPESP, 1999. cap. 12, p. 347-374.

LANSAC-TÔHA, F. A. et al. On the occurrence of testate amoebae (Protozoa, Rhizopoda) in Brazilian inland waters. I. Family Arcellidae. *Acta Scientiarum*, Maringá, v. 22, n. 2, p. 355-363, June 2000.

LOPES, R. M. et al. Comunidade zooplanctônica do reservatório de Segredo. In: AGOSTINHO, A. A.; GOMES, L. C. (Ed.). *Reservatório de Segredo*: bases ecológicas para o manejo. Maringá: EDUEM, 1997. cap. 3, p. 39-60.

MATSUMURA-TUNDISI, T. Diversidade de zooplâncton em represas do Brasil. In: HENRY, R. (Ed.). *Ecologia de reservatórios*: estrutura, função e aspectos sociais. Botucatu: FUNDIBIO; São Paulo: FAPESP, 1999. cap. 2, p. 39-54.

MATSUMURA-TUNDISI, T. et al. Eutrofização da represa de Barra Bonita: estrutura e organização da comunidade de Rotífera. *Revista Brasileira Biologia*, Rio de Janeiro, v. 50, n. 4, p. 923-935, nov. 1990.

MORENO, I. H. *Estrutura da comunidade planctônica do reservatório da UHE – Balbina (floresta tropical úmida-Amazonas) e sua relação com as condições limnológicas apresentadas na fase de enchimento e pós-enchimento, 1987-1990*. 1996. Tese (Doutorado) – Programa de Pós-graduação em Ecologia e Recursos Naturais, Universidade Federal de São Carlos, São Carlos.

NOGUEIRA, M. G. Zooplankton composition, dominance and abundance as indicators of environmental compartmentalization in Jurumirim reservoir (Paranapanema river), São Paulo, Brazil. *Hydrobiologia*, Dordrecht, v. 455, p. 1-18, July 2001.

NOGUEIRA, M. G.; MATSUMURA-TUNDISI, T. Limnologia de um sistema artificial raso (represa do Monjolinho – São Carlos, SP). Dinâmica das populações planctônicas. *Acta Limnologica Brasiliensia*, Botucatu, v. 8, p. 149-168, 1996.

PANARELLI, E. et al. A comunidade zooplanctônica ao longo de gradientes longitudinais no rio Paranapanema/represa de Jurumirim (São Paulo, Brasil). In: HENRY, R. (Org.) *Ecótonos nas interfaces dos ecossistemas aquáticos*. São Carlos: RiMa, 2003. p. 129-160.

PINTO-COELHO, R. M. et al. Efeitos da eutrofização na estrtutura da comunidade planctônica na lagoa da Pampulha, Belo Horizonte, MG. In: HENRY, R. (Ed.). *Ecologia de reservatórios*: estrutura, função e aspectos sociais. Botucatu: FUNDIBIO; São Paulo: FAPESP, 1999. cap. 18, p. 551-572.

ROCHA, O.; SENDACZ, S.; MATSUMURA-TUNDISI, T. Composition, biomass and productivity of zooplankton in natural lakes and reservoirs of Brazil. In: TUNDISI, J. G.; BICUDO, C. E. M.; MATSUMURA-TUNDISI, T. (Eds.). *Limnology in Brazil*, Rio de Janeiro: ABC/SLB, 1995. p. 151-165.

ROCHA, O. et. al. Ecological theory applied to reservoir zooplankton. In: TUNDISI, J. G.; STRASKRABA, M. (Eds.). *Theoretical reservoir ecology and its applications*. São Carlos: RiMa, 1999. p. 457-476.

ROLLA, M. E. et al. Inventário limnológico do rio Grande na área de influência da futura Usina Hidrelétrica (UHE) de Igarapava. *Acta Limnologica Brasiliensia*, Botucatu, v. 4, p. 139-162, 1992.

SAMPAIO, E. V. et al. Composition and abundance of zooplankton in the limnetic zone of seven reservoirs of the Paranapanema river, Brazil. *Brazilian Journal of Biology*, São Carlos, v. 62, n. 3, p. 525-545, Aug. 2002.

SCHMID-ARAYA, J. M.; ZUÑIGA, L. R. Zooplankton community structure in two Chilean reservoirs. *Archiv für Hydrobiologie*, Stuttgart, v. 123, n. 3, p. 305-335, Jan. 1992.

SENDACZ, S. Zooplankton studies of floodplain lakes of the Upper Paraná river, São Paulo State, Brazil. *Internationale Vereinigung für Theoretische und Angewandte Limnologie Verhandlungen*, Stuttgart, v. 26, pt. 2, p. 621-627, dez. 1997.

SERAFIM JUNIOR, M. *Efeitos do represamento em um trecho do rio Iguaçu sobre a estrutura e a dinâmica da comunidade zooplanctônica*. 2002. Tese (Doutorado) – Departamento de Biologia, Universidade Estadual de Maringá, Maringá.

TALAMONI, J. L. B.; OKANO, W. Y. Limnological characterization and plankton community structure in aquatic systems of different trophic state. *Internationale Vereinigung für Theoretische und Angewandte Limnologie Verhandlungen*, Stuttgart, v. 26, pt. 2, p. 629-636, dez. 1997.

VELHO, L. F. M. et al. On the occurrence of testate amoebae (Protozoa, Rhizopoda) in Brazilian inland waters. II. Families Centropyxidae, Trigonopyxidae and Plagiopyxidae. *Acta Scientiarum*, Maringá, v. 22, n. 2, p. 365-374, June 2000.

VELHO, L. F. M. et al. Testate amoebae abundance in plankton samples from Paraná State reservoirs. *Acta Scientiarum. Biological Sciences*, Maringá, v. 26, n. 4, p. 415-419, 2004.

VELHO, L. F. M.; LANSAC-TÔHA; BINI, L. M. Spatial and temporal variation in densities of testate amoebae in the plankton on the Upper Paraná river floodplain, Brazil. *Hydrobiologia*, Dordrecht, v. 411, p. 103-113, 1999.

Capítulo 10

Distribuição Longitudinal da Comunidade Zooplanctônica em Reservatórios

Luiz Felipe Machado Velho
Fábio Amodêo Lansac-Tôha
Claudia Costa Bonecker

Introdução

Reservatórios são considerados ambientes favoráveis ao desenvolvimento do zooplâncton, o qual pode estabelecer assembléias diversificadas em períodos de tempo relativamente curtos após o represamento (Rocha et al., 1999).

A formação de reservatórios, a partir da construção de barragens em ambientes com fluxo constante, acarreta aumento do tempo de residência da água na área represada (Straškraba & Tundisi, 1999). Observa-se, então, redução do transporte de partículas em suspensão e o conseqüente aumento da sedimentação desse material ao longo do eixo longitudinal do novo ecossistema, no sentido rio–barragem (Thornton, 1990c) Esses ambientes apresentam, portanto, características espaciais bem definidas, sendo geralmente possível distinguir uma zona fluvial, uma zona de transição e uma zona lacustre (Thornton, 1990c; Tundisi, 1990).

De acordo com o modelo proposto por Marzolf (1990c), três padrões de distribuição da abundância do zooplâncton podem ser observados ao longo do eixo longitudinal em reservatórios. O primeiro é um aumento não linear da abundância em direção à barragem, com uma assíntota antes da zona de transição. Esse padrão ocorre quando, sob condições lóticas, o transporte dos organismos excede suas taxas reprodutivas. Quando a velocidade de corrente diminui, a taxa reprodutiva aumenta e as populações podem ser mantidas. O primeiro padrão é, portanto, determinado pelos processos hidrodinâmicos. O segundo padrão é descrito por uma redução exponencial da abundância do zooplâncton em direção à barragem e ocorre quando os efeitos hidráulicos não estão operando e o transporte de materiais (nutrientes, bactérias e algas, entre outros) do rio para o reservatório é o processo predominante. Assim, grandes populações seriam encontradas próximas à fonte de alimento, no caso, o rio. O terceiro padrão seria observado se ambos os processos estivessem operando simultaneamente. Nesse caso, a abundância do zooplâncton ao longo do eixo longitudinal do reservatório se assemelharia a uma distribuição de freqüência com assimetria positiva, sendo a maior abundância observada na zona de transição.

O presente estudo tem por objetivo investigar a distribuição longitudinal da abundância do zooplâncton, em dois períodos hidrológicos (estiagem e chuvoso) de 2002, em seis reservatórios do Estado do Paraná. Pretende-se, ainda, analisar a influência da zonação longitudinal sobre os padrões de distribuição da riqueza de espécies zooplanctônicas nesses reservatórios.

Resultados e Discussão

A comunidade zooplanctônica foi representada por 160 espécies, sendo 109 de rotíferos, 32 de cladóceros e 19 de copépodes. Os rotíferos foram os organismos que mais contribuíram para a riqueza do zooplâncton nas três zonas dos seis reservatórios, em ambos os períodos hidrológicos (Figura 1). O maior número de espécies de rotíferos, em relação aos demais grupos registrados nos reservatórios, está de acordo com resultados observados para outros reservatórios brasileiros (Tundisi et al., 1991; Arcifa et al., 1992; Lopes et al., 1997; Lansac-Tôha et al., 1999; Nogueira, 2001, entre outros).

Em relação aos microcrustáceos, observou-se que, em geral, os cladóceros foram mais especiosos no período chuvoso e os copépodes, no período de estiagem. Esse padrão é claramente evidenciado no reservatório de Salto do Vau (Figura 1).

Considerando a distribuição longitudinal da riqueza, observou-se no período chuvoso, em geral, maior número de espécies na zona fluvial. Esse fato está, provavelmente, relacionado à maior velocidade de corrente característica dessa zona e ao aumento da vazão dos reservatórios nesse período hidrológico, determinando maior contribuição de espécies ticoplanctônicas (provenientes da região litorânea e do sedimento) para o compartimento limnético (Figura 1). Panarelli et al. (2003), estudando o zooplâncton ao longo da represa de Jurumirim, Estado de São Paulo, também registraram maiores riquezas de rotíferos e cladóceros na região rio-transição, atribuindo esse fato à incorporação de espécies não-planctônicas do canal do rio Paranapanema, bem como de espécies planctônicas provenientes de lagoas laterais existentes na região da desembocadura do rio na represa.

Por outro lado, no período de estiagem não foi possível observar um nítido padrão de distribuição longitudinal da riqueza de espécies, embora na maioria dos reservatórios tenha sido observada tendência para maiores riquezas nas zonas de transição e lacustre, com exceção dos reservatórios de Iraí e Mourão (Figura 1).

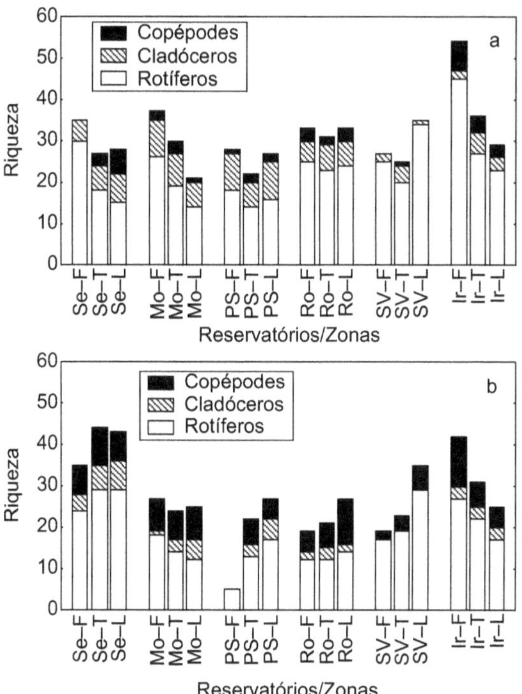

Figura 1 – Riqueza de espécies zooplanctônicas por grupo registrada nas diferentes zonas (F = fluvial, T = transição, L = lacustre) de cada reservatório (Se = Segredo, Mo = Mourão, PS = Parigot de Souza, Ro = Rosana, SV = Salto do Vau, Ir = Iraí) em distintos períodos hidrológicos (A = chuvoso, B = estiagem).

Maiores valores de abundância do zooplâncton foram observados nos reservatórios de Iraí e Parigot de Souza e os menores, no reservatório de Salto do Vau, em ambos os períodos hidrológicos (Figura 2). Os resultados de uma Análise de Componentes Principais (ACP), realizada a partir de uma matriz de dados abióticos (ver Capítulo 3), mostraram os reservatórios de Iraí e Parigot de Souza como eutróficos e o reservatório Salto do Vau como o menos produtivo. Esses resultados sugerem que a abundância do zooplâncton esteve diretamente relacionada à produtividade dos reservatórios. Padrão semelhante foi observado por Lansac-Tôha, Bonecker e Velho (ver Capítulo 9) em estudo sobre a abundância do zooplâncton em 30 reservatórios do Estado do Paraná.

Em relação à distribuição longitudinal da abundância do zooplâncton, as maiores densidades foram observadas nas zonas de transição e lacustre dos reservatórios em ambos os períodos hidrológicos (Figura 2). O aumento da abundância zooplanctônica em águas lênticas de reservatórios é um padrão comumente descrito na literatura (Betsill & Vandenavyle, 1994; Velho et al., 2001; Panarelli et al., 2003). Em áreas lênticas, a taxa reprodutiva do zooplâncton compensa a perda de indivíduos por morte e transporte advectivo rio abaixo (Marzolf, 1990c). Além disso, nessas áreas é observada, freqüentemente, maior produção fitoplanctônica (Kimmel et al., 1990c), que se traduz em maior disponibilidade alimentar para o zooplâncton.

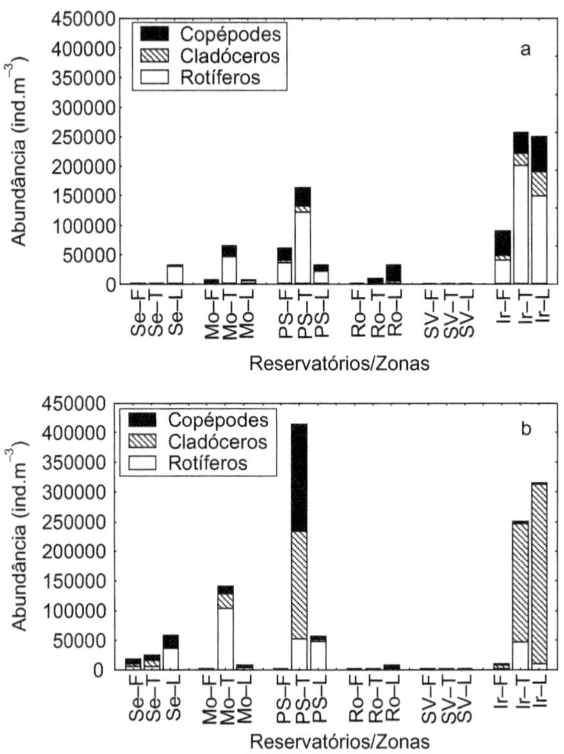

Figura 2 – Abundância zooplanctônica por grupo registrada nas diferentes zonas (F = fluvial, T = transição, L = lacustre) de cada reservatório (Se = Segredo, Mo = Mourão, PS = Parigot de Souza, Ro = Rosana, SV = Salto do Vau, Ir = Iraí) em distintos períodos hidrológicos (A = chuvoso, B = estiagem).

Assim, nos reservatórios de Segredo e Rosana, as maiores densidades foram registradas na zona lacustre, e nos reservatórios de Mourão e Parigot de Souza, na zona de transição. No reservatório de Iraí, elevadas abundâncias foram registradas nas zonas de transição e lacustre, a qual se destacou no período de estiagem. No reservatório Salto do Vau, caracterizado pelas reduzidas densidades, não se observou padrão longitudinal de variação na distribuição da abundância.

Esse reservatório apresenta menor área e características lóticas ao longo de todo seu eixo longitudinal.

De acordo com os pressupostos de Marzolf (1990c), maiores densidades do zooplâncton deveriam ser observadas: (a) na zona fluvial, se a disponibilidade de recursos alimentares for o fator preponderante para a distribuição da abundância desses organismos – esse pressuposto não foi observado em nenhum dos reservatórios investigados neste estudo; (b) na zona lacustre, se a hidrodinâmica for o principal fator determinante dessa abundância – esse padrão foi nitidamente observado nos reservatórios de Segredo e Rosana (esses reservatórios apresentam as maiores áreas entre os estudados e são caracterizados por apresentarem grande número de tributários, o que, provavelmente, propicia aporte de nutrientes ao longo de todo o eixo longitudinal do reservatório); (c) na zona de transição, se a disponibilidade de recursos e a hidrodinâmica estiverem interagindo na determinação dos padrões de abundância do zooplâncton – esse padrão foi observado nos reservatórios de Mourão e Parigot de Souza.

Por outro lado, no reservatório do Iraí, embora as maiores abundâncias tenham sido registradas nas regiões lênticas, não foi possível distinguir um mesmo padrão de distribuição da abundância zooplânctônica para os dois períodos hidrológicos. Esses resultados podem estar relacionados ao fato de o reservatório apresentar elevado tempo de residência da água (460 dias), o que minimiza os efeitos dos processos hidrodinâmicos, e de ser o mais eutrófico entre os reservatórios estudados, com abundância de recursos alimentares ao longo de seu eixo longitudinal. As baixas densidades zooplanctônicas constatadas na zona fluvial podem ser decorrentes de sua reduzida profundidade e grande quantidade de material em suspensão, as quais provavelmente inibem o desenvolvimento das populações.

Finalmente, o reservatório de Salto do Vau se diferencia dos demais por suas características lóticas ao longo de todo o eixo longitudinal, determinando baixas densidades zooplanctônicas em todas as zonas do reservatório.

A respeito dos diferentes grupos zooplanctônicos, no período chuvoso, os rotíferos constituíram o grupo dominante, seguidos pelos copépodes (especialmente as formas jovens), com exceção do reservatório de Rosana, onde os copépodes e cladóceros foram os mais abundantes. No período de estiagem se observou alternância na dominância dos grupos zooplanctônicos nos reservatórios e em suas respectivas zonas (fluvial, de transição e lacustre). Nesse sentido, os rotíferos dominaram nas três zonas dos reservatórios de Salto do Vau e Mourão e na zona lacustre de Segredo e Parigot de Souza; já os cladóceros foram os mais abundantes nas três zonas do reservatório de Iraí e na zona lacustre de Rosana e co-dominaram

com os copépodes nas zonas fluvial e de transição de Segredo, Parigot de Souza
e Rosana (Figuras 2 e 3).

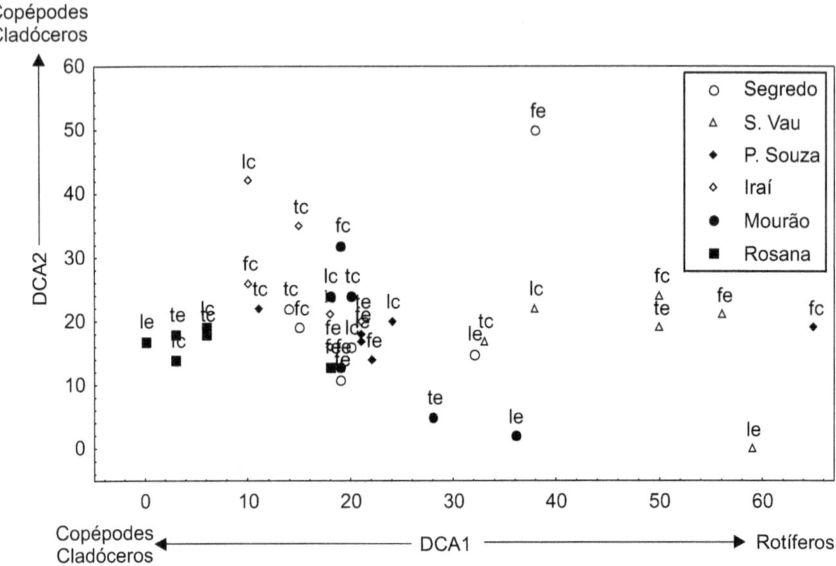

Figura 3 – Distribuição dos escores das amostras (reservatório, zona e período hidrológico) ao longo
dos dois primeiros eixos da DCA (f = zona fluvial, t = zona de transição, l = zona
lacustre, c = período chuvoso e e = período de estiagem).

Ao contrário do padrão freqüentemente registrado na literatura (Pinto-
Coelho,1987; Arcifa et al., 1992; Nogueira & Matsumura-Tundisi, 1996; Nogueira,
2001, entre outros), que tem demonstrado a dominância de rotíferos no
zooplâncton, nossos resultados evidenciam que, em determinados períodos, os
microcrustáceos podem ser os organismos mais abundantes em vários reservatórios
e em diferentes zonas, sugerindo que a dominância de rotíferos não deve ser
considerada uma regra geral. Resultado semelhante foi observado por Espíndola
et al. (2000) no reservatório de Tucuruí, Estado do Pará. Deve-se ressaltar ainda
que, nos reservatórios estudados, a predominância dos microcrustáceos,
especialmente os cladóceros, foi mais marcante naqueles com elevado grau de
trofia (Iraí e Parigot de Souza), não corroborando a expectativa de encontrar
maiores abundâncias de rotíferos em sistemas com tais características de trofia,
como relatado na literatura (Matsumura-Tundisi et al., 1990; Arcifa et al., 1992;
Nogueira, 2001, entre outros).

Uma Análise de Correspondência Destendenciada (DCA), realizada com
o objetivo de sintetizar os resultados obtidos para a abundância do zooplâncton,

a partir da ordenação das unidades amostrais (reservatório/zonas e períodos), não evidenciou caracterização das zonas e do período hidrológico em relação à abundância dos diferentes grupos zooplanctônicos, sendo possível observar, no entanto, distinção entre os reservatórios (Figura 3). Dessa forma, os resultados obtidos sugerem que, em relação à abundância dos grupos zooplanctônicos, os reservatórios são, de maneira geral, mais distintos entre si que suas diferentes zonas, nos dois períodos analisados.

Referências Bibliográficas

ARCIFA, M. S.; GOMES, E. A. T.; MESCHIATTI, A. J. Composition and fluctuations of zooplankton of a tropical brazilian reservoir. *Archiv für Hydrobiologie*, Stuttgart, v. 123, n. 4, p. 479-495, Feb. 1992.

BETSILL, R. K.; VANDENAVYLE, M. J. Spatial heterogeneity of reservoir zooplankton-a matter of timing. *Hydrobiologia*, Dordrecht, v. 277, n. 1, p. 63-70, Mar. 1994.

ESPÍNDOLA, E. L. G. et al. Spatial heterogeneity of the Tucuruí reservoir (State of Pará, Amazonia, Brazil) and the distribution of zooplanktonic species. *Revista Brasileira de Biologia*, Rio de Janeiro, v. 60, n. 2, p. 179-194, maio 2000.

KIMMEL, B. L.; LIND, O. T.; PAULSON, L. J. Reservoir primary production. In: THORNTON, K. W.; KIMMEL, B. L.; PAYNE, F. E. (Eds.). *Reservoir limnology*: ecological perspectives. New York: J. Wiley & Sons, 1990c. ch. 6, p. 133-193.

LANSAC-TÔHA, F. A.; VELHO, L. F. M; BONECKER, C. C. Estrutura da comunidade zooplanctônica antes e após a formação do reservatório de Corumbá, GO. In: HENRY, R. (Ed.). *Ecologia de reservatórios*: estrutura, função e aspectos sociais. Botucatu: FUNDIBIO; São Paulo: FAPESP, 1999. cap. 12, p. 347-374.

LOPES, R. M. et al. Comunidade zooplanctônica do reservatório de Segredo. In: AGOSTINHO, A. A.; GOMES, L. C. (Eds.). *Reservatório de Segredo*: bases ecológicas para o manejo. Maringá: EDUEM, 1997. cap. 3, p. 39-60.

MARZOLF, G. R. Reservoirs as environments for zooplankton. In: THORNTON, K. W.; KIMMEL, B. L.; PAYNE, F. E. (Eds.). *Reservoir limnology*: ecological perspectives. New York: J. Wiley & Sons, 1990c. ch. 7, p. 195-208.

MATSUMURA-TUNDISI, T. et al. Eutrofização da represa de Barra Bonita: estrutura e organização da comunidade de Rotífera. *Revista Brasileira de Biologia*, Rio de Janeiro, v. 50, n. 4, p. 923-935, nov. 1990.

NOGUEIRA, M. G. Zooplankton composition, dominance and abundance as indicators of environmental compartmentalization in Jurumirim reservoir (Paranapanema river), São Paulo, Brazil. *Hydrobiologia*, Dordrecht, v. 455, p. 1-18, July 2001.

NOGUEIRA, M. G.; MATSUMURA-TUNDISI, T. Limnologia de um sistema artificial raso (Represa do Monjolinho, São Carlos, SP). Dinâmica das populações planctônicas. *Acta Limnologica Brasiliensia*, Botucatu, v. 8, p. 149-168, 1996.

PANARELLI, E. et al. A comunidade zooplanctônica ao longo de gradientes longitudinais no rio Paranapanema/represa de Jurumirim (São Paulo, Brasil). In: HENRY, R. (Org.). *Ecótonos nas interfaces dos ecossistemas aquáticos*. São Carlos: RiMa, 2003. p. 129-160.

PINTO-COELHO, R. M. Flutuações sazonais e de curta duração na comunidade zooplanctônica do lago Paranoá, Brasília, DF, Brasil. *Revista Brasileira de Biologia*, Rio de Janeiro, v. 47, n. ½, p. 17-29, fev./maio, 1987.

ROCHA, O. et al. Ecological theory applied to reservoir zooplankton. In: TUNDISI, J.G.; STRAŠKRABA, M. (Eds.). *Theoretical reservoir ecology and its applications*. São Carlos: RiMa, 1999. p. 457-476.

STRAŠKRABA, M.; TUNDISI, J. G. Reservoir ecosystem functioning: theory and application. In: TUNDISI, J. G.; STRAŠKRABA, M. (Eds.). *Theoretical reservoir ecology and its applications*. São Carlos: RiMa, 1999. p. 565-597.

THORNTON, K. W. Sedimentary processes. In: THORNTON, K. W.; KIMMEL, B. L.; PAYNE, F. E. (Eds.). *Reservoir limnology*: ecological perspectives. New York: J. Wiley & Sons, 1990c. ch. 3, p. 43-69.

TUNDISI, J. G. Distribuição espacial, seqüência temporal e ciclo sazonal do fitoplâncton em represas: fatores limitantes e controladores. *Revista Brasileira de Biologia*, Rio de Janeiro, v. 50, n. 4, p. 937-955, nov. 1990.

TUNDISI, J. G. et al. Comparative limnology of five reservoirs in the middle Tietê river, S. Paulo State. *Internationale Vereinigung für Theoretische und Angewandte Limnologie Verhandlungen*, Stuttgart, v. 24, pt. 3, p. 1489-1496, Jun. 1991.

VELHO, L. F. M. et al. The longitudinal distribution of copepods in Corumbá reservoir, State of Goiás, Brazil. *Hydrobiologia*, Dordrecht, v. 453/454, p. 385-391, June 2001.

Capítulo 11

Chironomidae Indicadora do Estado Trófico em Reservatórios

Janet Higuti
Iuli Pessanha Zviejkovski
Mauricio Avelar Takahashi
Vinícius Gonçalves Dias

Introdução

A partir da segunda metade do século XX, a eutrofização ou o enriquecimento de nutrientes tem sido visto como um problema (Harper, 1992) nos ecossistemas aquáticos. A eutrofização é caracterizada não somente pelo suprimento de nutrientes, mas também pelo conjunto de eventos biológicos (aumento da biomassa de algas e macrófitas aquáticas), tendo como conseqüência o impedimento do uso múltiplo dos recursos hídricos, por gerar compostos nocivos (Mehner & Benndorf, 1995) nesses ecossistemas. A classificação trófica foi idealizada por Weber, em 1907, para solo de pântano, e posteriormente desenvolvida por Naumann, em 1919, para descrever lagos (Jeffries & Mills, 1990; Harper, 1992). No entanto, Thienemann, em 1915, já havia constatado diferenças na composição e na abundância da fauna de Chironomidae, relacionando-as às concentrações de oxigênio, as quais foram associadas à densidade fitoplanctônica (Esteves, 1998).

Embora a concentração de nutrientes seja a base para a classificação dos ambientes em relação ao grau de trofia, as comunidades aquáticas vêm sendo utilizadas de forma crescente na complementação dessa perspectiva. Nesse sentido, a comunidade bêntica tem se destacado tendo em vista sua pouca mobilidade, alta diversidade biológica e sensibilidade a concentrações de poluentes (Resh & Jackson, 1993).

As larvas de quironomídeos constituem um dos principais organismos bênticos, tendo em vista sua elevada abundância, biomassa e diversidade em ecossistemas aquáticos (Coffman & Ferrington Jr., 1996; Higuti et al., 1993; Callisto et al., 2002; Higuti & Takeda, 2002). Esses organismos apresentam relevante papel na cadeia alimentar aquática, formando um importante elo entre os produtores e os consumidores secundários (Tokeshi, 1995). Além disso, os quironomídeos têm sido potencialmente utilizados como importante ferramenta em estudos sobre avaliação da qualidade ambiental (Marques et al., 1999; Kuhlmann et al., 2000; Callisto et al., 2000; Callisto et al., 2002).

A utilização das larvas de quironomídeos na avaliação da qualidade de água tem abordado vários aspectos, como, por exemplo, indicadoras de contaminação orgânica, em teste de toxicidade, em processos de acidificação, contaminação inorgânica e deformidades morfológicas (Paggi, 1999).

O objetivo deste estudo foi, por meio do levantamento faunístico em 30 reservatórios paranaenses, analisar o potencial das larvas de Chironomidae como indicadoras de estado trófico.

Composição Taxonômica

Neste capítulo são apresentados os resultados obtidos para a comunidade de Chironomidae em 30 reservatórios localizados no Estado do Paraná (Chavantes, Salto Grande, Canoas II, Canoas I, Capivara, Taquaruçu, Rosana, Iraí, Piraquara, Passaúna, Salto do Vau, Foz do Areia, Curucaca, Jordão, Salto Segredo, Cavernoso, Salto Santiago, Salto Osório, JMF, Salto Caxias, Santa Maria, Melissa, Rio dos Patos, Mourão I, Alagados, Harmonia, Parigot de Souza, Vossoroca, Salto do Meio e Guaricana), em dois períodos hidrológicos distintos: julho/agosto (período seco) e novembro/dezembro (período chuvoso) de 2001. Referem-se às amostragens realizadas próximas à barragem, em ambas as regiões, central e marginal, dos reservatórios. A fauna de quironomídeos foi representada por 68 táxons, pertencentes a 35 gêneros distribuídos entre as subfamílias Tanypodinae (9 táxons), Chironominae (51 táxons) e Orthocladiinae (8 táxons). Dentre eles, não foram identificados 9 gêneros das subfamílias Chironominae (8) e Orthocladiinae (1) (Tabela 1). As larvas de quironomídeos de água doce, na região neotropical, pertencem as três subfamílias citadas, destacando-se Chironominae como a de maior riqueza genérica (Spies & Reiss, 1996; Roque et al., 2000; Higuti, 2004), o que também foi observado neste estudo.

A maior riqueza de táxons foi registrada nos reservatórios oligotróficos (67 táxons), seguidos pelos mesotróficos (25 táxons) e eutróficos (13 táxons) (Tabela 1), sugerindo uma alta plasticidade dos quironomídeos em colonizar uma grande variedade de ambientes. O fato de os quironomídeos serem considerados colonizadores oportunistas e apresentarem ampla plasticidade alimentar (Berg, 1995) também contribui para sua ocupação em diferentes habitats.

A natureza e o tamanho das partículas do sedimento (Rae, 1985; Rossaro, 1991; Sanseverino & Nessimian, 1998) e a quantidade e/ou qualidade das partículas de matéria orgânica (Brennan et al., 1978; Mclachlan et al., 1978) são importantes fatores que atuam na determinação dos padrões espaciais da composição e da abundância de quironomídeos.

Tabela 1 – Ocorrência das larvas de Chironomidae em reservatórios de diferentes graus de trofia, em relação à concentração de nutrientes e clorofila *a* (1 = oligotrófico, 2 = mesotrófico e 3 = eutrófico).

Táxons/reservatórios	1	2	3	Táxons/reservatórios	1	2	3
Subfamília Tanypodinae				*Parachironomus* sp. 2			
A blabesmyia (Karelia)	+	+		*Parachironomus* 1	+		
A. annulata	+			*Paralauterborniella*	+		
Coelotanypus	+	+		*Polypedilum* gr. *fallax*	+		+
Djalmabatista pulcher	+	+		*P. (A sheum)*	+		
Djalmabatista sp. 2	+	+		*P. (Tripodura)*	+		
Larsia	+			*Polypedilum* sp. 1	+	+	
Labrundinia	+	+		*P. (Polypedilum)* sp. 2	+	+	
Procladius	+	+		*Polypedilum* 1	+		
Tanypus stellatus	+		+	*Pseudochironomus*	+	+	+
Subfamília Chironominae				*Rheotanytarsus* sp. 1	+		
A edokritus	+			*Rheotanytarsus* sp. 2	+		
A pedilum	+			*Saetheria (?)*	+		
A xarus	+			*Stempellina*	+	+	+
Beardius sp. 1	+			*Stenochironomus*	+	+	
Beardius sp. 2	+			*Tanytarsus*	+		
Chironomus gr. *decorus*	+	+	+	*Tribelos (?)* sp. 1	+	+	+
C. gr. *riparius*	+	+		*Tribelos (?)* sp. 2	+	+	
C. gr. *salinarius*	+	+		Chironomini 1	+		
Cladopelma	+		+	Chironomini 2	+		
Cryptochironomus sp. 1	+	+		Chironomini 3	+		
Cryptochironomus sp. 2	+			Chironomini 4			+
Dicrotendipes sp. 2	+	+		Chironomini 5	+		
Dicrotendipes sp. 3	+	+	+	Chironomini 6	+		
Dicrotendipes 1	+			Tanytarsini 1	+		
Fissimentum desiccatum	+	+		Tanytarsini 2	+		
Fissimentum sp. 2	+	+		**Subfamília Orthocladiinae**	+		
Fissimentum 1	+			*Cricotopus* sp. 1			
Goeldichironomus gr. *pictus*	+		+	*Cricotopus* sp. 2	+		
Harnischia (?) sp. 1	+	+		*Cricotopus* 1	+		
Harnischia (?) sp. 2	+	+	+	*Gymnometriocnemus (?)*	+		
Nilothauma sp. 1	+			*Lopescladius*	+	+	
Nilothauma (?) sp. 2	+			*Parakiefferiella*	+		
Nimbocera paulensis	+	+	+	*Thienemanniella*	+		+
Nimbocera sp. 3	+			Orthocladiinae 1	+		
Parachironomus sp. 1	+						

Esse fato provavelmente também contribuiu para os elevados valores de riqueza de táxons nos reservatórios oligotróficos.

Considerando os valores de abundância, a fauna de quironomídeos em ambientes oligotróficos e eutróficos foi diferenciada essencialmente por *Chironomus* gr. *decorus* e *Goeldichironomus* gr. *pictus*, as quais foram características de reservatórios eutróficos (Figura 1).

Geralmente, as larvas de quironomídeos ingerem uma variedade de tipos alimentares, no entanto, o item alimentar mais consumido é o detrito (Pinder, 1986). Dessa forma, a alta produtividade dos reservatórios, provavelmente, determinou a ocorrência e a abundância de gêneros detritívoros, como *Chironomus* e *Goeldichironomus*.

Chironomidae como Indicadora do Estado Trófico

A análise das espécies indicadoras (IndVan) (Dufrêne & Legendre, 1997) foi realizada com a finalidade de testar o potencial dos quironomídeos como indicadores de condições de trofia. Alguns reservatórios apresentam características lóticas que se traduzem em baixa produtividade fitoplanctônica, apesar de elevadas concentrações de nutrientes essenciais.

Dessa forma, o nitrogênio e o fósforo não seriam eficientes na categorização do estado trófico para o conjunto de reservatórios analisados. Além disso, os nutrientes influenciam de forma indireta a comunidade de Chironomidae. Nesse sentido, os reservatórios foram categorizados de acordo apenas com sua produtividade primária (concentração de clorofila a).

Os resultados evidenciaram quatro quatro táxons de Chironomidae potencialmente indicadores do estado trófico, de acordo com o teste de Monte Carlo (Tabela 2).

Os maiores valores indicadores foram registrados para *Chironomus* gr. *decorus* (87) e *Goeldichironomus* gr. *pictus* (64) em reservatório com elevada produtividade, fato também verificado na análise multivariada. A presença de ambos os táxons está relacionada à condição de eutrofização dos reservatórios, os quais são comumente encontrados em ambientes muito produtivos (Strixino & Trivinho-Strixino, 1998; Marques et al., 1999). *Chironomus* são filtradores e coletores de depósito de superfície (Mccall & Tevesz, 1982) e são dependentes da produção primária (Jónasson, 1972). Em condições de alta produção algal, a sedimentação desses detritos (algas) se torna o alimento mais importante e as larvas de *Chironomus* podem constituir a maior parte da fauna bêntica em ambientes eutrofizados. Como os gêneros *Chironomus*, *Goeldichironomus* e *Polypedilum* são detritívoros, são favorecidos em ambientes com elevada concentração de detritos orgânicos (animal e vegetal).

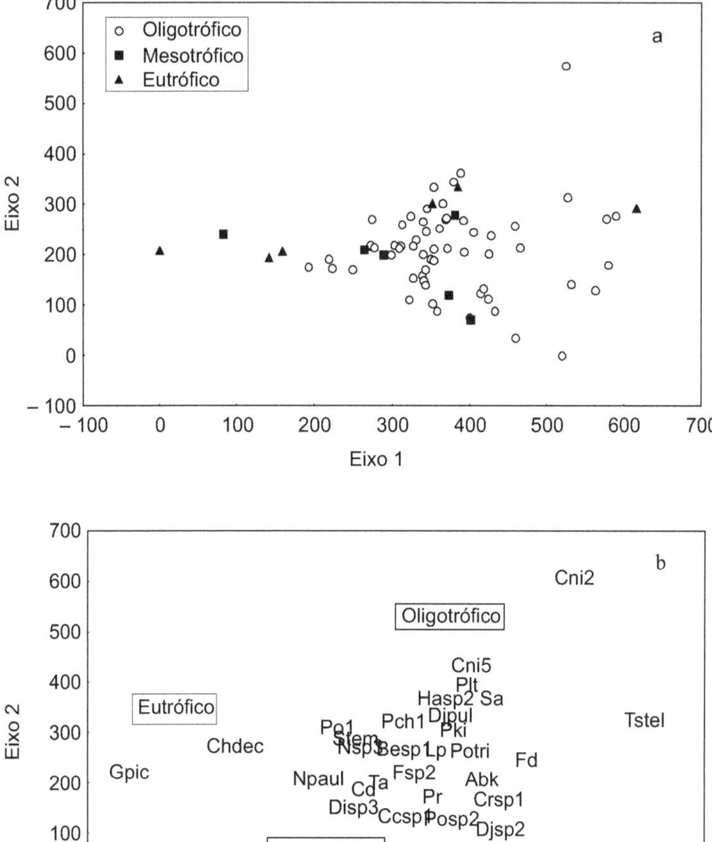

Figura 1 – Ordenação dos escores reservatórios/meses (a) e táxons de quironomídeos (b) dos dois primeiros eixos da DCA. (Abk = *Ablabesmyia*, Co = *Coelotanypus* sp. Djsp2 = *Djalmabatista* sp. 2, Djpul = *Djalmabatista pulcher*, Pr = *Procladius* sp. Tstel = *Tanypus stellatus*, Ax = *Axarus* sp. Besp1 = *Beardius* sp. 1, Chdec = *Chironomus* gr. *decorus*, Cd = *Cladopelma* sp. Crsp1 = *Cryptochironomus* sp. 1, Disp3 = *Dicrotendipes* sp. 3, Fd = *Fissimentum desiccatum*, Fsp2 = *Fissimentum* sp. 2, Gpic = *Goeldichironomus* gr. *pictus*, Hasp2 = *Harnischia* sp. 2, Pch1 = *Parachironomus* 1, Plt = *Paralauterborniella* sp. Posp2 = *Polypedilum* sp. 2, Potri = *Polypedilum* (Tripodura), Pol = *Polypedilum* 1, Pseudo = *Pseudochironomus*, As = *Saetheria*, Stem = *Stempellina* sp. Npaul = *Nimbocera paulensis*, Nsp3 = *Nimbocera* sp. 3, Ta = *Tanytarsus*, Cni2 = *Chironomini* 2, Cni5 = *Chironomini* 5, Ccsp1 = *Cricotopus* sp. 1, Lp = *Lopescladius* sp. e Pki = *Parakiefferiella* sp.

Tabela 2 – Táxons indicadores de grau de trofia (concentração de clorofila-*a* – grupo 1: < 2 µg/L; grupo 2: 2-10 µg/L; grupo 3: 10-40 µg/L; e grupo 4: > 40 µg/L). A = abundância relativa, F = freqüência relativa, IV = índice, G = grupo. (Os números em negrito ressaltam os valores de A, F e IV dos táxons significativamente (p ≥ 0,05) indicadores).

Táxons	1			2			3			4				
	A	F	IV	A	F	IV	A	F	IV	A	F	IV	G	p
C. gr. *decorus*	0	0	0	10	10	1	3	14	1	**87**	**100**	**87**	4	0,000
G. gr. *pictus*	0	0	0	4	10	0	0	0	0	**96**	**67**	**64**	4	0,001
Polypedilum 1	7	13	1	3	7	0	0	0	0	**90**	**33**	**30**	4	0,029
Chironomini 3	0	0	0	0	0	0	0	0	0	**100**	**33**	**33**	4	0,033

Apesar de Chironomini 3 ter potencial para indicador de trofia, torna-se difícil discutir sua relação, em decorrência dos problemas de identificação desse táxon.

Embora Tanytarsini e *Thienemanniella* sejam citados na literatura como indicadores de condições oligotróficas (Galdean et al., 2000), neste estudo, a partir da análise de espécies indicadoras, nenhum desses táxons foi considerado como indicador de tais condições. Esse resultado pode estar relacionado ao fato de se encontrar, sob condições de oligotrofia, maior diversidade equitabilidade e reduzidas abundâncias.

Estudos têm evidenciado deformidades morfológicas em larvas de Chironomidae causadas por diversos poluentes (Warwick, 1988; Kuhlmann et al., 2000; Callisto et al., 2000). Neste estudo, também foram observadas em alguns reservatórios deformidades morfológicas nos dentes do mento das larvas, especialmente naquelas pertencente à subfamília Chironominae. Essas deformidades podem ser indicativas de diversos tipos de poluição (efluentes domésticos e industrias, agricultura, pecuária, etc.) que ocorrem aos arredores dos reservatórios.

Com o levantamento faunístico constatou-se também que as larvas de quironomídeos ocorreram diversos graus de trofia, sugerindo que a utilização dessas larvas no nível de família não contribui satisfatoriamente para a avaliação da qualidade de água, o que corrobora os resultados de Roque, et al. (2000).

Em síntese, *Chironomus* gr. *decorus* e *Goeldichironomus* gr. *pictus* têm potencial para serem indicadores do estado trófico (concentração de clorofila *a*) em reservatórios paranaenses. Entretanto, mais estudos são necessários, principalmente em relação à taxonomia e ao grau de tolerância de Chironomidae na região neotropical.

Agradecimentos

Ao Dr. Luiz Felipe Machado Velho e MSc. Luzia Cleide Rodrigues pelas valiosas sugestões e comentários. Ao laboratório de Limnologia Básica do Nupélia por disponibilizar os dados relativos à concentração de nutrientes e clorofila *a*. Ao CNPq e ao Finep pelo suporte financeiro e à Copel pelo apoio nas coletas.

Referências Bibliográficas

BERG, M. B. Larval food and feeding behaviour. In: ARMITAGE, P. D.; CRANSTON, P. S.; PINDER, L. C. V. (Eds.). *The Chironomidae*: biology and ecology of non-biting midges. 1st ed. London: Chapman & Hall, 1995. ch.7, p. 136-168.

BRENNAN, A.; MCLACHLAN, A. J.; WOTTON, R. S. Particulate material and midge larvae (Chironomidae: Diptera) in an upland river. *Hydrobiologia*, Dordrecht, v. 59, n. 1, p. 67-73, 1978.

CALLISTO, M.; MARQUES, M. M.; BARBOSA, F. A. R. Deformities in larval *Chironomus* (Diptera, Chironomidae) from the Piracicaba river, southeast Brazil. *Internationale Vereinigung füer Theoretische und Angewandte Limnologie Verhandlungen*, Stuttgart, v. 27, pt. 5, p. 2699-2702, Dec. 2000.

CALLISTO, M. et al. Diversity and biomass of Chironomidae (Diptera) larvae in an impacted coastal lagoon in Rio de Janeiro, Brazil. *Brazilian Journal of Biology*, São Carlos, v. 62, n. 1, p. 77-84, Febr. 2002.

COFFMAN, W. P.; FERRINGTON, Jr., L. C. Chironomidae. In: MERRITT, R. W.; CUMMINS, K. W. (Eds.). *An introduction to the aquatic insects of North America*. 3rd ed. Dubuque: Kendall: Hunt Publishing, 1996. ch. 26, p. 635-754.

DUFRÊNE, M.; LEGENDRE, P. Species assemblages and indicator species: the need for a flexible asymmetrical approach. *Ecological Monographs*, Washington, DC, v. 67, n. 3, p. 345-366, 1997.

ESTEVES, F. A. *Fundamentos de limnologia*. 2. ed. Rio de Janeiro: Interciência, 1998. 602 p.

GALDEAN, N.; CALLISTO, M.; BARBOSA, F. A. R. Lotic ecosystems of Serra do Cipó, southeast Brazil: water quality and a tentative classification based on the benthic macroinvertebrate community. *Aquatic Ecosystem Health and Management*, Amsterdam, v. 3, p. 545-552, 2000.

HARPER, D. *Eutrophication of freshwaters*: principles, problems and restoration. 1st ed. London: Chapman & Hall, 1992. 327 p.

HIGUTI, J. Composition, abundance and habitats of benthic chironomid larvae. In: THOMAZ, S. M.; AGOSTINHO, A. A.; HAHN, N. S. (Eds.). *The Upper Paraná river and its floodplain*: physical aspects, ecology and conservation. Leiden: The Netherlands: Backhuys Publishers, 2004. ch. 9, p. 209-221. (Biology of inland waters.)

HIGUTI, J.; TAKEDA, A. M.; PAGGI, A. C. Distribuição espacial das larvas de Chironomidae (Insecta, Diptera) do rio Baía (MS, Brasil). *Revista UNIMAR*, Maringá, v. 15, p. 65-81, 1993. Suplemento.

HIGUTI, J.; TAKEDA, A. M. Spatial and temporal variation in densities of chironomid larvae (Diptera) in two lagoons and two tributaries of the Upper Paraná river floodplain, Brazil. *Brazilian Journal of Biology*, São Carlos, v. 62, n. 4B, p. 807-818, Nov. 2002.

JEFFRIES, M.; MILLS, D. *Freshwater ecology*: principles and applications. London: Belhaven Press, 1990. 285 p.

JÓNASSON, P. M. Ecology and production of profundal benthos in relation to phytoplankton in Lake Esrom. *Oikos*, Copenhagen, p. 1-148, 1972. Suplemento 14.

KUHLMANN, M. L.; HAYASHIDA, C. Y.; ARAÚJO, R. P. A. Using *Chironomus* (Chironomidae: Diptera) mentum deformities in environmental assessment. *Acta Limnologica Brasiliensia*, Botucatu, v. 12, n. 2, p. 55-61, 2000.

MARQUES, M. M. G. S. M.; BARBOSA, F. A. R.; CALLISTO, M. Distribution and abundance of Chironomidae (Diptera, Insecta) in an impacted watershed in south-east Brazil. *Revista Brasileira de Biologia*, Rio de Janeiro, v. 59, n. 4, p. 553-561, Nov. 1999.

MCCALL, P. L.; TEVESZ, M. J. S. The effects of benthos on physical properties of freshwater sediments. In: MCCALL, P. L.; TEVESZ, M. J. S. (Eds.). *Animal-sediment relations*: the biogenic alteration of sediments. New York; London: Plenum Press, 1982. ch. 3, p. 105-176. (Topics in Geobiology, v.2.)

MCLACHLAN, A. J.; BRENNAN, A.; WOTTON, R. S. Particle-size and chironomid (Diptera) food in an upland river. *Oikos*, Copenhagen, v. 31, n. 2, p. 247-252, 1978.

MEHNER, T.; BENNDORF, J. Eutrophication – a summary of observed effects and possible solutions. *Journal of Water Supply Research and Technology-Aqua*, London, v. 44, p. 35-44, Oct. 1995. Suplemento 1.

PAGGI, A. C. Los Chironomidae como indicadores de calidad de ambientes dulceacuícolas. *Revista de la Sociedad Entomologica Argentina*, La Plata, v. 58, n. 1-2, p. 202-207, 1999.

PINDER, L. C. V. Biology of freshwater Chironomidae. *Annual Review of Entomology*, Palo Alto, v. 31, p. 1-23, 1986.

RAE, J. G. A multivariate study of resource partitioning in soft bottom lotic Chironomidae. *Hydrobiologia*, Dordrecht, v. 126, n. 3, p. 275-285, 1985.

RESH, V. H.; JACKSON, J. K. Rapid assessment approaches to biomonitoring using benthic macroinvertebrates. In: ROSENBERG, D. M.; RESH, V. H. (Ed.). *Freshwater biomonitoring and benthic macroinvertebrates*. New York: Chapman & Hall, 1993. ch. 6, p. 195-233.

ROQUE, F. O.; CORBI, J. J.; TRIVINHO-STRIXINO, S. Considerações sobre a utilização de larvas de Chironomidae (Diptera) na avaliação da qualidade da água de córregos do

Estado de São Paulo. In: ESPÍNDOLA, E. L. G. et al. *Ecotoxicologia*: perspectivas para o século XXI. São Carlos: RiMa, 2000. p. 115-126.

ROSSARO, B. Chironomids of stony bottom streams: a detrended correspondence analysis. *Archiv für Hydrobiologie*, Stuttgart, v. 122, n. 1, p. 79-93, Juli 1991.

SANSEVERINO, A.; NESSIMIAN, J. L. Habitat preferences of Chironomidae larvae in an upland stream of Atlantic Forest, Rio de Janeiro State, Brazil. *Internationale Vereinigung füer Theoretische und Angewandte Limnologie Verhandlungen*, Stuttgart, v. 26, pt. 4, p. 2141-2144, Mai 1998.

SPIES, M.; REISS, F. Catalog and bibliography of Neotropical and Mexican Chironomidae (Insecta, Diptera). *Spixiana*, München, p. 61-119, Nov. 1996. Suplemento 22.

STRIXINO, G.; TRIVINHO-STRIXINO, S. Povoamentos de Chironomidae (Diptera) em lagos artificiais. In: NESSIMIAN, J. L.; CARVALHO, A. L. (Ed.). *Ecologia de insetos aquáticos*. Rio de Janeiro: UFRJ. 1998. p. 141-154. (Oecologia Brasiliensis, v. 5.)

TOKESHI, M. Production ecology. In: ARMITAGE, P. D.; CRANSTON, P. S.; PINDER, L. C. V. (Ed.). *The Chironomidae*: biology and ecology of non-biting midges. 1ˢᵗ ed. London: Chapman & Hall, 1995. ch. 11, p. 269-296.

TRIVINHO-STRIXINO, S.; STRIXINO, G. *Larvas de Chironomidae (Diptera) do Estado de São Paulo*: guia de identificação e diagnose dos gêneros. São Paulo: PPG-ERN/UFSCAR, 1995. 229 p.

WARWICK, W. F. Morphological deformities in Chironomidae (Diptera) larvae as biological indicators of toxic stress. In: EVANS, M. S. (Ed.). *Toxic contaminants and ecosystem health*: a great lakes focus. New York: J. Wiley & Sons , 1988. ch. 14, p. 281-320. (Advances in environmental science and tecnology, v. 21.)

Capítulo 12

Larvas de Chironomidae em Cascata de Reservatórios no Rio Iguaçu (PR)

Alice Michiyo Takeda
Cristina Márcia de Menezes Butakka
Daniele Sayuri Fujita
Rafaela Harumi Fujita
João Paulo Rambeli Bibian

Introdução

O rio Iguaçu constitui a maior bacia hidrográfica do Paraná, ocupando 19% do Estado (Júlio Jr. et al., 1997). Alterações na dinâmica e na profundidade da água decorrente das barragens causaram modificações no percurso das águas: o desnível do rio Iguaçu formou uma cascata desde o reservatório de Iraí, a montante do rio, até o reservatório de Salto Caxias, a jusante.

A presença de reservatórios em cascata causa mudanças significativas no *continuum* original do rio, alterando aspectos como heterogeneidade térmica, conectividade e taxas de matéria orgânica particulada grossa/fina, o que, por sua vez, afeta a biodiversidade original (Barbosa et al., 1999).

Mudanças na composição da fauna de macroinvertebrados foram observadas após a construção de barragens (Marchant, 1989, Dessaix et al., 1995), bem como a influência deles na fauna bêntica a jusante de reservatórios (Pozo et al., 1997), resultando na redução da riqueza (Casado et al., 1989).

No Brasil, destacam-se alguns trabalhos realizados com a fauna bentônica em reservatórios, como os de Strixino & Strixino (1982), Brandimarte & Shimizu (1996) e Santos & Henry (2001).

As larvas de Chironomidae são comuns em lagos e reservatórios (Radwan et al., 1989; Armitage et al., 1995; Real et al., 2000). Essa é uma das famílias mais importantes dos insetos aquáticos em decorrência da amplitude de ocupação dos habitats, explorando diversos tipos de alimentos, o que confere estratégias adaptativas para colonizar diferentes tipos de micro-habitats por diferentes gêneros da família (Strixino & Trivinho-Strixino, 1980; Reiss, 1990; Strixino & Trivinho-Strixino, 1980, 1991, 1998; Cranston, 1995; Sanseverino & Nessimian, 2001).

O objetivo deste trabalho foi examinar a distribuição das larvas de Chironomidae em reservatórios da bacia do rio Iguaçu e determinar as relações entre a distribuição, a abundância e as variáveis ambientais.

Área de Estudo

Os reservatórios estudados localizam-se na região sul do Estado do Paraná (Figura 1). Dentre os reservatórios em cascata, Salto do Vau foi o mais antigo e Salto Caxias, o mais novo (Tabela 1).

Tabela 1 – Relação dos reservatórios estudados da bacia do rio Iguaçu.

Reservatórios	Código	Ano de formação	Área (km²)
Iraí	IR	1949	14,6
Piraquara	PI	1979	3,3
Passaúna	PA	1978	8,3
Salto do Vau	SV	1959	2,9
Foz do Areia	FA	1980	138,5
Segredo	SE	1992	83,0
Salto Santiago	SS	1980	213,6
Salto Osório	SO	1975	59,9
Salto Caxias	CX	1998	140,9
Jordão	JO	1996	3,7
Curucaca	CR	1982	2,0
Cavernoso	CV	1965	2,9
Júlio Mesquita Filho	JMF	1970	2,9

Materiais e Métodos

As coletas de zoobentos foram realizadas utilizando o pegador tipo Petersen modificado, em julho e novembro de 2001, em transecto de uma margem a outra e incluindo a região central de cada reservatório, com réplica de três amostras em cada ponto. Em cada ponto de amostragem também foi coletada uma amostra para análise sedimentológica. O material foi fixado com formaldeído tamponado com solução final de 4%.

A lavagem do material (sedimento com animais) foi realizada em uma série de peneiras de malhas com: 2,0; 1,0; e 0,2 mm. O material retido na última peneira foi fixado em formol 4%, levado para o Laboratório de Zoobentos/Nupélia – UEM e triado sob microscópio estereoscópico.

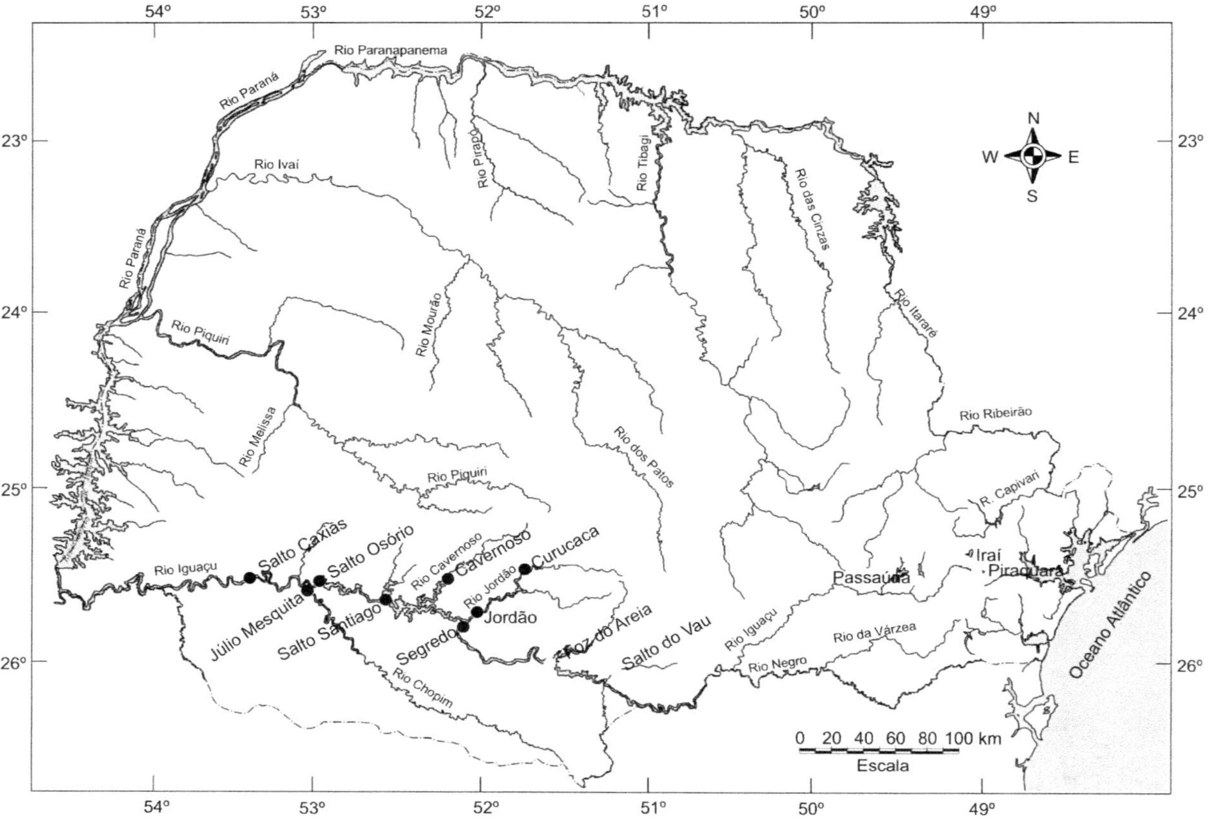

Figura 1 – Localização da área de estudo.

Concomitante à coleta de bentos foram realizadas as medidas das variáveis físicas e químicas da água (temperatura, condutividade elétrica, pH, oxigênio dissolvido e profundidade) pela equipe do Laboratório de Limnologia/Nupélia.

Para a análise granulométrica e de teor de matéria orgânica do sedimento, as amostras foram secas em estufa à temperatura de 80°C. A composição granulométrica foi determinada de acordo com a escala de Wentworth (1922). De uma amostra de 10 g de sedimento foi determinado o teor de matéria orgânica, por meio de incineração em mufla a 560°C por quatro horas.

As larvas de Chironomidae foram identificadas segundo Epler (1992), Trivinho-Strixino & Strixino (1995) e Coffman & Ferrinton (1996). A comunidade de larvas foi analisada por meio de sua composição taxonômica e densidade. Foram determinados os valores dos índices de diversidade de Shannon-Wiener (H') (Pielou, 1966) e dominância de Kownacki (1971).

A análise de variância (ANOVA) foi utilizada para determinar diferenças entre as médias dos reservatórios da bacia do rio Iguaçu. Quando os pressupostos não foram atingidos, utilizou-se uma análise não paramétrica. Para a realização das análises foi utilizado o programa Statistica (versão 5.5).

Resultados

Variáveis ambientais

Nos 13 reservatórios não foram observadas diferenças quanto às variáveis abióticas amostradas (Tabela 2). Observou-se predomínio de partículas arenosas nos reservatórios de Piraquara, Passaúna, Salto do Vau, Segredo, Salto Santiago, Salto Osório e Salto Caxias (Figura 2).

As porcentagens de lama dos reservatórios revelaram diferenças significativas ($F_{(12, 65)}$ = 4,48; p < 0,001) (Figura 3). Os valores de porcentagem de matéria orgânica dos reservatórios não se diferenciaram significativamente, entretanto, maiores valores foram registrados nos reservatórios localizados na cabeceira e nos tributários do rio Iguaçu (Figura 4).

Distribuição e abundância das larvas de Chironomidae

Neste estudo foram registradas 2.741 larvas de Chironomidae pertencentes a 31 táxons distribuídos entre as subfamílias Chironominae, Orthocladiinae e Tanypodinae. Os gêneros mais abundantes foram *Tanytarsus*, *Polypedilum* e *Dicrotendipes*, sendo os dois primeiros encontrados em 12 dos reservatórios (Figura 5).

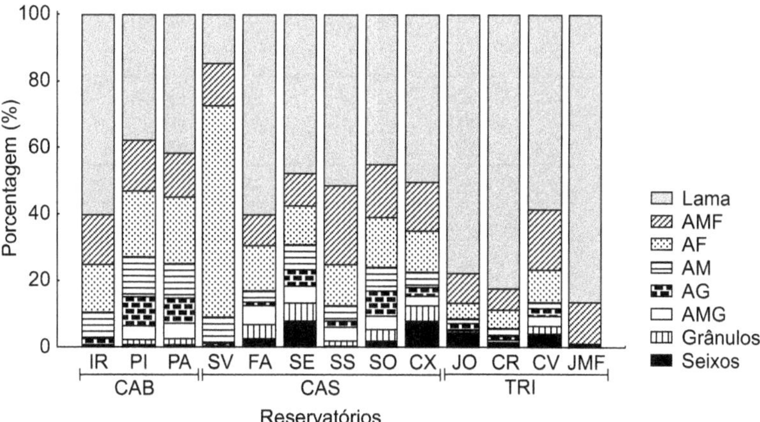

Figura 2 – Composição granulométrica (%) dos reservatórios da bacia do rio Iguaçu. AMF - areia muito fina, AF - areia fina, AM - areia média, AG - areia grossa e AMG - areia muito grossa. CAB - reservatórios localizados na cabeceira do rio Iguaçu, CAS - reservatórios localizados em cascata no rio Iguaçu e TRI - reservatórios localizados em tributário do rio Iguaçu. IR = Iraí; PI = Piraquara; PA = Passaúna; SV = Salto do Vau; FA = Foz do Areia; SE = Segredo; SS = Salto Santiago; SO = Salto Osório; CX = Salto Caxias; JO = Jordão; CR = Curucaca; CV = Cavernoso; e JMF = Júlio Mesquita Filho.

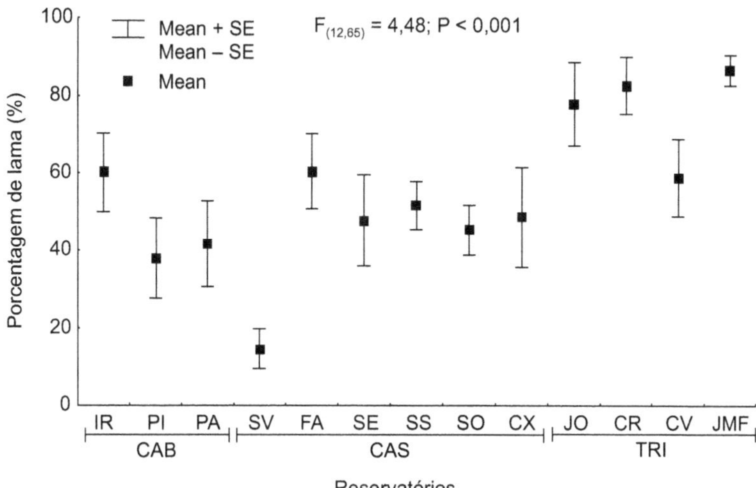

Figura 3 – Porcentagem de lama do sedimento (%) nos reservatórios da bacia do rio Iguaçu. CAB - reservatórios localizados na cabeceira do rio Iguaçu, CAS - reservatórios localizados em cascata no rio Iguaçu e TRI - reservatórios localizados em tributário do rio Iguaçu. IR = Iraí; PI = Piraquara; PA = Passaúna; SV = Salto do Vau; FA = Foz do Areia; SE = Segredo; SS = Salto Santiago; SO = Salto Osório; CX = Salto Caxias; JO = Jordão; CR = Curucaca; CV = Cavernoso; e JMF = Júlio Mesquita Filho.

Tabela 2 – Valores médios e desvio-padrão (entre parênteses) das variáveis abióticas obtidas nos reservatórios amostrados.

Reservatórios	Temperatura (°C)	Oxigênio dissolvido (%)	pH	Condutividade elétrica ($\mu S.cm^{-1}$)	Profundidade (m) reg. central
Iraí	19,3 (± 4,2)	68,9 (± 33,4)	6,81 (± 0,20)	50,33 (± 1,98)	8,10 (± 0,85)
Piraquara	18,9 (± 3,9)	48,8 (± 45,0)	6,36 (± 0,51)	24,13 (± 1,87)	17,50 (± 0,71)
Salto do Vau	15,9 (± 3,8)	92,8 (± 10,9)	6,35 (± 0,37)	21,82 (± 2,66)	3,78 (± 0,04)
Foz do Areia	18,2 (± 5,6)	33,1 (± 38,3)	6,57 (± 1,09)	48,10 (± 12,28)	137,50 (± 23,54)
Segredo	18,5 (± 3,9)	50,8 (± 43,6)	6,37 (± 0,37)	35,53 (± 3,61)	100 (± 0,01)
Salto Santiago	20,3 (± 4,4)	16,2 (± 10,5)	7,63 (± 1,44)	43,28 (± 6,19)	76,50 (± 3,54)
Salto Osório	20,4 (± 2,5)	74,1 (± 35,0)	7,11 (± 1,11)	37,30 (± 2,71)	40,50 (± 0,71)
Salto Caxias	20,4 (± 3,3)	76,3 (± 38,1)	6,83 (± 0,75)	37,81 (± 3,75)	52,00 (± 1,41)
Passaúna	21,4 (± 4,0)	63,6 (± 49,2)	8,74 (± 0,31)	134,78 (± 16,06)	14,00 (± 0,01)
Jordão	18,6 (± 5,2)	55,0 (± 42,3)	6,75 (± 0,41)	29,92 (± 15,77)	60,00 (± 0,01)
Cururucaca	17,6 (± 4,8)	84,2 (± 6,9)	6,57 (± 0,20)	27,57 (± 4,07)	12,00 (± 1,41)
Cavernoso	19,8 (± 3,7)	63,7 (± 43,0)	7,37 (± 0,61)	31,80 (± 1,67)	7,50 (± 0,71)
Júlio Mesquita Filho	20,1 (± 3,6)	94,9 (± 3,3)	6,88 (± 0,37)	39,43 (± 6,46)	6,00 (± 0,01)

Os reservatórios de Iraí e Piraquara são os primeiros formadores da cascata de reservatórios no rio Iguaçu. As larvas de Chironomidae no reservatório de Iraí revelaram-se completamente diferentes dos demais reservatórios em razão da dominância de *Dicrotendipes* (Tabela 3). Nos dois reservatórios de cabeceira, a dominância foi especialmente de *Polypedilum*.

Nos reservatórios em cascata, *Polypedilum* foi a espécie dominante, com exceção de Foz do Areia, com alta dominância de *Ablabesmyia*, e Salto Caxias, com *Cricotopus*.

Nos reservatórios localizados nos tributários dominaram diferentes gêneros, como *Cricotopus*, no Jordão; *Tanytarsus*, no Cururuca; *Polypedilum* e *Ablabesmyia*, no Cavernoso; e *Ablabesmyia* e *Aedokritus*, no Júlio Mesquita Filho. Os reservatórios em cascata do rio Iguaçu mostraram tendência a aumento no índice de diversidade (*H'*), partindo dos reservatórios a montante em direção a jusante (Figura 6).

Tabela 3 – Índice de dominância dos gêneros de Chironomidae para os reservatórios da bacia do rio Iguaçu. Índice de dominância de acordo com Kownacki (1971): Dominantes (10-100); Subdominantes (1,00-9,99); Não dominantes A (0,10-0,99) e Não dominantes B (0-0,099). Em negrito – Dominantes. IR = Iraí; PI = Piraquara; PA = Passaúna; SV = Salto do Vau; FA = Foz do Areia; SE = Segredo; SS = Salto Santiago; SO = Salto Osório; CX = Salto Caxias; JO = Jordão; CR = Curucaca; CV = Cavernoso; e JMF = Júlio Mesquita Filho.

	IR	PI	PA	SV	FA	SE	SS	SO	CX	JO	CR	CV	JMF
Chironominae													
Chironomini													
Axarus													1,82
Beardius				1,39		0,24	0,67	0,77	1,00		0,95		
Chironomini	0,65					0,24							
Chironomus	1,94			0,17	0,81		1,17		0,20				0,45
Cladopelma		3,73	0,22	3,65		8,27	2,15	8,31	5,59		0,65	5,45	
Cryptochironomus		3,20	0,26	5,28	3,25	0,49	0,17	0,77	0,80			2,73	1,82
Dicrotendipes	**86,62**					1,73		0,64	0,80		0,43		0,45
Endotribelos											0,43		
Fissimentum		0,27	0,87	2,00		0,24	0,34	5,19	0,40				
Goeldichironomus							1,34						
Harnischia			0,14	2,44	1,63				0,40		1,12	1,82	1,82
Nilothauma													
Paralauterborniella			0,87	4,86		0,24		1,15	5,19		1,63		
Phaenopsectra								0,64			0,43		
Polypedilum	1,55	8,00	**27,68**	4,63	**11,38**	**27,74**	1,53	4,73	4,39		1,46	**16,22**	0,45
Saetheria								0,19		6,67	0,26		
Xestochironomus												1,00	0,45

Tabela 3 – *Continuação...*

	IR	PI	PA	SV	FA	SE	SS	SO	CX	JO	CR	CV	JMF
Tanytarsini													
Caladomyia			1,35		3,25	1,46							
Tanytarsini				1,39									
Tanytarsus	7,57	**47,47**	**35,60**	**16,15**	1,63	**23,36**	**39,20**	**21,46**	3,59		**83,74**	1,82	0,45
Stempellina							0,34	0,64				1,00	
Pseudochironomini													
Aedokritus	0,32		0,44					0,64	2,40		0,86	1,00	**12,61**
Pseudochironomini			0,44		3,25		0,67				0,26		
Tanypodinae													
Pentaneurini													
Ablabesmyia	0,26		0,14	0,87	**48,78**	2,92	1,34	3,45	5,59		0,26	**14,41**	**17,12**
Djalmabatista				0,35		0,97	0,17	0,52	0,20		0,43		3,64
Coelotaypodini													
Coelotanypus				0,69		0,97		0,64	0,20	1,33		5,45	1,00
Procladiini													
Procladius			0,44						1,60				0,45
Tanupodini													
Tanypus			0,44	5,73	0,81						0,43		
Orthocladiinae													
Corinoneura								0,64					
Cricotopus			0,17	0,17			1,58	2,49	**31,94**	**25,33**	1,29		0,45
Nanocladius								7,88					

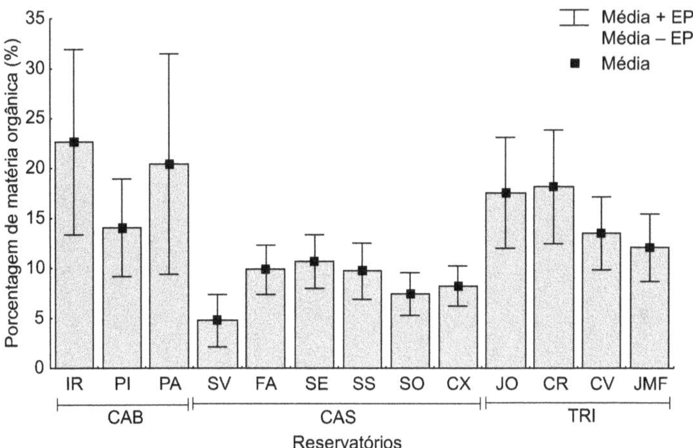

Figura 4 –   Porcentagem de matéria orgânica do sedimento (%) nos reservatórios da bacia do rio Iguaçu. CAB - reservatórios localizados na cabeceira do rio Iguaçu, CAS - reservatórios localizados em cascata no rio Iguaçu e TRI - reservatórios localizados em tributário do rio Iguaçu. IR = Iraí; PI = Piraquara; PA = Passaúna; SV = Salto do Vau; FA = Foz do Areia; SE = Segredo; SS = Salto Santiago; SO = Salto Osório; CX = Salto Caxias; JO = Jordão; CR = Curucaca; CV = Cavernoso; e JMF = Júlio Mesquita Filho.

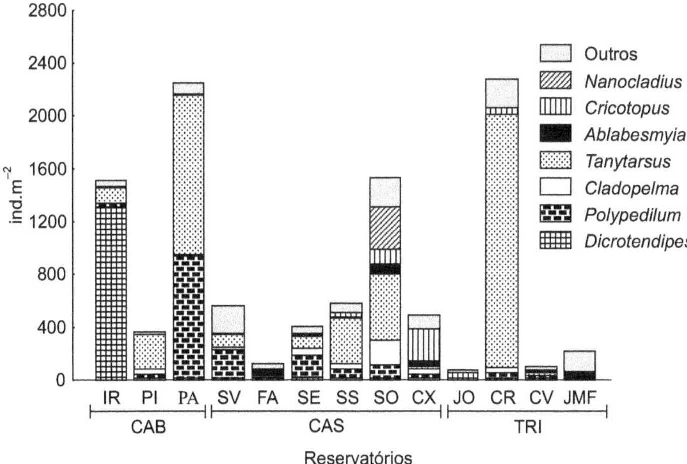

Figura 5 –   Média das densidades dos gêneros de Chironomidae (ind.m^{-2}) encontrados em reservatórios da bacia do rio Iguaçu. CAB - reservatórios localizados na cabeceira do rio Iguaçu, CAS - reservatórios localizados em cascata no rio Iguaçu e TRI - reservatórios localizados em tributário do rio Iguaçu. IR = Iraí; PI = Piraquara; PA = Passaúna; SV = Salto do Vau; FA = Foz do Areia; SE = Segredo; SS = Salto Santiago; SO = Salto Osório; CX = Salto Caxias; JO = Jordão; CR = Curucaca; CV = Cavernoso; e JMF = Júlio Mesquita Filho.

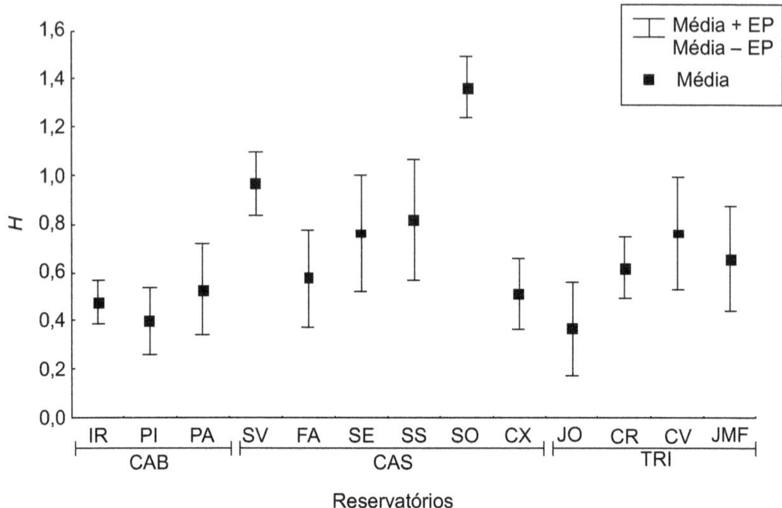

Figura 6 – Média e erro-padrão dos valores da diversidade de Shannon-Wiener (H') nos reservatórios da bacia do rio Iguaçu. CAB – reservatórios localizados na cabeceira do rio Iguaçu, CAS – reservatórios localizados em cascata no rio Iguaçu e TRI – reservatórios localizados em tributário do rio Iguaçu. IR = Iraí; PI = Piraquara; PA = Passaúna; SV = Salto do Vau; FA = Foz do Areia; SE = Segredo; SS = Salto Santiago; SO = Salto Osório; CX = Salto Caxias; JO = Jordão; CR = Curucaca; CV = Cavernoso; e JMF = Júlio Mesquita Filho.

Discussão

A composição e a distribuição de invertebrados bentônicos em reservatórios podem ser influenciadas por vários fatores, como, por exemplo, matéria orgânica e oxigênio dissolvido (Mesfin et al., 1988), descarga (Pozo et al., 1997), flutuações no nível da água (Brandimarte & Shimizu, 1996), profundidade e composição do sedimento (Santos & Henry, 2001), entre outros.

As variáveis limnológicas não foram distintas entre os reservatórios, porém, as maiores concentrações de matéria orgânica no sedimento foram registradas em reservatórios localizados na cabeceira do rio Iguaçu e tributários, entretanto, sem diferença estatisticamente significativa. A composição do sedimento pode ser diferenciada verificando-se o predomínio de lama para a maioria dos reservatórios.

Outros fatores não avaliados neste estudo, como a vegetação ripária, o tempo de residência da água, a extensão e idade do reservatório e a posição em que ele se encontra na cascata, podem estar atuando na comunidade bêntica. Além desses fatores, a comunidade pode, também, ser afetada pelo fator antrópico, como mostram os estudos realizados por Barbosa et al. (1999) sobre os efeitos da influência humana em cada reservatório da bacia de drenagem, explicando as diferenças ao longo da cascata.

O número de táxons registrado neste estudo foi menor que o encontrado no trabalho realizado em dez reservatórios do Estado de São Paulo por Valenti & Froehlich (1986).

A dominância dos gêneros *Tanytarsus* e *Polypedilum* também foi observada por Santos & Henry (2001) na represa de Jurumirim, São Paulo. A presença desses gêneros na maioria dos reservatórios pode estar relacionada à plasticidade desses organismos em grande variedade de substratos e ambientes (Epler, 1995; Sanseverino & Nessimian, 2001).

A proliferação de *Dicrotendipes* no reservatório de Iraí pode ser resultado de vários fatores; segundo Rae (1989), essa espécie é abundante no entorno da região de agricultura. Em decorrência de as coletas marginais serem realizadas sempre até no máximo 1,5 m, especialmente nesse reservatório, verificou-se a presença de grande quantidade de gramíneas no fundo, que servem de substrato para o perifíton. Segundo Webber et al. (1989), esse gênero se alimenta também de algas, podendo esse fato estar associado a sua abundância nesse reservatório.

Os valores do índice de diversidade genérica de larvas de Chironomidae nos reservatórios em cascata do rio Iguaçu mostraram tendência de aumento de montante a jusante, com exceção de Salto do Vau e Caxias. Essas exceções podem estar relacionadas à idade do reservatório, pois o de Salto do Vau foi formado em 1959 (alto índice de diversidade), enquanto o de Salto Caxias foi formado recentemente, em 1998 (baixo índice de diversidade). A comunidade bêntica é profundamente influenciada pelas modificações ambientais, tanto terrestres como aquáticas, e quando estão aliadas a cascatas de reservatórios são necessárias muitas pesquisas para predizer a estrutura e o funcionamento de Chironomidae em cada reservatório.

Agradecimento

Ao PRONEX/CNPq pelo suporte financeiro.

Referências Bibliográficas

ARMITAGE, P. D.; CRANSTON, P. S.; PINDER, L. C. V. *The Chironomidae*: biology and ecology of non-biting midges. 1st ed. London: Chapman & Hall, 1995. 538 p.

BARBOSA, F. A. R. et al. The cascading reservoir continuum concept (CRCC) and its application to the river Tietê-basin, São Paulo State, Brazil. In: TUNDISI, J. G.; STRAŠKRABA, M. (Eds.). *Theoretical reservoir ecology and its applications*. São Carlos: International Institute of Ecology, 1999. p. 425-437.

BRANDIMARTE, A. L.; SHIMIZU, G. Y. Temporal and spacial variations in littoral benthic communities of Paraibuna reservoir (São Paulo, Brazil). *Tropical Ecology*, Varanasi, v. 37, n. 2, p. 215-222, 1996.

CASADO, C. et al. The effect of an irrigation and hydroelectric reservoir on its downstream communities. *Regulated Rivers: Research & Management*, v. 4, p. 275-284, 1989.

COFFMAN, W. P.; FERRIGTON Jr., L. C. Chironomidae. In: MERRIT, R. W.; CUMMINS, K. W. (Ed.). *An introduction to the aquatic insects of North America.* 3rd ed. Dubuque: Kendall/Hunt Publishing, 1996. ch. 26, p. 635-754.

CRANSTON, P. (Ed.). Chironomids: from genes to ecosystems. In: 12th International Symposium on Chironomidae, 1994, Camberra. *Proceedings...* East Melbourne: CSIRO, 1995. 450 p.

DESSAIX, J. et al. Changes of the macroinvertebrate communities in the dammed and by-passed sections of the French Upper Rhône after regulation. *Regulated Rivers*: Research & Management, v. 10, n. 2/4, p. 265-279, 1995.

EPLER, J. H. *Identification manual for the larval chironomidae (Diptera) of Florida.* Orlando: Florida Department of Environmental Protection, 1992. 302 p.

EPLER, J. H. *Identification manual for the larval chironomidae (Diptera) of Florida.* 2nd ed. Tallahassee: Florida Department of Environmental Protection, 1995. 324 p.

JÚLIO JÚNIOR., H. F.; BONECKER, C. C.; AGOSTINHO, A. A. Reservatório de Segredo e sua inserção na bacia do rio Iguaçu. In: AGOSTINHO, A. A.; GOMES, L. C. (Eds.). *Reservatório de Segredo*: bases ecológicas para o manejo. Maringá: EDUEM, 1997. cap.1, p. 1-17.

KOWNACKI, A. Taxocens of Chironomidae in streams of the Polih Hight Tatra Mts. *Acta Hydrobiologica*, Cracow, v. 13, p. 439-464, 1971.

MARCHANT, R. Changes in the benthic invertebrate communities of the Thomson river, southeastern Australia, after dam construction. *Regulated River: Research & Management*, v. 4, p. 71-89, 1989.

MESFIN, M.; TUDORANCEA, C.; BAXTER, R. M. Some limnological observations on two Ethiopian hydroelectric reservoirs: Koka (Shewa administrative district) and Finchaa (Welega administrative district). *Hydrobiologia*, Dordrecht, v. 157, p. 47-55, 1988.

PIELOU, E. C. Measurement of diversity in different types of biological collections. *Journal of Theoretical Biology*, London, v. 13, p. 131-144, Dec. 1966.

POZO, J. et al. Effects of the Cernadilla-Valparaiso reservoir system on the river Tera. *Regulated River: Research & Management*, v. 13, p. 57-73, 1997.

RADWAN, S. et al. Fauna of the Zemborzyce reservoir. *Archiv für Hydrobiologie Beihft*, Stuttgart, v. 33, pt. 2, p. 539-547, 1989.

RAE, J. G. Chironomid midges as indicators of organic pollution in the Scioto river basin, Ohio. *Ohio Journal of Science*, Columbus, v. 89, n. 1, p. 5-9, Mar. 1989.

REAL, M.; RIERADEVALL, M.; PRAT, N. *Chironomus* species (Diptera: Chironomidae) in the profundal benthos of Spanish reservoirs and lakes: factors affecting distribution patterns. *Freshwater Biology*, Oxford, v. 43, n. 1, p. 1-18, 2000.

REISS, F. Revision der Gattung *Zavreliella* Kieffer, 1920 (Diptera: Chironomidae). *Spixiana*, Munich, v. 13, n. 1, p. 83-115, 1990.

SANSEVERINO, A. M.; NESSIMIAN, J. L. Habitats de larvas de Chironomidae (Insecta, Diptera) em riachos de Mata Atlântica no Estado do Rio de Janeiro. *Acta Limnologica Brasiliensia*, Botucatu, v. 13, n. 1, p. 29-38, 2001.

SANTOS, C. M.; HENRY, R. Composição, distribuição e abundância de Chironomidae (Diptera, Insecta) na represa de Jurumirim (rio Paranapanema, SP). *Acta Limnologica Brasiliensia*, Botucatu, v. 13, n. 2, p. 99-115, 2001.

STRIXINO, G.; STRIXINO, S. F. Macrozoobentos da represa do Monjolinho (São Carlos, SP). *Revista Brasileira de Biologia*, v. 42, n. 1, p. 165-170, fev. 1982.

STRIXINO, G.; TRIVINHO-STRIXINO, S. Macroinvertebrados do fundo da represa do Lobo (Estado de São Paulo – Brasil). I. Distribuição e abundância de Chironomidae e Chaoboridae (Diptera). *Journal of Tropical Ecology*, Cambridge, v. 21, n. 1, p. 16-23, 1980.

STRIXINO, G.; TRIVINHO-STRIXINO, S. Chironomidae (Diptera) associados a sedimentos de reservatórios: significado dos diferentes povoamentos. In: SEMINÁRIO REGIONAL DE ECOLOGIA, 1991, São Carlos. *Anais...* São Carlos: [s.n.], 1991. v. 6, p. 151-168.

STRIXINO, G.; TRIVINHO-STRIXINO, S. Povoamentos de Chironomidae (Diptera) em lagos artificiais. In: NESSIMIAN, J. L.; CARVALHO, A. L. (Eds.). *Ecologia de insetos aquáticos*. Rio de Janeiro: UFRJ, 1998. p. 141-154. (Oecologia Brasiliensis, v. 5.)

TRIVINHO-STRIXINO, S.; STRIXINO, G. *Larvas de Chironomidae (Diptera) do Estado de São Paulo:* guia de identificação e diagnose dos gêneros. São Carlos: PPG-ERN, UFSCar, 1995. 229 p.

VALENTI, W. C.; FROEHLICH, O. Estudo da diversidade da taxocenose de Chironomidae de dez reservatórios do estado de São Paulo. *Ciência e Cultura*, São Paulo, v. 38, n. 4, p. 703-707, abr. 1986.

WEBBER, E. C.; BAYNE, D. R.; SEESOCK, W. C. Macroinvertebrate communities in Wheeler reservoir (Alabama) tributaries after prolonged exposure to DDt contamination. *Hydrobiologia*, Dordrecht, v. 183, n. 2, p. 141-155, Oct. 1989.

WENTWORTH, C. K. A scale of grade and class terms for clastic sediments. *Journal of Geology*, Chicago, v. 30, p. 377-392, 1922.

Capítulo 13

Ocorrência de Moluscos Bivalves em Diferentes Reservatórios

Alice Michiyo Takeda
Maria Cristina Dreher Mansur
Daniele Sayuri Fujita

Introdução

No Brasil, a bacia do rio Paraná, com extensão de 3.810 km e abrangendo área de 2.810.000 km², ocupa uma das áreas de maior densidade demográfica do País, com intensas atividades industriais, agrícolas e pecuárias. Em decorrência desses fatores, essa bacia apresenta a maior incidência de represamentos da América do Sul (em torno de 70). A maioria dos afluentes de grande porte, como os rios Grande, Paranaíba, Tietê, Paranapanema e Iguaçu, encontra-se represada, com reservatórios em cascata. Mesmo o rio Paraná, com extensão de 809 km em território brasileiro, tem seu trecho lótico confinado a pouco mais de 200 km.

A maioria desses represamentos é destinada à produção de energia elétrica, porém, de múltiplos usos que comprometem mais a qualidade da água, provocando muitas vezes a eutrofização. Esses fatores prejudicam as espécies nativas, causando a diminuição da diversidade bêntica, e podem favorecer algumas espécies invasoras, como no caso de bivalves de origem asiática. Apesar da importância desse grupo, poucos estudos têm sido realizados nos reservatórios brasileiros, destacando-se os trabalhos de Henry & Simão (1984a, b, 1985, 1986), que realizaram pesquisas na represa de Piraju, no rio Paranapanema, SP; Serrano et al. (1998), no Pantanal; Pereira et al. (2000), na microbacia do arroio Capivara, RS; e Mansur et al. (1994), sobre a distribuição e preferências ambientais dos moluscos bivalves do açude do Parque de Proteção Ambiental COPESUL-RS; além de Mansur et al. (1997), registrando a ocorrência de bivalve nativo em represa amazônica, entre outros.

Este trabalho tem por objetivo analisar a distribuição de bivalves em 31 reservatórios do Estado do Paraná, relacionando-a a fatores ambientais.

Material e Métodos

Levantamento da fauna bêntica foi efetuado em 31 reservatórios no Estado do Paraná. Grande parte desses reservatórios faz parte dos rios: Paranapanema, ao norte; Ivaí e Piquiri, que drenam o centro do Estado; e Iguaçu, ao sul do Estado. Esses rios fazem parte da bacia do rio Paraná. Apenas quatro reservatórios, situados mais a leste do Estado, fazem parte da bacia Leste ou Atlântica.

As coletas de zoobentos foram realizadas utilizando o pegador tipo Petersen modificado, em julho e novembro de 2001, em transecto de uma margem a outra, incluindo a região central, com réplica de três amostras em cada ponto. Em cada ponto de amostragem também foi coletada uma amostra para análise sedimentológica. O material foi fixado com formaldeído tamponado, com solução final de 4%. A lavagem do material (sedimento com animais) foi realizada em uma série de peneiras de malhas: 2,0; 1,0 e 0,2 mm. O material retido na última peneira foi fixado em formol 4% e levado para o Laboratório de Zoobentos/Nupélia – UEM e triado sob microscópio estereoscópico. Todos os moluscos foram preservados em álcool 70°. Aqueles que estavam sem as conchas em razão da ação do formol ou eram muito pequenos não foram determinados (ND). Concomitante à coleta de bentos foram realizadas as medidas das variáveis físicas e químicas da água (temperatura, condutividade elétrica, pH, oxigênio dissolvido e profundidade).

Para a análise granulométrica e de teor da matéria orgânica do sedimento, as amostras foram secas em estufa à temperatura de 80°C. A composição granulométrica foi determinada de acordo com a escala de Wentworth (1922). Foi determinado o teor de matéria orgânica de uma amostra de 10 g de sedimento por meio de incineração em mufla a 560°C, por quatro horas.

Calculou-se a análise de variância com os escores de PCA dos dados abióticos, em relação às sub-bacias do Estado do Paraná (Figura 1a e b). Na Análise de Componentes Principais, os dois primeiros componentes, com autovalores maiores que 1, explicaram 46,81% do total da variabilidade dos dados. O Componente Principal 1 explicou 33,04% do total da variabilidade, enquanto o Componente 2, 13,78%. Pelo Componente Principal 1 e 2, a sub-bacia do rio Paranapanema mostrou-se diferente das demais por ser mais arenosa, com menos matéria orgânica no sedimento e menores valores de temperatura e pH da água. A análise de variância calculada com os escores dos eixos 1 e 2 da PCA revelou diferença significativa entre as sub-bacias (Rao de R = 4,2809; p = 0,000063).

Resultados e Discussão

Dos 31 reservatórios, os bivalves foram registrados em apenas 16. Três espécies de bivalves foram identificadas: *Corbicula fluminea* e *Limnoperna fortunei*, exóticas de origem asiática, e uma espécie de *Pisidium* sp. Dessas espécies, *Pisidium* sp. seria a única nativa, sendo as demais consideradas espécies invasoras. Essas espécies exóticas se caracterizam por rápida maturação sexual, grande capacidade reprodutora e considerável poder adaptativo aos ambientes que colonizam, sejam naturais, artificiais, dulciaqüicolas ou salobras (Darrigran, 1997). *Corbicula* foi introduzida no Brasil na década de 1970 (Veitenheimer-Mendes, 1981) e inicialmente chamada de C. *manilensis,* que, de acordo com Morton (1979), seria sinônimo de C. *fluminea.*

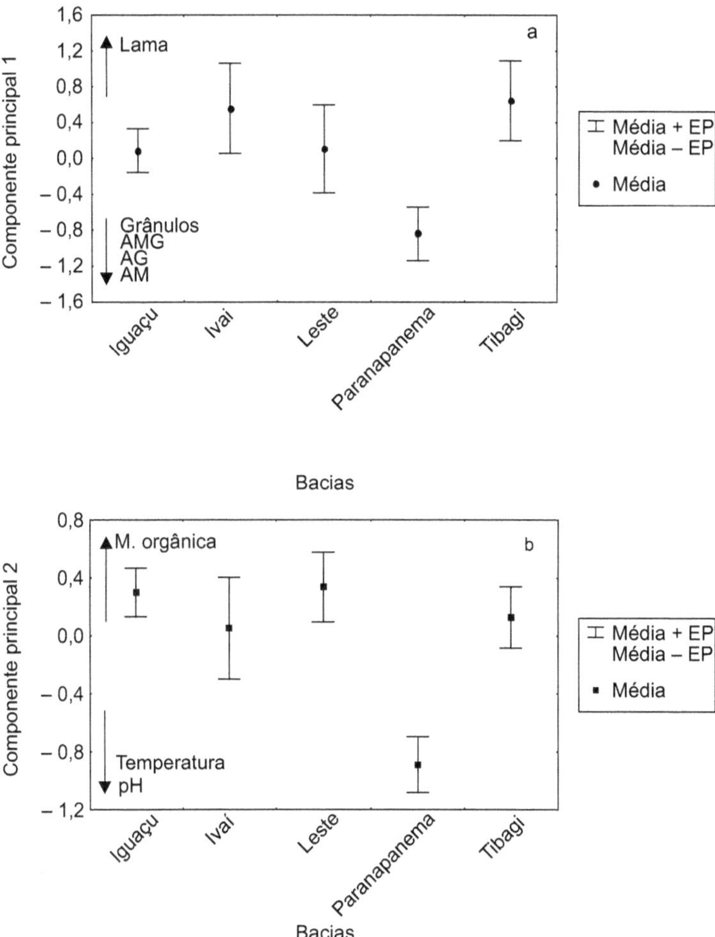

Figura 1 – Média e erro-padrão dos escores dos eixos 1 (a) e 2 (b) da PCA usando as subcategorias. Estão representadas as variáveis que mais influenciaram na formação dos eixos (setas).

Observou-se nesse levantamento de zoobentos uma nítida divisão de predominância de bivalves nas sub-bacias do rio Paraná (Figura 2).

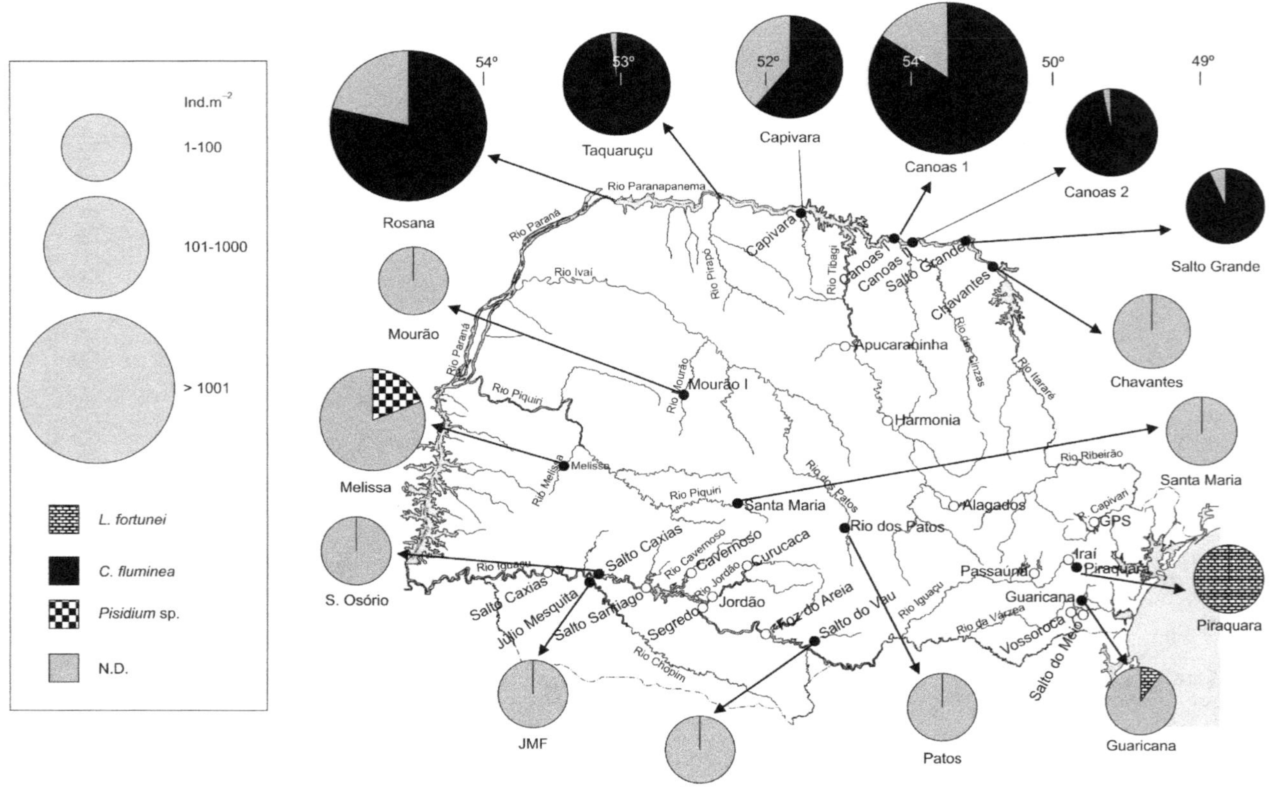

Figura 2 – Mapa com as localizações dos reservatórios e as respectivas densidades de bivalves.

No rio Paranapanema foi registrada grande predominância de *Corbicula fluminea*, especialmente nos reservatórios de Canoas 1 e Rosana. Os bivalves dos reservatórios mostraram ser muito pobres em número de espécies, predominando as espécies exóticas. A maior densidade de bivalves foi observada no reservatório de Canoas 1, com total de 1255 ind.m^{-2}, seguido pelos reservatórios de Rosana (1143 ind.m^{-2}) e Canoas 2 (494 ind.m^{-2}).

A predominância de *C. fluminea* na sub-bacia do rio Paranapanema pode ser decorrente das características diferenciadas das demais sub-bacias, como a predominância de fundo arenoso. Segundo Mansur et al. (1994), essa espécie é mais abundante onde há correnteza de água, maior porcentual de areia no substrato e menor declividade do terreno.

Deve-se levar em conta também o fato de que *Corbicula* foi introduzida na Argentina (rio da Prata) na década 1970 e em 30 anos ocupou toda a bacia do Paraná (Ituarte, 1994; Mansur et al., 2004). Sua proliferação se deu contra a correnteza e a maneira como alcançou os reservatórios é desconhecida.

Outra hipótese seria que a introdução dessa espécie tenha ocorrido primeiramente nos rios acima do Estado do Paraná e que seguiu colonizando os canais principais e secundários a jusante. A intensa proliferação de *C. fluminea* na planície aluvial do alto rio Paraná, logo abaixo do reservatório de Porto Primavera (Engenheiro Sérgio Motta), foi observada desde a década de 1990, quando se verificou redução acentuada das espécies nativas (Takeda et al., 2004). Até essa década, a região era ocupada por mais de dez espécies de bivalves nativos.

A maior parte dos bivalves nativos é adaptada a ambientes lóticos e depende dos peixes para sua dispersão. Confinados em reservatórios, eles podem sobreviver durante um tempo, porém sofrem uma série de limitações que irão dificultar ou até interromper seu poder de reprodução e dispersão. Essa população estressada de bivalves, nessas condições, certamente não teria condições de competir com a espécie invasora *Corbicula*.

A maioria dos espécimes dos reservatórios localizados no sul e na região central do Estado do Paraná apresentou tamanho pequeno e a concha destruída, o que não nos permitiu sua identificação, porém, no reservatório de Melissa foi identificada *Pisidium* sp., uma espécie provavelmente nativa, podendo sugerir que *Corbicula* ainda não proliferou tanto nas sub-bacias dos rios Piquiri e Iguaçu como no rio Paranapanema, permitindo a existência de outra espécie.

Nos dois reservatórios próximos à cidade de Curitiba foi registrada *Limnoperna fortunei* (Takeda et al., 2003), outra espécie invasora, popularmente conhecida como mexilhão dourado.

Considerando que essa espécie, na bacia do rio Paraná, foi registrada pela primeira vez no reservatório de Itaipu, em 2001, e em novembro do mesmo ano foi registrada em reservatórios tão distantes como Piraquara e Guaricana, nas proximidades das nascentes do rio Iguaçu, no extremo leste do Estado, sem registros intermediários ao longo desse rio que percorre o Paraná de leste a oeste, sugere-se que devem ter ocorrido introduções independentes, cujas causas, provavelmente de origem antrópica, são ainda desconhecidas.

A tendência de proliferação de *L. fortunei* no rio Paraná e sua dispersão a montante do rio é muito rápida (Takeda et al., 2002), em razão do constante tráfego de embarcações a montante do reservatório de Itaipu e no trecho livre do alto rio Paraná. A rápida dispersão e proliferação dessa espécie na bacia do rio Paraná pode causar obstrução nos encanamentos de indústrias que necessitam de refrigeração do sistema com a utilização de água, bem como das usinas hidrelétricas. Os prejuízos econômicos oriundos da mão-de-obra gasta para a desobstrução dos captadores de água, dos sistemas de resfriamento e das turbinas de unidades hidroelétricas, etc. têm sido consideráveis nos locais já invadidos pela espécie na Argentina, no Uruguai e no sul do Brasil. Sugere-se um monitoramento sistemático da bacia do rio Paraná para obter um banco de dados confiável e adequado para elaborar ações estratégicas de planejamento e implementar ações de combate ecológico de baixo risco para a população e o ambiente.

Agradecimento

Ao PRONEX/CNPq pelo suporte financeiro.

Referências Bibliográficas

DARRIGRAN, G. A. Invasores en la cuenca del Plata. *Ciencia Hoy*: Revista de Divulgación y Tecnológica de la Asociación Ciência Hoy, Caracas, v. 38, n. 7, p. 1-6, 1997.

HENRY, R.; SIMÃO, C. A. Abundância, diversidade e biomassa de Mollusca na represa de Piraju (rio Paranapanema, SP). *Revista Brasileira de Biologia*, Rio de Janeiro, v. 46, n. 3, p. 507-516, ago. 1986.

HENRY, R.; SIMÃO, C. A. Evaluation of density and biomass of a bivalve population (*Diplodon delodontus expansus*) (Kuster, 1856) in a small tropical reservoir. *Revue d'Hydrobiologie Tropicale*, Paris, v. 17, n. 4, p. 309-318, 1984b.

HENRY, R.; SIMÃO, C. A. Spatial distribution of a bivalve population (*Diplodon delodontus expansus*) in a small tropical reservoir with emphasis on distribution near the bases of trees. In: JAPAN BRAZIL SYMPOSIUM ON SCIENCE AND TECNOLOGY, 4., 1984, São Paulo. *Anais...* São Paulo: [s.n.], 1984a. p. 210-226.

HENRY, R.; SIMÃO, C. A. Spatial distribution of a bivalve population (*Diplodon delodontus expansus*) (Kuster, 1856) in a small tropical reservoir. *Revista Brasileira de Biologia*, Rio de Janeiro, v. 45, n. 4, p. 407-415, nov. 1985.

ITUARTE, C. F. *Corbicula* and *Neocorbicula* (Bivalvia: Corbiculidae) in the Paraná, Uruguay and Río de La Plata basins. *The Nautilus*: a quarterly devoted to malacology, Sanibel, v. 107, n. 4, p. 129-135, Mar. 1994.

MANSUR, M. C. D. et al. Uma retrospectiva e mapeamento da invasão de espécies de *Corbicula* (Mollusca, Bivalvia, Veneroida, Corbiculidae) oriundas do sudeste asiático na América do Sul. In: SILVA, J. S. V.; SOUZA, R. C. C. L. (Orgs.). *Água de lastro e bioinvasão*. Rio de Janeiro: Interciência, 2004. cap. 5, p. 39-58.

MANSUR, M. C. D.; VALER, R. M.; AIRES, N. C. M. Distribuição e preferências ambientais dos moluscos bivalves do açude do Parque de proteção ambiental COPESUL, município de Triunfo, Rio Grande do Sul, Brasil. *Biociências*, Porto Alegre, v. 2, n. 1, p. 27-45, jun. 1994.

MANSUR, M. C. D.; VOLKMER-RIBEIRO, C.; CARVALHO, J. L. *Paxyodon syrmatophorus* (Meuschen, 1781) (Mollusca, Bivalvia, Unionoida) in the Curuá-Una reservoir, Santarém, Pará, Brazil. *Amazoniana*, Kiel, v. 14, n. 3/4, p. 349-351, 1997.

MORTON, B. *Corbicula* in Ásia. In: BRITON, J. C. et al. (Eds.). FIRST INTERNATIONAL CORBICULA SYMPOSIUM, 1979, Fort Worth. *Proceedings...* Fort Worth: Christian Univ. Research Foundation, 1979. p. 15-38.

PEREIRA, D. et al. Malacolfauna límnica do sistema de irrigação da microbacia do Arroio Capivara, Triunfo, RS, Brasil. *Biociências*, Porto Alegre, v. 8, n. 1, p. 137-157, jun. 2000.

SERRANO, M. A. S.; TIETBÖHL, R. S.; MANSUR, M. C. D. Sobre a ocorrência de moluscos Bivalvia no Pantanal de Mato Grosso, Brasil. *Biociências*, Porto Alegre, v. 6, n. 1, p. 131-144, jun. 1998.

TAKEDA, A. M.; FUJITA, D. S.; FONTES JÚNIOR, H. M. Perspectives on exotic bivalves proliferation in the Upper Paraná river floodplain. In: AGOSTINHO, A. A. et al. (Eds.). *Structure and functioning of the Paraná river and its floodplain*: LTER – Site 6 (PELD – Sítio 6). Maringá: EDUEM, 2004. p. 97-100.

TAKEDA, A. M. et al. *Limnoperna fortunei* dispersion – a new macrobenthic population in the Itaipu reservoir (Brazil). In: ICOLD 70th ANNUAL MEETING, 2002, Foz de Iguaçu, PR. *Proceedings...* Foz do Iguaçu: International Comission on large dams – ICOLD, 2002. v. 2, p. 658-664.

TAKEDA, A. M. et al. Ocorrência da espécie invasora de mexilhão dourado, *Limnoperna fortunei* (Dunker, 1857) em dois pequenos reservatórios próximos a Curitiba, PR. *Acta Biologica Leopoldensia*, São Leopoldo, v. 25, n. 2, p. 251-254, jul./dez. 2003.

VEITENHEIMER-MENDES, I. L. *Corbicula manilensis*, (Philippi, 1844) molusco asiático, na bacia do Jacuí e do Guaíba, Rio Grande do Sul, Brasil (Bivalvia, Corbiculidae). *Iheringia*, Série Zoologia, Porto Alegre, v. 60, p. 63-74, nov. 1981.

WENTWORTH C.K. A scale of grade and class terms for clastic sediments. *Journal of Geology*, Chicago, v. 30, p. 377-392, 1922.

Capítulo 14

As Assembléias de Peixes de Reservatórios Hidrelétricos do Estado do Paraná e Bacias Limítrofes

Elaine Antoniassi Luiz
Ana Cristina Petry
Carla Simone Pavanelli
Horácio Ferreira Júlio Jr.
João Dirço Latini
Vladimir Marques Domingues

Introdução

Estudos abordando a organização de assembléias devem considerar as diferentes escalas espaciais associadas a fatores locais (diversidade de habitat, predação e competição) (Gido & Matthews, 2000; Jackson et al., 2001) e regionais (clima, barreiras de dispersão e história biogeográfica) (Ricklefs, 1987). Em ecologia de peixes, as regiões biogeográficas são de grande auxílio na identificação de padrões de assembléias locais. Na formação de um reservatório para aproveitamento hidrelétrico, a colonização do novo ambiente aquático consiste essencialmente na reestruturação das populações já existentes no antigo leito do rio formador (Fernando & Holčík, 1991), podendo ser complementada pelas espécies da bacia de drenagem. Já a intensidade do impacto gerado pelo represamento sobre a ictiofauna é grandemente influenciada pelas características locais da biota e do próprio reservatório (Agostinho et al., 1999). De forma geral, reservatórios hidrelétricos contam com ictiofaunas características, podendo apresentar substancial participação de espécies endêmicas, dependendo do grau de isolamento interposto pelos acidentes geográficos (Luiz et al., 2003).

Os reservatórios estudados não têm, com raras exceções, sua ictiofauna descrita e avaliada antes do barramento, o que torna difícil o entendimento dos processos que levaram à composição e à estrutura das assembléias de peixes atualmente verificadas. Neste trabalho procurou-se avaliar a influência da escala espacial (em nível de bacia hidrográfica) na composição, na abundância e nos padrões de estrutura e alguns atributos (riqueza específica, diversidade e eqüitabilidade) das assembléias de peixes em 31 reservatórios hidrelétricos do Estado do Paraná, incluindo as bacias limítrofes.

Resultados e Discussão

Os dados utilizados na análise foram obtidos em coletas realizadas nos meses de julho e novembro de 2001, em 31 reservatórios, sendo 7 na bacia do rio Paranapanema, 3 na bacia do rio Tibagi, 2 na bacia do rio Ivaí, 2 na bacia do rio Piquiri, 13 na do rio Iguaçu e 4 na bacia do Leste. Dessas, apenas as bacias do Iguaçu (separada do restante pelas Cataratas do rio Iguaçu) e do Leste não integram a bacia do alto rio Paraná. As amostragens foram realizadas nas zonas lacustres dos reservatórios (Thornton, 1990c), utilizando (a) redes de espera de diferentes malhagens (2,4 a 14,0 cm entre-nós opostos), expostas por 24 horas, com despescas nos períodos da manhã, tarde e noite, na região pelágica e (b) redes de arrasto (0,8 cm entre-nós adjacentes) operadas durante o dia, na região litorânea. Os dados de abundância numérica e de biomassa capturada por coleta foram expressos em captura por unidade de esforço.

Foram capturadas 149 espécies, distribuídas em 27 famílias e 7 ordens. O enquadramento taxonômico foi baseado na classificação proposta por Reis et al. (2003), exceto para as famílias Clariidae e Ictaluridae, que seguiram Burgess (1989c), Centrarchidae (Sigler & Sigler, 1987) e Cyprinidae (Cavender & Coburn, 1992) (Anexo 1).

As famílias mais representativas em número de espécies nas bacias hidrográficas estudadas foram Characidae (42), Loricariidae (19), Cichlidae (12), Anostomidae (11) e Pimelodidae (9).

Do total de espécies capturadas, 135 foram amostradas com redes de espera na região pelágica e 59, com redes de arrasto na região litorânea. As espécies que mais se destacaram em abundância numérica e biomassa capturada na região pelágica, por bacia hidrográfica, foram, respectivamente, *Apareiodon affinis* e *Pimelodus maculatus*, na bacia do rio Paranapanema, *Astyanax altiparanae*, *Astyanax paranae* e *Piaractus mesopotamicus*, no rio Tibagi, *Oligosarcus paranensis* e *Astyanax altiparanae*, no rio Ivaí, *Astyanax scabripinnis paranae* e *Prochilodus lineatus*, no rio Piquiri, *Astyanax* sp. B, no rio Iguaçu, e *Deuterodon* sp. D e *Hoplias* aff. *Malabaricus*, na bacia do Leste (Figura 1).

Já as espécies que mais se destacaram em abundância numérica e biomassa capturada na região litorânea, por bacia hidrográfica, foram, respectivamente, *Bryconamericus stramineus* e *A. affinis*, na bacia do rio Paranapanema, *Bryconamericus iheringii*, no rio Tibagi, *A. altiparanae* e *Geophagus brasiliensis*, no rio Ivaí, *B. iheringii* e *G. brasiliensis*, no rio Piquiri, *Corydoras paleatus* e *G. brasiliensis*, no rio Iguaçu, e *Phalloceros caudimaculatus* e *Tilapia rendalli*, na bacia do Leste (Figura 2).

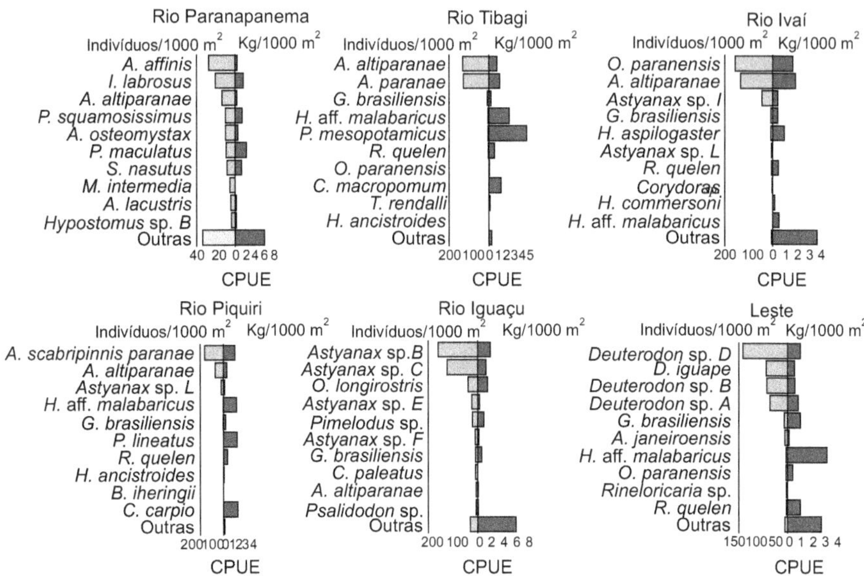

Figura 1 – Captura por unidade de esforço (CPUE), em número e biomassa capturada (n° ind. e kg/1000 m² rede de espera de 24 h) das espécies capturadas na região pelágica de reservatórios hidrelétricos das diferentes bacias hidrográficas.

Para avaliar a estrutura das assembléias de peixes nas diferentes bacias hidrográficas, os dados da CPUE sobre os 31 reservatórios foram sumarizados utilizando uma análise de correspondência com remoção do efeito do arco (DCA) (Gauch Jr., 1982; Palmer, 1993). Para esta análise, foram utilizadas as 136 espécies capturadas na região pelágica (Figura 3a, c e e) e as 59 capturadas na região litorânea (Figura 3b, d e f).

Os dois primeiros eixos das DCAs foram retidos para interpretação por explicarem a maior parte da variabilidade dos dados de CPUE. O eixo 1 da DCA para a região pelágica apresentou autovalor de 0,88, enquanto o eixo 2 foi de 0,32 (Figura 3a). Os eixos 1 e 2 da DCA para a região litorânea apresentaram autovalores de 0,96 e 0,61, respectivamente (Figura 3b). Tanto na ordenação para a região pelágica como para a litorânea foram observadas estruturas (composição e abundância numérica) diferenciadas para as bacias hidrográficas. As bacias dos rios Paranapanema, Iguaçu e do Leste apresentaram distribuição distinta das demais no eixo 1, o que pode ser conseqüência da especificidade faunística decorrente de processos regionais (geologia). O eixo 2 ordenou os reservatórios em função de fatores locais (clima), especialmente nas bacias dos rios Tibagi, Ivaí, Piquiri e do Leste.

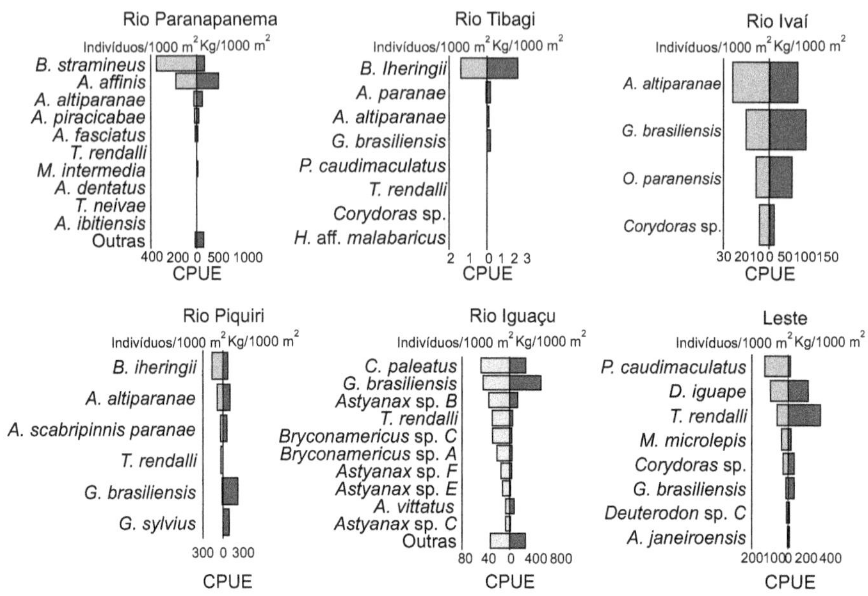

Figura 2 – Captura por unidade de esforço, em número e biomassa (nº ind. e kg/1000 m² rede de arrasto), das espécies capturadas na região litorânea de reservatórios hidrelétricos das diferentes bacias hidrográficas.

Foram realizadas análises de variância (ANOVA) unifatoriais, utilizando modelos nulos (5000 randomizações ECOSIM) (Gotelli & Entsminger, 2004), sobre os escores dos dois primeiros eixos da DCA das regiões pelágica e litorânea dos reservatórios, tendo por fatores as bacias hidrográficas. A hipótese nula testada foi a de que as bacias hidrográficas não diferiam entre si em relação à estrutura sumarizada pela DCA.

A região pelágica diferiu significativamente entre as bacias para os eixos 1 e 2 (F = 312,19; p < 0,01; F = 3,67; p = 0,03, respectivamente). A região litorânea diferenciou-se significativamente apenas no eixo 1 (F = 27,19; p < 0,01). Escores mais elevados no eixo 1, nas duas ordenações, foram obtidos na bacia do rio Paranapanema, cujos reservatórios apresentam elevada riqueza e abundância numérica, especialmente das espécies de pequeno e médio porte (Figuras 1 e 2).

Os atributos utilizados como descritores da estrutura das assembléias de peixes dos reservatórios hidrelétricos foram a riqueza específica (S = número de espécies), o índice de diversidade de Shannon (H') (Greig-Smith, 1983) e a eqüitabilidade (E) (H'E índice de eqüitabilidade de Shannon, *sensu* Magurran, 1988) de cada amostra.

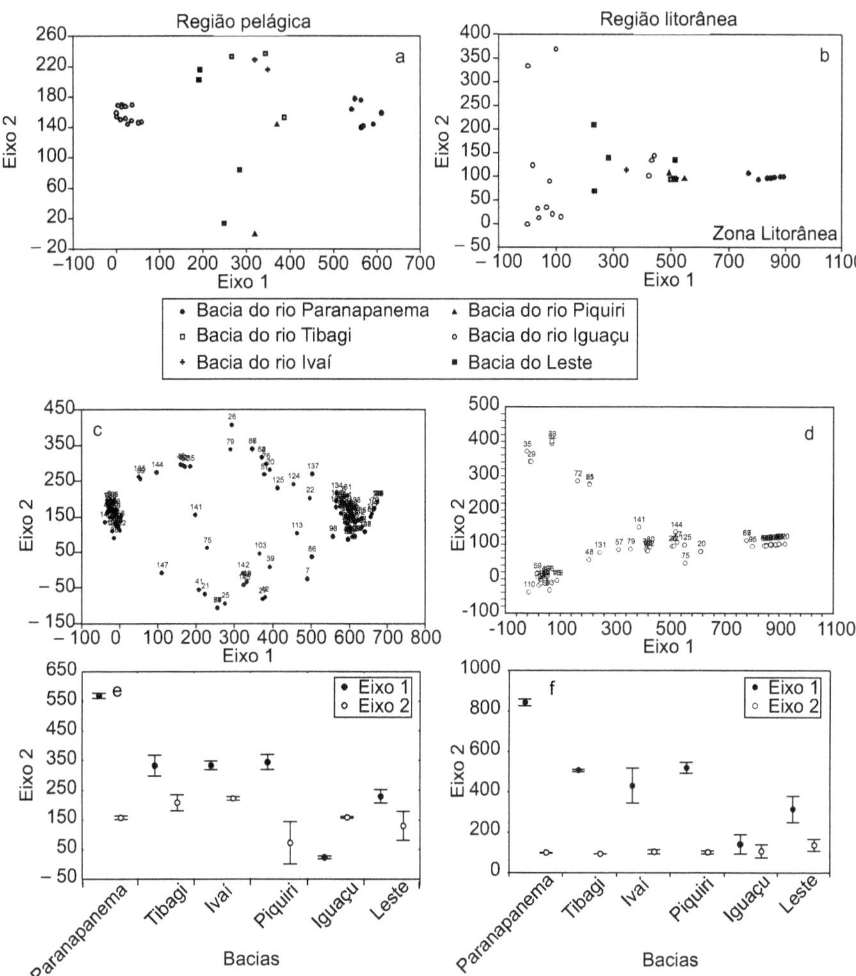

Figura 3 – Ordenação das bacias hidrográficas (a e b) e das espécies (c e d) por meio da análise de correspondência com remoção do efeito de arco e média ± erro-padrão (e e f) dos escores dos eixos 1 e 2 da DCA para as regiões pelágica e litorânea dos reservatórios hidrelétricos estudados (códigos das espécies em anexo).

Para esses atributos também foram realizadas análises de variância (ANOVA) unifatoriais, utilizando modelos nulos (5000 randomizações), considerando as regiões pelágica e litorânea dos reservatórios e tendo por fatores as bacias hidrográficas. A hipótese nula testada foi de que as bacias hidrográficas não diferiam entre si em relação aos atributos da estrutura das assembléias.

Foram verificadas diferenças significativas na riqueza específica (F = 20,07; p < 0,01), no índice de diversidade (F = 11,70; p < 0,01) e na eqüitabilidade (F = 4,25; p = 0,01) entre as bacias hidrográficas na região pelágica, sendo os maiores valores encontrados na bacia do rio Paranapanema (Figura 4a, c e e), o que já foi evidenciado pela ordenação (Figura 3a, b, e e f). Na região litorânea, apenas o índice de diversidade diferiu significativamente entre as bacias hidrográficas (F = 2,89; p = 0,034), enquanto para a riqueza e a eqüitabilidade essa tendência não foi observada (F = 0,73; p = 0,608; F = 1,95; p = 0,12, respectivamente) (Figura 4b, d e f). Uma distribuição mais equilibrada da abundância numérica das espécies em reservatórios detentores de menor riqueza determinou elevados índices de diversidade.

Fatores como área e isolamento da bacia hidrográfica podem ter contribuído para a diferenciação entre as assembléias dos reservatórios hidrelétricos das bacias dos rios Paranapanema e Iguaçu. Assim, riqueza de espécies, diversidade e eqüitabilidade mais elevadas foram características dos reservatórios situados nas bacias com maiores áreas (ver Capítulo 1). Já fatores locais citados anteriormente podem estar relacionados à variação observada entre os reservatórios pertencentes às bacias menores.

Todos os reservatórios de três bacias hidrográficas (Tibagi, Ivaí e Piquiri) apresentaram espécies introduzidas, enquanto a menor freqüência de reservatórios com registro dessas espécies nas amostragens pertencerem à bacia do Paranapanema (Figura 5a).

Neste estudo foram registradas 14 espécies introduzidas, tanto de bacias hidrográficas próximas (por exemplo: *C. monoculus* e *H. lacerdae*) como de outros continentes (por exemplo: *M. salmoides* e *T. rendalli*). *Tilapia rendalli* e *C. carpio* se destacaram pela ocorrência em praticamente metade dos reservatórios estudados, enquanto a maior parte das espécies introduzidas ocorreu em apenas um reservatório (Figura 5b).

A despeito da ocorrência de espécies introduzidas em alguns reservatórios (Figura 5), os resultados da análise da relação espécie-área corroboram padrões evidenciados em estudos realizados em rios e lagos canadenses (Eadie et al., 1986) e, de forma geral, a teoria de Biogeografia de Ilhas (Macarthur & Wilson, 1967). Reservatórios maiores, pertencentes, em sua maioria, à bacia do rio Paranapanema, suportam maior número de espécies de peixes (Figura 6).

O presente estudo evidenciou o efeito da escala espacial e a influência da bacia hidrográfica na composição, na abundância, nos padrões de estrutura e nos atributos da ictiofauna dos 31 reservatórios analisados.

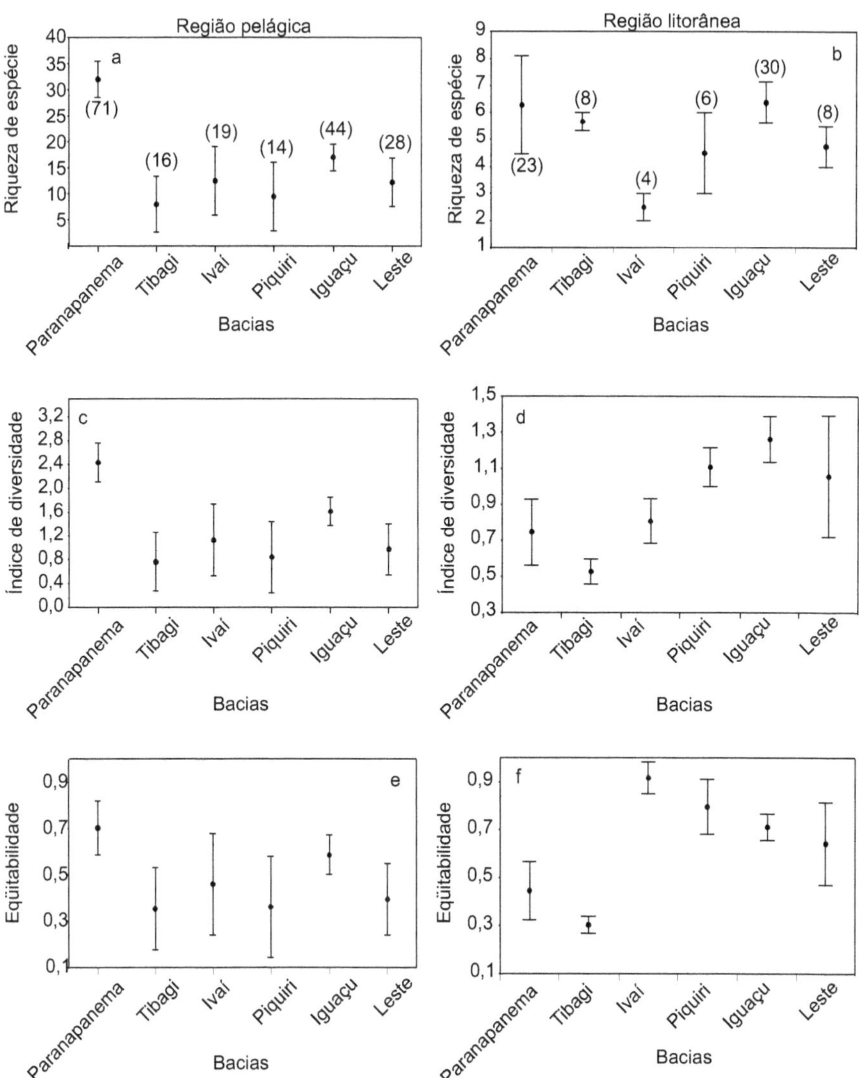

Figura 4 – Média ± erro-padrão da riqueza de espécies (a e b), índice de diversidade de Shannon (c e d) e eqüitabilidade (e e f) para as regiões pelágica (a, c e e) e litorânea (b, d e f) dos reservatórios hidrelétricos estudados (números entre parênteses indicam o total de espécies registradas nas bacias).

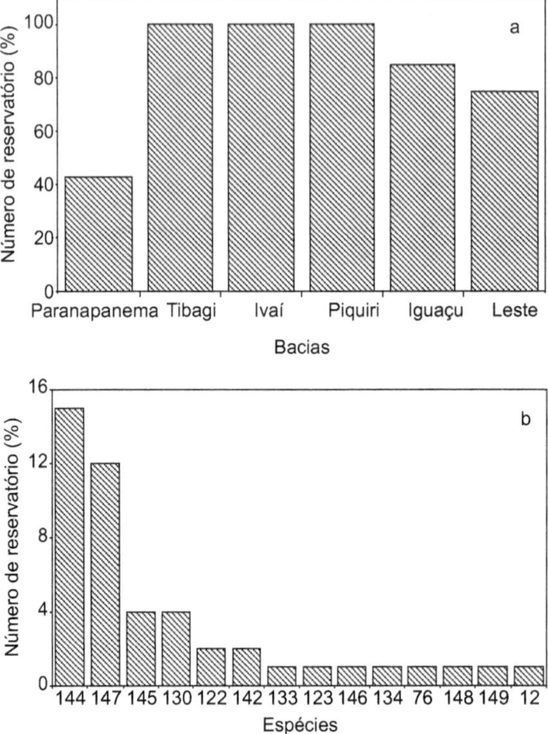

Figura 5 – Freqüência relativa de reservatórios por bacias hidrográficas que apresentam espécies introduzidas (a) e freqüência absoluta de reservatórios com ocorrência de espécies introduzidas (b). Códigos das espécies no Anexo 1.

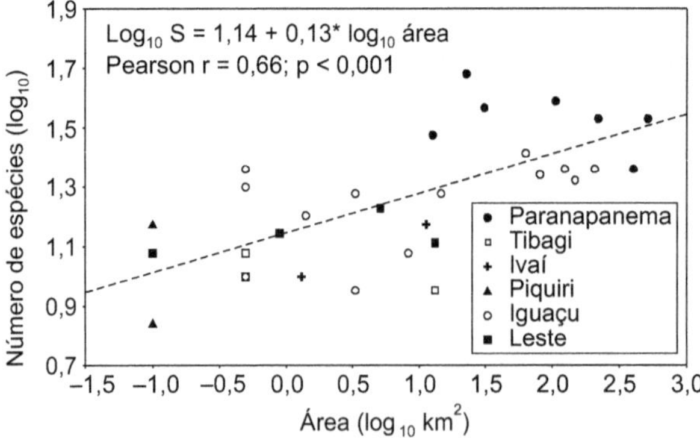

Figura 6 – Relação entre o número de espécies de peixes e a área dos reservatórios hidrelétricos das diferentes bacias hidrográficas.

Referências Bibliográficas

AGOSTINHO, A. A. et al. Patterns of colonization in neotropical reservoirs, and prognoses on aging. In: TUNDISI, J. G.; STRAŠKRABA, M. (Eds.). *Theoretical reservoir ecology and its applications*. São Carlos: International Institute of Ecology; Leiden, The Netherlands: Backhuys Publishers; Rio de Janeiro: Brazilian Academy of Sciences, 1999. p. 227-265.

BURGESS, W. E. *An atlas of freshwater and marine catfishes*: a preliminary survey of the Siluriformes. Neptune City, NJ: T. F. H. Publications, 1989c. 784 p.

CAVENDER, T. M.; COBURN, M. M. Phylogenetic relationships of North American Cyprinidae. In: MAYDEN, R. L. (Ed.). *Systematics, historical ecology, and North American freshwater fishes*. Stanford: Stanford University Press, 1992. ch. 9, p. 293-327.

EADIE, J. M. et al. Lakes and rivers as islands: species-area relationships in the fish faunas of Ontario. *Environmental Biology of Fishes*, Dordrecht, v. 15, n. 2, p. 81-89, Feb. 1986.

FERNANDO, C. H.; HOLČIK, J. Fish in reservoirs. *Internationale Revue Der Gesamten Hydrobiologie*, Berlin, v. 76, n. 2, p. 149-167, 1991.

GAUCH, Jr., H. G. *Multivariate analysis in community ecology*. Cambridge: Cambridge University Press, 1982. 298 p. (Cambridge studies in ecology, 1).

GIDO, K. B.; MATTHEWS, W. J. Dynamics of the offshore fish assemblage in a Southwestern reservoir (lake Texoma, Oklahoma, Texas). *Copeia*, Lawrence, n. 4, p. 917-930, Dec. 2000.

GOTELLI, N. J.; ENTSMINGER, G. L. *EcoSim: Null models software for ecology*. Version 7.0. Jericho: Acquired Intelligence Inc. & Kesey-Bear, 2004. Disponível em: <http://homepages. together.net/~gentsmin/ecosim.htm.>

GREIG-SMITH, P. *Quantitative plant ecology*. 3rd ed. Oxford: Blackwell Scientific, 1983. 359 p. (Studies in ecology, v. 19).

JACKSON, D. A.; PERES-NETO, P. R.; OLDEN, J. D. What controls who is where in freshwater fish communities – the roles of biotic, abiotic, and spatial factors. *Canadian Journal of Fisheries and Aquatic Sciences*, Ottawa, v. 58, n. 1, p. 157-170, Jan. 2001.

LUIZ, E. A. et al. Influência de processos locais e regionais nas assembléias de peixes em reservatórios do Estado do Paraná, Brasil. *Acta Scientiarum. Biological Sciences*, Maringá, v. 25, n. 1, p. 107-114, Jan./June 2003.

MACARTHUR, R. H.; WILSON, E. O. *The theory of island biogeography*. Princeton: Princeton University Press, 1967. 203 p.

MAGURRAN, A. E. *Ecological diversity and its measurement*. London; Sydney: Croom Helm, 1988. 179 p.

PALMER, M. W. Putting things in even better order: the advantages of canonical correspondence analysis. *Ecology*, Washington, DC, v. 74, n. 8, p. 2215-2230, Dec. 1993.

REIS, R. E.; KULLANDER, S. O.; FERRARIS, Jr., C. J. (Orgs.). *Check list of the freshwater fishes of South and Central America*. Porto Alegre: EDIPUCRS, 2003. 729 p.

RICKLEFS, R. E. Community diversity: relative roles of local and regional processes. *Science*, Washington, DC, v. 235, n. 4785, p.167-171, Jan. 1987.

SIGLER, W. E.; SIGLER, J. W. *Fishes of the great basin*: a natural history. Illustrated by Sophie Sheppard and Jim Morgan. Reno: University of Nevada Press, 1987. 425 p.

THORNTON, K. W. Perspectives on reservoir limnology. In: THORNTON, K. W.; KIMMEL, B. L.; PAYNE, F. E. (Ed.). *Reservoir limnology*: ecological perspectives. New York: J. Wiley & Sons, 1990c. ch. 1, p. 1-13.

Anexo 1

CHARACIFORMES

PARODONTIDAE

1 *Apareiodon affinis* (Steindachner, 1879)

2 *Apareiodon ibitiensis* Campos, 1944

3 *Apareiodon piracicabae* (Eigenmann, 1907)

4 *Apareiodon vittatus* Garavello, 1977

CURIMATIDAE

5 *Cyphocharax modestus* (Fernández-Yépez, 1948)

6 *Steindachnerina brevipinna* (Eigenmann & Eigenmann, 1889)

PROCHILODONTIDAE

7 *Prochilodus lineatus* (Valenciennes, 1836)

ANOSTOMIDAE

8 *Leporellus vittatus* (Valenciennes, 1850)

9 *Leporinus amblyrhynchus* Garavello & Britski, 1987

10 *Leporinus friderici* (Bloch, 1794)

11 *Leporinus lacustris* Campos, 1945

12 *Leporinus macrocephalus* Garavello & Britski, 1988*

13 *Leporinus obtusidens* (Valenciennes, 1836)

14 *Leporinus octofasciatus* Steindachner, 1915

15 *Leporinus* sp. A

16 *Leporinus* sp. B

17 *Schizodon borellii* (Boulenger, 1900)

18 *Schizodon nasutus* Kner, 1858

CRENUCHIDAE

19 *Characidium* sp.

CHARACIDAE

20 *Astyanax altiparanae* Garutti & Britski, 2000

21 *Astyanax bimaculatus* (Linnaeus, 1758)

22 *Astyanax eigenmaniorum* (Cope, 1894)

23 *Astyanax fasciatus* (Cuvier, 1819)

24 *Astyanax gymnogenys* Eigenmann, 1911

25 *Astyanax janeiroensis* Eigenmann, 1908

26 *Astyanax paranae* Eigenmann, 1914

27 *Astyanax scabripinnis paranae* Eigenmann, 1914
28 *Astyanax* sp. A
29 *Astyanax* sp. B
30 *Astyanax* sp. C
31 *Astyanax* sp. D
32 *Astyanax* sp. E
33 *Astyanax* sp. F
34 *Astyanax* sp. G
35 *Astyanax* sp. H
36 *Astyanax* sp. I
37 *Astyanax* sp. J
38 *Astyanax* sp. K
39 *Astyanax* sp. L
40 *Astyanax* sp. M
41 *Astyanax* sp. N
42 *Bryconamericus iheringii* (Boulenger, 1887)
43 *Bryconamericus stramineus* Eigenmann, 1908
44 *Bryconamericus* sp. A
45 *Bryconamericus* sp. B
46 *Bryconamericus* sp. C
47 *Bryconamericus* sp. D
48 *Deuterodon iguape* Eigenmann, 1907
49 *Deuterodon* sp. A
50 *Deuterodon* sp. B
51 *Deuterodon* sp. C
52 *Deuterodon* sp. D
53 *Hemigrammus marginatus* Ellis, 1911
54 *Hyphessobrycon eques* (Steindachner, 1882)
55 *Moenkhausia intermedia* Eigenmann, 1908
56 *Oligosarcus longirostris* Menezes & Géry, 1983
57 *Oligosarcus paranensis* Menezes & Géry, 1983
58 *Psalidodon gymnodontus* Eigenmann, 1911
59 *Psalidodon* sp.
60 *Salminus maxillosus* Valenciennes, 1849

61 *Triportheus signatus* (Garman, 1890)

SERRASALMINAE

62 *Colossoma macropomum* (Cuvier, 1818)
63 *Metynnis maculatus* (Kner, 1858)
64 *Piaractus mesopotamicus* (Holmberg, 1887)
65 *Serrasalmus marginatus* Valenciennes, 1837
66 *Serrasalmus maculatus* Kner, 1858

APHYOCHARACINAE

67 *Aphyocharax anisitsi* Eigenmann & Kennedy, 1903
68 *Aphyocharax dentatus* Eigenmann & Kennedy, 1903

CHARACINAE

69 *Galeocharax knerii* (Steindachner, 1879)
70 *Roeboides paranensis* Pignalberi, 1975

CHEIRODONTINAE

71 *Odontostilbe* sp.

GLANDULOCAUDINAE

72 *Mimagoniates microlepis* (Steindachner, 1876)

ACESTRORHYNCHIDAE

73 *Acestrorhynchus lacustris* (Lütken, 1875)

CYNODONTIDAE

74 *Rhaphiodon vulpinus* Spix & Agassiz, 1829

ERYTHRINIDAE

75 *Hoplias* aff. *malabaricus* (Bloch, 1794)
76 *Hoplias lacerdae* Ribeiro, 1908*

SILURIFORMES

CALLICHTHYIDAE

77 *Callichthys callichthys* (Linnaeus, 1758)
78 *Corydoras* cf. *paleatus* (Jenyns, 1842)
79 *Corydoras* sp. A
80 *Corydoras* sp. B
81 *Hoplosternum littorale* (Hancock, 1828)

LORICARIIDAE

LORICARIINAE

82 *Loricaria prolixa* Isbrücker & Nijssen, 1978

83 *Loricaria* sp.
84 *Loricariichthys platymetopon* Isbrücker & Nijssen, 1979
85 *Rineloricaria* sp.

HYPOSTOMINAE

86 *Hypostomus ancistroides* (Ihering, 1911)
87 *Hypostomus* cf. *aspilogaster* (Cope, 1894)
88 *Hypostomus* cf. *auroguttatus* Kner, 1854
89 *Hypostomus commersoni* Valenciennes, 1836
90 *Hypostomus derbyi* (Haseman, 1911)
91 *Hypostomus hermani* (Ihering, 1905)
92 *Hypostomus margaritifer* (Regan, 1908)
93 *Hypostomus myersi* (Gosline, 1947)
94 *Hypostomus nigromaculatus* (Schubart, 1964)
95 *Hypostomus regani* (Ihering, 1905)
96 *Hypostomus strigaticeps* (Regan, 1908)
97 *Hypostomus* sp. A
98 *Hypostomus* sp. B
99 *Rhinelepis aspera* Spix & Agassiz, 1829

ANCISTRINAE

100 *Megalancistrus parananus* (Peters, 1881)

HEPTAPTERIDAE

101 *Pimelodella* sp.
102 *Rhamdia branneri* Haseman, 1911
103 *Rhamdia quelen* (Quoy & Gaimard, 1824)
104 *Rhamdia voulezi* Haseman, 1911

PIMELODIDAE

105 *Hypophthalmus edentatus* Spix & Agassiz, 1829
106 *Iheringichthys labrosus* (Lütken, 1874)
107 *Pimelodus heraldoi* Azpelicueta, 2001
108 *Pimelodus maculatus* Lacépède, 1803
109 *Pimelodus ornatus* Kner, 1858
110 *Pimelodus ortmanni* Haseman, 1911
111 *Pimelodus* sp.
112 *Pinirampus pirinampu* (Spix & Agassiz, 1829)

113 *Steindachneridion* sp.

DORADIDAE

114 *Pterodoras granulosus* (Valenciennes, 1821)

115 *Rhinodoras dorbignyi* (Kner, 1855)

AUCHENIPTERIDAE

116 *Ageneiosus valenciennesi* Bleeker, 1864

117 *Auchenipterus osteomystax* (Ribeiro, 1918)

118 *Glanidium ribeiroi* Haseman, 1911

119 *Tatia neivai* (Ihering, 1930)

120 *Tatia* sp.

121 *Trachelyopterus galeatus* (Linnaeus, 1766)

ICTALURIDAE

122 *Ictalurus punctatus* (Rafinesque, 1818) *

CLARIIDAE

123 *Clarias gariepinus* (Burchell, 1822)*

GYMNOTIFORMES

GYMNOTIDAE

124 *Gymnotus carapo* Linnaeus, 1758

125 *Gymnotus sylvius* Albert & Fernandes-Matioli, 1999

STERNOPYGIDAE

126 *Eigenmannia* sp.

127 *Sternopygus macrurus* (Bloch & Schneider, 1801)

RHAMPHICHTHYIDAE

128 *Rhamphichthys hahni* (Meiken, 1937)

APTERONOTIDAE

129 *Apteronotus* sp.

ATHERINIFORMES

ATHERINOPSIDAE

130 *Odontesthes bonariensis* (Valenciennes, 1835) *

CYPRINODONTIFORMES

POECILIIDAE

131 *Phalloceros caudimaculatus* (Hensel, 1868)

PERCIFORMES

SCIAENIDAE

132 *Plagioscion squamosissimus* (Heckel, 1840)
CICHLIDAE
133 *Astronotus ocellatus* (Agassiz, 1831)*
134 *Cichla monoculus* Spix & Agassiz, 1831*
135 *Cichlasoma* cf. *facetum* (Jenyns, 1842)
136 *Crenichla* sp.
137 *Crenicichla britskii* Kullander, 1982
138 *Crenicichla haroldoi* Luengo & Britski, 1974
139 *Crenicichla iguassuensis* Haseman, 1911
140 *Crenicichla niederleinii* (Holmberg, 1891)
141 *Geophagus brasiliensis* (Quoy & Gaimard, 1824)
142 *Oreochromis niloticus* (Linnaeus, 1758)*
143 *Satanoperca pappaterra* (Heckel, 1840)
144 *Tilapia rendalli* (Boulenger, 1897) *
CENTRARCHIDAE
145 *Micropterus salmoides* (Lacépède, 1802) *
CYPRINIFORMES
CYPRINIDAE
146 *Ctenopharyngodon idella* (Valenciennes, 1844)*
147 *Cyprinus carpio* Linnaeus, 1758*
148 *Hypophthalmichthys molitrix* (Valenciennes, 1844) *
149 *Hypophthalmichthys nobilis* (Richardson, 1845)*

* espécie proveniente de outra bacia hidrográfica.

Capítulo 15

Estrutura Trófica da Ictiofauna em Reservatórios

Rosemara Fugi
Norma Segatti Hahn
Valdirene Esgarbosa Loureiro-Crippa
Gisele Caroline Novakowski

Introdução

As diversas estratégias e táticas de forrageamento exibidas pelos peixes possibilitam que eles façam uso dos mais diferentes recursos alimentares disponíveis nos ambientes aquáticos e em seus entornos. Wootton (1991) comenta que os peixes ocupam virtualmente todos os níveis tróficos da cadeia alimentar. Portanto, o alimento consumido permite reconhecer dentro da ictiofauna grupos tróficos distintos e inferir sobre sua estrutura, seu grau de importância e as inter-relações entre seus componentes (Agostinho, et al., 1997).

A caracterização de grupos tróficos entre peixes é, entretanto, instável, dada a elevada plasticidade alimentar da maioria das espécies (Hahn et al., 1997a; Delariva, 2002). Essas alterações são verificadas entre as espécies generalistas, que normalmente correspondem à maior parcela da ictiofauna, enquanto entre as especialistas mudanças na dieta são pouco acentuadas. Segundo Albrecht (2000), a ecologia alimentar de uma espécie é, em primeira instância, fruto de milhares de anos de evolução refletidos nas estruturas morfológicas relacionadas a essa função, que podem ou não determinar a plasticidade alimentar dos peixes em relação à disponibilidade de recursos.

Os represamentos, pelas mudanças que impõem aos atributos físicos, químicos e biológicos dos corpos de água, promovem grandes alterações nas interações bióticas dentro do ecossistema, particularmente entre as de natureza trófica (Agostinho & Zalewski, 1995; Araújo-Lima et al., 1995). Isso porque os processos vigentes em reservatórios são mais complexos e variáveis que os existentes em ambientes naturais, pois sua estrutura e dinâmica têm organização intermediária entre a do rio e a de um lago (Agostinho, 1992; Petts & Amoros, 1996). O oportunismo de algumas espécies de pequeno porte, diante das mudanças na composição dos recursos disponíveis, deve explicar em grande parte a proliferação de espécies forrageiras nesse tipo de ambiente (Agostinho, 1992).

Neste capítulo são investigados e descritos os principais recursos alimentares que sustentam as assembléias de peixes nos reservatórios do Estado do Paraná e nas bacias limítrofes, inferindo-se acerca da organização trófica de cada um deles e dando ênfase às variações entre as bacias hidrográficas.

Resultados e Discussão

Foram utilizadas, neste estudo, informações sobre peixes capturados em 31 reservatórios, provenientes de coletas realizadas em julho e novembro de 2001. Os resultados se basearam na análise de 2.739 conteúdos estomacais, pertencentes a 135 espécies, os quais foram avaliados quantitativamente pelo método volumétrico.

Na Figura 1 são apresentados os recursos alimentares (% do volume) utilizados pela ictiofauna em 24 dos 31 reservatórios amostrados. Os peixes consumiram diversos tipos de alimentos, desde algas unicelulares a vegetais superiores e de protozoários a peixes. Esses recursos foram agrupados em: microcrustáceos (Cladocera, Copepoda e Ostracoda), insetos terrestres ou aquáticos, outros invertebrados aquáticos (principalmente moluscos e crustáceos), vegetal terrestre (folhas, frutos, sementes, etc), vegetal aquático (algas unicelulares, filamentosas e vegetal superior), peixes e detrito/sedimento.

Os recursos alimentares mais utilizados foram, no geral, peixes e insetos terrestres na maioria dos reservatórios. Microcrustáceo foi o recurso alimentar quantitativamente menos explorado, com exceção do reservatório de Foz do Areia. Esse fato deve estar relacionado mais à carência de espécies de peixes que exploram o plâncton que à disponibilidade desse alimento nesses ambientes. Estudos realizados paralelamente a este mostraram que microcrustáceos foram os organismos mais abundantes do zooplâncton nos reservatórios considerados (ver Capítulo 9). As espécies com esse tipo de especialização, registradas nesse estudo, foram *Hypophthalmus edentatus* e *Odontestes bonariensis*, sendo a última introduzida nos reservatórios do rio Iguaçu (Cassemiro et al., 2003), e ambas raras ou ausentes na maioria dos reservatórios.

Embora peixe tenha sido um dos recursos quantitativamente mais utilizados nos reservatórios da bacia do rio Paranapanema, verifica-se que esse alimento teve participação bem menor na dieta das espécies quando comparado àqueles da bacia do Iguaçu, com exceção do reservatório de Chavantes. Isso pode ser explicado pelo fato de que algumas espécies que geralmente incluem peixes em suas dietas (como, por exemplo, *Pimelodus maculatus* – Hahn et al., 1997b; Gaspar da Luz, 2000) consumiram quantidades razoáveis de bivalve, e *Ageneiosus* sp. e *Plagioscion squamosossimus*, que são essencialmente piscívoras, consumiram também crustáceos nos reservatórios do Paranapanema.

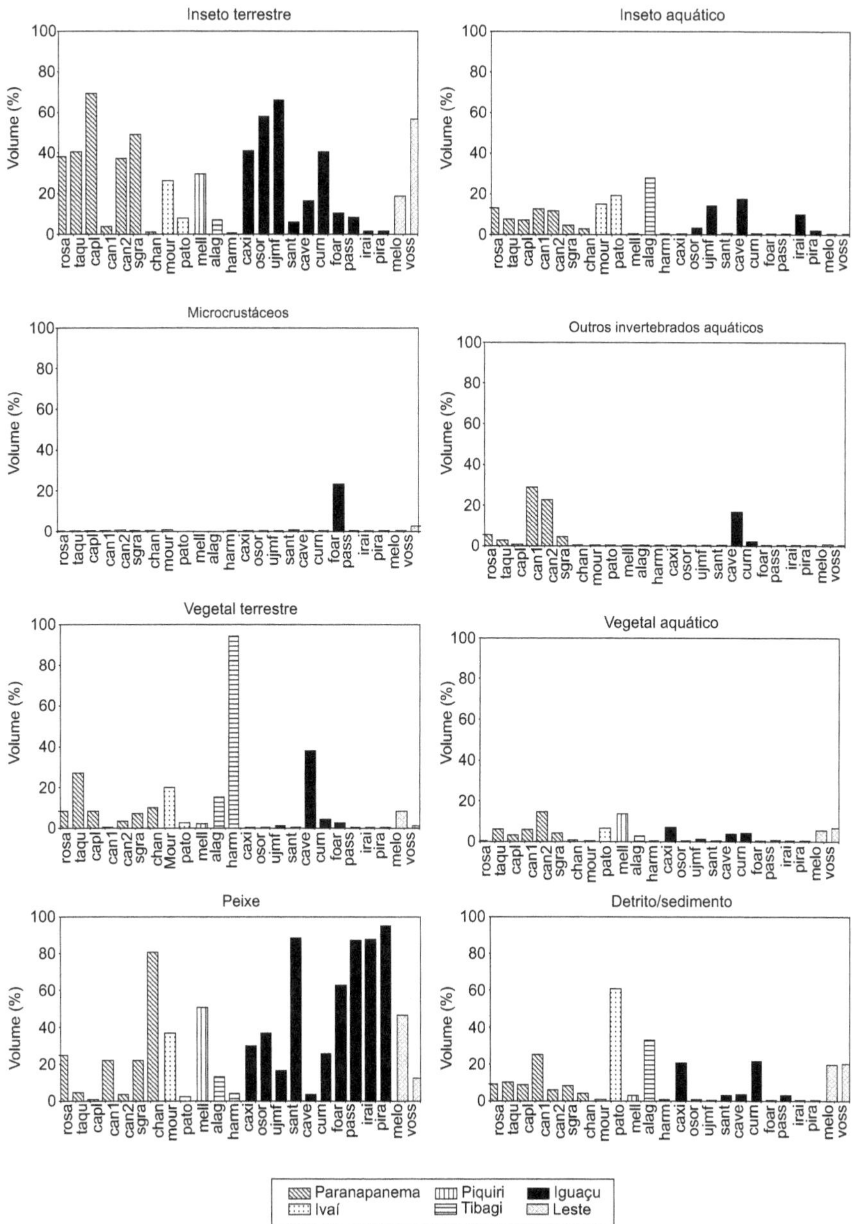

Figura 1 –   Uso dos recursos alimentares pelos peixes em 24 reservatórios do Estado do Paraná e bacias limítrofes. (Ver nome dos reservatórios na Tabela 1a.)

O consumo de invertebrados aquáticos foi particularmente importante em Canoas I e II e Cavernoso. Nos dois primeiros reservatórios, bivalve foi o invertebrado mais importante, tendo sido amplamente consumido por muitas espécies, incluindo as tipicamente invertívoras (exemplo *Iheringichthys labrosus*), detritívoras (exemplo *Loricaria prolixa*) e onívoras (exemplo *Pimelodus maculatus* e algumas espécies do gênero *Leporinus*). Esses resultados evidenciam o elevado oportunismo desses peixes, uma vez que os bivalves, principalmente a espécie invasora *Corbicula fluminea*, têm apresentado altas densidades nesses reservatórios (ver Capítulo 13). O elevado consumo de peixes nos reservatórios do Iguaçu deve ser reflexo da elevada abundância de espécies forrageiras, principalmente de lambaris do gênero *Astyanax*, que dominam esses ambientes. A mesma relação pode ser feita para os reservatórios de Melissa, Salto do Meio e Mourão. Destaca-se que os dois primeiros foram os menores reservatórios amostrados (0,1 km²), com ictiofauna dominada por espécies de lambaris ($\cong$ 70%), sendo *Hoplias malabaricus* o principal predador. Essa relação, no entanto, não pode ser feita para alguns reservatórios do Iguaçu, onde, a despeito do elevado número de espécies forrageiras, os peixes consumiram principalmente insetos terrestres.

Insetos aquáticos, vegetais terrestres e detrito/sedimento, embora consumidos pelos peixes em quase todos os locais, se destacaram particularmente em Alagados, Harmonia e Patos, respectivamente.

Os padrões de similaridade entre os reservatórios, com base nos recursos alimentares descritos, foram sintetizados por uma análise de correspondência com remoção do efeito de arco (DCA) (Figura 2). Observa-se que os reservatórios que mais se segregaram foram, nos menores escores, Foz do Areia, em função do elevado consumo de microcrustáceos pelos peixes, e Chavantes, Iraí, Piraquara, Passaúna e Salto Santiago, pelo elevado consumo de peixes. Nos maiores escores se concentraram os reservatórios Harmonia e Cavernoso, em função de vegetal terrestre ter sido bastante explorado, e Alagados e Patos, pelo elevado consumo de detrito/sedimento pelos peixes. Nos escores intermediários se posicionaram os reservatórios onde os peixes incorporaram maior diversidade de recursos alimentares em suas dietas (Figura 2).

A elevada plasticidade alimentar exibida pelos peixes e o fato de consumirem virtualmente todos os recursos disponíveis no ambiente, como verificado, dificultam a classificação da ictiofauna em categorias tróficas. Contudo, é possível classificá-la considerando o alimento predominante na dieta das espécies, como sugerido por Welcomme (1979). Embora esses esquemas não sejam perfeitos, são importantes passos para a compreensão dos padrões gerais nas estruturas ecológica e taxonômica de assembléias de peixes (Matthews, 1998c). Nesse contexto, as análises permitiram o reconhecimento de sete categorias tróficas: invertívora (cujo alimento principal se constituiu de organismos bentônicos, como larvas de insetos, moluscos e crustáceos), detritívora (detritos e/ou sedimento), herbívora (algas e vegetais superiores aquáticos e terrestres), piscívora (peixes), insetívora (insetos terrestres), planctívora (organismos do fito e zooplâncton) e onívora (recursos de origem animal e vegetal).

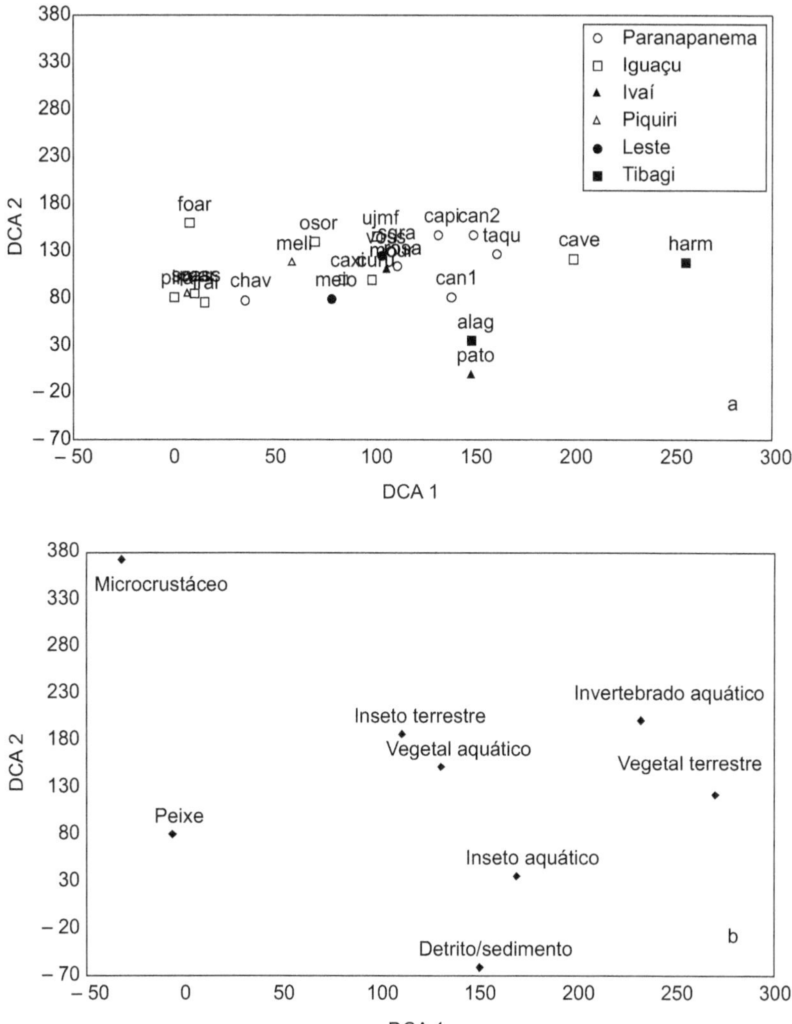

Figura 2 –   Escores dos reservatórios (a) e dos recursos alimentares (b) ao longo dos eixos 1 e 2, derivados de uma DCA. (Ver nome dos reservatórios na Tabela 1a.)

Nas Tabelas 1a e 1b estão relacionados os reservatórios incluídos em cada bacia hidrográfica e as categorias tróficas definidas para a ictiofauna. A biomassa das categorias tróficas foi analisada com base na captura por unidade de esforço (CPUE), sendo expressa como peso dos indivíduos por 1000 m^2 de rede em 24 horas. Para essas análises foram considerados os 31 reservatórios amostrados.

As espécies piscívoras se sobressaíram quanto à biomassa em 13 dos 31 reservatórios analisados, obtiveram valores altos em outros 7 e foram seguidas pelas onívoras, detritívoras e herbívoras. Elas se destacaram, também, em número de espécies em 11 reservatórios. Gomes & Miranda (2001) registraram o predomínio de piscívoros na pesca comercial da maioria dos reservatórios da bacia do Paraná e destacaram que esse grupo compõe até 30% da biomassa desembarcada.

No entanto, na bacia do Paranapanema, embora essas espécies tenham sido importantes, as invertívoras predominaram em três dos seis reservatórios estudados, enquanto as piscívoras apenas em um deles. Como já explicado anteriormente, a abundância de moluscos nesses reservatórios propiciou alterações na dieta de muitas espécies que habitualmente se alimentam de peixes e mesmo para aquelas estritamente piscívoras, como foi o caso de *P. squamosissimus*. Por outro lado, na bacia do Iguaçu, a categoria piscívora foi, no geral, a que apresentou maior biomassa, embora as categorias insetívora e detritívora tenham sido mais representativas em número de espécies. Esse fato pode ser explicado pelo elevado número de peixes forrageiros (principalmente lambaris do gênero *Astyanax*). Para essa bacia, a maior biomassa de piscívoras foi registrada em Iraí, o que pode estar relacionado ao caráter recente desse reservatório (fechado em 1999). É esperado que após a explosão de espécies forrageiras, que ocorre em reservatórios recém-formados, haja marcante crescimento de espécies piscívoras (Agostinho et al., 1999).

A categoria herbívora se destacou quanto à biomassa nos reservatórios Santa Maria, Curucaca, Cavernoso e Harmonia, sendo que nos três primeiros esses valores se devem à contribuição de *Cyprinus carpio* e no último, à *Piaractus mesopotamicus*, que, pelo fato de serem espécies de grande porte, incrementaram a biomassa.

Com exceção de Rosana, apenas nos reservatórios da bacia do Iguaçu foi registrada a categoria planctívora, sendo dominante em biomassa em Foz do Areia. Nesse reservatório, espécies de *Astyanax* foram responsáveis por essa dominância e, nos demais, além dos lambaris, o peixe-rei, *O. bonariensis*. Já no reservatório de Rosana, *H. edentatus* foi a única representante dessa categoria, da mesma forma como registrado por Hahn et al. (1998) para o reservatório de Itaipu.

Tabela 1a – Composição em biomassa (CPUE), por categoria trófica dos peixes amostrados em 31 reservatórios (INV = invertívora; DET = detritívora; HER = herbívora; PIS = piscívora; INS = insetívora; PLA = planctívora; ONI = onívora). Os valores em negrito se referem às categorias com maior biomassa por reservatório.

Bacias	CPUE (kg/1000 m² de rede/24 h)						
Reservatórios	INV	DET	HER	PIS	INS	PLA	ONI
Paranapanema							
Rosana (rosa)	3,16	0,68	0,24	5,40	3,32	0,68	**7,44**
Taquaruçu (taqu)	3,29	**6,84**	5,53	2,67	2,46		1,03
Capivara (capi)	2,41	2,68	0,62	1,92	0,61		**4,80**
Canoas I (can1)	**6,74**	4,27	1,00	4,93	0,16		0.85
Canoas II (can2)	**5,08**	3,91	0,32	2,97	0,46		1,12
Salto Grande (sgra)	**5,28**	0,07	2,27	1,51	4,43		0,11
Chavantes (chav)	0,73	1,79	0,73	**2,85**	0,33		0.92
Ivaí							
Mourão (mour)	0,04	5,48	1,69	**5,74**			3,55
Patos (pato)	0,02	**2,44**	0,07	0,95			1,23
Piquiri							
Melissa (meli)	0,19	0,44	0,55	**3,33**			1,78
Santa Maria (smar)		3,04	**4,81**	1,55			
Tibagi							
Alagados (alag)	0,45		0,12	1,63			**3,40**
Apucaraninha (apuc)	0,04	0,31	0,50	**1,91**			0,01
Harmonia (harm)		0,98	**12,18**	5,64			6,08
Iguaçu							
S. Caxias (caxi)	0,22	2,17		4,98	3,25	2,28	**7,93**
S. Osório (osor)	0,21	0,41	0,64	4,24	**7,01**	0,01	0,03
Júlio Mesquita (ujmf)	0,29	1,23	0,08	**2,31**	1,32		0,72
S. Santiago (sant)	0,01	1,08	0,20	4,03	2,04	0,14	**4,23**
Cavernoso (cave)	0,40	1,29	**5,03**	1,07	0,02		1,41
Segredo (segr)	1,68	**5,62**	2,66	2,55	0,10	1,23	0,24
Jordão (jord)	0,22	**2,38**	0,03	2,21	0,64		2,27
Curucaca (curu)	0,08	2,25	**19,13**	5,25	0,57		1,45
Foz do Areia (foar)	0,01	1,39	0,20	3,80	0,19	**3,97**	2,03
S. do Vau (svau)		0,20		**1,43**	0,12		0,68

Tabela 1a – *Continuação...*

Bacias	CPUE (kg/1000 m² de rede/24 h)						
Reservatórios	**INV**	**DET**	**HER**	**PIS**	**INS**	**PLA**	**ONI**
Passaúna (pass)	0,28		0,87	**4,46**	1,34		0,56
Iraí (iraí)	4,18	0,02		**18,34**			8,22
Piraquara (pira)	0,44	0,01		**2,82**	0,55	0,19	
Leste							
G. Parigot (gove)		2,05	2,79	**5,07**	0,09		3,12
Guaricana (guar)	0,01	2,93	0,17	**4,42**	0,36		0,06
S. do Meio (meio)	4,74	1,98		**8,09**			1,29
Vossoroca (voss)	0,01	3,46	2,72	**4,13**	1,34		0,08

Entre os reservatórios onde as espécies detritívoras foram dominantes em biomassa, os cascudos do gênero *Hypostomus* se destacaram em Jordão, Segredo e Patos e *Prochilodus lineatus*, em Taquaruçu.

As espécies consideradas insetívoras dominaram apenas em Salto Osório, no entanto, de modo geral, contribuíram com valores relevantes de biomassa nas bacias do Iguaçu e Paranapanema. Essa categoria não foi registrada nas bacias do Ivaí, Piquiri e Tibagi e foi pouco expressiva na bacia do Leste.

Ressalta-se que a estrutura trófica desses reservatórios representa a ictiofauna original, podendo-se inferir que as espécies dominantes são aquelas que, independentemente do tipo de recurso, conseguem fazer uso dos que estão mais disponíveis, como, por exemplo, aquelas com baixa especificidade trófica, como as onívoras, representadas por diferentes espécies em cada bacia. Em relação às piscívoras, também dominantes e mais especialistas que as anteriores, o predomínio em diversos reservatórios pode ser conseqüência direta da ampliação das onívoras, que geralmente apresentam pequeno porte, apropriado à manutenção dessas assembléias.

Agostinho et al. (1999) relatam a dificuldade em comparar a estrutura trófica das comunidades de diferentes reservatórios, uma vez que a estruturação, durante o processo de colonização, depende, além da ictiofauna do rio que lhe deu origem, das características de cada reservatório, como local da bacia, morfologia, tempo de residência da água, procedimentos operacionais, entre outros.

Tabela 1b – Composição em número de espécies, por categoria trófica, dos peixes amostrados em 31 reservatórios (INV = invertívora; DET = detritívora; HER = herbívora; PIS = piscívora; INS = insetívora; PLA = planctívora; ONI = onívora). Os valores em negrito se referem às categorias com maior número de espécies por reservatório.

| Bacias | Número de espécies | | | | | | |
Reservatórios	INV	DET	HER	PIS	INS	PLA	ONI
Paranapanema							
Rosana	**8**	4	2	7	3	1	5
Taquaruçu	**7**	**7**	3	**7**	6		3
Capivara	**7**	6	2	**7**	5		6
Canoas I	8	7	4	**9**	3		4
Canoas II	9	**11**	4	6	6		4
Salto Grande	5	2	2	**7**	5		3
Chavantes	**7**	5	1	5	3		2
Ivaí							
Mourão	2	4	3	**5**			1
Patos	1	2	2	**3**			2
Piquiri							
Melissa	1	**4**	2	3			2
Santa Maria		**3**	2	2			
Tibagi							
Alagados	2		1	2			2
Apucaraninha	1	2	**3**	**3**			1
Harmonia		2	2	1			2
Iguaçu							
S. Caxias	4	4		2	**6**	2	3
S. Osório	3	3	1	5	**10**	1	1
Júlio Mesquita	3	4	1	4	**5**		1
S. Santiago	2	3	1	**5**	**5**	1	4
Cavernoso	1	**4**	**4**	3	1		5
Segredo	5	**4**	**4**	3	2	1	3
Jordão	2	2	1	3	**6**		3
Curucaca	1	2	1	**4**	**4**		**4**
Foz do Areia	1	**4**	2	**4**	3	2	3
S. do Vau		1		3	2		2

Tabela 1b – *Continuação...*

Bacias	Número de espécies						
Reservatórios	INV	DET	HER	PIS	INS	PLA	ONI
Passaúna	3		1	3	2		2
Iraí	3	1		3			5
Piraquara	3	1		2	1	1	
Leste							
G. Parigot		**4**	1	**4**	2		1
Guaricana	1	2	1	3	1		4
S. do Meio	3	3		2			3
Vossoroca	2	2	2	3	1		4

Referências Bibliográficas

AGOSTINHO, A. A. et al. Estrutura trófica. In: VAZZOLER, A. E. A. de M.; AGOSTINHO, A. A.; HAHN, N. S. (Eds.). *A planície de inundação do alto rio Paraná: aspectos físicos, biológicos e socioeconômicos*. Maringá: EDUEM: Nupélia, 1997. cap. II. 6, p. 229-248.

AGOSTINHO, A. A. Manejo de recursos pesqueiros em reservatórios. In: AGOSTINHO, A. A; BENEDITO-CECÍLIO, E. (Eds.). *Situação atual e perspectivas da Ictiologia no Brasil (Documentos do IX Encontro Brasileiro de Ictiologia)*. Maringá: EDUEM, 1992. cap. 12, p. 106-121.

AGOSTINHO, A. A.; ZALEWSKI, M. The dependence of fish community structure and dynamics on floodplain and riparian ecotone zone in Paraná river, Brazil. *Hydrobiologia*, Dordrechet, v. 303, n. 1-3, p. 141-148, Apr. 1995.

AGOSTINHO, A. A. et al. Patterns of colonization in neotropical reservoirs, and prognoses on aging. In: TUNDISI, J. G.; STRAŠKRABA, M. (Eds.). *Theoretical reservoir ecology and its applications*. São Carlos: International Institute of Ecology; Leiden, The Netherlands: Backhuys Publishers; Rio de Janeiro: Brazilian Academy of Sciences, 1999. p. 227-265.

ALBRECHT, M. P. *Ecologia alimentar de duas espécies de Leporinus (Teleostei; Anostomidae) no alto rio Tocantins antes e durante a formação do reservatório do AHE Serra da Mesa, GO*. 2000. 118 f. Dissertação (Mestrado em Ecologia) – Instituto de Biologia, Universidade Federal do Rio de Janeiro, Rio de Janeiro.

ARAÚJO-LIMA, C. A. R. M.; AGOSTINHO, A. A.; FABRÉ, N. N. Trophic aspects of fish communities in brazilian rivers and reservoirs. In: TUNDISI, J. G.; BICUDO, C. E. M.; MATSUMURA-TUNDISI, T. (Eds.). *Limnology in Brazil*. Rio de Janeiro: ABC/ SBL, 1995. p. 105-136.

CASSEMIRO, F. A. S.; HAHN, N. S.; RANGEL, T. F. L. V. B. Diet and trophic ecomorphology of the silverside, *Odontesthes bonariensis*, of the Salto Caxias reservoir, Iguaçu river, Paraná, Brazil. *Neotropical Ichthyology*, Porto Alegre, v. 1, n. 2, p. 127-131, Oct./Dec. 2003.

DELARIVA, R. L. *Ecologia trófica da ictiofauna do rio Iguaçu, PR, sob efeitos do represamento de Salto Caxias*. 2002. 65 f. Tese (Doutorado em Ecologia de Ambientes Aquáticos Continentais) – Departamento de Biologia, Universidade Estadual de Maringá, Maringá.

GASPAR DA LUZ, K. D. *Espectro alimentar e estrutura trófica da ictiofauna do reservatório da UHE Corumbá, GO*. 2000. 25 f. Dissertação (Mestrado em Ecologia de Ambientes Aquáticos Continentais) – Departamento de Biologia, Universidade Estadual de Maringá, Maringá.

GOMES, L. C.; MIRANDA, L. E. Riverine characteristics dictate composition of fish assemblages and limit fisheries in reservoirs of the Upper Paraná river basin. *Regulated Rivers: Research & Management*, Chichester, v. 17, n. 1, p. 67-76, Jan./Feb. 2001.

HAHN, N. S. et al. Estrutura trófica da ictiofauna do reservatório de Itaipu (Paraná – Brasil) nos primeiros anos de sua formação. *Interciência*, Caracas, v. 23, n. 5, p. 299-305, Sept./Oct. 1998.

HAHN, N. S. et al. Ecologia trófica. In: VAZZOLER, A. E. A. de M.; AGOSTINHO, A. A.; HAHN, N. S. (Eds.). *A planície de inundação do alto rio Paraná*: aspectos físicos, biológicos e socioeconômicos. Maringá: EDUEM: Nupélia, 1997b. cap. II. 5, p. 209-228.

HAHN, N. S.et al. Dieta e atividade alimentar de peixes do reservatório de Segredo. In: AGOSTINHO, A. A.; GOMES, L. C. (Eds.). *Reservatório de Segredo*: bases ecológicas para o manejo. Maringá: EDUEM, 1997a. cap. 8, p. 141-162.

MATTHEWS, W. J. *Patterns in freshwater fish ecology*. New York: Chapman & Hall, 1998c. 756 p.

PETTS, G. E.; AMOROS, C. *Fluvial hydrosystems*. London: New York: Chapman & Hall, 1996. 322 p.

WELCOMME, R. L. *Fisheries ecology of floodplain rivers*. London: Longman, 1979. 317 p.

WOOTTON, R. J. *Ecology of teleost fishes*. 1st ed., reimpr. with rev. London: New York: Chapman & Hall, 1991. 404 p.

Capítulo 16

Estrutura Trófica e Variação Sazonal do Espectro Alimentar da Assembléia de Peixes do Reservatório de Capivari, Paraná, Brasil

Milza Celi Fedatto Abelha
Erivelto Goulart
Danielle Peretti

Introdução

Na pesquisa ecológica, o conhecimento de reservatórios como ecossistemas implica uma abordagem científica abrangente que permita a compreensão de sua dinâmica (Tundisi, 1999). Nessa perspectiva, um aspecto primordial a ser elucidado é a identificação dos recursos alimentares responsáveis pela manutenção da biota. Tal aspecto está inserido na ecologia alimentar das espécies de peixes, que busca responder o que, onde e como eles se alimentam (Gerking, 1994c). Neste capítulo, esse escopo foi parcialmente abordado ao investigar as variações sazonais dos recursos consumidos pelas espécies de peixes no reservatório de Capivari e ao caracterizá-las dentro de grupos tróficos. Considerando a influência das particularidades de cada barramento sobre a comunidade aquática (Agostinho et al., 1999), é oportuno mencionar que o ambiente estudado resultou do barramento de um rio de baixa ordem, localizado na região da Serra do Mar, no Estado do Paraná (28°8'34"S/48°58'55"W), e que apresenta em seu entorno vegetação marginal em razoável estado de conservação, sendo composta por remanescentes de Floresta Atlântica, pastagens de gramíneas, reflorestamentos com espécies de *Pinus* e *Eucaliptus* e vegetação arbórea-arbustiva em sucessão secundária.

O reservatório de Capivari se configura como outros instalados no País, considerados antigos (fechamento em 1970) e pequenos (12,8 km²) e com escassas informações a respeito da ictiofauna remanescente, o que enaltece a importância dos resultados aqui discutidos. Por ser antigo, é esperado que as espécies estudadas sejam aquelas com maior capacidade adaptativa às condições apresentadas, permitindo o delineamento de padrões alimentares. Tais informações podem atuar como um passo inicial na obtenção de subsídios a ações de manejo e conservação desse ambiente.

Amostragem e Área de Estudos

As informações resultaram de amostragens trimestrais, durante 2002, em trechos dos ambientes fluvial, intermediário e lacustre (*sensu* Thornton, 1990c) (Figura 1) do reservatório de Capivari.

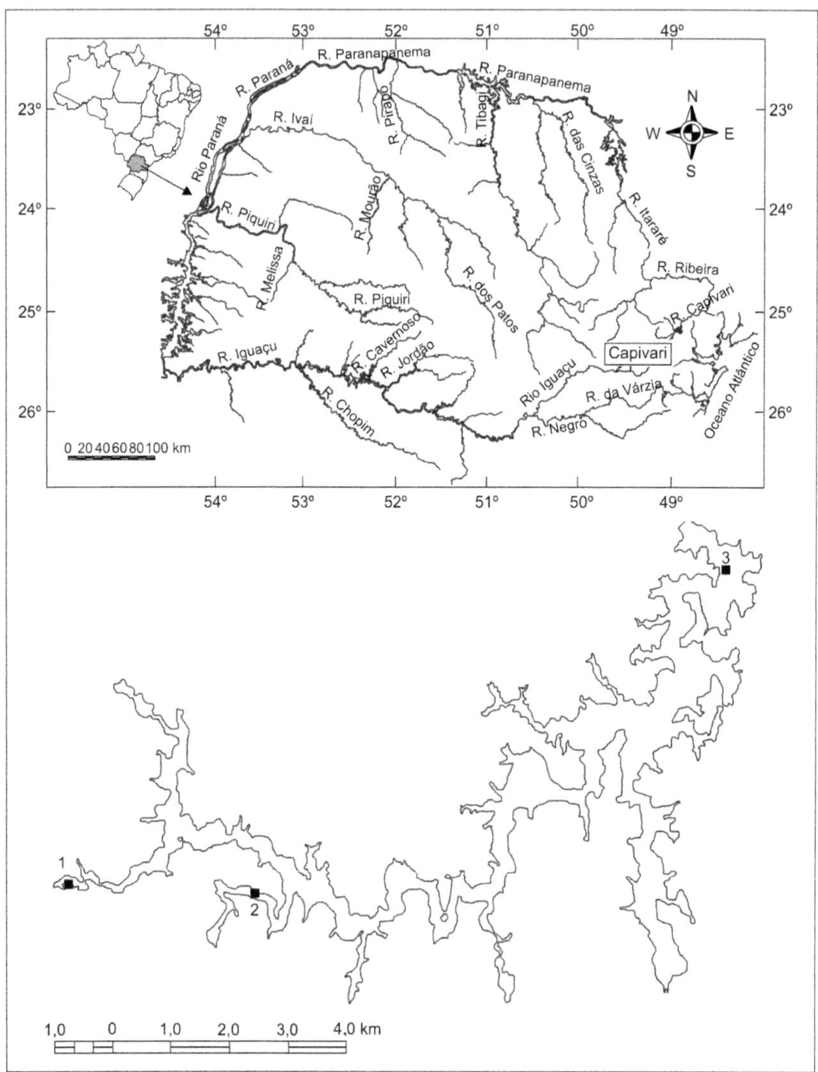

Figura 1 – Localização e morfologia do reservatório de Capivari com indicação dos locais de amostragem. 1 = região fluvial; 2 = região intermediária; 3 = região lacustre.

Os exemplares foram capturados utilizando-se redes de espera (malhagens 2,4; 3,0; 4,0; 5,0; 6,0; 7,0; 8,0; 10,0; 12,0; 14,0 e 16,0 cm, medidos entre nós opostos), feiticeiras (malhagens 6,0; 7,0 e 8,0 cm, medidos entre nós opostos) e arrasto (malhagem 1,0 cm medido entre nós opostos). Foram obtidas 22 espécies de peixes, sendo que, entre elas, 18 apresentaram exemplares com conteúdo gástrico, totalizando 562 estômagos analisados.

Resultados e Discussão

Recursos alimentares consumidos

A classificação das espécies em grupos tróficos e a avaliação da importância relativa de cada recurso em suas dietas basearam-se nos porcentuais de freqüência de ocorrência e no volume dos itens alimentares consumidos, combinados no Índice Alimentar (IAi) (Kawakami & Vazzoler, 1980), descrito pela seguinte equação, cujos valores variam entre zero e um ($1 \geq IAi \geq 0$), tendo sido posteriormente transformados em porcentuais e denominados IAi-%:

$$IAi = \frac{Fi * Vi}{\sum_{i=1}^{n} Fi * Vi}$$

em que:

i = item alimentar variando de 1 a n

Fi = freqüência de ocorrência (%) do item i

Vi = volume (%) do item i

Na determinação do espectro alimentar das espécies, os recursos alimentares consumidos foram agrupados em nove categorias amplas discriminadas como: detritos/sedimentos (matéria orgânica particulada em diferentes estágios de decomposição com participação variável de partículas minerais); vegetais (frutos, sementes e folhas de vegetais superiores); algas (bacilariofíceas, cianofíceas, clorofíceas e zignemafíceas); insetos aquáticos (coleópteros; dípteros representados por quironomídeos, caoborídeos, simulídeos, ceratopogonídeos, culicídeos e tipulídeos; e efemerópteros, hemípteros, odonatas e tricópteros); outros invertebrados aquáticos (hidracarinos, tecamebas, rotíferos, briozoários e hirudíneos); insetos terrestres (colêmbolos, coleópteros, homópteros, himenópteros, isópteros, lepidópteros, odonatas, ortópteros, tisanópteros e tricópteros); outros invertebrados terrestres (aracnídeos); microcrustáceos (cladóceros, copépodos e ostrácodos); e peixes (peixes, escamas, ossos, dentes e ovos). A Tabela 1 ilustra a participação de tais recursos (IAi-%) na dieta de cada espécie.

Estrutura trófica

A análise dos 562 conteúdos gástricos resultou na estruturação da ictiofauna em 7 grupos tróficos (Tabela 1), que foram estabelecidos a partir da ordenação das espécies em relação aos padrões de similaridade alimentar, sintetizados pela DCA (Hill & Gauch Jr., 1980; Gauch Jr., 1982) (Figura 2), utilizando os dois primeiros eixos dos escores entre as distâncias das espécies e dos itens alimentares agrupados nas nove categorias descritas. O autovalor do eixo 1 (0,63) expressou sua importância na explicação da ordenação, na qual escores extremos corresponderam a peixes, algas e detritos/sedimentos, indicando a relevância desses itens alimentares na ordenação das espécies.

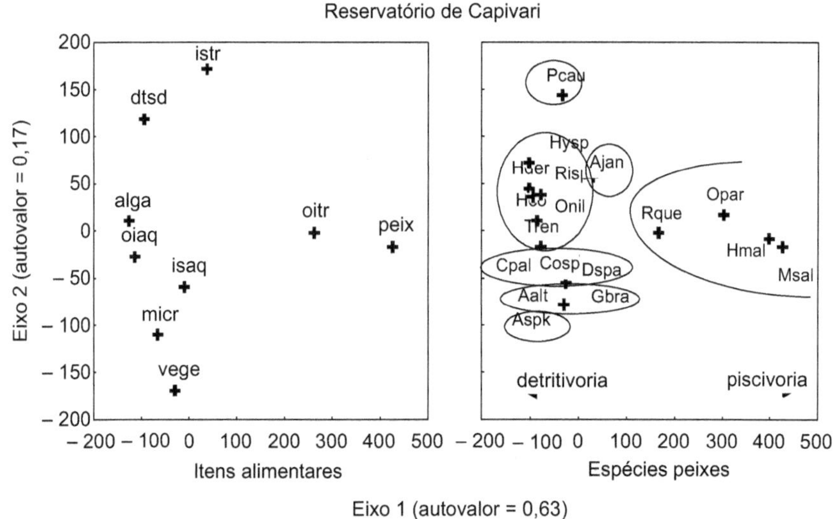

Figura 2 – Escores dos itens alimentares das espécies de peixes ao longo dos eixos 1 e 2 derivados da DCA. Os itens alimentares e as espécies estão abreviados (ver Tabela 1).

Os grupos tróficos com maior número de espécies corresponderam a detritívoros (*Tilapia rendalli, Hypostomus derbyi, Hypostomus commersoni, Hypostomus* sp., *Oreochromis niloticus* e *Rineloricaria* sp.) e piscívoros (*Micropterus salmoides, Hoplias aff. malabaricus, Oligosarcus paranensis* e *Rhamdia quelen*). Os primeiros consumiram preponderantemente matéria orgânica vegetal associada freqüentemente a sedimentos e algas perifíticas, enquanto os últimos ingeriram essencialmente peixes.

Tabela 1 – Dieta das espécies do reservatório de Capivari e suas classificações em grupos tróficos. C = código das espécies usado nas figuras (Aalt = *Astyanax altiparanae*; Gbra = *Geophagus brasiliensis*; Aspk = *Astyanax* sp. K; Ajan = *Astyanax janeiroensis*; Pcau = *Phalloceros caudimaculatus*; Cpal = *Corydoras paleatus*; Cosp = *Corydoras* sp.; Dspa = *Deuterodon* sp .A; Tren = *Tilapia rendalli*; Hder = *Hypostomus derbyi*; Hcom = *Hypostomus commersoni*; Hysp = *Hypostomus* sp.; Onil = *Oreochromis niloticus*; Risp = *Rineloricaria* sp.; Msal = *Micropterus salmoides*; Hmal = *Hoplias aff. malabaricus*; Opar = *Oligosarcus paranensis*; Rque = *Rhamdia quelen*); N = n° de estômagos analisados; LS MÍN.-MÁX. = comprimento padrão mínimo e máximo, em cm, dos espécimes; DTSD = detritos/sedimentos, VEGE = vegetais, ALGA = algas, ISAQ = insetos aquáticos, OIAQ = outros invertebrados aquáticos, ISTR = insetos terrestres, OITR = outros invertebrados terrestres, MICR = microcrustáceos, PEIX = peixes. Espécies introduzidas estão relacionadas em negrito; os alimentos predominantemente consumidos estão destacados em negrito.

Grupo trófico	C	N	Ls MÍN.-MÁX.	DTSD	VEGE	ALGA	ISAQ	OIAQ	ISTR	OITR	MICR	PEIX
					Itens alimentares (IAi-%)							
Herbívoros	Aalt	7	6,0-7,1	0,03	**96,64**	0,00	0,00	0,00	3,25	0,00	0,07	0,00
	Gbra	78	2,0-15,2	11,89	**83,02**	0,00	1,28	0,00	0,05	0,00	1,96	1,79
Onívoros	Aspk	42	4,5-9,3	0,05	**54,30**	0,26	0,60	0,00	0,05	0,00	**44,71**	0,01
Insetívoros terrestres	Ajan	4	4,3-6,5	0,22	0,00	0,00	8,10	0,00	**90,82**	0,00	0,78	0,09
Detritívoro–insetívoros	Pcau	1	2,4	**64,29**	0,00	0,00	0,00	0,00	**35,71**	0,00	0,00	0,00
Insetívoro–zooplanctívoros	Cpal	48	2,8-7,0	2,89	0,25	0,17	**48,72**	1,04	0,16	0,00	**46,76**	0,00
	Cosp	39	3,0-5,0	8,21	0,13	1,99	**34,24**	3,03	0,03	0,00	**52,37**	0,00
	Dspa	65	4,8-11,1	0,09	7,89	0,00	**8,30**	0,00	**15,44**	0,00	**68,21**	0,06
Detritívoros	**Tren**	82	2,3-21,0	**79,49**	12,43	2,88	0,01	0,06	0,00	0,00	5,13	0,00
	Hder	27	4,3-23,0	**84,39**	0,01	15,51	0,00	0,07	0,00	0,00	0,01	0,00
	Hcom	3	17,0-22,5	**95,65**	1,23	1,30	0,00	1,57	0,00	0,00	0,25	0,00
	Hysp	1	20,0	**98,33**	0,00	1,21	0,00	0,46	0,00	0,00	0,00	0,00
	Onil	22	2,6-23,1	**90,30**	0,00	8,52	0,01	0,07	0,00	0,00	1,10	0,00
	Risp	33	8,1-15,0	**97,64**	0,00	0,63	1,28	0,13	0,00	0,00	0,32	0,00
Piscívoros	**Msal**	2	30,2-34,2	0,00	0,00	0,00	0,00	0,00	0,00	0,00	0,00	**100,00**
	Hmal	36	10,6-38,0	0,00	0,00	0,00	0,00	0,00	0,00	0,00	0,00	**100,00**
	Opar	51	7,7-23,4	0,00	0,00	0,00	0,02	0,00	0,29	0,00	0,00	**99,70**
	Rque	21	14,4-26,4	0,07	1,09	0,00	4,02	0,00	3,63	0,00	0,00	**91,19**

Os demais grupos utilizaram como alimento predominante: vegetais superiores (herbívoros) (*Astyanax altiparanae* e *Geophagus brasiliensis*); vegetais superiores associados a microcrustáceos (onívoros) (*Astyanax* sp. K); insetos terrestres, principalmente himenópteros (insetívoros terrestres) (*Astyanax janeiroensis*); detritos vegetais juntamente com insetos terrestres, destacando-se os dípteros (detritívoro-insetívoros) (*Phalloceros caudimaculatus*) e, finalmente, microcrustáceos agregados a insetos aquáticos e terrestres (insetívoro–zooplanctívoros) (*Corydoras paleatus*, *Corydoras* sp. e *Deuterodon* sp. A) (Tabela 1).

A relevância de detritívoros e piscívoros em reservatórios antigos tem sido relatada na literatura (Arcifa et al., 1988; Amaral, 1993; Arcifa & Meschiatti, 1993; Araujo-Lima et al., 1995; Hahn et al., 1998; Abelha, 2001), destacando a expectativa de crescimento populacional de piscívoros em decorrência do aumento na abundância de espécies forrageiras à medida que os reservatórios envelhecem (Agostinho et al., 1999). Por outro lado, participações expressivas de detritívoros tendem a ser mais comuns em represamentos recentes (Agostinho et al., 1997; Agostinho et al., 1999), em decorrência do alagamento de biomassa terrestre durante a formação dos reservatórios. Peculiarmente, no reservatório de Capivari, a serrapilheira proveniente da vegetação marginal possivelmente atua como fonte contínua e abundante de detritos. Em períodos de estiagem prolongada, como no inverno de 2002, o baixo nível da água expôs as margens do reservatório, permitindo observar na região próxima à desembocadura do rio Capivari um trecho com camada de detritos que se estendia até, aproximadamente, meio metro de espessura.

Tem-se ainda a suscetibilidade dos barramentos hidrelétricos a intensas flutuações na disponibilidade de alimentos em decorrência, principalmente, de operações de barragem, que alteram o nível d'água, desestabilizando as regiões litorâneas, que são críticas para alimentação de peixes (Arcifa et al., 1988; Hahn et al., 1998). Tal condição evidencia a adequacidade da onivoria para a ictiofauna de reservatórios, no entanto, espécies desse grupo são raramente registradas como dominantes nesses ambientes. Coerentemente com esse padrão geral, apenas uma espécie, *Astyanax* sp. K, foi classificada como onívora.

Em relação aos demais grupos tróficos identificados, insetívoros aquáticos, insetívoro–zooplanctívoros, detritívoro-insetívoros, herbívoros e insetívoros terrestres, somente os dois primeiros apresentam registros de contribuição expressiva na biomassa de peixes capturados em outros reservatórios brasileiros (Ferreira, 1984; Hahn et al., 1998). Apesar de eles não se inserirem no padrão geral observado, evidenciaram a individualidade do reservatório de Capivari, que pode ser atribuída, entre outros fatores, à composição das espécies da ictiofauna de seu rio formador, às peculiaridades do represamento e a suas variações no tempo (morfometria do reservatório, tamanho, morfologia da bacia e tempo de residência da água) (Agostinho et al., 1999).

Variação sazonal

Embora tenham sido identificados sete grupos tróficos, em apenas cinco houve espécies com número de estômagos suficientes para avaliação de variações sazonais na dieta, investigadas por meio de análises de correspondência com remoção do efeito do arco (DCA) (Hill & Gauch Jr., 1980; Gauch Jr., 1982) e aplicadas sobre a matriz de dados de volume dos itens alimentares consumidos. Foram retidos os eixos 1 e 2 das DCA, com autovalores correspondendo, respectivamente, a 0,95 e 0,67 para herbívoros; 0,94 e 0,52 para onívoros; 0,89 e 0,72 para insetívoro–zooplanctívoros; 0,76 e 0,28 para detritívoros; e 0,99 e 0,98 para piscívoros. Na verificação de diferenças entre as médias dos escores dos eixos das DCA, empregou-se a análise de variância unifatorial (ANOVA) de modelos nulos (Gotelli & Entsminger, 2001). Diferenças significativas implicaram α = 0,05 após 5000 aleatorizações, as quais foram altamente significativas em relação aos escores do eixo 1 dos grupos tróficos de herbívoros [(eixo 1: IO = 11,92; $p_{O \geq E}$ = 0,00); (eixo 2: IO = 3,75; $p_{O \geq E}$ = 0,012)] (Figura 3a), onívoros [(eixo 1: IO = 36,04; $p_{O \geq E}$ = 0,00); (eixo 2: IO = 0,54; $p_{O \geq E}$ = 0,88)] (Figura 3b), insetívoro-zooplanctívoros [(eixo 1: IO = 96,30; $p_{O \geq E}$ = 0,00), (eixo 2: IO = 4,09; $p_{O \geq E}$ = 0, 11)] (Figura 3c) e detritívoros [(eixo 1: IO = 13,02; $p_{O \geq E}$ = 0,00); (eixo 2: IO = 1,12; $p_{O \geq E}$ = 0,35)] (Figura 3d).

Esses resultados foram condizentes com o predomínio de variações temporais na dieta dos teleósteos, atribuídas a flutuações na disponibilidade relativa dos recursos alimentares no ambiente ao longo das estações do ano (Goulding, 1980c; Gerking, 1994c; Matthews, 1998c; Wootton, 1998c; Bennemann et al., 2000).

Os piscívoros se caracterizaram pela ausência de diferenças significativas no consumo dos recursos alimentares ao longo do ano [(eixo 1: IO = 0,65; $p_{O \leq E}$ = 0,65); (eixo 2: IO = 1,91; $p_{O \leq E}$ = 0,14)] (Figura 3e), o que é consistente com o hábito alimentar mais especializado do grupo e a abundância de espécies forrageiras em Capivari. A constância na dieta se estendeu ainda ao tipo de presa, visto o intenso consumo de ciclídeos (Figura 4). É interessante destacar que a utilização expressiva de *Geophagus brasiliensis* correspondeu a valores entre 62% e 95% do volume total de presas pertencentes a essa família. Estudos prévios (Luiz, 2000), com amostragens similares às empreendidas, indicaram *Deuterodon* sp. A como a espécie de maior abundância em Capivari. Seria de se esperar, então, prevalência no consumo desse caracídeo, entretanto, discussões conclusivas sobre esse resultado em particular demandariam estudos específicos de relações predador/ presa que transcendem a abrangência deste capítulo.

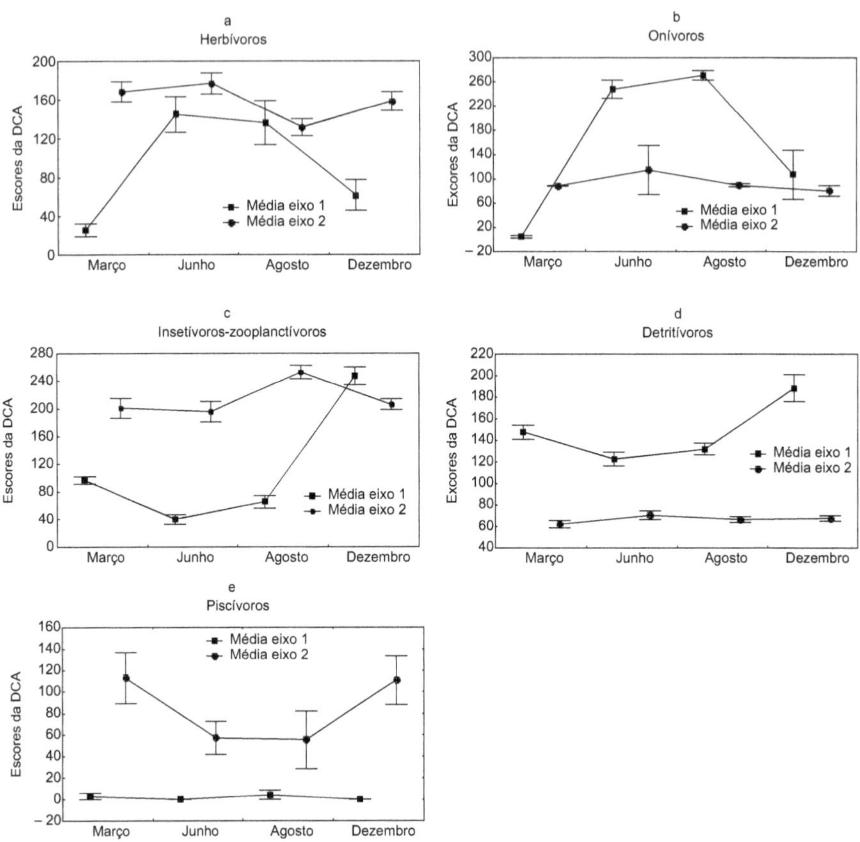

Figura 3 –   Médias ± erro-padrão dos escores derivados dos eixos 1 e 2 da DCA, considerando o volume dos recursos alimentares consumidos sazonalmente por peixes pertencentes aos grupos tróficos dos herbívoros (a), onívoros (b), insetívoros–zooplanctívoros (c), detritívoros e (d) piscívoros (e), no reservatório de Capivari.

A alimentação dos herbívoros se constituiu principalmente de frutos/sementes consumidos ao longo de todo o ano (Figura 5a). A variação sazonal observada nessa dieta (Figura 3a) pode ser atribuída à inclusão de microcrustáceos nos meses de junho e agosto. Cabe destacar que tais variações foram ditadas por *G. brasiliensis*, em decorrência de sua representatividade na amostragem.

A ocorrência do item peixes esteve predominantemente associada à presença de ovos da própria espécie no conteúdo gástrico. Possivelmente, trata-se de um item acidental, deglutido durante o estresse da captura, considerando-se o cuidado parental atribuído a essa espécie (Balon, 1975; Agostinho & Júlio Jr., 1999).

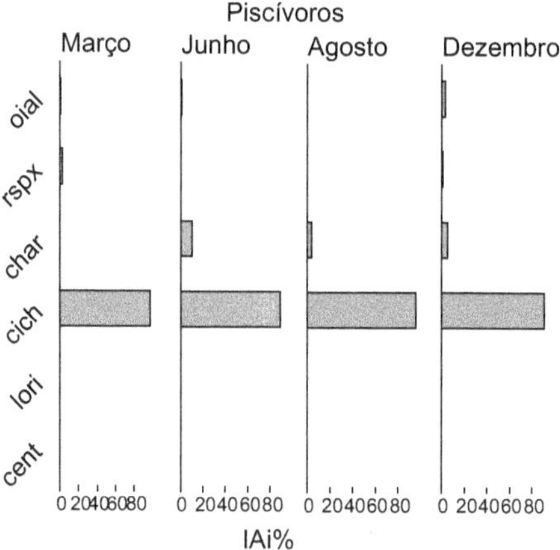

Figura 4 – Proporção sazonal do consumo dos recursos alimentares pelo grupo trófico dos piscívoros pertencente à assembléia de peixes do reservatório de Capivari, considerando os valores do Índice Alimentar. oial = outros itens alimentares; rspx = resto de peixe; char = Characidae; cich = Cichlidae; lori = Loricariidae; cent = Centrarchidae.

O grupo trófico dos onívoros (representado somente por *Astyanax* sp. K) alternou sua dieta entre vegetais e microcrustáceos (Figura 5b). Variações significativas no consumo desses recursos (Figura 3b) foram decorrentes da prevalência de vegetais nos meses mais quentes, ocorrendo consumo acentuado de frutos/sementes em dezembro e ingestão eqüitativa de frutos/sementes e estruturas vegetativas (principalmente folhas de gramíneas) em março. Já nos meses com temperaturas mais amenas, microcrustáceos (predominantemente os cladóceros *Daphnia* e *Bosmina*) foram os recursos preponderantes.

Similarmente ao grupo anterior, os insetívoros–zooplanctívoros consumiram mais intensamente microcrustáceos em junho e agosto (Figura 5c), que também foram os meses com dieta mais similar (Figura 3c). Os táxons predominantemente ingeridos foram *Daphnia*, quidorídeos e copépodos ciclopóideos. O primeiro por *Deuterodon* sp. A e os demais por *Corydoras* sp. e *Corydoras paleatus*. Em dezembro e março, destacaram-se na dieta de *Deuterodon* sp. A os itens insetos aquáticos (caoborídeos e quironomídeos) e terrestres (himenópteros e isópteros), com prevalência dos últimos. Por sua vez, para as espécies de *Corydoras*, os quironomídeos se sobressaíram entre os insetos aquáticos, enquanto o consumo de insetos terrestres foi irrelevante.

Especificamente, o maior consumo de microcrustáceos nos meses de junho e agosto pode ser atribuído ao aumento na abundância desses organismos nesse período, como observado por Velho et al. (ver Capítulo 10) em estudos sobre a comunidade zooplanctônica nesse mesmo reservatório.

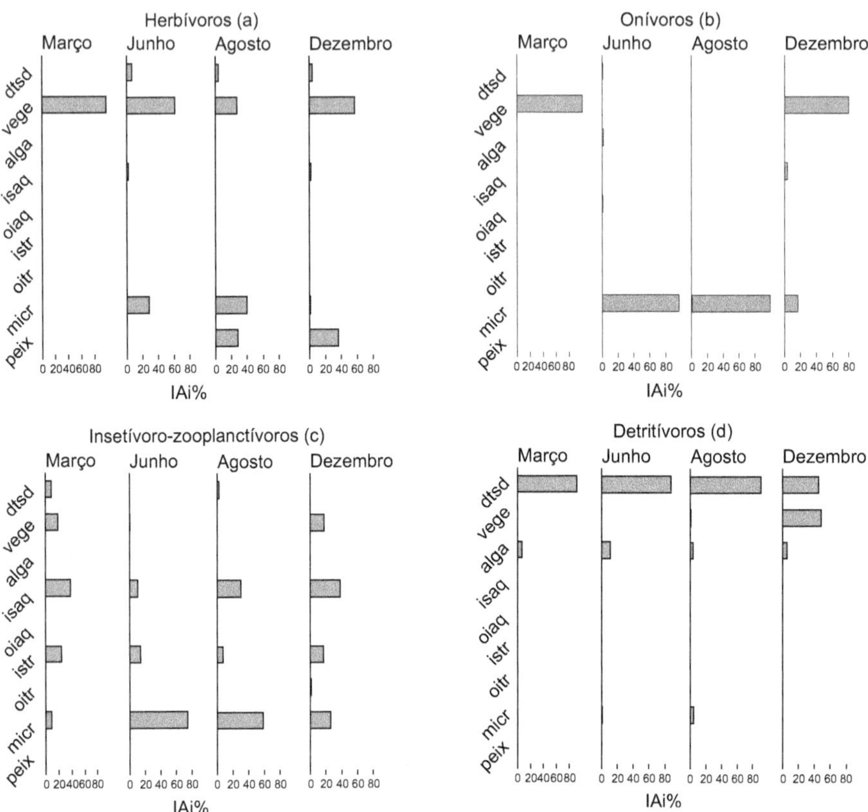

Figura 5 – Proporção sazonal do consumo dos recursos alimentares pela assembléia de peixes do reservatório de Capivari, considerando-se os valores do Índice Alimentar. Os itens alimentares estão abreviados (ver Tabela 1).

Para os detritívoros, a posição distinta ocupada pelo mês de dezembro no padrão alimentar do grupo (Figura 3d) decorreu da intensa utilização de gramíneas por *Tilapia rendalli*. O consumo de tal recurso enfatizou o oportunismo trófico da espécie ao fazer uso desse grupo vegetal, que tende a ser abundante durante essa época do ano. Nos demais meses, a preponderância de detritos/sedimentos na dieta (Figura 5d) foi coerente com a presença de loricarídeos nesse grupo trófico, uma vez que essa família é constituída por especialistas no uso desse tipo de recurso alimentar.

Na avaliação do consumo total de recursos alimentares pelas espécies de peixes incluídas em dois grandes grupos (não-piscívoros e piscívoros) (Figura 6), ficou evidente a prevalência de detritos/sedimentos, vegetais e microcrustáceos na manutenção das espécies não-piscívoras e de ciclídeos para os piscívoros. De forma geral, à medida que os reservatórios envelhecem, os recursos alimentares autóctones tendem a predominar na manutenção das assembléias de peixes em decorrência do aumento da constância ambiental proporcionada por maior estabilidade abiótica (Araujo-Lima et al., 1995; Agostinho et al., 1999). Assim, os itens peixes e microcrustáceos confirmaram a importância de fontes autóctones como recursos alimentares para oito espécies. Os primeiros foram expressivamente utilizados por M. *salmoides*, H. aff. *malabaricus*, O. *paranensis* e R. *quelen* e os últimos, pela espécie mais abundante, *Deuterodon* sp. A, e por *Astyanax* sp. K, C. *paleatus* e *Corydoras* sp. (Tabela 1).

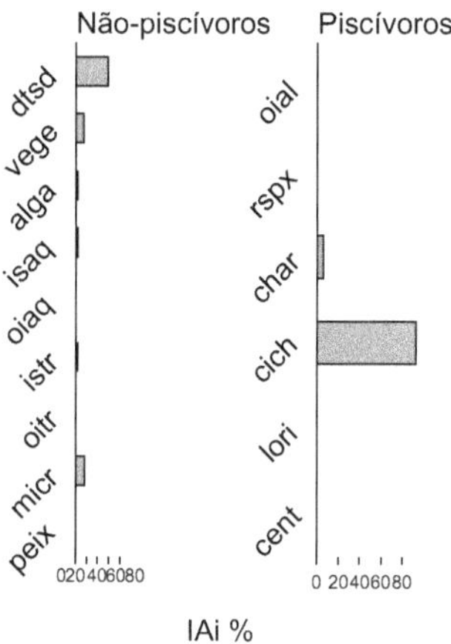

Figura 6 –   Proporção do consumo total dos recursos alimentares pela assembléia de peixes do reservatório de Capivari utilizando o Índice Alimentar. Não-piscívoros: os itens alimentares estão abreviados (ver Tabela 1). Piscívoros: oial = outros itens alimentares; rspx = resto de peixe; char = Characidae; cich = Cichlidae; lori = Loricariidae; e cent = Centrarchidae.

Por sua vez, quanto à origem de detritos/sedimentos e de vegetais, a ausência de macrófitas aquáticas em Capivari permitiu inferir que esses itens procederam predominantemente da vegetação localizada no entorno do reservatório. A intensa utilização direta desse recurso, principalmente na forma de frutos e sementes, ou mesmo indiretamente, como componente predominante dos detritos, sugeriram a prevalência de recursos alimentares alóctones sobre autóctones para nove espécies não-piscívoras, incluindo a segunda mais abundante, G. *brasiliensis*, além de A. *altiparanae*, *Astyanax* sp. K, T. *rendalli*, H. *derbyi*, H. *commersoni*, *Hypostomus* sp., O. *niloticus* e *Rineloricaria* sp. (Tabela 1), evidenciando a expressiva importância da conservação dessa vegetação para a assembléia de peixes desse reservatório.

Referências Bibliográficas

ABELHA, M. C. F. *Dieta e estrutura trófica da ictiofauna de pequenos reservatórios do Estado do Paraná*. 2001. 33 f. Dissertação (Mestrado em Ecologia de Ambientes Aquáticos Continentais) – Departamento de Biologia, Universidade Estadual de Maringá, Maringá.

AGOSTINHO, A. A. et al. Ictiofauna de dois reservatórios do rio Iguaçu em diferentes fases de colonização: Segredo e Foz do Areia. In: AGOSTINHO, A. A.; GOMES, L. C. (Eds.). *Reservatório de Segredo*: bases ecológicas para o manejo. Maringá: EDUEM, 1997. cap. 15, p. 275-292.

AGOSTINHO, A. A.; JÚLIO JÚNIOR, H. F. Peixes da bacia do Alto Rio Paraná. In: LOWE-MCCONNELL, R. H. *Estudos ecológicos de comunidades de peixes tropicais*. Tradução de Anna Emília A. de M. Vazzoler, Angelo Antonio Agostinho e Patrícia T. M. Cunningham. São Paulo: EDUSP, 1999. cap. 16, p. 374-400. (Coleção Base).

AGOSTINHO, A. A. et al. Patterns of colonization in neotropical reservoirs, and prognoses on aging. In: TUNDISI, J. G.; STRAŠKRABA, M. (Eds.). *Theoretical reservoir ecology and its applications*. São Carlos: International Institute of Ecology; Leiden, The Netherlands: Backhuys Publishers; Rio de Janeiro: Brazilian Academy of Sciences, 1999. p. 227-265.

AMARAL, B. D. *Habitats e fatores ambientais relacionados às comunidades de peixes do reservatório da UHE Mário Lopes Leão, Promissão (SP)*. 1993. 90 f. Trabalho de Conclusão de Curso (Graduação em Ecologia) – Instituto de Biociências, Universidade Estadual Paulista, Rio Claro.

ARAUJO-LIMA, C. A. R. M.; AGOSTINHO, A. A.; FABRÉ, N. N. Trophic aspects of fish communities in brazilian rivers and reservoirs. In: TUNDISI, J. G.; BICUDO, C. E. M.; MATSUMURA-TUNDISI, T. (Eds.). *Limnology in Brazil*. Rio de Janeiro: ABC/SBL, 1995. p. 105-136.

ARCIFA, M. S.; FROEHLICH, O.; NORTHCOTE, T. G. Distribution and feeding ecology of fishes in a tropical Brazilian reservoir. *Memórias de la Sociedad de Ciencias Naturales La Salle*, Caracas, v. 48, p. 301-326, 1988. Suplemento.

ARCIFA, M. S.; MESCHIATTI, A. J. Distribution and feeding ecology of fishes in a Brazilian reservoir: Lake Monte Alegre. *Interciencia*, Caracas, v. 18, n. 6, p. 302-313, Nov./Dec. 1993.

BENNEMANN, S. T.; SHIBATTA, O. A.; GARAVELLO, J. C. *Peixes do rio Tibagi*: uma abordagem ecológica. Londrina: Ed. UEL, 2000. 62 p.

BALON, E. K. Reproductive guilds of fishes: a proposal and definition. *Journal of the Fisheries Research Board of Canada*, Ottawa, v. 32, n. 6, p. 821-864, June 1975.

FERREIRA, E. J. G. A ictiofauna da represa hidrelétrica de Curuá-Una, Santarém, Pará. II-Alimentação e hábitos alimentares das principais espécies. *Amazoniana*, Kiel, v. 9, n. 1, p. 1-16, dez. 1984.

GAUCH Jr., H. G. *Multivariate analysis in community ecology*. Cambridge: Cambridge University Press, 1982. 298 p. (Cambrige studies in ecology, 1).

GERKING, S. D. *Feeding ecology of fish*. San Diego: Academic Press, 1994c. 416 p., ill.

GOTELLI, N. J.; ENTSMINGER, G. L. *EcoSim*: null models software for ecolology. Version 7.0. Jericho: Acquired Intelligence Inc. & Kesey Bear, 2001. Disponível em: <http://homepages.together.net/~gentsmin/ecosim.htm>. Acesso em: 14 mar. 2003.

GOULDING, M. *The fishes and the forest*: explorations in Amazonian natural history. Berkeley: University of Califórnia Press, 1980c. 280 p.

HAHN, N. S. et al. Estrutura trófica da ictiofauna do reservatório de Itaipu (Paraná, Brasil) nos primeiros anos de sua formação. *Interciencia*, Caracas, v. 23, n. 5, p. 299-305, Sept./Oct. 1998.

HILL, M. O.; GAUCH Jr., H. G. Detrended correspondence analysis: an improved ordination technique. *Vegetatio*, Dordrecht, v. 42, n. 1-3, p. 47-58, 1980.

KAWAKAMI, E.; VAZZOLER, G. Método gráfico e estimativa de índice alimentar aplicado no estudo de alimentação de peixes. *Boletim do Instituto Oceanográfico*, São Paulo, v. 29, n. 2, p. 205-207, 1980.

LUIZ, E. A. *Assembléias de peixes de pequenos reservatórios hidrelétricos do Estado do Paraná*. 2000. 33 f. Dissertação (Mestrado em Ecologia de Ambientes Aquáticos Continentais) – Departamento de Biologia, Universidade Estadual de Maringá, Maringá.

MATTHEWS, W. J. *Patterns in freshwater fish ecology*. New York : Chapman & Hall, 1998c. 756 p.

THORNTON, K. W. Perspectives on reservoir limnology. In: THORNTON, K. W.; KIMMEL, B. L.; PAYNE, F. E. (Eds.). *Reservoir limnology*: ecological perspectives. New York: J. Wiley & Sons, 1990c. ch.1, p. 1-13.

TUNDISI, J. G. Reservatórios como sistemas complexos: teoria, aplicações e perspectivas para usos múltiplos. In: HENRY, R. (Ed.). *Ecologia de reservatórios*: estrutura, função e aspectos sociais. Botucatu: FUNDIBIO; São Paulo: FAPESP, 1999. cap. 1, p. 21-38.

WOOTTON, R. J. *Ecology of teleost fishes*. 2nd ed. Dordrecht: Kluwer Academic, 1998c. 386 p. (Fish and fisheries series, 24).

Capítulo 17

O Grau de Trofia do Ambiente Influencia a Quantidade de Energia dos Peixes?

Elâine Christine dos Santos Dourado
Evanilde Benedito-Cecilio
João Dirço Latini

Introdução

As relações tróficas entre os organismos são limitadas e controladas pelo fluxo de energia (Odum, 1988c). Desde que Lindeman (1991) desenvolveu idéias que emergiram no paradigma da dinâmica trófica, estudos sobre fluxo de energia em cadeias alimentares se tornaram freqüentes em Ecologia (Economidis et al., 1981; Whipple, 1998).

Em seu trabalho, Lindeman (1991) considerou a eficiência de transferência entre os níveis tróficos e os mecanismos responsáveis pelos fluxos ascendentes e descendentes de energia. Por meio da quantificação de parâmetros do balanço energético, pode-se estudar as relações tróficas em nível de população, o que permite a elaboração de modelos de fluxo de energia, os quais auxiliam no manejo de sistemas ecológicos. A quantificação energética, por meio da determinação da densidade calórica, em muitos casos, tem sido considerada constante e equivalente, independente de fatores como sazonalidade, sexo e grupo trófico (Prus, 1970; Kitchell et al., 1977; Bryan et al., 1996).

Nas últimas décadas, a elevada demanda de energia, decorrente do crescimento populacional nos centros urbanos, proporcionou a construção de sucessivas barragens ao longo de extensos trechos lóticos, o que tem provocado consideráveis alterações no meio ambiente, desestruturando, sobremaneira, as interações bióticas nos ecossistemas e levando os organismos a responderem de forma distinta às novas condições.

Sabe-se que a construção de barragens, além de interferir diretamente sobre a migração das principais espécies de peixes comerciais, também provoca alterações sobre os locais de alimentação e reprodução das espécies não-migradoras. Conseqüentemente, mudanças metabólicas serão necessárias e estarão limitadas à zona de tolerância, específica para cada população. Algumas espécies encontrarão disponibilidade de recursos no novo ambiente, enquanto outras, ao contrário, tenderão a desaparecer (Benedito-Cecilio, 1994).

O grau de interferência humana sobre os sistemas aquáticos tem influência na disponibilidade de energia às espécies. Em reservatórios, informações sobre a concentração de energia presente nos diferentes grupos tróficos e sobre os fatores responsáveis por sua variação são imprescindíveis ao monitoramento e à utilização racional dos recursos. Dessa forma, estudos visando a analisar as variações no conteúdo energético, relacionando-as aos grupos tróficos, não apenas elucidam aspectos do balanço energético das espécies, mas também são de fundamental importância para melhor compreensão do funcionamento do sistema quanto às transferências de energia entre as diferentes populações de peixes.

Para tanto, amostragens trimestrais foram realizadas entre fevereiro e dezembro de 2002, em seis reservatórios do Estado do Paraná, com diferentes estados tróficos (Tabela 1), abrangendo os rios Capivari (reservatório Governador Parigot de Souza), Iguaçu (reservatórios Iraí, Salto do Vau e Segredo), Ivaí (reservatório Mourão) e Paranapanema (reservatório Rosana).

Tabela 1 – Caracterização do estado trófico de seis reservatórios do Estado do Paraná, com base nos valores médios das concentrações de nitrogênio total (NT), fósforo total (PT) e clorofila-*a* (Clor_*a*).

Reservatórios	NT (µg/L)	PT (µg/L)	Clor_*a* (µg/L)	Classificação
Iraí	691,4	42,3	21,8	Eutrófico
Governador Parigot de Souza	470,9	20,8	2,4	Mesotrófico
Mourão	271,4	14,0	2,4	Oligotrófico
Segredo	598,8	14,1	1,3	Oligotrófico
Rosana	380,4	13,0	0,9	Oligotrófico
Salto do Vau	326,4	13,6	0,7	Oligotrófico

Fonte: Informação fornecida pelo Dr. Sidinei Magela Thomaz, no Laboratório de Limnologia do Nupélia, em outubro de 2003.

A categorização das espécies em relação ao grupo trófico foi baseada nos dados de freqüência de ocorrência dos itens alimentares (Hyslop, 1980), que é representada pelo porcentual de estômagos no qual cada item ocorreu, em relação ao total de estômagos analisados. Os conteúdos estomacais, referentes a 2002, foram analisados pelo Laboratório de Ecologia Trófica de Peixes do Núcleo de Pesquisas em Limnologia, Ictiologia e Aqüicultura, Nupélia/UEM.

Para as amostragens foram utilizadas redes de espera de diferentes malhagens, expostas por 24 horas, com revistas a cada 8 horas. De cada indivíduo pertencente a determinada classe de tamanho, específica para cada espécie, foram tomadas amostras de músculo, extraídas da região próxima à inserção da nadadeira dorsal, as quais foram secas em estufa a 60°C, até peso constante, e maceradas com o auxílio de moinho de esferas. O valor calórico, em cal*g^{-1} de peso seco, foi obtido por meio da combustão da matéria orgânica, utilizando bomba calorimétrica modelo Parr 1261.

As variações espaciais da densidade calórica e entre os grupos tróficos foram avaliadas graficamente, considerando os valores médios e de desvio-padrão. Foi utilizado o protocolo da Análise de Variância *one-way* (ANOVA) na identificação de possíveis diferenças significativas entre as médias obtidas para cada grupo trófico e teste *a posteriori* de Tukey na verificação de tais diferenças (Zar, 1999c). Para identificar possíveis padrões entre os conteúdos calóricos dos grupos tróficos e o grau de trofia dos reservatórios, os dados foram submetidos a uma Análise de Correspondência (AC), utilizando o pacote computacional PCord, versão 3.15 (MacCune & Mefford, 1995). Após a análise, os escores foram plotados para cada reservatório e submetidos a uma ANOVA *one-way*.

Resultados e Discussão

Foram analisadas 30 espécies de peixes categorizadas em 7 grupos tróficos (Tabela 2), conforme Agostinho et al. (1997), e selecionadas com base nos valores de CPUE (ver Capítulo 14).

Diferenças significativas nos conteúdos calóricos entre os grupos tróficos foram evidenciadas em todos os reservatórios analisados ($p < 0,05$) (Figura 1). O conteúdo calórico médio das espécies onívoras foi superior ao dos demais grupos em todos os reservatórios, com exceção de Salto do Vau e Mourão. Esse grupo abrangeu espécies que apresentaram em suas dietas, além de vegetal superior (fruto/semente) e insetos, quantidades expressivas de algas e microcrustáceos, especialmente cladóceros,[1] sendo esses organismos principalmente filtradores (Payne, 1986c). Assim, o predomínio de fontes autotróficas em suas dietas (vegetais superiores e algas) torna o conteúdo energético desse grupo bastante elevado. Pode-se observar também que, de certa forma, a quantidade média de energia presente nesse nível trófico foi semelhante entre os reservatórios (Figura 2). Os exemplares coletados nos reservatórios oligotróficos apresentaram valores relativamente mais baixos que aqueles com maior quantidade de nutrientes. A dieta dos peixes pode representar uma interação entre preferências alimentares e disponibilidade e acessibilidade a alimentos (Angermeier & Karr, 1983; Wootton, 1991).

---

1. Informação fornecida pela Dra. Norma Segatti Hahn, no Laboratório de Alimentação do Nupélia, em outubro de 2003.

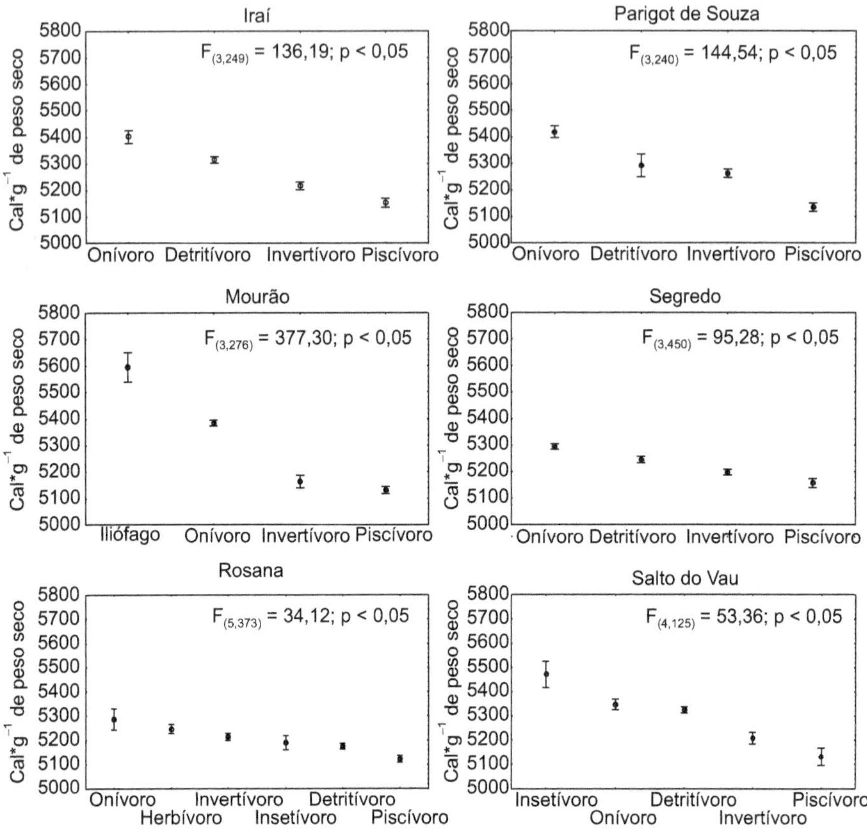

Figura 1 – Valores calóricos médios e desvio-padrão para os grupos tróficos de peixes de cada um dos seis reservatórios do Estado do Paraná.

Wootton (1991) observa que o alimento parece ser limitado na maioria dos ambientes e que as espécies respondem às variações em sua disponibilidade com mudanças na dieta. Dessa forma, embora pertençam à mesma categoria trófica, espécies onívoras, por apresentarem maior flexibilidade alimentar, podem ingerir outros tipos de alimento, caso seu item preferencial não seja encontrado em abundância no ambiente (Lowe-Mcconnell, 1999).

Em Mourão, as espécies iliófagas apresentaram maior quantidade de caloria por grama de peso seco enquanto, em Salto do Vau, as insetívoras, representadas por *Astyanax* sp. E, foram as mais calóricas. Além desse reservatório, esse grupo trófico ocorreu apenas em Rosana, onde foi representado por *Moenkausia intermedia*, cujo valor calórico foi inferior ao de *Astyanax* sp. E. Ademais, em Salto do Vau, foi observada maior variação dos dados em torno da média (Figura 2).

Tabela 2 – Espécies de peixes, por categoria trófica, coletadas em reservatórios do Estado do Paraná, no período de março a dezembro de 2002. NT = número total de indivíduos de cada grupo trófico; os valores entre parênteses correspondem ao número de indivíduos de cada espécie; (*) eutrófico; (**) mesotrófico; (***) oligotrófico.

Espécies/reservatórios	Iraí*	Parigot de Souza **	Mourão ***	Segredo ***	Rosana ***	Salto do Vau ***
Herbívoras					NT = 117	
Metynnis maculatus					(26)	
Schizodon borellii					(22)	
Schizodon nasutus					(6)	
Detritívoras	NT = 104	NT = 12		NT = 117	NT = 115	NT = 72
Hypostomus commersoni		(9)		(2)		
Steindachnerina brevipinna		(3)			(50)	
Loricariichthys plathymetopon					(65)	
Astyanax sp. C	(104)			(37)		(72)
Apareiodon vittatus				(78)		
Invertívoras	NT = 69	NT = 93	NT = 29	NT = 127	NT = 84	NT = 19
Geophagus brasiliensis	(69)	(93)	(29)	(55)		(19)
Iheringichthys labrosus					(40)	
Satanoperca papaterra					(44)	
Corydoras paleatus				(72)		
Onívoras	NT = 25	NT = 116	NT = 74	NT = 153	NT = 9	NT = 26
Astyanax altiparanae	(13)		(74)	(26)	(9)	
Astyanax janeiroensis		(19)				
Astyanax sp. B	(12)			(98)		(26)
Astyanax sp. K		(27)				
Deuterodon sp. A		(70)				
Pimelodus sp.				(29)		
Insetívoras					NT = 20	NT = 4
Moenkhausia intermedia					(20)	
Astyanax sp. E						(4)
Iliófagas			NT = 5			
Prochilodus lineatus			(5)			
Piscívoras	NT = 55	NT = 94	NT = 101	NT = 57	NT = 97	NT = 9
Hoplias aff. *malabaricus*	(45)	(25)	(9)	(1)	(12)	(9)

Tabela 2 – *Continuação...*

Espécies/reservatórios	Iraí*	Parigot de Souza **	Mourão ***	Segredo ***	Rosana ***	Salto do Vau ***
Oligosarcus paranensis		(69)	(92)			
Oligosarcus longirostris	(2)			(31)		
Rhamdia quelen			(1)			
Rhamdia voulezi	(8)					
Plagioscion squamosissimus					(29)	
Acestrorhynchus lacustris					(52)	
Serrasalmus marginatus					(2)	
Serrasalmus maculatus					(2)	
Crenicichla iguassuensis				(25)		

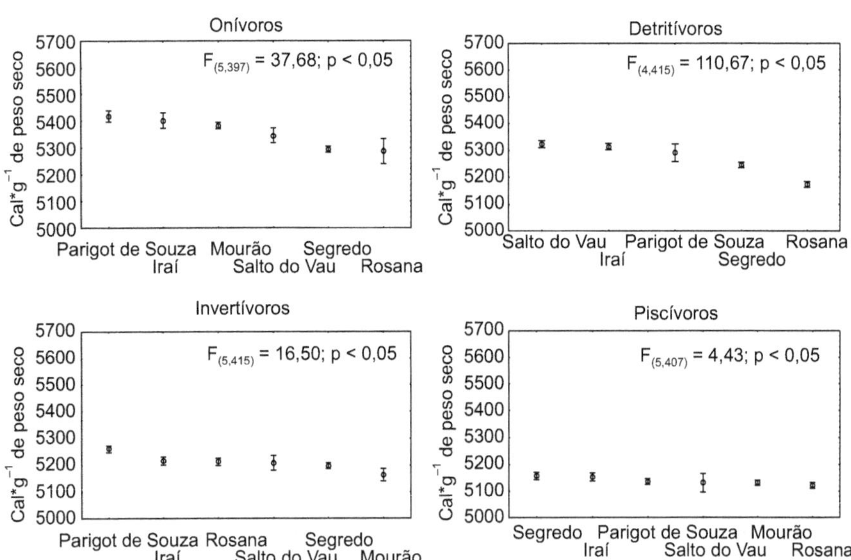

Figura 2 – Variação espacial do conteúdo calórico (média e desvio-padrão) dos grupos tróficos de peixes de seis reservatórios do Estado do Paraná.

Higuti et al. (2003), analisando o conteúdo calórico de espécies de insetos aquáticos em reservatórios do Estado do Paraná, encontraram valores mais altos em Salto do Vau, bem como maior amplitude de variação, o que pode ter se refletido no conteúdo energético presente nos músculos de seus predadores.

A importância dos detritos no fluxo de energia tem sido amplamente discutida, a despeito de sua qualidade nutricional (Bowen, 1983; Fugi et al., 2001; Wilson, 2002). Além disso, diversos estudos têm demonstrado que a principal via do fluxo de energia e ciclagem de materiais ocorre por meio da cadeia alimentar de detritos. Dentre os grupos tróficos constituídos por espécies exploradoras de fundo, os iliófagos apresentaram maior valor calórico (5596 ± 259,12 cal*g^{-1}). Esse grupo abrangeu somente o proquilodontídeo *Prochilodus lineatus*, capturado apenas em Mourão. Para os detritívoros, os maiores valores foram encontrados em Salto do Vau (5323 ± 46,64 cal*g^{-1}) e Iraí (5314 ± 57,38 cal*g^{-1}), não diferindo estatisticamente entre si (p = 0,81), enquanto, para os invertívoros, a maior média foi registrada em Parigot de Souza (5267 ± 94,03 cal*g^{-1}) (Figura 2).

Embora esses grupos explorem basicamente o mesmo recurso (detrito/sedimento), há algumas particularidades que devem ser consideradas e que os distinguem em relação às fontes de alimento. Os iliófagos englobam espécies que exploram o fundo ou o perifíton, ingerindo quase exclusivamente material finamente particulado, no qual estão contidos sedimentos inorgânicos, detritos orgânicos e algas unicelulares, enquanto os detritívoros consomem detrito pouco particulado, associado a restos e excrementos de invertebrados, no qual o sedimento inorgânico tem menor importância (Agostinho et al., 1997). Já os invertívoros, embora tomando uma pequena quantidade de sedimento inorgânico, se alimentam essencialmente de organismos do meso e macrozoobentos (Fugi et al., 1996).

Em decorrência da grande quantidade de detritos ingerida por *P. lineatus*, Lopes (2001) realizou um estudo com o intuito de determinar qual parcela do material ingerido é realmente assimilada por essa espécie. Com base nas análises isotópicas de ^{13}C e ^{15}N, a autora concluiu que a maior contribuição vem das algas, fitoplanctônicas e perifíticas, e do carbono orgânico particulado, além de macrófitas C_4, situando-o no primeiro nível trófico. Além disso, seus resultados demonstraram que a transferência de energia dos produtores para essa espécie, possivelmente, seja intermediada pela ação de bactérias e fungos.

A porcentagem de matéria orgânica no material particulado pode ser usada como indicador do valor nutricional do sedimento. Wilson (2002) e Fugi et al. (1996), ao analisarem o tamanho de partículas ingeridas por espécies comedoras de fundo, constataram que as iliófagas apresentaram valores porcentuais reduzidos no teor de matéria orgânica (4,6% a 11,9%, com valor médio de 8,1 ± 2,38) quando comparadas às detritívoras (20,2% a 31,9%; X = 26,1 ± 2,51) e às invertívoras (28,5% a 43,8%; X = 36,6 ± 2,94). Além disso, de acordo com

Agostinho et al. (1997), a presença de fauna no detrito (tecamebas, ácaros, moluscos, microcrustáceos) reduz a quantidade de energia presente no alimento, resultando, conseqüentemente, em baixos valores de energia nos músculos das espécies detritívoras e invertívoras. Dessa forma, o alto valor calórico registrado para o grupo dos iliófagos se justifica pela alimentação seletiva das espécies sobre detrito de alto valor nutritivo.

Observa-se que o grupo dos herbívoros não foi representativo nas amostragens realizadas, exceto no reservatório de Rosana, sendo o segundo grupo de maior conteúdo calórico, com valores médios de $5176 \pm 95,24$ cal*g^{-1} de peso seco. Vários pesquisadores têm demonstrado que, quanto mais próximo o organismo estiver do início da cadeia, maior será a energia disponível para sua população (Odum, 1988c; Krebs, 1994c). Dessa forma, espera-se que espécies herbívoras apresentem maior quantidade de energia em relação àquelas com outros hábitos alimentares. Contudo, em Rosana, a base trófica foi constituída por uma espécie onívora, *Astyanax altiparanae*, cuja amplitude de variação de energia se sobrepôs à dos herbívoros. Isso pode ser justificado pelo seu caráter oportunista (Gaspar da Luz & Okada, 1999; Andrian et al., 2001), típico de espécies onívoras e que facilita a utilização de diversas fontes de alimento, refletindo-se em maior variação dos valores calóricos.

Valores mais baixos de caloria por grama de peso seco foram registrados para os piscívoros (Figura 2). De modo geral, destaca-se que a quantidade de energia declina ao longo da cadeia trófica, contudo, a qualidade da energia realmente convertida aumenta. Assim, à medida que se degrada a quantidade de energia, eleva-se a qualidade energética dos componentes da cadeia trófica (Odum, 1988c).

A Figura 3 relaciona os escores da Análise de Correspondência das calorias dos grupos tróficos analisados para cada reservatório. Verifica-se que houve separação dos ambientes em dois grupos: um constituído por aqueles reservatórios com maior concentração de nutrientes – Mourão, Parigot de Souza e Iraí – e outro compreendendo Segredo, Salto do Vau e Rosana, considerados oligotróficos em relação aos anteriores.

No primeiro grupo, observa-se que Mourão foi distinto dos demais por ter sua base trófica constituída por uma espécie iliófaga, de alto valor calórico, como discutido anteriormente. No segundo, destaca-se o reservatório Rosana, que apresentou grupos tróficos com as mais baixas densidades calóricas, com exceção dos invertívoros (Figura 2), o que se deve à presença expressiva de *Corbicula fluminea* Muller 1774, um molusco invasor, de hábito filtrador, que se alimenta basicamente de fitoplâncton. Esse molusco constitui o item preferencial na dieta da espécie invertívora *Iheringichthys labrosus* (Agostinho et al., 1997), a qual teve ocorrência apenas nesse reservatório.

Alterações no conteúdo calórico dos compartimentos biológicos podem estar associadas a mudanças sazonais, a alterações na estrutura e na biomassa de comunidades e à abundância de alimento, além de mudanças climáticas (Bryan et al., 1996). Tais variações têm influência na configuração das teias alimentares e, conseqüentemente, geram equívocos em sua interpretação.

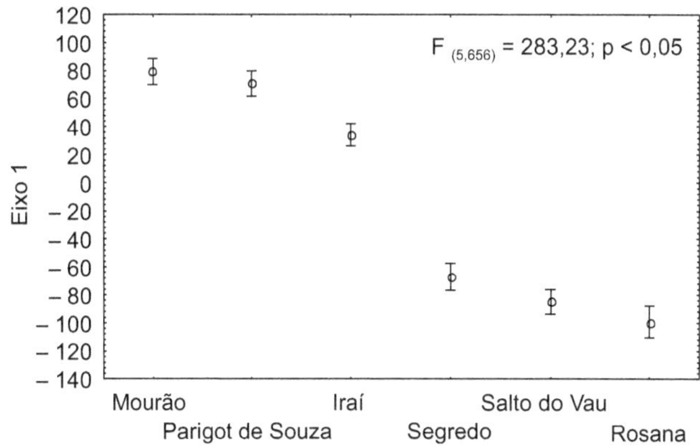

Figura 3 – Valores médios e desvio-padrão dos escores da Análise de Correspondência realizada para os valores calóricos, em cal*g^{-1} de peso seco, dos grupos tróficos presentes em cada reservatório.

Na região do Paranapanema, há duas estações climáticas bem definidas pelo regime pluviométrico: uma chuvosa (verão) e outra seca (inverno) (Nogueira et al., 2001). O material orgânico suspenso, transportado durante o período de chuva, resulta em um forte pulso, interferindo no desenvolvimento dos organismos (Tundisi et al., 1993c). Dessa forma, a estação chuvosa introduz um efeito de pulso no sistema rio–reservatório. Por outro lado, na região do rio Iguaçu, onde estão os reservatórios de Salto do Vau e Segredo, essas características ocorrem em intensidades diferentes, em decorrência do clima mais frio da região (Nogueira et al., 2001). Assim, os baixos valores de caloria registrados para as espécies de peixes do reservatório de Rosana podem estar associados a modificações fisiológicas decorrentes de alterações ambientais.

De maneira geral, constatou-se a existência de padrões nítidos na densidade calórica dos diferentes grupos tróficos. Além disso, essas variações são significativas espacialmente. Alguns estudos realizados em reservatórios do Estado do Paraná constataram influência do grau de trofia desses grupos sobre determinados padrões de algumas comunidades de bactérias e protozoários (Capítulo 4); fitoplâncton

(Capítulo 5); perifíton (Capítulo 7); e insetos aquáticos (Higuti et al., 2003). Quando todos os dados foram analisados em conjunto, pôde-se constatar que aqueles ambientes com maior concentração de nutrientes (Iraí, Parigot de Souza e Mourão) diferiram dos demais por apresentarem espécies com maior quantidade de energia em seus músculos, indicando efeito do estado trófico do ambiente sobre os conteúdos calóricos dos tecidos das espécies em questão.

Referências Bibliográficas

AGOSTINHO, A. A. et al. Estrutura trófica. In: VAZOLLER, A. E. A. de M.; AGOSTINHO, A. A.; HAHN, N. S. (Eds.). *A planície de inundação do alto rio Paraná*: aspectos físicos, biológicos e socioeconômicos. Maringá: EDUEM: Nupélia, 1997. cap. II. 6, p. 229-248.

ANDRIAN, I. F.; SILVA, H. B. R.; PERETTI, D. Dieta de *Astyanax bimaculatus* (Linnaeus, 1758) (Characiformes, Characidae), da área de influência do reservatório de Corumbá, Estado de Goiás, Brasil. *Acta Scientiarum*, Maringá, v. 23, n. 2, p. 435-440, Apr. 2001.

ANGERMEIER, P. L.; KARR, J. R. Fish communities along environmental gradients in a system of tropical streams. *Environmental Biology of Fishes*, Dordrecht, v. 9, n. 2, p. 117-135, Sept. 1983.

BENEDITO-CECILIO, E. *Dominância, uso do ambiente e associações interespecíficas na ictiofauna do reservatório de Itaipu e alterações decorrentes do represamento*. 1994. 173 f. Tese (Doutorado em Ecologia e Recursos Naturais) – Centro de Ciências Biológicas e da Saúde, Universidade Federal de São Carlos, São Carlos.

BOWEN, S. H. Detritivory in neotropical fish communities. *Environmental Biology of Fishes*, Dordrecht, v. 9, n. 2, p. 137-144, Sept. 1983.

BRYAN, S. D. et al. Caloric densities of three predatory fishes and their prey in lake Oahe, South Dakota. *Journal of Freshwater Ecology*, Holmen, v. 11, n. 2, p. 153-161, June 1996.

ECONOMIDIS, P. S.; PANTIS, J.; MARGARIS, N. S. Caloric content in some freshwater and marine fishes from Greece. *Cybium*, Paris, v. 5, n. 4, p. 97-100, 1981.

FUGI, R.; AGOSTINHO, A. A.; HAHN, N. S. Trophic morphology of five benthic-feeding fish species of a tropical floodplain. *Brazilian Journal of Biology*, São Carlos, v. 61, n. 1, p. 27-33, Feb. 2001.

FUGI, R.; HAHN, N. S.; AGOSTINHO, A. A. Feeding styles of five species of bottom-feeding fishes of the high Paraná river. *Environmental Biology of Fishes*, Dordrecht, v. 46, n. 3, p. 297-307, July 1996.

GASPAR DA LUZ, K. D.; OKADA, E. K. Diet and dietary overlap of three sympatric fish species in lakes of the Upper Paraná river floodplain. *Brazilian Archives of Biology and Technology*, Curitiba, v. 42, n. 4, p. 441-447, 1999.

HIGUTI, J. et al. Efeito do estado trófico de reservatórios paranaenses sobre o conteúdo calórico de insetos aquáticos In: RODRIGUES, L. et al. (Eds.). Workshop (2003) "Produtividade em reservatórios e bioindicadores". 2003. Maringá: Nupélia, *Anais...* Maringá, 2003. p. 153-165. Apoio: Projetos PRONEX e CT-HIDRO.

HYSLOP, E. M. S. Stomach content analysis – a review of methods and their application. *Journal of Fish Biology*, London, v. 17, n. 4, p. 411-429, 1980.

KITCHELL, J. F.; MAGNUSON, J. J.; NEILL, W. H. Estimation of caloric content for fish biomass. *Environmental Biology of Fishes*, Dordrecht, v. 2, n. 2, p. 185-188, Aug. 1977.

KREBS, C. J. *Ecology*: the experimental analysis of distribution and abundance. 4th ed. New York: Harper Collins College, 1994c. 801 p.

LINDEMAN, R. L. The trophic-dynamic aspect of ecology. In: REAL, L. A.; BROWN, J. H. (Eds.). *Foundations of ecology*: classic papers with commentaries. Chicago; London: The University of Chicago Press, 1991. pt. 1: Foundational Papers. Paper 7, p. 157-176.

LOPES, C. A. *Variabilidade de C-13 e de N-15 em fontes alóctones e autóctones e suas contribuições energéticas para o* Prochilodus lineatus *(Prochilodontidae, Characiformes) na bacia do alto rio Paraná.* 2001. 47 f. Dissertação (Mestrado em Ecologia de Ambientes Aquáticos Continentais) – Departamento de Biologia, Universidade Estadual de Maringá, Maringá.

LOWE-McCONNELL, R. H. *Estudos ecológicos de comunidades de peixes tropicais.* Tradução de Anna Emília A. de M. Vazzoler, Angelo Antonio Agostinho, Patrícia T. M. Cunningham. São Paulo: EDUSP, 1999. 534 p. (Coleção Base).

McCUNE, B.; MEFFORD, M. J. *Multivariate analysis of ecological data: version 3.15.* Oregon, USA: MjM Software Design, 1995.

NOGUEIRA, M. G. et al. Limnologia comparada de oito reservatórios em cascata no rio Paranapanema (SP–PR), Brasil. In: SEMINARIO INTERNACIONAL GESTIÓN AMBIENTAL E HIDROELECTRICIDAD: UN CAMINO HACIA LA SUSTENTABILIDAD, 19-22 setiembre 2001, Argentina–Uruguai. *Trabajos técnicos...* Buenos Aires: CIER; Salto Grande: Comision Tecnica Mixta de Salto Grande, 2001. p. 1-20. 1 CD-ROOM.

ODUM, E. P. *Ecologia.* Tradução de Christopher J. Tribe. Supervisão da tradução de Ricardo Iglesias Rios. Rio de Janeiro: Ed. Guanabara, 1988c. 434 p.

PAYNE, A. I. *The ecology of tropical lakes and rivers.* Chichester: J. Wiley & Sons, 1986c. 301 p.

PRUS, T. Calorific value of animals as an element of bioenergetical investigations. *Polskie Archiwum Hydrobiologii*, Lomianki, v. 17, n. 1/2, p. 183-199, 1970.

TUNDISI, J. G.; MATSUMURA-TUNDISI, T.; CALIJURI, M. C. Limnology and management of reservoirs in Brazil. In: STRAŠKRABA, M.; TUNDISI, J. G.; DUNCAN, A. (Eds.). *Comparative reservoir limnology and water quality management.* Dordrecht: Kluwer Academic, 1993c. ch. 2, p. 25-55. (Developments in hydrobiology, 77).

WHIPPLE, S. Path-based network unfolding: a solution for the problem of mixed trophic and non-trophic processes in trophic dynamic analysis. *Journal of Theoretical Biology*, London, v. 190, n. 3, p. 263-276, Febr. 1998.

WILSON, S. Nutritional value of detritus and algae in blenny territories on the Great Barrierr Reef. *Journal of Experimental Marine Biology and Ecology*, Amsterdan, v. 271, n. 2, p. 155-169, May 2002.

WOOTTON, R. J. *Ecology of teleost fishes.* 1st ed. London: Chapman & Hall, 1991. 404 p.

ZAR, J. H. *Biostatistical analysis.* 4th ed. Upper Saddle river, NJ: Prentice-Hall, 1999c. 663 p.

Capítulo 18

Estratégias Reprodutivas de Assembléias de Peixes em Reservatórios

Harumi Irene Suzuki
Cintia Karen Bulla
Angelo Antonio Agostinho
Luiz Carlos Gomes

Introdução

Reservatórios são colonizados pelas espécies preeexistentes na bacia, sendo que aquelas com adaptações para a vida em ambientes lacustres têm maior probabilidade de sucesso na colonização e exploração do novo ambiente (Fernando & Holčik, 1991). Entre as pré-adaptações se destacam aquelas relacionadas às estratégias reprodutivas. Estratégia reprodutiva é o padrão geral típico de reprodução mostrado por indivíduos da mesma espécie, enquanto táticas reprodutivas são variações dessa estratégia por meio da qual o peixe responde às flutuações do ambiente (Wootton, 1984). Os teleósteos, como grupo, alcançaram sucesso em ambientes distintos por apresentarem várias estratégias reprodutivas que englobam táticas extremas (Vazzoler, 1996). De acordo com Agostinho et al. (1999), as estratégias reprodutivas são geralmente mais conservadoras que as outras atividades vitais, impondo limitações biogênicas na colonização dos reservatórios.

Dias (1989) relata que os atributos mais flexíveis das estratégias são o período e, possivelmente, o local de desova, enquanto outros, como cuidado parental e tipo de gametas, são mais inflexíveis. Nesse sentido, a reprodução representa um dos aspectos mais importantes da biologia de uma espécie, visto que de seu sucesso dependem o recrutamento e, conseqüentemente, a manutenção das populações.

Desse modo, o conhecimento dessas estratégias em peixes é de fundamental importância para a implementação de medidas de manejo e preservação da ictiofauna diante de impactos causados pelo barramento de cursos d'água. Esse estudo tem por objetivo descrever as estratégias reprodutivas das assembléias de peixes de 31 reservatórios distribuídos no Estado do Paraná e nas bacias limítrofes e verificar se há relação entre a estratégia apresentada pela espécie e o sucesso na colonização do ambiente represado.

Base de Dados

Os 31 reservatórios estudados distribuem-se nos rios Paranapanema (Rosana – ROSA, Taquaruçu – TACU, Capivara – CAPI, Canoas I – CAN1, Canoas II – CAN2, Salto Grande – SGDE, Chavantes – CHAV), Tibagi e seus afluentes (Apucaraninha – APUC, Alagados – ALAG, Harmonia – HARM), Ivaí e seus afluentes (Mourão – MOUR, Rio dos Patos – PATO), Piquiri e seus afluentes (Melissa – MELI, Santa Maria – SMAR), Iguaçu e seus afluentes (Salto Caxias – CAXI, Salto Osório – SOSO, Salto Santiago – IAGO, Segredo – SEGR, Foz do Areia – FOAR, Júlio Mesquita Filho – UJMF, Cavernoso – CAVE, Curucaca – CURU, Passaúna – PASS, Jordão – JORD, Salto do Vau – SVAU, Piraquara – PIRA, Iraí – IRAI) e bacia do Leste (Governador Parigot de Souza – GOVE, Guaricana – GUAR, Salto do Meio – MEIO, Vossoroca – VOSS).

Os reservatórios do rio Paranapanema se localizam na divisa entre os Estados do Paraná e de São Paulo e os demais, inteiramente dentro do Estado do Paraná. Apesar de os reservatórios pertencerem à bacia do rio Paraná (exceto os quatro da bacia Leste), fatores regionais determinam o caráter distinto da ictiofauna dos diversos rios (ver Capítulo 14). As coletas foram realizadas nos meses de julho e novembro de 2001, no corpo principal dos reservatórios, próximo à barragem, com a utilização de redes de espera do tipo simples (com malhas variando entre 2,4 e 14,0 cm entre-nós opostos) e tresmalho (com malhas de 6, 7 e 8 cm entre-nós opostos), expostas por 24 horas, além de redes de arrasto. A abundância foi expressa como captura por unidade de esforço em número e peso.

Principais Estratégias Reprodutivas

Com base nas informações disponíveis na literatura (Suzuki, 1992; Vazzoler & Menezes, 1992; Lamas, 1993; Vazzoler, 1996; Suzuki, 1999; Nakatani et al., 2001) foi possível elaborar um diagrama geral das 149 espécies registradas neste estudo, que apresenta suas classificações quanto à migração reprodutiva e o grau de cuidado parental (Figura 1).

A maioria das espécies (89,3%) apresenta hábito sedentário ou realiza curtas migrações reprodutivas (grupo I), completando seu ciclo de vida no reservatório e adjacências. As demais (10,7%) são espécies que realizam grandes migrações reprodutivas (grupo II) cuja presença foi, em geral, resultado de introduções ou peixamentos, especialmente nos reservatórios dentro do Estado do Paraná. Entre elas foram incluídas as espécies exóticas do gênero *Hypophthalmichthys* (carpa-cabeça-grande e carpa-prateada) e *Ctenopharyngodon* (carpa-capim).

Entre as espécies do grupo I, 83,9% apresentam fecundação externa, sendo que desse total 54,4% não cuidam da prole e 29,5% contam com algum tipo de cuidado parental. Os 5,4% restantes têm fecundação interna, a maioria com desenvolvimento externo, sendo desenvolvimento interno constatado apenas em *Phalloceros caudimaculatus*.

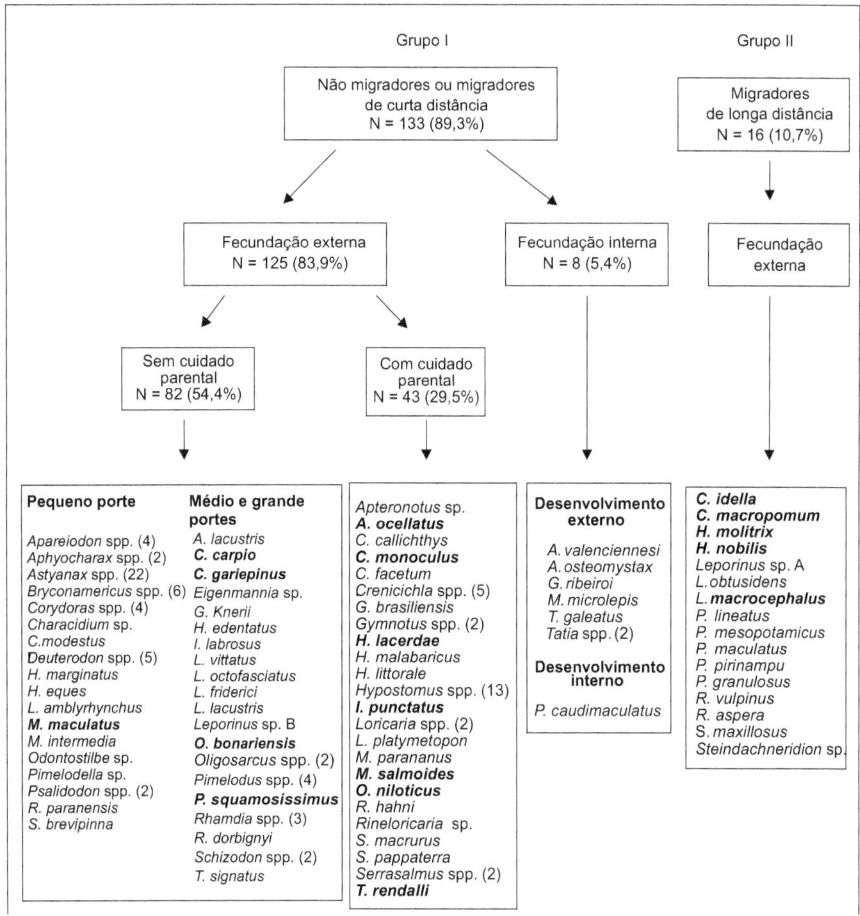

Figura 1 – Estratégias reprodutivas das espécies capturadas nos reservatórios (entre parênteses o número de espécies; ver Anexo 1 para nome completo das espécies). Negrito: espécies introduzidas.

Variações espaciais

A seguir serão analisados o número de espécies registradas (Figura 2) e as capturas em número de indivíduos (Figura 3) e peso (Figura 4) para cada categoria de estratégia reprodutiva e reservatório.

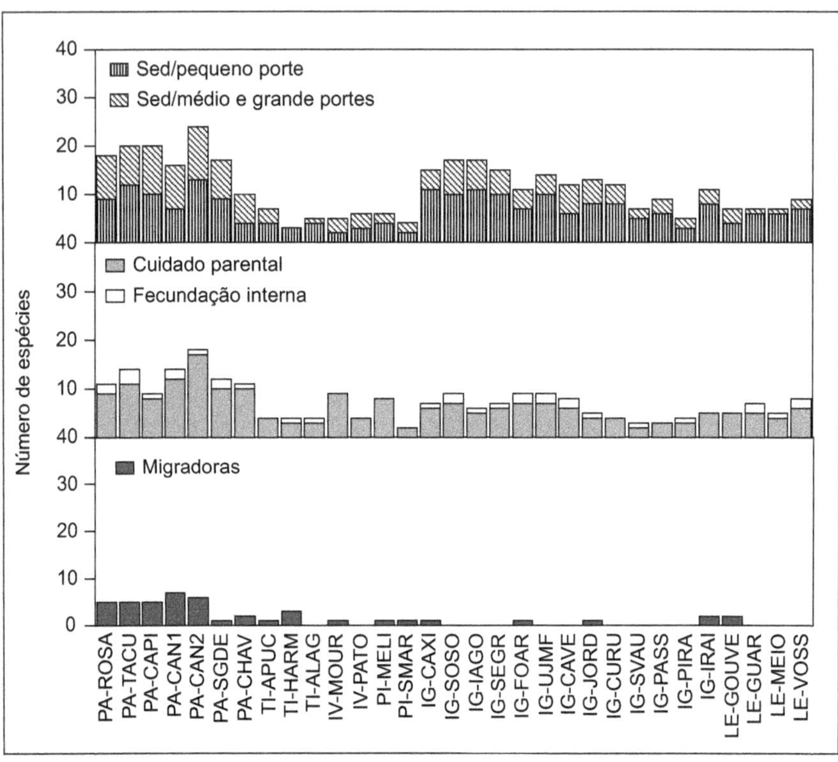

Figura 2 – Número de espécies por categoria reprodutiva nos 31 reservatórios pertencentes aos rios estudados (PA = Paranapanema; TI = Tibagi; IV = Ivaí; PI = Piquiri; IG = Iguaçu; e LE = bacia do Leste).

Serão apresentadas tendências mais gerais que foram observadas para cada rio em separado e, quando pertinente, serão analisados pormenores de cada reservatório. Nos reservatórios do rio Paranapanema, observou-se maior diversidade de estratégias reprodutivas e distribuição mais eqüitativa no número de espécies entre os diferentes grupos de estratégias, em relação aos demais reservatórios. Nesses reservatórios, também foram registrados, na região pelágica, os maiores valores de riqueza específica, diversidade e eqüitabilidade, o que é explicado pelo fato de estarem situados em um rio de grandes dimensões (ver

Capítulo 14). Além disso, muitas espécies representantes de cada categoria de estratégia reprodutiva foram distintas das encontradas nas demais bacias. Em decorrência desse fato, os resultados do rio Paranapanema serão apresentados separados. A seguir serão feitas considerações em relação a cada grupo de estratégia reprodutiva.

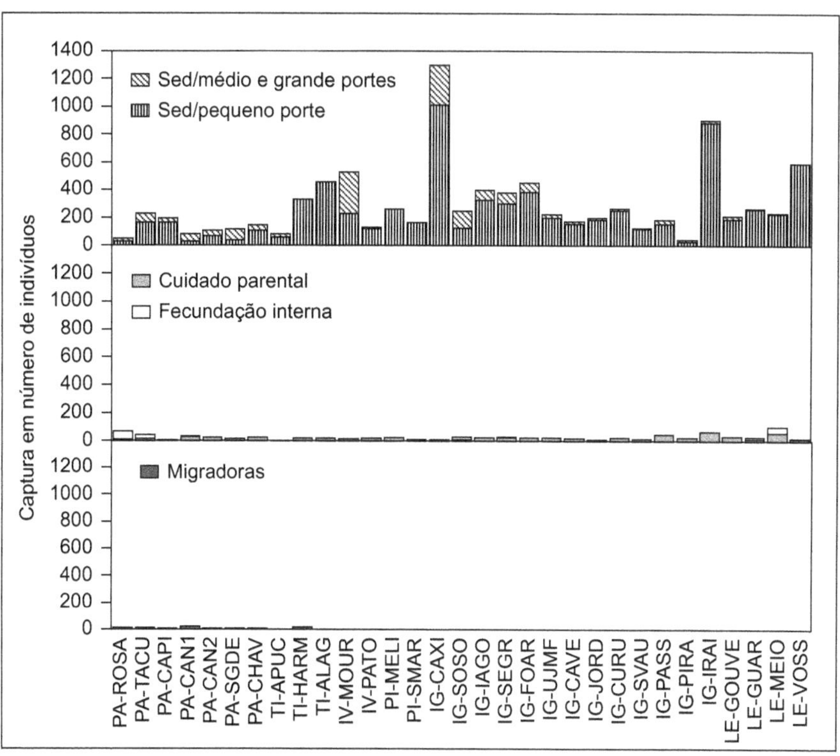

Figura 3 – Captura em número de indivíduos por 1000 m² de redes de espera e 1000 m² de área de arrasto por categoria reprodutiva nos 31 reservatórios pertencentes aos rios estudados (PA = Paranapanema; TI = Tibagi; IV = Ivaí; PI = Piquiri; IG = Iguaçu; e LE = bacia do Leste).

A estratégia com maior número de espécies nos reservatórios do rio Paranapanema foi a de cuidado parental (Figura 2), embora as capturas em número e peso dessa categoria tenham sido baixas, como na maioria dos reservatórios (Figuras 3 e 4). Entre as espécies que apresentam essa estratégia se destacam os ciclídeos (*Crenicichla* spp. e *Satanoperca pappaterra*), os cascudos (*Hypostomus* spp.) e as piranhas (*Serrasalmus* spp.).

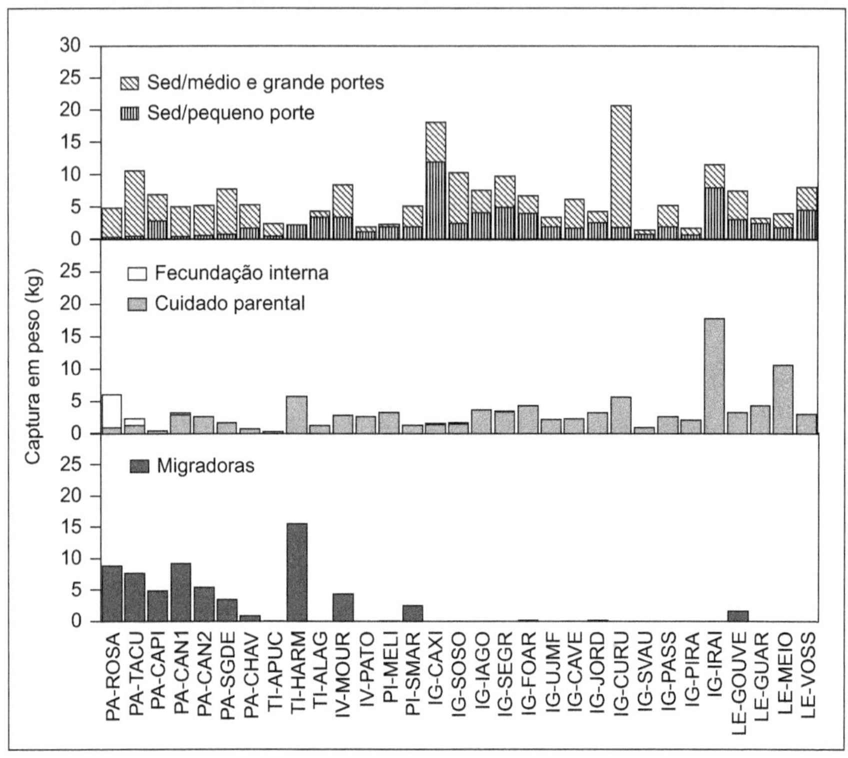

Figura 4 –   Captura em peso (quilograma) por 1000 m² de redes de espera e 1000 m² de área de arrasto por categoria reprodutiva nos 31 reservatórios pertencentes aos rios estudados (PA = Paranapanema; TI = Tibagi; IV = Ivaí; PI = Piquiri; IG = Iguaçu; e LE = bacia do Leste).

Comparando com os reservatórios dos demais rios, observou-se ainda que no rio Paranapanema a captura em número de indivíduos foi, em geral, baixa, contrastando com a captura em peso, mais elevada. As espécies que mais contribuíram para esse resultado foram as migradoras (*Pimelodus maculatus, Prochilodus lineatus* e *Pinirampus pirinampu*) e as sedentárias ou curto-migradoras de médio a grande porte (*Iheringichthys labrosus, Plagioscion squamosissimus* e *Schizodon nasutus*).

Os reservatórios dos demais rios, inseridos inteiramente no Estado do Paraná, são resultados da interceptação de rios de planalto, com elevada declividade e, em geral, baixa ordem, ou de trechos superiores de rios de maior porte. A exceção é o rio Iguaçu, um dos maiores do Estado, que teve diferentes segmentos de seu canal principal represados, ficando, entretanto, os reservatórios do trecho médio e inferior situados em áreas de relevo acidentado. A bacia desse rio apresenta fauna caracterizada por elevada proporção de espécies endêmicas e ausência de espécies migradoras, as quais também estão ausentes na bacia Leste. Dessa forma, sugere-se que esses reservatórios tenham sido colonizados a partir de uma fauna original essencialmente fluvial e com baixa riqueza de espécies.

Nos reservatórios do Estado do Paraná, verifica-se, pela análise da distribuição de freqüência das diferentes categorias reprodutivas (Figura 2), o predomínio em número de espécies de pequeno a médio porte, sedentárias ou que realizam curtas migrações reprodutivas e sem cuidado parental. Entre elas se destacam os lambaris (espécies do gênero *Astyanax* e *Deuterodon*), que foram os mais abundantes na maioria desses reservatórios, e a saicanga, *Oligosarcus* spp. Na captura em peso, por outro lado, destacam-se as espécies de médio a grande porte, de sedentárias a grandes migradoras e aquelas que apresentam algum tipo de cuidado parental.

Entre as características reprodutivas vantajosas às espécies de pequeno porte, sedentárias e que não cuidam da prole estão a rápida maturação, o período reprodutivo prolongado, a desova parcelada, a elevada fecundidade e os ovos pequenos. De acordo com Winemiller (c1995), esses atributos são típicos de estrategistas oportunistas e permitem eficiente colonização de habitats perturbados em decorrência da alta taxa intrínseca de aumento populacional. O significativo sucesso das diferentes espécies de lambaris do gênero *Astyanax* que apresentam tal estratégia na colonização de reservatórios da bacia do rio Iguaçu é discutido por Bailly et al. (ver Capítulo 19).

Entre as espécies sedentárias de médio e grande porte e sem cuidado parental se destacaram duas introduzidas, a carpa *Cyprinus carpio* (originária da Ásia), nos reservatórios do Estado do Paraná, e a curvina *Plagioscion squamosissimus* (originária da bacia Amazônica), nos do rio Paranapanema. No reservatório de Curucaca, por exemplo, observa-se elevada contribuição, em peso, de espécies sedentárias de médio a grande porte, sendo esta atribuída principalmente à carpa *C. carpio*. Vazzoler (1996) comenta que essa espécie desova apenas na vegetação aquática e, quando esse substrato não está disponível, a desova não ocorre ou tem pouco sucesso. No reservatório de Segredo, Suzuki & Agostinho (1997) encontraram carpas preparadas para a desova, mas diante da ausência de indivíduos jovens sugeriram que a espécie não tenha encontrado condições adequadas para completar o processo reprodutivo.

A curvina *P. squamosissimus* esteve entre as cinco principais espécies em quase todos os reservatórios do rio Paranapanema, mas não foi capturada nos reservatórios dos demais rios. Ela apresenta hábito alimentar piscívoro, porém com elevada plasticidade alimentar, e atualmente tem ampla distribuição na bacia do rio Paraná. Seu relativo sucesso pode ser atribuído à sua estratégia reprodutiva, caracterizada pela produção de pequenos ovos pelágicos liberados em vários lotes durante o período reprodutivo e de larvas também pelágicas. É baixa sua especificidade ambiental em diferentes ambientes da bacia do rio Paraná, apesar de seu maior sucesso na colonização de reservatórios, especialmente nos trechos mais lacustres. Embora sejam escassas, as espécies pelágicas (por exemplo, cianídeos) tendem a dominar com o envelhecimento dos reservatórios (Freire & Agostinho, 2000; Agostinho et al., 1999).

Luiz et al. (ver Capítulo 14) reportam que as espécies com maior abundância numérica e peso na região pelágica dos reservatórios estudados foram, respectivamente, espécies sedentárias de pequeno porte e grandes migradoras. Por outro lado, a maioria das espécies com elevada abundância numérica e peso na região litorânea foram, respectivamente, espécies sedentárias de pequeno porte e ciclídeos que apresentam cuidado parental. A complexidade estrutural da região litorânea, especialmente em decorrência da presença de vegetação aquática, além de oferecer grande variedade de recursos, abrigos e melhores condições de oxigênio (O'Brien, 1990c), representa um local para a reprodução de muitas espécies, em especial, ciclídeos (Arcifa & Meschiatti, 1993). Fernando & Holčik (1991) ressaltam que, entre os peixes tropicais de água doce, alguns ciclídeos são especialmente adaptados a utilizar a zona litorânea dos reservatórios.

Nos reservatórios de Iraí e Piraquara (rio Iguaçu), Meio e Guaricana (bacia Leste), Melissa (rio Piquiri) e Patos (rio Ivaí), as maiores contribuições em peso ocorreram entre as espécies com cuidado parental, sendo as principais a traíra *Hoplias* aff. *malabaricus* e o cará *Geophagus brasiliensis*, importantes também em outros reservatórios. Apenas no reservatório de Patos a principal espécie dessa categoria foi o cascudo *Hypostomus* cf. *aspilogaster*.

H. aff. *malabaricus* e *G. brasiliensis* estão entre as espécies com cuidado parental, analisadas neste capítulo, que produzem os menores ovócitos. Além disso, desovam mais de um lote de ovócitos por temporada reprodutiva e os ovos são depositados em ninhos construídos no fundo, não necessitando de substratos específicos para sua deposição. *Tilapia rendalli*, uma das espécies exóticas mais bem-sucedidas nos reservatórios estudados, também apresenta comportamento reprodutivo semelhante. Portanto, espécies com cuidado parental, comportamentos reprodutivos menos exigentes quanto ao substrato para deposição dos ovos, ovos menores e desova múltipla parecem ser as mais bem-sucedidas nesses reservatórios.

Os cascudos do gênero *Hypostomus*, por outro lado, estão entre as espécies que produzem os maiores ovócitos, geralmente desovados em um único lote. Os ovos são postos em ninhos construídos em locas, onde são cuidados e defendidos pelos machos. Apesar de serem espécies sedentárias, nem sempre proliferam nos reservatórios. Agostinho et al. (1999), comparando as capturas antes e após o represamento, observaram que a abundância de *Hypostomus* diminuiu após a formação dos reservatórios. Suzuki (1999) constatou que, entre as três espécies de *Hypostomus* presentes no reservatório de Segredo, a que apresenta ovos maiores teve redução drástica nas capturas, enquanto outra que apresenta ovos menores, raras no primeiro ano de estudo, mostrou incremento nas capturas.

Nos dois reservatórios mais recentes (Canoas I e II) do rio Paranapanema, cascudos do gênero *Hypostomus* estiveram entre as cinco principais espécies, possivelmente remanescentes da fase rio. Outra espécie tipicamente de rio presente nesses reservatórios foi a *Loricaria prolixa*. Entre os reservatórios dos demais rios, destaca-se o de Patos, cuja principal espécie com cuidado parental foi *H. aspilogaster*. Esse reservatório é um dos mais antigos (102 anos) e apresenta pouca profundidade e fundo rochoso.

Lamas (1993) ressalta que a presença de cuidado parental é mais comum entre espécies que apresentam ovos adesivos, pois a facilidade de dispersão dos ovos livres dificultaria a evolução desse comportamento. No presente trabalho, a maior parte dos peixes que tem cuidados parental apresenta ovos adesivos. Esses ovos geralmente são depositados em locais rasos e com boa visibilidade, os quais, no ambiente represado, estariam restritos às margens. Nos reservatórios com bruscas oscilações no nível diário da água, essa estratégia pode ser prejudicada (Suzuki & Agostinho, 1997), especialmente se os ovos forem grandes e, portanto, com maior demanda de tempo para eclosão (Duarte & Alcaraz, 1989).

Em relação às espécies com fecundação interna e desenvolvimento externo, as maiores capturas ocorreram no reservatório de Rosana, onde se destacaram *Auchenipterus osteomystax* e *Trachelyopterus galeatus*. Essas duas espécies estão entre as que alcançaram o trecho superior do rio Paraná após a inundação de Sete Quedas, pela formação do reservatório de Itaipu (Júlio Jr. & Agostinho, 2003). Elas tiveram suas abundâncias aumentadas não apenas no reservatório de Rosana, mas também na planície de inundação do Alto rio Paraná, especialmente nos ambientes lênticos (Agostinho et al., 1997; Luiz et al., 2002) e no reservatório de Itaipu (Agostinho et al., 1999). Nos reservatórios do rio Iguaçu, as espécies mais abundantes dessa categoria foram *Glanidium ribeiroi* e *Tatia* sp. Suzuki (1999) verificou que *G. ribeiroi* teve a abundância diminuída após a formação do reservatório de Segredo. Essa espécie, diferente de *A. osteomystax* e *T. galeatus*, tem encontrado restrições na ocupação dos ambientes represados. Nos reservatórios da bacia do Leste, *Phalloceros caudimaculatus* se destacou em abundância numérica na zona litorânea (ver Capítulo 14). Essa espécie apresenta fecundação e desenvolvimento interno, e tal estratégia é mais eficaz na proteção dos jovens durante o estágio de desenvolvimento mais vulnerável. As espécies com fecundação interna não tendem a mostrar comportamento de guarda, pois um dos sexos já executa cuidado parental por carregamento interno, comportamento que pode estar relacionado a ambientes temporariamente instáveis, impróprios à estratégia de guarda (Baylis, 1981). A fecundação interna, além de eliminar a exposição dos gametas aos predadores, também reduz os efeitos de perturbações ambientais adversas, como, por exemplo, flutuações no nível da água (Balon, 1984).

Espécies classificadas como migradoras se caracterizam pela utilização de diferentes habitats durante seu ciclo de vida: de desova, de crescimento e de alimentação (Agostinho et al., 2003). Na época de reprodução, cardumes migram rio acima, onde desovam no início do período das cheias e seus ovos descem enquanto se desenvolvem, até alcançarem lagoas marginais onde ocorre o crescimento inicial.

Nos reservatórios do rio Paranapanema, entre as espécies classificadas como migradoras de longa distância, *Pimelodus maculatus* foi a mais abundante. Essa espécie esteve ausente nos reservatórios dos outros rios. No reservatório de Corumbá (rio Corumbá, afluente do rio Paranaíba), essa espécie também foi a mais abundante entre as migradoras nos primeiros anos após o represamento (Agostinho et al., 1999). De acordo com esses autores, essa espécie apresenta porte médio, tem desova múltipla durante a temporada reprodutiva e produz os menores ovócitos entre os migradores. Além disso, necessita de menor trecho lótico para desovar (Agostinho et al., 2003). Essas características podem ter tornado *P. maculatus* o migrador mais bem-sucedido nos reservatórios.

Nos reservatórios do Estado do Paraná, observou-se elevada contribuição, em peso, de espécies migradoras no reservatório de Harmonia (rio Tibagi). Entretanto, essas espécies foram o pacu *Piaractus mesopotamicus* e o tambaqui *Colossoma macropomum*, originário da bacia amazônica, ambas estocadas nesse reservatório. Outros reservatórios que merecem destaque pela captura de espécies migradoras são Mourão, Santa Maria e Parigot de Souza, sendo o curimba *Prochilodus lineatus* a espécie mais capturada. Nesse último reservatório, o curimba foi introduzido. De modo geral, a presença de espécies migradoras nesses reservatórios resultou de estocagens e não de recrutamento.

Excetuando-se a maioria das espécies da categoria dos migradores de longa distância, grande parte dos peixes deste estudo apresenta desova parcelada. Lowe-McConnell (1999) argumenta que esse tipo de desova é muito comum em peixes de água doce tropical e que deve haver alguma vantagem adaptativa em produzir vários lotes de ovócitos, porque com o primeiro pode correr riscos em decorrência da predação e das flutuações no nível da água e também por minimizar a competição entre as larvas por espaço e alimento. Muitos desses peixes realizam apenas movimentos locais para desovar, e o parcelamento da desova, que exige período reprodutivo mais prolongado, dependerá do número de desovas e dos intervalos entre elas (Lamas, 1993).

É amplamente conhecida a relação entre fecundidade, tamanho do ovo e grau de cuidado parental em peixes (Duarte & Alcaraz, 1989; Winemiller, 1989; Suzuki, 1999). Nesse sentido, as espécies com menor fecundidade são aquelas que apresentam os maiores ovócitos e cuidam da prole (por exemplo, *Hypostomus* spp.), e as de maior fecundidade têm ovócitos pequenos e não cuidam da prole (por exemplo, *Astyanax* spp. e *Bryconamericus* spp.). De acordo com vários autores (Winemiller, 1989, 1995c; Lamas, 1993; Vazzoler, 1996), as espécies que realizam extensas migrações reprodutivas apresentam fecundidade elevada, pequeno diâmetro de ovócitos, numerosos ovos livres e desova do tipo total, altamente sazonal (estratégia periódica ou sazonal). Por outro lado, as espécies não migradoras ou migradoras de curta distância que não apresentam cuidado parental também contam com fecundidade relativa elevada e diâmetro de ovócitos reduzido, porém com predomínio de desova parcelada e período reprodutivo prolongado (estratégia oportunista). Aquelas que apresentam algum tipo de cuidado parental ou de fecundação interna apresentam, em geral, ovócitos maiores, baixa fecundidade e desova predominantemente do tipo parcelada (estratégia de equilíbrio).

Percebe-se que, neste estudo, poucas espécies apresentam ovos pelágicos. Duarte & Alcaraz (1989) destacam a falta de peixes com ovos pelágicos e o predomínio daqueles com ovos demersais em corpos de água doce como reflexo da dimensão física e da proporção entre as zonas litorânea e pelágica nesses ambientes, quando comparadas às de ambientes marinhos.

Considerações Finais

Tendências na contribuição em abundância das diferentes categorias de estratégias reprodutivas em relação à idade, ao tamanho e à localização dos reservatórios não foram encontradas. É importante notar que peixes com diferentes estratégias de vida freqüentemente coexistem no mesmo habitat (Winemiller, 1995c) e que, enquanto alguns respondem muito rapidamente ao represamento, outros respondem gradualmente por anos ou décadas, de acordo com sua natureza trófica (Agostinho et al., 1999). Dentro de cada categoria reprodutiva, algumas espécies parecem ter mais sucesso que outras na colonização dos reservatórios, podendo isso estar relacionado a pormenores como o substrato em que os ovos são depositados e/ou a exigência de ambientes lóticos para a desova. Nesse sentido, as espécies mais bem-sucedidas foram, em geral, as que produzem maior número de ovócitos e apresentam menor exigência quanto ao local de deposição de ovos.

Entre as espécies que não encontram restrições para a reprodução em ambientes represados, o tipo de estratégia reprodutiva parece atuar principalmente na velocidade de colonização, determinada pela capacidade de produção de ovos. Ressalta-se ainda que outras estratégias, como as alimentares, devem estar associadas às reprodutivas na determinação desse sucesso na colonização dos reservatórios. Espera-se que os processos operacionais da barragem, a presença de espécies introduzidas (Agostinho & Júlio Jr., 1996), a variabilidade das condições ambientais e interações bióticas como predação e competição (Matthews, 1998c) estejam influenciando as assembléias nativas desses reservatórios.

Referências Bibliográficas

AGOSTINHO, A. A. et al. Migratory fishes of the Upper Paraná river basin, Brazil. In: CAROLSFELD, J. et al. (Eds.). *Migratory fishes of South America*: biology, fisheries and conservation status. Ottawa: World Fisheries Trust/International Development Research Centre; Washington, D.C.: International Bank for Reconstruction and Development/ The World Bank, 2003c. ch. 2, p. 19-98.

AGOSTINHO, A. A.; JÚLIO JÚNIOR, H. F. Ameaça ecológica: peixes de outras águas. *Ciência Hoje*, Rio de Janeiro, v. 21, n. 124, p. 36-44, set./out. 1996.

AGOSTINHO, A. A. et al. Composição, abundância e distribuição espaço-temporal da ictiofauna. In: VAZZOLER, A. E. A. de M.; AGOSTINHO, A. A.; HAHN, N. S. (Eds.). *A planície de inundação do alto rio Paraná*: aspectos físicos, biológicos e socioeconômicos. Maringá: EDUEM/Nupélia, 1997. cap.II.4, p. 179-208.

AGOSTINHO, A. A. et al. Patterns of colonization in neotropical reservoirs, and prognoses on aging. In: TUNDISI, J. G.; STRAŠKRABA, M. (Eds.). *Theoretical reservoir ecology and its applications*. São Carlos: International Institute of Ecology; Leiden, The Netherlands: Backhuys Publishers; Rio de Janeiro: Brazilian Academy of Sciences, 1999. p. 227-265.

ARCIFA, M. S.; MESCHIATTI, A. J. Distribution and feeding ecology of fishes in a brazilian reservoir: lake Monte Alegre. *Interciencia*, Caracas, v. 18, n. 6, p. 302-313, Nov./ Dec. 1993.

BALON, E. K. Patterns in the evolution of reproductive styles in fishes. In: POTTS, G. W.; WOOTTON, R. J. (Eds.). *Fish reproduction*: strategies and tactics. London: Academic Press, 1984. ch. 3, p. 35-53.

BAYLIS, J. R. The evolution of parental care in fishes, with reference to Darwin's rule of male sexual selection. *Environmental Biology of Fishes*, Dordrecht, v. 6, n. 2, p. 223-251, May 1981.

DIAS, J. F. *Padrões reprodutivos em teleósteos da costa brasileira:* uma síntese. 1989. 105 f. Dissertação (Mestrado em Oceanografia) – Instituto Oceanográfico, Universidade de São Paulo, São Paulo.

DUARTE, C. M.; ALCARAZ, M. To produce many small or few large eggs: a size-independent reproductive tactic of fish. *Oecologia*, New York, v. 80, n. 3, p. 401-404, 1989.

FERNANDO, C. H.; HOLČIK, J. Fish in reservoirs. *Internationale Revue der Gesamten Hydrobiologie*, Berlin, v. 76, n. 2, p. 149-167, 1991.

FREIRE, A. G.; AGOSTINHO, A. A. Distribuição espaço-temporal de oito espécies dominantes da ictiofauna da bacia do Alto Rio Paraná. *Acta Limnologica Brasiliensia*, Botucatu, v. 12, n. 2, p. 105-120, 2000.

JÚLIO JÚNIOR, H. F.; AGOSTINHO, A. A. Introduced species into the Upper Parana river floodplain by elimination of a geographical barrier and stocking programs. In: JOINT MEETING OF ICHTHYOLOGISTS AND HERPETOLOGISTS, 2003, Manaus. *Abstracts...* Manaus: INPA: UFAM: AIHA, 2003. p. 244-245.

LAMAS, I. R. *Análise de características reprodutivas de peixes brasileiros de água doce, com ênfase no local de desova.* 1993. 72 f. Dissertação (Mestrado em Ecologia, Conservação e Manejo de Vida Silvestre) – Departamento de Biologia, Universidade Federal de Minas Gerais, Belo Horizonte.

LOWE-McCONNELL, R. N. *Estudos ecológicos de comunidades de peixes tropicais*. Tradução de Anna Emília A. de M. Vazzoler, Angelo Antonio Agostinho, Patrícia T. M. Cunningham. São Paulo: EDUSP, 1999. 534 p. (Coleção Base).

LUIZ, E. A. et al. Estrutura das assembléias de peixes dos diferentes biótopos e subsistemas da planície de inundação do alto rio Paraná. In: AGOSTINHO, A. A. et al. (Coords.). *A planície de inundação do alto rio Paraná:* site 6 – PELD/CNPq. Maringá: UNIVERSIDADE ESTADUAL DE MARINGÁ. Nupélia/Peld., 2002. p. 107-111. (Relatório Anual (2002)).

MATTHEWS, W. J. *Patterns in freshwater fish ecology*. New York: Chapman & Hall, 1998c. 756 p.

NAKATANI, K. et al. *Ovos e larvas de peixes de água doce:* desenvolvimento e manual de identificação. Maringá: EDUEM, 2001. 378 p.

O'BRIEN, W. J. Perspectives on fish reservoir limnology. In: THORNTON, K. W.; KIMMEL, B. L.; PAYNE, F. E. (Eds.). *Reservoir in limnology:* ecological perspectives. New York: J. Wiley & Sons, 1990c. ch. 8, p. 209-225.

SUZUKI, H. I. *Estratégias reprodutivas de peixes relacionadas ao sucesso na colonização em dois reservatórios do rio Iguaçu, PR, Brasil.* 1999. 98 f. Tese (Doutorado em Ecologia e Recursos Naturais) – Centro de Ciências Biológicas e da Saúde, Universidade Federal de São Carlos, São Carlos.

SUZUKI, H. I. *Variações na morfologia ovariana e no desenvolvimento do folículo de espécies de peixes teleósteos da bacia do rio Paraná, no trecho entre a foz do rio Paranapanema e a do rio Iguaçu.* 1992. 140 f. Dissertação (Mestrado em Zoologia) – Universidade Federal do Paraná, Curitiba.

SUZUKI, H. I.; AGOSTINHO, A. A. Reprodução de peixes do reservatório de Segredo. In: AGOSTINHO, A. A.; GOMES, L. C. (Eds.). *Reservatório de Segredo*: bases ecológicas para o manejo. Maringá: EDUEM, 1997. cap. 9, p. 163-182.

VAZZOLER, A. E. A. de M. *Biologia da reprodução de peixes teleósteos*: teoria e prática. Maringá: EDUEM; São Paulo: SBI, 1996. 169 p.

VAZZOLER, A. E. A. de M.; MENEZES, N. A. Síntese de conhecimentos sobre o comportamento reprodutivo dos characiformes da América do Sul (Teleostei, Ostariophysi). *Revista Brasileira de Biologia*, São Carlos, v. 52, n. 4, p. 627-640, nov. 1992.

WINEMILLER, K. O. Fish ecology. In: *Encyclopedia of environmental biology*. New York: Academic Press, 1995c. v. 2, p. 49-65.

WINEMILLER, K. O. Patterns of variation in life history among South American fishes in seasonal environments. *Oecologia*, New York, v. 81, n. 2, p. 225-241, 1989.

WOOTTON, R. J. Introduction: strategies and tactics in fish reproduction. In: POTTS, G. W.; WOOTTON, R. J. (Eds.). *Fish reproduction*: strategies and tactics. London: Academic Press, 1984. ch. 1, p. 1-12.

Anexo 1 – Lista de espécies.

CHARACIFORMES
PARODONTIDAE
1 *Apareiodon affinis* (Steindachner, 1879)
2 *Apareiodon ibitiensis* Campos, 1944
3 *Apareiodon piracicabae* (Eigenmann, 1907)
4 *Apareiodon vittatus* Garavello, 1977
CURIMATIDAE
5 *Cyphocharax modestus* (Fernández-Yépez, 1948)
6 *Steindachnerina brevipinna* (Eigenmann & Eigenmann, 1889)
PROCHILODONTIDAE
7 *Prochilodus lineatus* (Valenciennes, 1836)
ANOSTOMIDAE
8 *Leporellus vittatus* (Valenciennes, 1850)
9 *Leporinus amblyrhynchus* Garavello & Britski, 1987
10 *Leporinus friderici* (Bloch, 1794)
11 *Leporinus lacustris* Campos, 1945
12 *Leporinus macrocephalus* Garavello & Britski, 1988[1]
13 *Leporinus obtusidens* (Valenciennes, 1836)
14 *Leporinus octofasciatus* Steindachner, 1915
15 *Leporinus* sp. A
16 *Leporinus* sp. B
17 *Schizodon borellii* (Boulenger, 1900)
18 *Schizodon nasutus* Kner, 1858
CRENUCHIDAE
19 *Characidium* sp.
CHARACIDAE
20 *Astyanax altiparanae* Garutti & Britski, 2000
21 *Astyanax bimaculatus* (Linnaeus, 1758)
22 *Astyanax eigenmaniorum* (Cope, 1894)
23 *Astyanax fasciatus* (Cuvier, 1819)
24 *Astyanax gymnogenys* Eigenmann, 1911
25 *Astyanax janeiroensis* Eigenmann, 1908
26 *Astyanax paranae* Eigenmann, 1914
27 *Astyanax scabripinnis paranae* Eigenmann, 1914

28	*Astyanax* sp. A
29	*Astyanax* sp. B
30	*Astyanax* sp. C
31	*Astyanax* sp. D
32	*Astyanax* sp. E
33	*Astyanax* sp. F
34	*Astyanax* sp. G
35	*Astyanax* sp. H
36	*Astyanax* sp. I
37	*Astyanax* sp. J
38	*Astyanax* sp. K
39	*Astyanax* sp. L
40	*Astyanax* sp. M
41	*Astyanax* sp. N
42	*Bryconamericus iheringii* (Boulenger, 1887)
43	*Bryconamericus stramineus* Eigenmann, 1908
44	*Bryconamericus* sp. A
45	*Bryconamericus* sp. B
46	*Bryconamericus* sp. C
47	*Bryconamericus* sp. D
48	*Deuterodon iguape* Eigenmann, 1907
49	*Deuterodon* sp. A
50	*Deuterodon* sp. B
51	*Deuterodon* sp. C
52	*Deuterodon* sp. D
53	*Hemigrammus marginatus* Ellis, 1911
54	*Hyphessobrycon eques* (Steindachner, 1882)
55	*Moenkhausia intermedia* Eigenmann, 1908
56	*Oligosarcus longirostris* Menezes & Géry, 1983
57	*Oligosarcus paranensis* Menezes & Géry, 1983
58	*Psalidodon gymnodontus* Eigenmann, 1911
59	*Psalidodon* sp.
60	*Salminus maxillosus* Valenciennes, 1849
61	*Triportheus signatus* (Garman, 1890)

Serrasalminae

62 *Colossoma macropomum* (Cuvier, 1818)

63 *Metynnis maculatus* (Kner, 1858)

64 *Piaractus mesopotamicus* (Holmberg, 1887)

65 *Serrasalmus marginatus* Valenciennes, 1837

66 *Serrasalmus maculatus* Kner, 1858

Aphyocharacinae

67 *Aphyocharax anisitsi* Eigenmann & Kennedy, 1903

68 *Aphyocharax dentatus* Eigenmann & Kennedy, 1903

Characinae

69 *Galeocharax knerii* (Steindachner, 1879)

70 *Roeboides paranensis* Pignalberi, 1975

Cheirodontinae

71 *Odontostilbe* sp.

Glandulocaudinae

72 *Mimagoniates microlepis* (Steindachner, 1876)

ACESTRORHYNCHIDAE

73 *Acestrorhynchus lacustris* (Lütken, 1875)

CYNODONTIDAE

74 *Rhaphiodon vulpinus* Spix & Agassiz, 1829

ERYTHRINIDAE

75 *Hoplias* aff. *malabaricus* (Bloch, 1794)

76 *Hoplias lacerdae* Ribeiro, 1908.[2]

SILURIFORMES

CALLICHTHYIDAE

77 *Callichthys callichthys* (Linnaeus, 1758)

78 *Corydoras* cf. *paleatus* (Jenyns, 1842)

79 *Corydoras* sp. A

80 *Corydoras* sp. B

81 *Hoplosternum littorale* (Hancock, 1828)

LORICARIIDAE

Loricariinae

82 *Loricaria prolixa* Isbrücker & Nijssen, 1978

83 *Loricaria* sp.

84 *Loricariichthys platymetopon* Isbrücker & Nijssen, 1979

85 *Rineloricaria* sp.

Hypostominae

86 *Hypostomus ancistroides* (Ihering, 1911)

87 *Hypostomus* cf. *aspilogaster* (Cope, 1894)

88 *Hypostomus* cf. *auroguttatus* Kner, 1854

89 *Hypostomus commersoni* Valenciennes, 1836

90 *Hypostomus derbyi* (Haseman, 1911)

91 *Hypostomus hermani* (Ihering, 1905)

92 *Hypostomus margaritifer* (Regan, 1908)

93 *Hypostomus myersi* (Gosline, 1947)

94 *Hypostomus nigromaculatus* (Schubart, 1964)

95 *Hypostomus regani* (Ihering, 1905)

96 *Hypostomus strigaticeps* (Regan, 1908)

97 *Hypostomus* sp. A

98 *Hypostomus* sp. B

99 *Rhinelepis aspera* Spix & Agassiz, 1829

Ancistrinae

100 *Megalancistrus parananus* (Peters, 1881)

HEPTAPTERIDAE

101 *Pimelodella* sp.

102 *Rhamdia branneri* Haseman, 1911

103 *Rhamdia quelen* (Quoy & Gaimard, 1824)

104 *Rhamdia voulezi* Haseman, 1911

PIMELODIDAE

105 *Hypophthalmus edentatus* Spix & Agassiz, 1829

106 *Iheringichthys labrosus* (Lütken, 1874)

107 *Pimelodus heraldoi* Azpelicueta, 2001

108 *Pimelodus maculatus* Lacépède, 1803

109 *Pimelodus ornatus* Kner, 1858

110 *Pimelodus ortmanni* Haseman, 1911

111 *Pimelodus* sp.

112 *Pinirampus pirinampu* (Spix & Agassiz, 1829)

113 *Steindachneridion* sp.

DORADIDAE
114 *Pterodoras granulosus* (Valenciennes, 1821)
115 *Rhinodoras dorbignyi* (Kner, 1855)
AUCHENIPTERIDAE
116 *Ageneiosus valenciennesi* Bleeker, 1864
117 *Auchenipterus osteomystax* (Ribeiro, 1918)
118 *Glanidium ribeiroi* Haseman, 1911
119 *Tatia neivai* (Ihering, 1930)
120 *Tatia* sp.
121 *Trachelyopterus galeatus* (Linnaeus, 1766)
ICTALURIDAE
122 *Ictalurus punctatus* (Rafinesque, 1818)[3]
CLARIIDAE
123 *Clarias gariepinus* (Burchell, 1822)[4]

GYMNOTIFORMES

GYMNOTIDAE
124 *Gymnotus carapo* Linnaeus, 1758
125 *Gymnotus sylvius* Albert & Fernandes-Matioli, 1999
STERNOPYGIDAE
126 *Eigenmannia* sp.
127 *Sternopygus macrurus* (Bloch & Schneider, 1801)
RHAMPHICHTHYIDAE
128 *Rhamphichthys hahni* (Meiken, 1937)
APTERONOTIDAE
129 *Apteronotus* sp.

ATHERINIFORMES

ATHERINOPSIDAE
130 *Odontesthes bonariensis* (Valenciennes, 1835)[5]

CYPRINODONTIFORMES

POECILIIDAE
131 *Phalloceros caudimaculatus* (Hensel, 1868)

PERCIFORMES

SCIAENIDAE
132 *Plagioscion squamosissimus* (Heckel, 1840)

Anexo 1.   *Continuação...*

CICHLIDAE
133 *Astronotus ocellatus* (Agassiz, 1831)[6]
134 *Cichla monoculus* Spix & Agassiz, 1831[4]
135 *Cichlasoma* cf. *facetum* (Jenyns, 1842)
136 *Crenichla* sp.
137 *Crenicichla britskii* Kullander, 1982
138 *Crenicichla haroldoi* Luengo & Britski, 1974
139 *Crenicichla iguassuensis* Haseman, 1911
140 *Crenicichla niederleinii* (Holmberg, 1891)
141 *Geophagus brasiliensis* (Quoy & Gaimard, 1824)
142 *Oreochromis niloticus* (Linnaeus, 1758)[2]
143 *Satanoperca pappaterra* (Heckel, 1840)
144 *Tilapia rendalli* (Boulenger, 1897)[2]
CYPRINIDAE
146 *Ctenopharyngodon idella* (Valenciennes, 1844)[7]
147 *Cyprinus carpio* Linnaeus, 1758[8]
148 *Hypophthalmichthys molitrix* (Valenciennes, 1844)[5]
149 *Hypophthalmichthys nobilis* (Richardson, 1845)

1. Espécie originária do pantanal matogrossense.
2. Espécie originária da bacia do rio Ribeira do Iguape.
3. Espécie originária da América do Norte.
4. Espécie originária do rio Paraná inferior.
5. Espécie originária do rio Paraná inferior.
6. Espécie originária da Amazônia.
7. Espécie originária da China.
8. Espécie originária da Eurásia.

Capítulo 19

Características Reprodutivas de Espécies de *Astyanax* e Sucesso na Colonização de Reservatórios do Rio Iguaçu, PR

Dayani Bailly
Angelo Antonio Agostinho
Harumi Irene Suzuki
Elaine Antoniassi Luiz

Introdução

Os habitats fluviais, quando represados, sofrem mudanças drásticas, pois as barragens alteram a dinâmica da água e, por conseqüência, seus atributos físicos, químicos e biológicos (Agostinho & Gomes, 1997). Tais modificações influenciam o comportamento dos peixes, bem como o de outros componentes da biota, que, para sobreviver no novo ambiente, devem apresentar adaptações prévias às novas condições.

Durante o processo de colonização de reservatórios pela ictiofauna regional, verifica-se a diminuição de algumas populações que encontram restrições locais ao seu desenvolvimento, bem como o aumento daquelas que têm condições favoráveis para manifestar seu potencial de proliferação (Agostinho, 1992). Dessa maneira, aspectos ligados às estratégias reprodutivas e alimentares e às adaptações morfológicas ao novo ambiente são decisivos para o sucesso na colonização de reservatórios (Agostinho et al., 1999). Em relação à reprodução, é esperado que as limitações impostas pela estratégia adotada sejam altamente relevantes. Como estratégia reprodutiva entende-se o conjunto de características que as espécies devem apresentar para ter sucesso na reprodução, com o objetivo de garantir o equilíbrio da população (Vazzoler, 1996). Em geral, espécies de pequeno porte, com ovócitos pequenos e numerosos, são mais abundantes e, portanto, melhor sucedidas na ocupação de reservatórios (Agostinho et al., 1999).

Os lambaris do gênero *Astyanax* fazem parte do grupo das espécies de pequeno porte, sedentárias ou migradoras de curta distância e sem cuidado parental. Suzuki (1999) constatou que, dentro de cada grupo de estratégia reprodutiva, algumas espécies têm mais sucesso na colonização de ambientes represados e que isso pode estar relacionado ao substrato onde o ovo é depositado e à necessidade de ambientes lóticos para completar a reprodução. Nesse contexto, procurou-se avaliar as relações existentes entre as estratégias reprodutivas de espécies do gênero *Astyanax* e o sucesso na colonização de ambientes represados na bacia do rio Iguaçu utilizando características bionômicas relacionadas às gônadas, aos gametas e ao comprimento como indicadoras de estratégia. Especificamente são avaliados a abundância das espécies em diversos reservatórios, alguns atributos da estratégia reprodutiva (diâmetro dos ovócitos, fecundidade relativa, relação gonadossomática e comprimento-padrão máximo) e a abundância por categoria de atributo. Com essa abordagem, espera-se refinar o que foi encontrado por Suzuki (1999) e Agostinho et al. (1999), considerando apenas um gênero com o objetivo de minimizar o efeito filogenético nas estratégias apresentadas.

A Bacia do Rio Iguaçu

A bacia do rio Iguaçu, a maior do Estado do Paraná, abrange uma área de cerca de 72.000 km^2, com extensão de aproximadamente 1.060 km desde sua nascente na Serra do Mar até sua foz, no rio Paraná (Centrais Elétricas do Sul do Brasil S.A. (Eletrosul), 1978; Júlio Jr. et al., 1997). O rio Iguaçu, por ser um rio de planalto em seus trechos médio e inferior, se destaca por seu alto desnível, tornando-se apropriado para o aproveitamento hidrelétrico. Sendo assim, seu curso sofreu, ao longo dos últimos anos, alterações decorrentes da formação de cinco grandes reservatórios (Salto Osório, Foz do Areia, Salto Santiago, Salto Segredo e Salto Caxias) e vários pequenos em seus tributários (Usina Júlio Mesquita Filho, Cavernoso, Jordão, Curucaca, Salto do Vau, Passaúna, Piraquara e Iraí).

A fauna de peixes dessa bacia se caracteriza pelo elevado grau de endemismo em razão do isolamento provocado pelo surgimento das cataratas do Iguaçu (Severi & Cordeiro, 1994; Agostinho et al., 1997; Garavello et al., 1997). Dentre as espécies endêmicas estão *Astyanax* sp. B, *Astyanax* sp. C, *Astyanax* sp. E, *Astyanax* sp. D e *Astyanax* sp. F, que, juntamente com *Astyanax altiparanae*, são as representantes do gênero neste estudo. As espécies sem denominações específicas estão sendo descritas e parátipos foram depositados no Museu de Ictiologia do Nupélia (Núcleo de Pesquisas em Limnologia, Ictiologia e Aqüicultura).

Variações Espaciais na Abundância

As coletas foram realizadas nos trechos mais lacustres (próximos à barragem) em 13 reservatórios do rio Iguaçu, durante os meses de julho e novembro de 2001. Foram utilizadas redes de espera de diferentes malhagens (de 2,4 a 14,0 cm entre-nós não adjacentes), expostas por um período de 24 horas, com despescas nos períodos da manhã, tarde e noite. A abundância das espécies foi expressa em captura por unidade de esforço (CPUE), ou seja, número de indivíduos por 1.000 m² de rede em 24 horas.

Astyanax sp. B e *Astyanax* sp. C ocorreram em todos os reservatórios da bacia e foram também as espécies mais abundantes. Elas apresentaram os maiores valores de captura nos reservatórios de Salto Caxias e Iraí, respectivamente. *A. altiparanae* e *Astyanax* sp. E ocorreram em 8 dos 13 reservatórios amostrados, sendo mais abundantes em Salto Caxias. *Astyanax* sp. F foi capturado em 9 reservatórios e os maiores valores de captura foram registrados em Salto Santiago. *Astyanax* sp. D ocorreu apenas em Iraí e Passaúna, com capturas muito baixas nos dois reservatórios (Figura 1).

Atributos da Estratégia Reprodutiva

Os atributos da estratégia reprodutiva avaliados foram: (a) diâmetro médio dos ovócitos (mm), estimado com base na medida de 20 ovócitos do lote de maior diâmetro de ovários maduros; (b) fecundidade relativa, expressa como o número de ovócitos por grama do peixe, considerando os exemplares com maior relação gonadossomática; (c) relação gonadossomática, expressa como o porcentual que o peso das gônadas representa do peso total; e (d) comprimento-padrão máximo (cm). Os valores do diâmetro médio dos ovócitos, da fecundidade relativa, da relação gonadossomática (RGS) e do comprimento-padrão máximo de cada espécie foram distribuídos em 3 classes (menores, intermediários e maiores), sendo os intervalos entre cada classe obtidos a partir da diferença entre o maior e o menor valor de cada uma das variáveis e dividindo-se o resultado por três. Assim, para o diâmetro de ovócitos as classes foram D1 (678,5 a 859,6 µm), D2 (859,7 a 1040,6 µm) e D3 (1040,7 a 1221,7 µm); para a fecundidade relativa, F1 (99,3 a 297,9 ovócitos/g), F2 (298,0 a 496,7 ovócitos/g) e F3 (496,8 a 695,2 ovócitos/g); para a RGS, R1 (17,6 a 19,5%), R2 (19,6 a 21,4%) e R3 (21,5 a 23,3%); e para o comprimento-padrão máximo, L1 (10,3 a 12,1 cm), L2 (12,2 a 13,8 cm) e L3 (13,9 a 15,6 cm). A Tabela 1 mostra os valores dessas variáveis para cada espécie.

Em geral, as espécies do gênero *Astyanax* são de pequeno porte e se caracterizam por apresentar ovócitos pequenos, elevada fecundidade relativa, rápido desenvolvimento, fertilização externa e ausência de cuidado parental, atributos que possibilitam a essas espécies rápida colonização de novos ambientes e amplo predomínio sobre as demais (Agostinho et al., 1999). O predomínio de tetragonopteríneos, geralmente de ovócitos menores, também foi observado em outros reservatórios (Castro & Arcifa, 1987; Arcifa et al., 1988; Amaral, 1993).

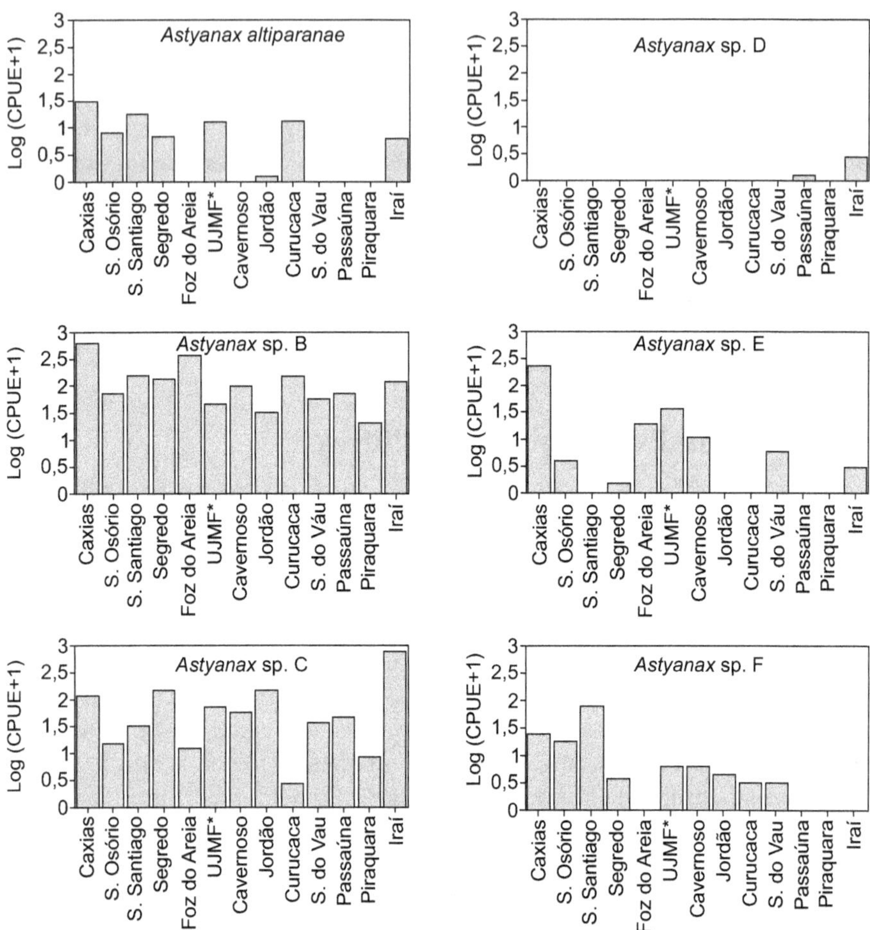

Figura 1 –   Captura por unidade de esforço (CPUE) para as diferentes espécies nos reservatórios da bacia do rio Iguaçu. UJMF = Usina Julio Mesquita Filho.

Abundância das Espécies por Atributo

Para verificar se a média da abundância das espécies nas diferentes categorias de diâmetro de ovócito, fecundidade relativa, RGS e comprimento-padrão máximo diferiram, foi aplicada uma análise de variância (ANOVA unifatorial) utilizando modelos nulos (5.000 randomizações – ECOSIM) (Gotelli & Entsminger, 2001) sobre os valores da CPUE.

Tabela 1 – Valores dos atributos de estratégia reprodutiva para as diferentes espécies do gênero *Astyanax*. D = classes de diâmetro; F = classes de fecundidade; R = classes de RGS; L = classes de comprimento-padrão máximo.

Espécies	Diâmetro médio de ovócitos (µm)	D	Fecundidade relativa (nº ovócitos/g)	F	RGS máximo	R	Comprimento-padrão máximo (cm)	L
A. altiparanae	687,23	D1	695,32	F3	17,6	R1	11,5	L1
A styanax sp. B	1032,23	D2	239,18	F1	23,3	R3	14,0	L3
A styanax sp. C	786,09	D1	443,9	F2	20,1	R2	11,0	L1
A styanax sp. D	678,5	D1	325,56	F2	19,34	R1	12,5	L2
A styanax sp. E	849,27	D1	327,15	F2	18,1	R1	10,3	L1
A styanax sp. F	1221,75	D3	99,31	F1	18,9	R1	15,6	L3

A ANOVA unifatorial mostrou diferenças significativas para as médias de diâmetro de ovócitos (F = 13,10; p < 0,01), RGS (F = 17,60; p < 0,01) e comprimento-padrão máximo (F = 3,87; p = 0,02). Espécies com tamanhos intermediários de ovócitos foram as mais abundantes na bacia, seguidas daquelas com ovócitos pequenos e, finalmente, das que produzem os maiores ovócitos (Figura 2a). Aquelas com maiores valores médios de RGS foram as mais abundantes (Figura 2c). O fato de essas espécies apresentarem as gônadas proporcionalmente maiores e mais pesadas indica alocação proporcionalmente maior de energia e matéria para a reprodução. As espécies com maior comprimento-padrão foram mais abundantes que aquelas de menor tamanho corporal (Figura 2d). Já em relação à fecundidade relativa, a tendência das espécies produtoras de menor número de ovócitos serem mais abundantes não foi significativa (Figura 2b) (F = 2,69; p = 0,07).

Dessa maneira, os resultados encontrados para o gênero *Astyanax*, excetuando-se a relação gonadossomática (Figura 2c), não concordam com a generalização apresentada por Agostinho et al. (1999), segundo a qual espécies com ovócitos pequenos (Figura 2a) e numerosos (Figura 2b) e de tamanho corporal menor (Figura 2d) são, geralmente, mais abundantes e, portanto, melhor sucedidas na ocupação de reservatórios. Bailly et al. (2001), por exemplo, mostraram em estudos realizados no reservatório de Corumbá (rio Corumbá, Goiás), durante os primeiros anos de sua formação, que as espécies de *Astyanax* melhor sucedidas foram A. *altiparanae* e A. *fasciatus*, com menores diâmetros de ovócitos e maiores fecundidades e valores de RGS.

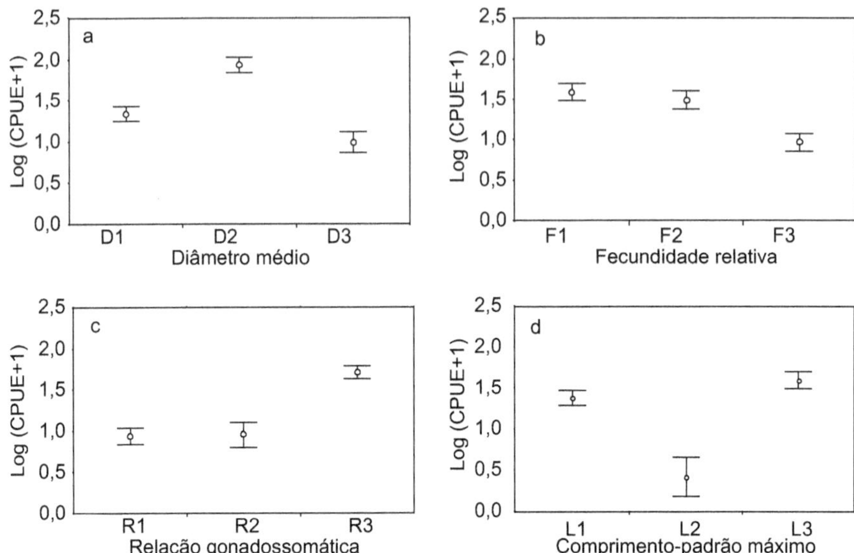

Figura 2 – Média ± erro-padrão da CPUE (indivíduos/1.000m² rede/24 h) das espécies do gênero *Astyanax* na bacia do rio Iguaçu nas distintas classes de diâmetro (a), fecundidade relativa (b), relação gonadossomática (c) e comprimento-padrão máximo (d). Notações na abcissa se relacionam à ordem crescente da variável considerada (ver texto para detalhes).

Isso pode ser explicado pelo fato de que, durante a desova, peixes com altas fecundidades lançam grande número de ovos, aumentando, assim, as chances de que maior número destes se desenvolva com sucesso e, conseqüentemente, o número de descendentes seja maior. Suzuki (1999) verificou que, dentre os lambaris do rio Iguaçu (gêneros *Astyanax* e *Psalidodon*), o *Astyanax* sp. C, com menor ovócito, alta fecundidade e menor tamanho corporal, foi a espécie mais abundante nos primeiros anos da formação do reservatório de Segredo, enquanto em um reservatório mais antigo (Foz do Areia), o *Astyanax* sp. B foi dominante.

Lamas (1993) sugere que, em ambientes instáveis, as espécies com fecundidades elevadas sejam mais abundantes em decorrência de um efeito compensatório relacionado à alta mortalidade natural que ocorre em razão das alterações no curso da água e da insuficiência de alimento. Wootton (1991) relata que espécies com ovócitos pequenos seriam mais efetivas na reprodução e que a tendência evolutiva em peixes seria a diminuição do tamanho do ovo, com conseqüente aumento da fecundidade.

A fecundidade e o diâmetro dos ovócitos são grandezas que tendem a estar inversamente relacionadas (Duarte & Alcaraz, 1989; Adebisi, 1990). Sendo assim, espécies com ovócitos pequenos são as mais fecundas. Em relação ao comprimento, é esperado que peixes de menor tamanho corporal sejam melhor sucedidos na colonização de reservatórios por terem rápido ciclo de vida, alta taxa de renovação e atingirem mais rapidamente a maturidade sexual. Espécies com ovócitos pequenos e numerosos e com estratégias reprodutivas simples parecem prosperar na colonização de reservatórios recém-formados, e aquelas com estratégias mais elaboradas começam obter vantagem com o amadurecimento desse ambiente (Agostinho et al., 1999). Os *Astyanax*, portadores das primeiras características, obtiveram maior sucesso na ocupação inicial do reservatório de Segredo, quando comparados a espécies de outros gêneros, como, por exemplo, *Hypostomus myersi*, *Ancistrus* sp. e *Glanidium ribeiroi* (Agostinho et al., 1997; Suzuki, 1999), de tamanho corporal maior, ovócitos grandes (4,19 mm, 3,52 mm e 2,84 mm, respectivamente) e baixas fecundidades relativas (2,09, 3,06 e 5,72 ovócitos/g de peixe, respectivamente) (Suzuki, 1999). Ressalta-se a importância de retirar o efeito do tamanho corporal (fecundidade relativa) para fazer comparações entre dados de fecundidade, visto que, à medida que os peixes aumentam em tamanho, há aumento relativo dos ovários e, por conseqüência, das fecundidades (Lowe-Mcconnell, 1999; Wootton, 1991).

As variações entre os atributos de estratégia reprodutiva se mostraram pouco pronunciadas entre as espécies analisadas, sendo o fato esperado dado o caráter monofilético do grupo. É, portanto, possível que todas as espécies tenham características de reprodução apropriadas à colonização de novos ambientes e que as diferenças no sucesso desse processo sejam influenciadas por restrições a outras estratégias não ligadas diretamente à reprodução. Os resultados obtidos neste estudo decorreram das elevadas capturas de *Astyanax* sp. B, com diâmetro de ovócitos intermediário, baixa fecundidade, elevada RGS e tamanho maior. Essa espécie parece ter encontrado, na maioria dos reservatórios do rio Iguaçu e de seus tributários, grande disponibilidade de alimento, abrigo e condições não limitantes à reprodução. Estudos realizados sobre a ecologia alimentar dessa espécie no trecho médio da bacia do rio Iguaçu mostraram que *Astyanax* sp. B apresenta alta plasticidade alimentar e utiliza recursos alimentares temporariamente disponíveis, caracterizando comportamento oportunista que confere à espécie maior sucesso na colonização de novos ambientes (Fugi, 1998; ver Capítulo 15).

Por outro lado, os reservatórios estudados têm idades distintas e, com exceção dos de Caxias, Segredo, Jordão e Iraí, todos têm mais de 20 anos desde sua formação. Nos reservatórios mais recentes (Iraí, Jordão e Segredo), excetuando-se Salto Caxias, a espécie predominante foi *Astyanax* sp. C. Essa espécie é a de maior fecundidade relativa entre os *Astyanax* endêmicos do rio Iguaçu. Em Salto Caxias se observou uma explosão de *A. altiparanae* (maior fecundidade e menor diâmetro de ovócitos) nos primeiros meses da formação do reservatório, sendo subseqüentemente substituída por outras do gênero (Universidade Estadual de

Maringá, Nupélia/Copel, 2002). Estudos baseados em DNA e em marcadores RAPD indicaram que essa espécie foi introduzida na bacia (Prioli et al., 2002) e que, portanto, não compartilha a mesma história evolutiva com as demais espécies.

Considerações Finais

A partir desses resultados conclui-se que espécies com ovócitos pequenos e numerosos predominam apenas nas fases iniciais da colonização, sendo substituídas por outras nas fases seguintes. A elevada fecundidade poderia favorecer a espécie na velocidade de ocupação do ambiente recém-represado. Entretanto, com o tempo, outras características, como maior capacidade competitiva, podem atuar. Assim, em uma escala temporal mais prolongada, além das características reprodutivas, outras devem interagir.

No geral, espécies com estratégias reprodutivas e alimentares mais especializadas tendem a apresentar redução e até mesmo eliminação em ambientes represados. Já a explosão de outras pode estar ligada às características generalistas que permitem à espécie explorar com maior eficiência os recursos.

Referências Bibliográficas

ADEBISI, A. A. A mathematical expression for the estimation of relative fish fecundity using oocyte size. *Revista de Biologia Tropical*, San Jose, Costa Rica, v. 38, n. 2a, p. 323-324, nov. 1990.

AGOSTINHO, A. A. Manejo de recursos pesqueiros em reservatórios. In: AGOSTINHO, A. A.; BENEDITO-CECÍLIO, E. (Ed.). *Situação atual e perspectivas da ictiologia no Brasil (Documentos do IX Encontro Brasileiro de Ictiologia)*. Maringá: EDUEM, 1992. cap. 12, p. 106-121.

AGOSTINHO, A. A.; BINI, L. M.; GOMES, L. C. Ecologia de comunidades de peixes da área de influência do reservatório de Segredo. In: AGOSTINHO, A. A.; GOMES, L. C. (Eds.). *Reservatório de Segredo*: bases ecológicas para o manejo. Maringá: EDUEM, 1997. cap. 6, p. 97-111.

AGOSTINHO, A. A.; GOMES, L. C. Manejo e monitoramento de recursos pesqueiros: perspectivas para o reservatório de Segredo. In: AGOSTINHO, A. A.; GOMES, L. C. (Ed.). *Reservatório de Segredo*: bases ecológicas para o manejo. Maringá: EDUEM, 1997. cap. 17, p.319-364.

AGOSTINHO, A. A. et al. Patterns of colonization in neotropical reservoirs, and prognoses on aging. In: TUNDISI, J. G.; STRAŠKRABA, M. (Eds.). *Theoretical reservoir ecology and its applications*. São Carlos: International Institute of Ecology; Leiden, The Netherlands: Backhuys Publishers; Rio de Janeiro: Brazilian Academy of Sciences, 1999. p. 227-265.

AMARAL, B. D. *Habitats e fatores ambientais relacionados às comunidades de peixes do reservatório da UHE Mário Lopes Leão, Promissão (SP)*. 1993. 90 f. Trabalho de Conclusão de Curso (Graduação em Ecologia) – Instituto de Biociências, Universidade Estadual Paulista, Rio Claro.

ARCIFA, M. S.; FROEHLICH, O; NORTHCOTE, T. G. Distribution and feeding ecology of fishes in a tropical brazilian reservoir. *Memórias de la Sociedad de Ciencias Naturales La Salle*, Caracas, v. 48, p. 301-326, 1988. Suplemento.

BAILLY, D. et al. Diâmetro dos ovócitos de quatro espécies de *Astyanax* e sucesso na ocupação do reservatório de Corumbá, GO. In: ENCONTRO BRASILEIRO DE ICTIOLOGIA, 14., 2001, São Leopoldo. *Resumos...* São Leopoldo: UNISINOS: SBI, 2001. 1 CD-ROM.

CASTRO, R. M. C.; ARCIFA, M. S. Comunidades de peixes de reservatórios no sul do Brasil. *Revista Brasileira de Biologia*, Rio de Janeiro, v. 47, n. 4, p. 493-500, nov. 1987.

CENTRAIS ELÉTRICAS DO SUL DO BRASIL S.A. (ELETROSUL). *Termoelétricas e meio ambiente*: o impacto ambiental da ação do homem sobre a natureza. Preparado por M. P. de Godoy e C. A. R. Seara. Florianópolis, 1978. 45 p.

DUARTE, C. M.; ALCARAZ, M. To produce many small or few large eggs: a size-independent reproductive tactic of fish. *Oecologia*, New York, v. 80, n. 3, p. 401-404, 1989.

FUGI, R. *Ecologia alimentar de espécies endêmicas de lambaris do trecho médio da bacia do rio Iguaçu*. 1998. 88 f. Tese (Doutorado em Ecologia e Recursos Naturais) – Centro de Ciências Biológicas e da Saúde, Universidade Federal de São Carlos, São Carlos.

GARAVELLO, J. C.; PAVANELLI, C. S.; SUZUKI, H. I. Caracterização da ictiofauna do rio Iguaçu In: AGOSTINHO, A. A.; GOMES, L. C. (Eds.). *Reservatório de Segredo*: bases ecológicas para o manejo. Maringá: EDUEM, 1997. cap. 4, p. 61-84.

GOTELLI, N. J.; ENTSMINGER, G. L. *EcoSim*: null models software for ecology. Version 7.0. Jericho: Acquired Intelligence Inc. & Kesey-Bear, 2001. Disponível em: <http://homepages.together.net/~gentsmin/ecosim.htm>.

JÚLIO JÚNIOR, H. F.; BONECKER, C. C.; AGOSTINHO, A. A. Reservatório de Segredo e sua inserção na bacia do rio Iguaçu. In: AGOSTINHO, A. A.; GOMES, L. C. (Eds.). *Reservatório de Segredo*: bases ecológicas para o manejo. Maringá: EDUEM, 1997. cap. 1, p. 1-17.

LAMAS, I. R. *Análise de características reprodutivas de peixes brasileiros de água doce, com ênfase no local de desova*. 1993. 72 f. Dissertação (Mestrado em Ecologia, Conservação e Manejo de Vida Silvestre) – Departamento de Ciências Biológicas, Universidade Federal de Minas Gerais, Belo Horizonte.

LOWE-McCCONNELL, R. H. *Estudos ecológicos de comunidades de peixes tropicais*. Tradução de: A. E. A. de M. Vazzoler, A. A. Agostinho, P. T. M. Cunningham. São Paulo: EDUSP, 1999. 534 p. (Coleção Base).

PRIOLI, S. M. A. P. et al. Identification of *Astyanax altiparanae* (Teleostei, Characidae) in the Iguaçu river, Brazil, based on mitochondrial DNA and RAPD markers. *Genetics and Molecular Biology*, Ribeirão Preto, v. 25, n. 4, p. 421-430, Dec. 2002.

SEVERI, W.; CORDEIRO, A. A. de M. *Catálogo de peixes da bacia do rio Iguaçu*. Curitiba: IAP/GTZ, 1994. 118 p.

SUZUKI, H. I. *Estratégias reprodutivas de peixes relacionadas ao sucesso na colonização em dois reservatórios do rio Iguaçu, PR, Brasil*. 1999. 97 f. Tese (Doutorado em Ecologia e Recursos Naturais) – Centro de Ciências Biológicas e da Saúde, Universidade Federal de São Carlos, São Carlos.

UNIVERSIDADE ESTADUAL DE MARINGÁ. Nupélia/Copel. *Reservatório de Salto Caxias*: bases ecológicas para manejo . Maringá, 2002. 272 p. (Relatório final).

VAZZOLER, A. E. A. de M. *Biologia da reprodução de peixes teleósteos*: teoria e prática. Maringá: EDUEM; São Paulo: SBI, 1996, 169 p.

WOOTTON, R. J. *Ecology of teleost fishes*. 1st ed. London: New York: Chapman & Hall, 1991. 404 p. (Fish and fisheries series, 1).

Capítulo 20

Ocorrência e Abundância de Larvas e Juvenis de Peixes em Reservatórios

Keshiyu Nakatani
Andréa Bialetzki
Miriam Santin
Renato Ziliani Borges
Luciana Fugimoto Assakawa
Simoni Ramalho Ziober
Darlon Kipper
André Vieira Galuch
Mirian Rodrigues Suiberto

Introdução

A construção de reservatórios é uma das mais antigas intervenções humanas nos sistemas naturais e tem sido uma importante atividade no Brasil nas últimas décadas (Tundisi, 1999). Esse fato decorre das condições encontradas nos mais diversos sistemas fluviais, que favorecem os represamentos de água para múltiplos fins, como abastecimento, produção de energia elétrica, irrigação, navegação, recreação, saneamento, entre outros (Paiva, 1982).

Os reservatórios podem ser considerados sistemas intermediários entre rios e lagos naturais, cujos processos podem ser mais complexos e variáveis que os desses ambientes (Agostinho, 1992). Do ponto de vista biológico, os reservatórios constituem uma rede interativa dinâmica e complexa entre os organismos (espécies, populações e comunidades) e o seu ambiente físico-químico, resultante de permanentes processos de respostas às funções de forças climatológicas e aos efeitos produzidos pela manipulação do sistema na barragem (Tundisi, 1999).

Juntamente com os reservatórios, os ambientes represados apresentam heterogeneidade de situações, como áreas alagadas, entrada de tributários e descontinuidades verticais e horizontais, que aliadas à natureza recente e instável de suas comunidades tornam as atividades de manejo nesses ambientes complexas (Agostinho, 1992). Entre os principais problemas encontrados nessas atividades se destacam, principalmente, a eutrofização e o baixo rendimento pesqueiro, que atualmente são abordados com base nos paradigmas da teia alimentar, em especial, os fluxos ascendentes (mecanismos *bottom-up*) e descendentes (mecanismos *top-down*) (Winemiller & Polis, 1996c).

As larvas de peixes são importantes consumidoras nos ambientes aquáticos, realizando a transferência da produção primária para níveis tróficos mais elevados. Embora pouco se conheça sobre seus hábitos, exigências e adaptações alimentares, sabe-se que diversos grupos de microorganismos aquáticos (tanto produtores quanto consumidores) lhes servem de alimento. Se considerarmos que as larvas de peixes podem apresentar elevadas taxas de consumo, que muitas vezes podem exceder sua própria biomassa (Post, 1990), a compreensão dos mecanismos de interação entre elas e suas presas pode ser a chave para o entendimento do crescimento larval, da sobrevivência e da estrutura da cadeia alimentar.

Neste capítulo são apresentados os resultados da amostragem realizada em 31 reservatórios paranaenses. Procurou-se discutir a distribuição e a abundância de larvas e juvenis de peixes em toda a taxocenose, obtendo, portanto, evidências de locais de desova coletiva e a composição taxonômica, além de discutir também aspectos da alimentação de larvas em dois reservatórios.

Resultados e Discussão

Distribuição e abundância

As coletas de larvas e juvenis de peixes foram realizadas durante duas amostragens realizadas em julho e novembro de 2001, em reservatórios localizados nas bacias dos rios Tibagi, Paranapanema, Iguaçu, Piquiri e Ivaí e na bacia do Leste (ver Capítulo 1). Em decorrência do fato de esses organismos diferirem em tamanho, distribuição horizontal, comportamento, disponibilidade temporal e susceptibilidade aos vários aparelhos de captura, foram utilizados dois tipos de amostragens: (a) na região limnética – onde foram realizadas uma coleta diurna e outra noturna utilizando rede de plâncton, a qual foi arrastada na subsuperfície da água; e (b) na região litorânea – utilizando arrasto do tipo picaré, o qual foi operado em direção à margem durante duas coletas, uma ao anoitecer e outra noturna (para outros detalhes sobre os aparelhos de captura ver Nakatani et al. (2001)).

Os padrões de distribuição espacial e temporal de larvas e juvenis de peixes são influenciados por uma combinação de fatores bióticos (por exemplo, épocas e áreas de desova, abundância sazonal de adultos e larvas, preferências ambientais, disponibilidade de alimento adequado, predadores e comportamento larval) e abióticos (como hidrografia, climatologia, temperatura, estratificação e direção de fluxo) (Norcross & Shaw, 1984) que visam a aumentar as chances de sobrevivência da prole.

Ao longo das amostragens foram obtidas 839 larvas e 1.592 juvenis. O número de larvas encontrado foi relativamente baixo e em nenhum reservatório foi constatada a presença de ovos. De acordo com Suzuki et al. (ver Capítulo 18), 89,3% das espécies capturadas nesses reservatórios apresentam hábito sedentário, sendo incluídas nesse porcentual aquelas que têm rápido desenvolvimento embrionário (lambaris), constroem ninhos (traíras), colocam ovos demersais ou aderentes ou apresentam algum cuidado parental (ciclídeos), o que contribui para a redução de indivíduos (ovos e larvas) no plâncton (Nakatani et al., 1997), além de dificultar sua amostragem.

As larvas foram encontradas tanto na região limnética quanto na litorânea, sendo as maiores abundâncias registradas nos reservatórios das bacias dos rios Paranapanema e Piquiri, no mês de novembro (Figura 1a-c), coincidindo com o período reprodutivo dos adultos, como encontrado por Vazzoler (1996), que relata que a maioria dos peixes teleósteos de água doce apresenta maior intensidade reprodutiva entre outubro e fevereiro.

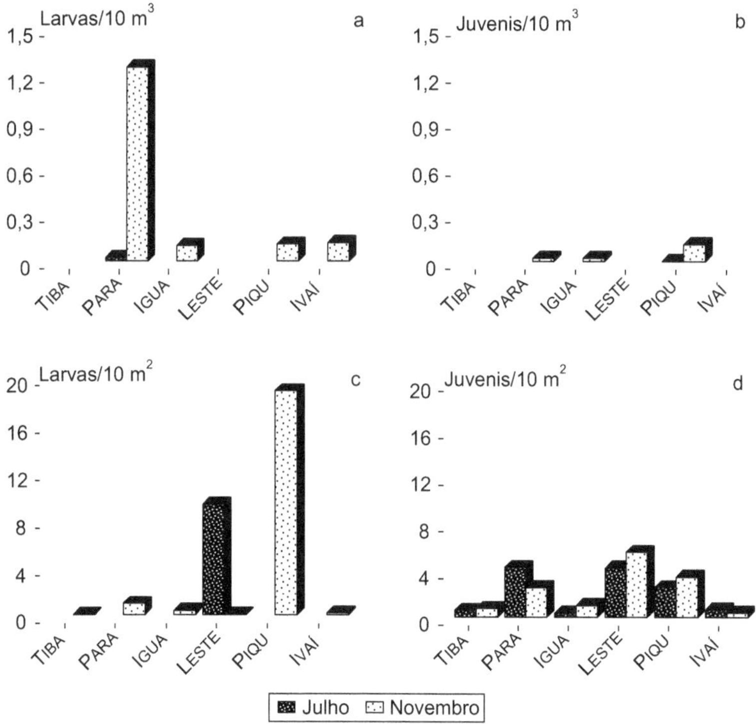

Figura 1 – Distribuição espacial e temporal de larvas e juvenis de peixes capturados nas regiões limnética (a e b) e litorânea (c e d) dos reservatórios do Estado do Paraná durante os meses de julho e novembro de 2001 (TIBA = bacia do Tibagi; PARA = bacia do Paranapanema; IGUA = bacia do Iguaçu; LESTE = bacia do Leste; PIQU = bacia do Piquiri; e IVAÍ = bacia do Ivaí).

No entanto, a bacia do Leste foi uma exceção, com grande ocorrência registrada em julho, possivelmente relacionada à reprodução de espécies oportunistas ou sedentárias, que apresentam período de desova mais prolongado que as demais espécies de peixes (Castro et al., 2002), ou podem ser larvas provenientes de desovas ocorridas em períodos anteriores ao amostrado.

Em função de apresentarem maior escape à rede de plâncton e também melhor capacidade natatória, o que lhes permite explorar diferentes habitats, os juvenis foram encontrados principalmente na região litorânea dos reservatórios da bacia do Leste e dos rios Paranapanema e Piquiri, independentemente do mês (Figura 1 B-D). A época e o local em que os indivíduos juvenis são encontrados fornecem uma idéia sobre o processo de recrutamento no ambiente (Benedito-Cecilio & Agostinho, 1997). No caso dos reservatórios estudados, parece que o recrutamento ocorre continuamente ao longo do ano.

Larvas e juvenis foram capturados, principalmente, entre o anoitecer (18h30) e o período noturno (20h30 e 22 horas) (Figura 2a-d), demonstrando que esses organismos apresentam maior movimentação durante esses horários, provavelmente buscando evitar predadores visuais ou mesmo atraídos pela maior disponibilidade alimentar oferecida nesse período. Santin et al. (no prelo), estudando a dieta de larvas de *Astyanax janeiroensis* no reservatório de Guaricana, verificaram que a maior captura no horário das 18h30 está relacionada à busca de alimento ao entardecer.

Composição taxonômica

Na identificação das larvas e juvenis encontrados nos reservatórios foi aplicada a técnica de seqüência regressiva de desenvolvimento, conforme preconizado por Ahlstrom & Moser (1976) e Nakatani et al. (2001), utilizando como caracteres a forma do corpo, a presença de barbilhões, a seqüência de formação das nadadeiras, a posição relativa da abertura anal em relação ao corpo, o número de vértebras/miômeros e os raios das nadadeiras.

A identificação de larvas de peixes é uma tarefa difícil e complexa em razão da similaridade morfológica entre as espécies no início do desenvolvimento e da carência de chaves de identificação e de literatura especializada. Em decorrência disso, nem todas as larvas capturadas puderam ser identificadas ao menos em nível de gênero (cerca de 12%), permanecendo em nível de ordem, família ou mesmo como não identificadas.

Cinqüenta grupos taxonômicos pertencentes a cinco ordens foram identificados entre as larvas e os juvenis. A ordem Characiformes foi a que apresentou maior número de grupos (63%), seguida pelos Siluriformes (18%).

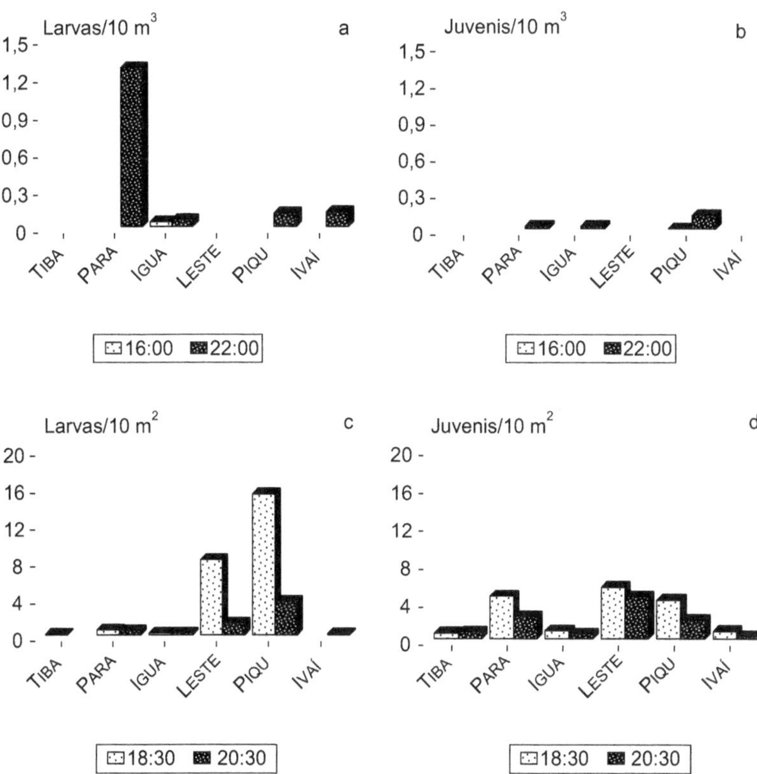

Figura 2 – Distribuição nictemeral de larvas e juvenis de peixes capturados nas regiões limnética (a e b) e litorânea (c e d) dos reservatórios do Estado do Paraná, durante os meses de julho e novembro de 2001. (Legenda ver Figura 1.)

Esse resultado pode ser reflexo da menor disponibilidade de substratos encontrada nos reservatórios, o que pode afetar mais intensamente os Siluriformes que os Characiformes, que são espécies que vivem na coluna d'água (Araújo & Santos, 2001). Larvas e juvenis de espécies exóticas foram encontradas somente na ordem Perciformes (*Plagioscion squamosissimus* e *Tilapia rendalli*) (Tabela 1). Luiz et al. (ver Capítulo 14) encontraram entre os adultos 149 espécies, ou seja, praticamente duas vezes mais que o encontrado entre larvas e juvenis. Essa discrepância pode estar associada tanto à ineficiência amostral como ao tipo de estratégia reprodutiva utilizada pelas espécies, como já discutido anteriormente.

Somente na região limnética das bacias dos rios Paranapanema, Iguaçu, Piquiri e Ivaí foram encontradas larvas, sendo as maiores abundâncias registradas para *Hypophthalmus edentatus*, Characiformes e *Bryconamericus stramineus*, todas na bacia do rio Paranapanema. A ocorrência de juvenis nessa região foi limitada a *Apareiodon affinis* e *Tatia* sp., que ocorreram, respectivamente, nas bacias dos rios Paranapanema e Iguaçu (Figura 3).

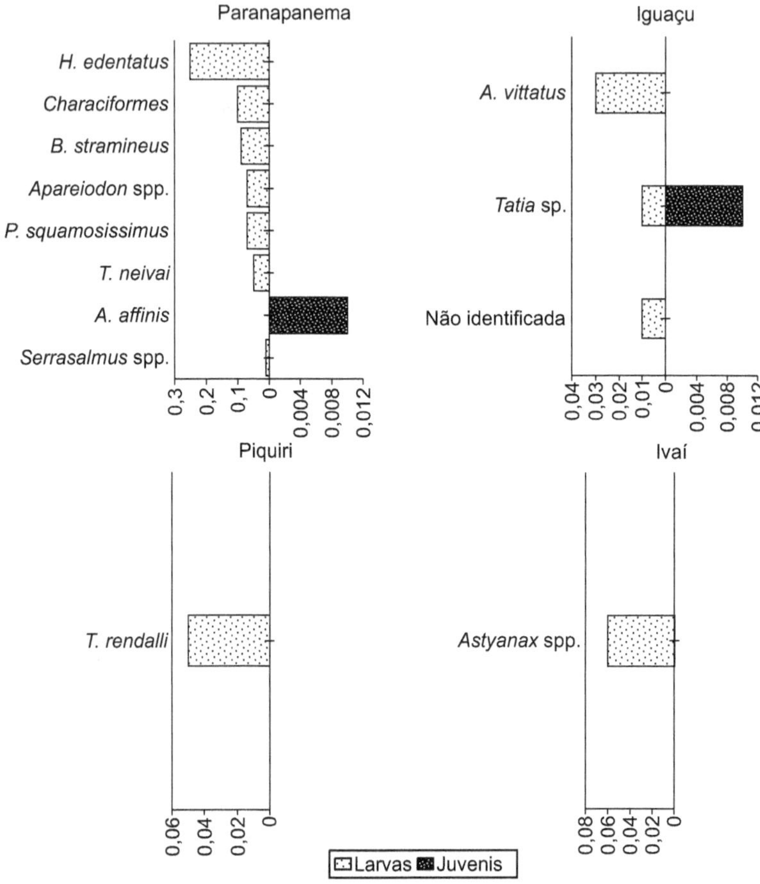

Figura 3 – Grupos taxonômicos de larvas e juvenis de peixes (densidade média/10 m³) obtidos na região limnética dos reservatórios das bacias dos rios Paranapanema, Iguaçu, Piquiri e Ivaí, durante os meses de julho e novembro de 2001.

A maior diversidade de larvas e juvenis foi encontrada na região litorânea, possivelmente em função da maior disponibilidade alimentar e de abrigos encontrada nessa região ou mesmo por ela estar servindo de local de reprodução para espécies que constroem ninhos. Os reservatórios das bacias dos rios Paranapanema e Iguaçu foram os que apresentaram o maior número de grupos taxonômicos, 19 e 18, respectivamente (Figura 4).

Tabela 1 – Lista dos grupos taxonômicos de larvas e juvenis de peixes encontrados em 31 reservatórios do Estado do Paraná. Enquadramento baseado em Reis et al. (2003).

Grupo taxonômico	Larva	Juvenil	Grupo taxonômico	Larva	Juvenil
*Characiformes	●		Erythrinidae		
Parodontidae			*Hoplias* aff. *malabaricus*		●
Apareiodon affinis		●	Siluriformes		
Apareiodon piracicabae		●	Callichthyidae		
Apareiodon vittatus	●	●	*Corydoras* sp. A		●
Apareiodon spp.	●		*Corydoras* sp. B		●
Curimatidae			Loricariidae		
Steindachnerina insculpta		●	Loricariinae		
**Anostomidae	●		*Rineloricaria* sp.		●
Characidae			Hypostominae		
Astyanax altiparanae		●	*Hypostomus* spp.		●
Astyanax fasciatus		●	Pimelodidae		
Astyanax janeiroensis	●	●	*Hypophthalmus edentatus*	●	
Astyanax scabripinnis		●	*Pimelodus ortmanni*		●
Astyanax spp.	●	●	Auchenipteridae		
Astyanax sp. B		●	*Glanidium ribeiroi*		●
Astyanax sp. C		●	*Tatia neivai*	●	●
Astyanax sp. E		●	*Tatia* sp.	●	●
Astyanax sp. F		●	Gymnotiformes		
Bryconamericus iheringii	●	●	Gymnotidae		
Bryconamericus stramineus	●	●	*Gymnotus sylvius*		●
Bryconamericus sp. A		●	Sternopygidae		
Bryconamericus sp. C		●	*Eigenmannia* sp.	●	
Bryconamericus sp. D		●	Cyprinodontiformes		
Deuterodon iguape		●	Poeciliidae		
Deuterodon sp. C		●	*Phalloceros caudimaculatus*		●
Hyphessobrycon eques		●	Perciformes		
Oligosarcus longirostris		●	Sciaenidae		
Oligosarcus paranensis		●	*Plagioscion squamosissimus*	●	●
Psalidodon sp.		●	**Cichlidae	●	

Tabela 1 – *Continuação...*

Grupo taxonômico	Larva	Juvenil	Grupo taxonômico	Larva	Juvenil
Serrasalminae			*Crenicichla haroldoi*		●
Serrasalmus spp.	●		*Geophagus brasiliensis*		●
Characinae			*Tilapia rendalli*	●	●
Roeboides paranensis	●		Não identificadas	●	
Glandulocaudinae					
Mimagoniates microlepis		●			

*Larvas identificadas somente em nível de ordem. **Larvas identificadas somente em nível de família.

Resultados semelhantes foram encontrados por Luiz et al. (ver Capítulo 14), que verificaram a influência da bacia hidrográfica na composição da ictiofauna, sendo a riqueza de espécies, a diversidade e a eqüitabilidade mais elevadas nesses reservatórios, cujas bacias apresentam as maiores áreas. Entre as larvas, as espécies mais abundantes foram *B. iheringii* (bacia do rio Piquiri) e *Astyanax janeiroensis* (bacia do Leste) e, entre os juvenis, *T. rendalli* (bacia do Leste) e *A. affinis* (bacia do rio Paranapanema).

De maneira geral, a composição taxonômica observada neste estudo confirma um padrão que é comum em reservatórios, visto que, em detrimento de algumas populações que são afetadas diretamente pelas novas condições ambientais, há favorecimento de espécies de pequeno a médio porte, de baixo valor comercial, geralmente oportunistas, sedentárias, com alto potencial reprodutivo e baixa longevidade (Agostinho, 1992).

Dieta

A alimentação de larvas de peixes é essencialmente distinta quando comparada à dos adultos, pois, assim que as larvas eclodem, são pequenas e pouco desenvolvidas, apresentando uma ecologia alimentar diferente da que irão praticar durante o resto da vida (Gerking, 1994c).

As larvas de peixes podem participar de dois tipos de cadeias alimentares: (a) clássica (*grazing*) – nutriente → alga → zooplâncton → peixe, e (b) microbiana – detritos → bactéria → microflagelados → ciliados → zooplâncton → peixe, sendo que as duas podem ocorrer simultaneamente na coluna de água e a sua importância para a larva pode variar de acordo com o período do ano (Mousseau et al. 1998; Osidele & Beck, 2004). Em decorrência do número de larvas capturadas e da dificuldade de identificação específica, são apresentados somente os dados de dois reservatórios: Júlio de Mesquita Filho, localizado no rio Chopim, bacia do rio Iguaçu; e Taquaruçu, localizado no rio Paranapanema, ambos oligotróficos (ver Capítulo 1).

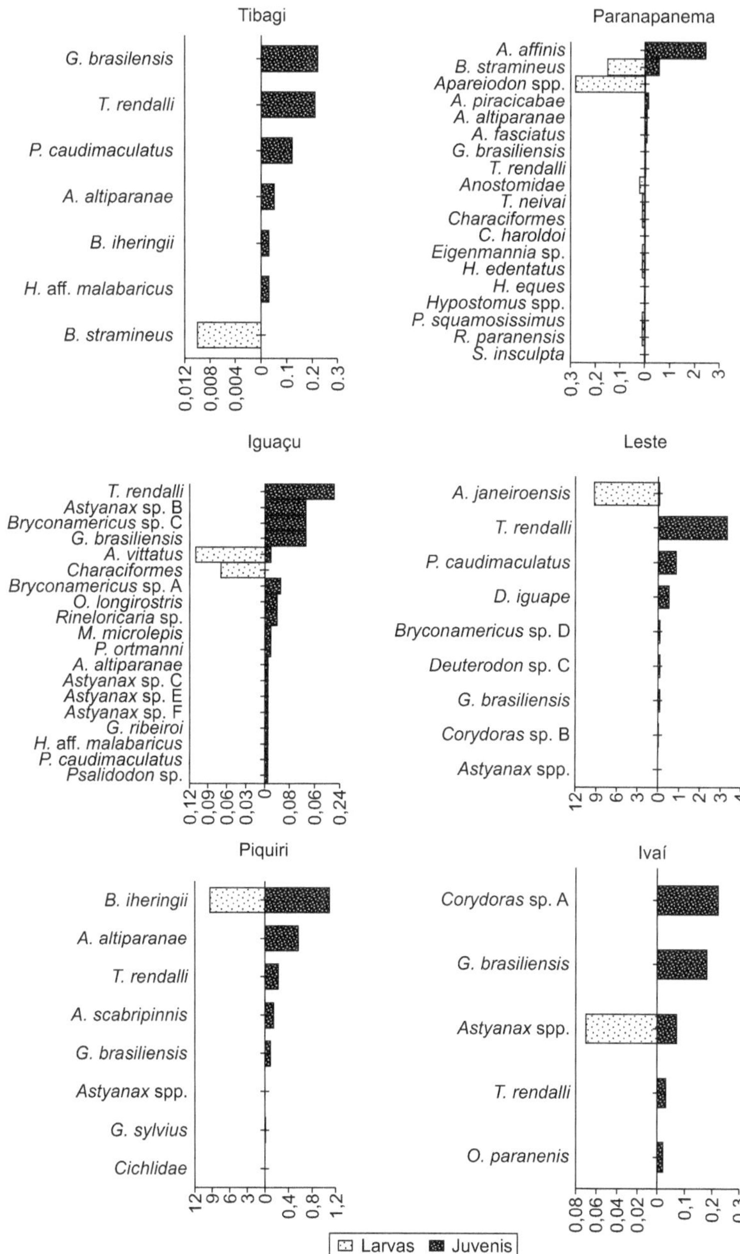

Figura 4 – Grupos taxonômicos de larvas e juvenis de peixes (densidade média/10 m³) obtidos na região litorânea dos reservatórios das bacias dos rios Tibagi, Paranapanema, Iguaçu, Piquiri e Ivaí e na bacia do Leste, durante os meses de julho e novembro de 2001.

As larvas foram analisadas quanto à sua dieta por meio dos métodos de Freqüências de Ocorrência (% FO) e Freqüência Numérica (% FN) (Laroche, 1982; Govoni et al., 1983).

No reservatório de Júlio de Mesquita Filho foram analisadas larvas de duas espécies: *A. vittatus* e *Tatia* sp. (Tabela 2). Algas das ordens Chlorococcales, Zygnematales e Pennales foram os principais itens consumidos por larvas de *A. vittatus*. Esse padrão alimentar pode estar relacionado a aspectos morfológicos das larvas que se encontram em estágios iniciais de desenvolvimento (pré-flexão e flexão *sensu* Ahlstrom & Ball, 1954, modificado por Nakatani et al., 2001), apresentando boca pequena e em posição terminal (Nakatani et al., 1997), o que limita o tamanho da presa capturada. No entanto, em larvas de *A. affinis*, Santin et al. (2004) observaram que as algas foram predominantes na dieta durante todo o seu desenvolvimento. Assim, dada à semelhança morfológica entre as larvas dessas espécies, sugerimos que *A. vittatus* também seja algívora durante o período larval.

As larvas de *A. vittatus* foram capturadas exclusivamente na região litorânea. Suzuki & Agostinho (1997) sugerem que essa espécie apresenta ovos adesivos e que sua desova ocorre nos ambientes rasos do reservatório de Segredo (rio Iguaçu, PR) e tributários do rio Iguaçu. Ou seja, é provável que, após a eclosão, as larvas dessa espécie encontradas no reservatório de Júlio de Mesquita Filho permaneçam na região litorânea, buscando maior disponibilidade de alimentos, como o perifíton, visto que esse reservatório não conta com elevadas densidades de algas fitoplanctônicas (ver Capítulo 5).

A larva de *Tatia* sp. consumiu insetos aquáticos e terrestres, Chlorococcales, Peridiniales, Pennales e esporos de vegetais superiores (Tabela 2), com predominância de algas, principalmente da Ordem Pennales. Para larvas de *Tatia* aff. *intermedia* verificou-se que sua dieta foi composta principalmente por insetos terrestres (Ponton & Mérigoux, 2001). Neste estudo, a análise de apenas um indivíduo não nos permitiu caracterizá-lo quanto à sua posição trófica no início do desenvolvimento.

Em Taquaruçu, foram analisadas larvas de *B. stramineus*, *H. edentatus* e *T. neivai* (Tabela 2). De maneira geral, as larvas dessas três espécies consumiram principalmente algas da classe Cyanophyceae (a primeira) e da ordem Chlorococcales (as demais).

Em estudo realizado com larvas e juvenis de *B. stramineus*, por Suiberto et al. (em fase de elaboração), foi constatada grande quantidade de algas no estômago de larvas em início de desenvolvimento. No entanto, esse item alimentar é substituído gradativamente por microcrustáceos nas larvas maiores.

Tabela 2 – Freqüências de Ocorrência (% FO) e Freqüência Numérica (% FN) dos itens alimentares encontrados no tubo digestório de larvas de peixes capturadas nos reservatórios de Júlio de Mesquita Filho e Taquaruçu.

Item alimentar	Júlio de Mesquita Filho				Taquaruçu					
	A. vittatus 5,30-6,62 mm CP (n = 22)		*Tatia* sp. 9,50 mm CP (n = 1)		*B. stramineus* 3,60-13,29 mm CP (n = 13)		*H. edentatus* 3,25-5,33 mm CP (n = 9)		*T. neivai* 8,00-8,13 mm (n = 2)	
	% FO	% FN	% FO	% FN	% FO	% FN	% FO	% FN	% FO	% FN
Copepoda										
Calanoida					55,56	3,81				
Cyclopoida					44,44	3,30				
Naúplio					22,22	0,76				
Cladocera										
Bosminidae							7,69	0,15		
Moinidae							7,69	0,06		
Cladocera (não identificado)					33,30	1,27				
Insetos										
Diptera			100,00	7,44	11,11	0,25			50,00	0,1
Chironomidae (larva)			100,00	14,81						
Inseto terrestre			100,00	3,70						
Inseto (não identificado)									50,00	0,3

Tabela 2 – *Continuação...*

Item alimentar	Júlio de Mesquita Filho				Taquaruçu					
	A. vittatus 5,30-6,62 mm CP (n = 22)		*Tatia* sp. 9,50 mm CP (n = 1)		*B. stramineus* 3,60-13,29 mm CP (n = 13)		*H. edentatus* 3,25-5,33 mm CP (n = 9)		*T. neivai* 8,00-8,13 mm (n = 2)	
	%FO	%FN	%FO	%FN	%FO	%FN	%FO	%FN	%FO	%F
Outros invertebrados										
Oligochaeta	4,50	0,11					7,69	0,12		
Conchostraca					11,11	0,25				
Algas										
Chlorococcales	90,50	82,91	100,00	14,81	55,56	19,29	61,54	97,58	100,00	98,8
Zygnematales	42,90	7,22			22,22	3,05	7,69	0,12		
Euglenales	33,30	1,22			22,22	2,03	15,38	0,47		
Peridiniales	28,60	1,91	100,00	14,81	33,33	10,15				
Centrales							7,69	0,12		
Pennales	33,30	3,79	100,00	29,62	33,33	12,18				
Nostocales	4,80	0,11			11,11	1,02	23,08	0,70		
Cyanophyceae					11,11	2,03				
Cyanophyceae (filamentosa)					11,11	31,47				
Esporos de vegetais superiores	47,60	2,73	100,00	14,81	77,78	9,14	30,77	0,70	50,00	0,6

Apesar de terem ingerido elevada freqüência de algas cianofíceas, é possível que essa ingestão seja acidental no momento de captura dos organismos zooplanctônicos, visto que essas algas podem apresentar toxicidade. A elevada presença de algas nos tubos digestórios de *H. edentatus* pode estar relacionada ao pequeno tamanho das larvas (quase todas em pré-flexão), o que, conseqüentemente, implica um tamanho reduzido da boca. No entanto, Makrakis et al. (2005) constataram forte seleção alimentar de *H. edentatus* por cladóceros, mesmo em larvas com comprimento-padrão de 4 a 7 mm. Outro fator que poderia estar levando as larvas a se alimentarem de algas é a falta do alimento preferencial no ambiente. Segundo Lansac-Tôha et al. (ver Capítulo 9), o reservatório de Taquaruçu é, na bacia do rio Paranapanema, um dos que apresentam menor número de espécies zooplanctônicas, com predominância de rotíferos.

Assim como a larva de *Tatia* sp. do reservatório de Júlio de Mesquita Filho, as larvas de *T. neivai* se alimentaram principalmente de algas, e também de insetos e esporos de vegetais superiores (Tabela 2). Além do reduzido número capturado, apenas duas larvas, nenhum estudo sobre a alimentação foi realizado com larvas dessa espécie, impossibilitando comentários adicionais.

Conclusões

O reduzido número de indivíduos em estágios iniciais de desenvolvimento encontrado nos reservatórios paranaenses é reflexo do tipo de estratégia reprodutiva apresentado pelos adultos. Além disso, problemas amostrais também devem ser considerados.

O fato de as larvas consumirem principalmente algas, com exceção de *A. vittatus*, que parece ser algívora durante esse período, pode estar relacionado ao estado trófico dos reservatórios, pois eles apresentam características oligotróficas, ou seja, há baixa produtividade do fitoplâncton e, conseqüentemente, de zooplâncton na região limnética (ver Capítulos 5 e 9), levando as larvas a procurarem outros recursos, como algas fixas em substratos, ou utilizando outros organismos que não façam parte de sua dieta preferencial. Outro fator a ser considerado é que a maioria das larvas foi coletada na região litorânea, que é muito produtiva e apresenta algas com produção altamente diferenciada e intensidade oscilante (Pieczynska, 1995c), mesmo em reservatórios oligotróficos.

Os dados obtidos neste trabalho ainda são insuficientes para avaliar o papel das larvas nas cadeias alimentares, no entanto, sugerem que, além dos aspectos morfológicos, a estratégia alimentar pode variar de acordo com as condições de trofia dos reservatórios.

Referências Bibliográficas

AGOSTINHO, A. A. Manejo de recursos pesqueiros em reservatórios. In: AGOSTINHO, A. A.; BENEDITO-CECILIO, E. (Eds.). *Situação atual e perspectivas da Ictiologia no Brasil (Documentos do IX Encontro Brasileiro de Ictiologia)*. Maringá: EDUEM, 1992. cap. 12, p. 106-121.

AHLSTROM, E. H.; BALL, O. P. Description of eggs and larvae of jack mackerel (*Trachurus symmetricus*) and distribution and abundance of larvae in 1950 and 1951. *Fishery Bulletin*, Washington, D.C., v. 56, p. 209-245, 1954.

AHLSTROM, E. H.; MOSER, H. G. Eggs and larvae of fishes and their role in systematic investigations and in fisheries. *Revue des Travaux de L´Institut des Peches Maritimes*, Nantes, v. 40, n. 3/4, p. 379-398, 1976.

ARAÚJO, F. C.; SANTOS, L. N. Distribution of fish assemblages in Lajes reservoir, Rio de Janeiro, Brazil. *Brazilian Journal of Biology*, São Carlos, v. 61, n. 4, p. 563-576, Nov. 2001.

BENEDITO-CECILIO, E.; AGOSTINHO, A. A. Estrutura das populações de peixes do reservatório de Segredo. In: AGOSTINHO, A. A.; GOMES, L. C. (Eds.). *Reservatório de Segredo*: bases ecológicas para o manejo. Maringá: EDUEM, 1997. cap. 7, p. 113-139.

CASTRO, R. J. de et al. Temporal distribution and composition of the ichthyoplankton from Leopoldo's Inlet on the Upper Paraná river floodplain (Brazil). *Journal of Zoology*, London, v. 256, p. 437-443, 2002.

GERKING, S. D. *Feeding ecology of fish*. San Diego: Academic Press, 1994c. 416 p.

GOVONI, J. J.; HOSS, D. E.; CHESTER, A. J. Comparative feeding of three species of larval fishes in the Northern Gulf of Mexico: *Brevoortia patronus, Leiostomus xanthurus* and *Micropogonias undulatus*. *Marine Ecology Progress Series*, Oldendorf/Luhe, v. 13, p. 189-199, 1983.

LAROCHE, J. L. Trophic patterns among larvae of five species of sculpins (Family: Cottidae) in a Maine Estuary. *Fishery Bulletin*, Washington, D.C., v. 80, n. 4, p. 827-840, June 1982.

MAKRAKIS, M. C. et al. Ontogenetic shifts in digestive tract morphology and diet of fish larvae of the Itaipu reservoir, Brazil. *Environmental Biology of Fishes*, Dordrecht, v. 72, p. 99-107, 2005.

MOUSSEAU, L.; FORTIER, L.; LEGENDRE, L. Annual production of fish larvae and their prey in relation to size-fractionated primary production (Scotian Shelf, NW Atlantic). *ICES Journal of Marine Science*, London, v. 55, p. 44-57, 1998.

NAKATANI, K. et al. *Ovos e larvas de peixes de água doce*: desenvolvimento e manual de identificação. Maringá: EDUEM, 2001. 378 p.

NAKATANI, K. et al. Ovos e larvas de peixes do reservatório de Segredo. In: AGOS-TINHO, A. A.; GOMES, L. C. (Eds.). *Reservatório de Segredo*: bases ecológicas para o manejo. Maringá: EDUEM, 1997. cap. 10, p. 183-201.

NORCROSS, B. L.; SHAW, R. F. Oceanic and estuarine transport of fish eggs and larvae: a review. *Transactions of the American Fisheries Society*, Bethesda, v. 113, n. 2, p. 153-165, Mar. 1984.

OSIDELE, O. O.; BECK, M. B. Food web modelling for investigating ecosystem behaviour in large reservoirs of the south-eastern United States: lessons from lake Lanier, Georgia. *Ecological Modelling*, Amsterdam, v. 173, n. 2/3, p. 129-158, Apr. 2004.

PAIVA, M. M. *Grandes represas do Brasil*. Brasília, DF: Editerra, 1982. 292 p.

PIECZYNSKA, E. W. A. Habitats e comunidades litorâneas. In: JØRGENSEN, S. E.; LÖFFLER, H. (Ed.). *Diretrizes para o gerenciamento de lagos*. Tradução de Dorit Thereza Schoenholtz. Kusatsu: Fundação do Comitê Internacional do Meio Ambiente Lacustre, ILEC: Programa das Nações Unidas para o Meio Ambiente, UNEP, 1995c. v. 3, cap. 5, p. 40-76.

PONTON, D.; MÉRIGOUX, S. Description and ecology of some early life stages of fishes in the river Sinnamary (French Guiana, South America). *Folia Zoologica: International Journal of Vertebrate Zoology*, Brno, v. 50, monograph. 1, p. 76-79, 2001.

POST, J. R. Metabolic allometry of larval and juvenile yellow perch (*Perca flavescens*): in situ estimates and bioenergetic models. *Canadian Journal of Fisheries and Aquatic Sciences*, Ottawa, v. 47, n. 3, p. 554-560, Mar. 1990.

REIS, R. E.; KULLANDER, S. O.; FERRARIS Jr., C. J. (Orgs.). *Check list of the freshwater fishes of South and Central America*. Porto Alegre: EDIPUCRS, 2003. 729 p.

SANTIN, M.; BIALETZKI, A.; NAKATANI, K. Mudanças ontogênicas no trato digestório e dieta de *Apareiodon affinis* (Steindachner, 1879) (Osteichythyes, Parodontidae). *Acta Scientiarum. Biological Sciences*, Maringá, v. 26, n. 3, p. 291-298, 2004.

SANTIN, M. et al. Aspectos da dieta de larvas de *Astyanax janeiroensis* (Eigenmann, 1908) (Osteichthyes, Characidae) no reservatório de Guaricana, rio Arraial, Estado do Paraná. *Boletim do Instituto de Pesca*, São Paulo. No prelo.

SUIBERTO, M. R. et al. *Alimentação de larvas e juvenis de* Bryconamericus stramineus *Eigenmann, 1908* (Osteichthyes, Characidae). Em fase de elaboração.

SUZUKI, H. I.; AGOSTINHO, A. A. Reprodução de peixes do reservatório de Segredo. In: AGOSTINHO, A. A.; GOMES, L. C. (Eds.). *Reservatório de Segredo*: bases ecológicas para o manejo. Maringá: EDUEM, 1997. cap. 9, p. 163-182.

TUNDISI, J. G. Reservatórios como sistemas complexos: teoria, aplicações e perspectivas para usos múltiplos. In: HENRY, R. (Ed.). *Ecologia de reservatórios*: estrutura, função e aspectos sociais. Botucatu: FUNDIBIO; São Paulo: FAPESP, 1999. cap.1, p. 21-38.

VAZZOLER, A. E. A. de M. *Biologia da reprodução de peixes teleósteos*: teoria e prática. Maringá: EDUEM; São Paulo: SBI, 1996. 169 p.

WINEMILLER, K. O.; POLIS, G. A. Food webs: what can they tell us about the word? In: POLIS, G. A.; WINEMILLER, K. O. (Eds.). *Food webs*: integration of patterns & dynamics. New York: Chapman & Hall, 1996c. p. 1-22.

Capítulo 21

Fauna Parasitária de Peixes em Reservatórios

Ricardo Massato Takemoto
Maria de los Angeles Perez Lizama
Gislaine Marcolino Guidelli
Gilberto Cezar Pavanelli
Sara Tatiana Moreira
Kennya Fernanda Ito
Ana Carolina Figueiredo Lacerda
Sybelle Bellay

Introdução

O estudo de parasitos de peixes permite a obtenção de informações importantes não só a respeito dos hospedeiros, mas também do ambiente de maneira geral. As alterações ambientais, principalmente as decorrentes da dinâmica hidrológica, servem para justificar a presença ou a ausência de determinadas espécies de parasitos, além de explicar os níveis de parasitismo. O aumento do número de reservatórios nas últimas décadas, com o objetivo principal de produzir energia, também possibilitou o desenvolvimento da pesca nesses ambientes. Porém, os impactos dessas grandes construções influenciaram a biologia das diversas espécies de peixes e, conseqüentemente, a dos parasitos. Dessa forma, como a maioria das espécies de parasito apresenta complexo ciclo de vida, que pode envolver hospedeiros intermediários e definitivos e é transmitido ao longo da teia alimentar, esses organismos podem ser indicadores das mudanças ocorridas tanto no ambiente como na comunidade de peixes.

Aspectos Gerais da Fauna Endoparasitária de Peixes dos Reservatórios do Estado do Paraná

Em estudos realizados em 31 reservatórios do Estado do Paraná entre 2001 e 2002, foram necropsiados 383 espécimes de peixes de 51 espécies (Tabela 1). Do total de peixes analisados, 230 (60,1%) se apresentaram parasitados por pelo menos uma espécie, com intensidade média de 14,7 parasitos por peixe.

Tabela 1 – Espécies de peixes coletadas em reservatórios do Estado do Paraná entre 2001 e 2002. (NA = número de peixes analisados, NP = número de peixes parasitados e P = porcentual de parasitismo).

Espécie	NA	NP	P (%)
A cestrorhynchus lacustris	14	10	71
A pareiodon affinis	2	1	50
A styanax altiparanae	10	3	30
A styanax eigenmaniorum	1	0	0
A styanax paranae	15	2	13
A styanax sp. B	4	1	25
A styanax sp. C	1	0	0
A styanax sp. D	4	1	25
A styanax sp. E	3	2	67
A styanax sp. F	24	2	8
A styanax sp. K	3	0	0
A styanax sp. L	5	3	60
A uchenipterus osteomystax	7	0	0
Colossoma macropomum	4	0	0
Corydoras paleatus	57	52	91
Crenicichla britski	1	0	0
Crenicichla haroldoi	2	2	100
Crenicichla iguassuensis	8	5	63
Crenicichla sp. 2	1	1	100
Deuterodon sp. A	11	1	9
Galeocharax knerii	8	6	75
Geophagus brasiliensis	16	5	31
Gymnotus carapo	1	1	100
Hoplias malabaricus	28	28	100
Hypostomus derbyi	1	0	0
Hypostomus sp.	1	0	0
Ictalurus punctatus	1	1	100
Iheringichthyes labrosus	62	50	81
Leporinus obtusidens	1	1	100
Loricaria prolixa	1	1	100
Metynis sp.	1	0	0

Tabela 1 - *Continuação...*

Espécie	NA	NP	P (%)
Moenkhausia intermedia	5	0	0
Mycropterus salmoidea	1	1	100
Oligosarcus longirostris	7	7	100
Oligosarcus paranensis	5	4	80
Pimelodus maculatus	14	12	86
Pinirampus pirinampu	3	1	33
Plagioscion squamosissimus	11	9	82
Prochilodus lineatus	1	1	100
Psalidodon sp.	3	0	0
Raphiodon vulpinus	1	1	100
Rhamdia branneri	1	1	100
Rhamdia voulezi	3	2	67
Rineloricaria sp.	1	0	0
Roeboides paranensis	2	0	0
Satanoperca pappaterra	2	2	100
Schizodon nasutus	20	7	35
Serrasalmus marginatus	2	2	100
Serrasalmus sp.	1	1	100
Serrasalmus spilopleura	1	0	0
Steindachnerina brevipinna	1	0	0
	383	**230**	

As seguintes espécies não estavam parasitadas, *Astyanax* sp. C, *Astyanax.* sp. K, *A. eigenmaniorum*, *Auchenipterus osteomystax*, *Colossoma macropomum*, *Crenicichla britski*, *Hypostomus derbyi*, *Hypostomus* sp., *Metynis* sp., *Moenkhausia intermedia*, *Psalidodon* sp., *Rineloricaria* sp., *Roeboides paranensis*, *Serrasalmus spilopleura* e *Steindachnerina brevipinna*.

Dentre os parasitos coletados, o grupo dos Nematoda foi o mais freqüente, parasitando 77% dos peixes examinados, seguido por Digenea (15,9%), Cestoda (6,6%) e Acanthocephala (0,9%) (Figura 1).

Em estudos anteriores na planície de inundação do alto rio Paraná, Pavanelli et al. (1997) também encontraram maior porcentual de parasitismo por nematóides. Segundo Eiras (1994), de modo geral, os nematóides são os parasitos mais freqüentes, tanto em peixes marinhos como de água doce. Isso acontece porque, apesar de esse grupo de parasitos apresentar ciclo evolutivo complexo, envolve oligoquetas, larvas de insetos e microcrustáceos, que são facilmente encontrados no ambiente aquático.

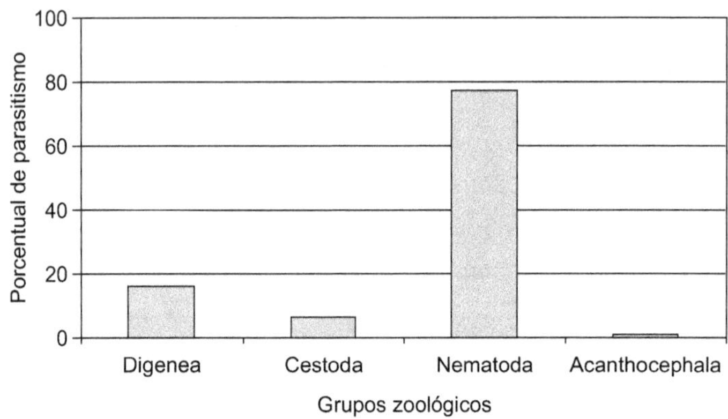

Figura 1 –   Porcentual de parasitismo por grupos zoológicos em peixes coletados em reservatórios do Estado do Paraná entre 2001 e 2002.

Dentre os peixes amostrados, os capturados nos reservatórios de Iraí e Salto Grande foram os que apresentaram maiores porcentuais de parasitismo (89,4% e 87,9%, respectivamente) e os dos reservatórios de Parigot de Souza e Segredo, os mais baixos, com 41,9% e 38,8%, respectivamente. O reservatório de Salto Grande pode ser considerado antigo, seu fechamento ocorreu em 1958, o que sugere que já atingiu o equilíbrio de toda a fauna, favorecendo também o estabelecimento dos ictioparasitos com ciclo de vida mais complexo. Por outro lado, os reservatórios mais recentes, como o de Segredo, fechado em 1992, apresentam nível de parasitismo mais baixo.

As traíras, *Hoplias malabaricus*, coletadas nos reservatórios de Harmonia, Salto do Meio e Iraí se apresentaram parasitadas principalmente por nematóides e hirudíneos. É importante ressaltar que esse foi o único peixe parasitado por hirudíneos, os quais podem ser vetores de outros parasitos, como os tripanossomas.

A presença de acantocéfalos nos peixes amostrados foi baixa em todos os reservatórios. Somente a espécie *Quadrygirus* sp. esteve presente em apenas dois exemplares de *I. labrosus* durante todo o período amostrado. Em estudos mais recentes na planície de inundação do alto rio Paraná, a presença desse gênero tem sido cada vez maior, sendo observada em diversas espécies de peixes (Machado et al., 2000; Isaac, 2002; Lizama, 2003; Guidelli et al., 2003). O ciclo evolutivo dessa espécie não é conhecido, mas sabe-se que os acantocéfalos de modo geral utilizam um artrópode (isópodes e anfípodes) como hospedeiro intermediário e um vertebrado como hospedeiro definitivo, nesse caso, os peixes. Os baixos níveis de parasitismo nos peixes dos reservatórios podem ser decorrentes da ausência ou da baixa ocorrência dos hospedeiros intermediários. O monitoramento trará a possibilidade de elucidar o comportamento dessa espécie que, aparentemente, não apresenta especificidade em relação aos seus hospedeiros definitivos, podendo, assim, favorecer sua ocorrência também em diversos ambientes.

Relações Parasito–Hospedeiro

O conhecimento das relações parasito–hospedeiro fornece informações sobre a aquisição das formas infectantes e de como o peixe influencia e é influenciado pelas populações de parasitos que hospeda.

Visando a obter mais informações sobre essas relações nos reservatórios do Estado do Paraná, duas espécies de hospedeiros foram escolhidas em decorrência de sua importância na comunidade de peixes, sua freqüência na pesca e sua prevalência (porcentual de parasitismo): *Corydoras paleatus* (Jenyns, 1842) e *Iheringichthys labrosus* (Lütken, 1874).

Corydoras paleatus (Jenyns, 1842) (Siluriformes: Callichthydae)

Mais conhecida como limpa-fundo, a espécie é utilizada na aquariofilia por ser de pequeno porte e ter hábito alimentar bentófago. Esse peixe apresenta ampla distribuição na América do Sul, sendo encontrado na parte baixa do rio Paraná e nos rios costeiros do Uruguai e do Brasil. Em decorrência de sua importância na aquariofilia e de seu hábito alimentar favorecer o parasitismo, é importante o estudo desses parasitos em ambiente natural. O conhecimento das espécies de parasitos permite que tratamento adequado seja feito, uma vez que esses parasitos podem se tornar um grande problema na aquariofilia, provocando altas mortalidades e, conseqüentemente, grandes prejuízos econômicos. Com o objetivo de realizar estudo taxonômico e ecológico dos endoparasitos de *C. paleatus*, foram coletados 57 espécimes em 4 reservatórios do Estado do Paraná (Iraí, Segredo, Parigot de Souza e Curucaca).

Dos 57 peixes analisados, 52 estavam parasitados por pelo menos uma espécie, representando prevalência de 91,2%. Foram encontradas 3 espécies de nematóides no intestino: *Procamallanus* (*Spirocamallanus*) *pintoi* (Kohn & Fernandes,1988) (adultos e larvas do quarto estágio); *Procamallanus* sp.1; e *Procamallanus* sp.2.

Coletou-se um total de 408 parasitos, o que representa intensidade média de infecção de 7,8 organismos por peixe (Tabela 2). Os maiores valores de prevalência e intensidade média foram verificados para P. (S.) *pintoi*, os quais foram então submetidos a testes estatísticos visando a conhecer alguns aspectos das relações parasito–hospedeiro. Dentre os reservatórios estudados, o de Segredo foi o que apresentou mais peixes parasitados.

Tabela 2 – Valores de prevalência (P %), intensidade média (IM), abundância (Ab) e amplitude de variação das intensidades (AV) de *Corydoras paleatus* de reservatórios do Estado do Paraná entre 2001 e 2002.

Espécies de parasitos	P	IM	Ab	AV
Procamallanus (*Spirocamallanus*) *pintoi*	89,5	7,8	7,15	1-145
Procamallanus sp.1	1,75	1	0,017	–
Procamallanus sp.2	1,75	1	0,017	–

O sexo do hospedeiro é um fator que influencia os níveis de parasitismo (Esch et al., 1988) em razão de fatores fisiológicos e comportamentais (Paling, 1965; Moser & Hsieh, 1992). Para verificar a influência do sexo do hospedeiro sobre os valores de abundância e prevalência foram realizados os testes "U" de Mann-Whitney e "G" log-likelihood, respectivamente. Os resultados demonstraram que não há diferenças significativas nos valores de abundância ($Z = 1,5337$, $p = 0,1251$) e prevalência ($G = 1,2110$, $p = 0,2711$) entre hospedeiros machos e fêmeas. Esses resultados sugerem que diferenças comportamentais e/ou fisiológicas entre os sexos não são significativas a ponto de influenciar os níveis de parasitismo.

O fator de condição relativo (Kn) é um indicador quantitativo do grau de higidez ou de bem-estar dos peixes, refletindo condições alimentares recentes (Le Cren, 1951). Como são levados em consideração os pesos esperado e observado, os eventos reprodutivos ou de formação gonadal são minimizados, uma vez que a relação entre os dois é igual a um em condições normais, sendo que qualquer alteração que ocorra nessa relação provocará variações nesse cálculo, as quais podem ser provocadas por influência do meio ambiente, por falta de alimento ou mesmo por parasitismo. Entretanto, neste trabalho, a abundância de parasitismo não influenciou o fator de condição relativa do hospedeiro ($rs = -0,07296$, $p= 0,6260$). Apesar de o parasito ser grande em relação ao tamanho do peixe, ocupando grande parte do espaço dentro do intestino, parece não estar causando grandes prejuízos ao seu hospedeiro. Isso provavelmente se deve ao fato de a relação ser antiga, demonstrando um equilíbrio na relação parasito-hospedeiro.

As correlações entre o comprimento-padrão dos hospedeiros e a abundância e a prevalência do parasitismo, calculadas por meio do coeficiente de correlação por postos de Spearman (rs) e do coeficiente de correlação (r), respectivamente, não foram significativas (rs = 0,2502, p = 0,0935 e r = 0,3396, p = 0,5760). Esse resultado indica, portanto, que não há um processo cumulativo, pois os peixes maiores não estavam mais parasitados. Porém, deve-se considerar que a espécie não apresenta grandes variações quanto ao comprimento-padrão (entre 5,7 e 8,1 cm). Esse fator pode ter influenciado nos resultados obtidos.

Iheringichthys labrosus (Lütken, 1874) (Siluriformes: Pimelodidae)

Iheringichthys labrosus pertence à família Pimelodidae e é popularmente conhecido como mandi-beiçudo. É um peixe de pequeno porte que apresenta hábito alimentar bentófago, podendo ser encontrado em pequenos rios e riachos (Agostinho et al., 1997), assim como nos reservatórios do Estado do Paraná.

Regiões sujeitas a impactos ambientais mostram alterações na dinâmica populacional de sua fauna autóctone, as quais abrangem modificações nas características físicas e químicas da água, bem como nas condições fisiológicas e biológicas dos organismos presentes (Pavanelli et al., 1997).

Visto que um dos objetos de estudo deste trabalho é a fauna parasitária de *I. labrosus*, um componente da fauna íctica de reservatórios do Estado do Paraná, pressupõe-se que as alterações citadas anteriormente podem atingir esse hospedeiro de forma a acarretar reflexos diretos nas comunidades de parasitos, especialmente quanto à prevalência e ao tamanho das infrapopulações (Pavanelli et al., 1997).

Além disso, de acordo com Dogiel (1961), um fator que influencia a fauna parasitária é o hábito alimentar do hospedeiro. Foi observado que *I. labrosus* se alimenta preferencialmente de crustáceos, larvas de insetos aquáticos (quironomídeos), nematóides, microcrustáceos, moluscos e detritos e serve de alimento para carnívoros de topo de cadeia, como *Pinirampus pirinampu* e *Pseudoplatystoma corruscans* (Hahn et al., 1997). Como conseqüência de sua alimentação, que inclui diversos potenciais hospedeiros intermediários, há diversidade de formas infectantes e de fauna parasitária. Dentre elas pode-se citar digenéticos, cestóides, nematóides e acantocéfalos.

Dos 62 espécimes de *I. labrosus* examinados, 50 estavam parasitados por pelo menos uma espécie, representando prevalência de 80,6% e intensidade média de 19,2 parasitos por peixe. Foram encontradas as seguintes espécies de parasitos: nematóide, *Procamallanus* (*Spirocamallanus*) *pimelodus* Pinto et al., 1974; cestóide da ordem Proteocephalidea; digenético; acantocéfalo do gênero *Quadrigyrus*; monogenético; e copépode (Tabela 3).

Tabela 3 – Valores de prevalência (P%), intensidade média (IM), abundância (Ab), amplitude de variação das intensidades (AV) e sítio de infecção/infestação dos parasitos (SI) de *I. labrosus*, em reservatórios do Estado do Paraná, entre 2001 e 2002.

Espécies de parasitos	P	IM	Ab	AV	SI
Monogenea	1,6	1	< 0,1	–	Cavidade nasal
Digenea	9,7	1,6	0,2	1-4	Intestino
Proteocephalidea	17,7	11,5	0,3	1-4	Intestino
Procamallanus (*Spirocamallanus*) *pimelodus* (adulto)	75,8	19,3	14,6	1-104	Intestino
Procamallanus (*Spirocamallanus*) *pimelodus* (larva do 4º estágio)	6,4	5,5	0,3	1-18	Intestino
Quadrigyrus sp.	3,2	1	< 0,1	–	Intestino
Copepoda	1,6	2	< 0,1	–	Cavidade nasal

A prevalência e a abundância de parasitismo não estão correlacionadas ao comprimento-padrão dos hospedeiros (Tabela 4). Também não houve diferenças significativas na prevalência e na abundância de parasitos de acordo com o sexo dos peixes (Tabela 5). Além disso, observou-se que o nível de parasitismo não exerceu influência sobre o fator de condição relativa dos hospedeiros (Tabela 6).

Cada peixe abrigava entre 1 e 3 espécies de parasitos. Do total de peixes analisados, 54,3% se apresentaram parasitados por apenas uma espécie, enquanto infracomunidades com 3 espécies de parasitos foram raras (6,4%) (Figura 2). A diversidade parasitária foi calculada de acordo com o Índice de Brillouin (H) e variou de 0 a 0,6257, com média de 0,0702.

A presença de grande quantidade de quironomídeos no bolo alimentar de *I. labrosus*, observada durante as necropsias, pode revelar o motivo da grande prevalência e intensidade de *Procamallanus* (*Spirocamallanus*) *pimelodus* na fauna parasitária. É conhecido que os quironomídeos podem atuar como hospedeiros intermediários dos nematóides e que, quando *I. labrosus* se alimenta deles, pode adquirir formas larvais de *P.* (*S.*) *pimelodus* que, por sua vez, se tornam adultos em seu novo habitat.

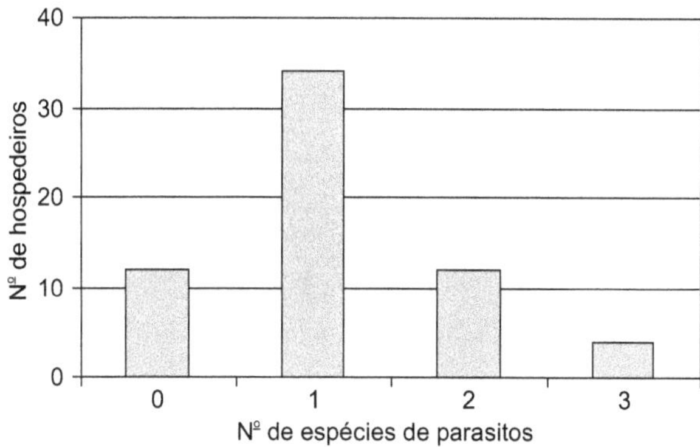

Figura 2 – Riqueza parasitária de 62 espécimes de *I. labrosus* coletados em reservatórios do Estado do Paraná, Brasil.

Tabela 4 – Resultados dos coeficiente de correlação de Pearson (r) e do coeficiente por postos de Spearman (rs), correlacionando, respectivamente, a prevalência e a abundância das espécies de parasitos ao comprimento-padrão de *I. labrosus*. Dados coletados em reservatórios do Estado do Paraná entre 2001 e 2002 (p = nível de significância).

Espécies de parasitos	Abundância		Prevalência	
	rs	p	r	p
Proteocephalidea	0,01592	0,9023	0,2926	0,4819
Procamallanus (*Spirocamallanus*) *pimelodus* (adulto)	–0,08152	0,5288	–0,1323	0,7549
Digenea	0,1536	0,2334	–0,3922	0,3365

Tabela 5 – Resultados das análises estatísticas dos testes "G" log-likelihood e "U" de Mann-Whitney, com aproximação normal de "Z", da prevalência e abundância das espécies de parasitos e do sexo dos hospedeiros, coletados em reservatórios do Estado do Paraná entre 2001 e 2002 (p = nível de significância).

Espécies de parasitos	Abundância		Prevalência	
	Z	p	G	p
Proteocephalidea	0,1650	0,8689	0,0879	0,7668
Procamallanus (*Spirocamallanus*) *pimelodus* (adulto)	11,6718	0,0946	3,6367	0,0565
Digenea	0,2152	0,8296	0,1376	0,7107

Tabela 6 – Valores do coeficiente de correlação por postos de Spearman (rs), correlacionando o fator de condição relativa (Kn) e a abundância de parasitismo em *I. labrosus*. Dados coletados em reservatórios do Estado do Paraná entre 2001 e 2002 (p = nível de significância).

Espécies de parasitos	rs	p
Protocephalidea	0,0220	0,8652
Procamallanus (*Spirocamallanus*) *pimelodus* (adulto)	–0,0275	0,8425
Digenea	0,2162	0,0914

Os demais itens alimentares de *I. labrosus* (moluscos, crustáceos, micro-crustáceos e demais invertebrados aquáticos) podem atuar como hospedeiros intermediários para cestóides proteocefalídeos, nematóides, acantocéfalos e digenéticos, encontrados em suas formas adultas nesse peixe.

Considerando que o comprimento do peixe está diretamente relacionado a sua idade (Shotter, 1976) e também se relaciona ao tamanho de suas infrapopulações parasitárias (Dogiel, 1961), poderemos encontrar uma correlação positiva ou negativa. Além disso, o tamanho dessas populações parasitárias também pode sofrer influência de outros fatores, como aumento de sua superfície disponível (em decorrência do crescimento do peixe), mudanças de habitat e volume e tipo de alimento ingerido pelo hospedeiro.

A ausência de correlação entre prevalência e abundância de parasitismo com o comprimento do hospedeiro pode demonstrar que não ocorre efeito cumulativo dos parasitos conforme o peixe cresce, o que contradiz o pressuposto anterior. No entanto, isso pode ser explicado pelo fato de que os parasitos podem ter longevidade e ciclos de vida curtos, de forma que constantemente infectem seu hospedeiro, sendo posteriormente eliminados. Partindo do pressuposto de que o período de vida do hospedeiro é maior que o dos parasitos, observa-se que o crescimento do peixe não exerce influências significativas nos níveis de parasitismo. É importante salientar que há poucos estudos que abordam a longevidade dos parasitos, impedindo que sejam feitas outras considerações.

De acordo com Esch et al. (1988), as diferenças comportamentais e fisiológicas entre os sexos dos hospedeiros podem influenciar os níveis de parasitismo. Porém, para *I. labrosus* não foram observadas diferenças significativas nos níveis de parasitismo entre os hospedeiros machos e fêmeas, sugerindo que ambos devem apresentar comportamentos e hábitos alimentares semelhantes.

O fato de o sexo do hospedeiro não influenciar a abundância de parasitos provavelmente é decorrência da semelhança entre os tamanhos dos hospedeiros de sexos diferentes, de forma que o espaço físico para a sobrevivência dos parasitos seja similar em ambos os sexos.

Como a abundância de parasitismo não influenciou significativamente o fator de condição do hospedeiro, é provável que os parasitos não causem significativos danos aparentes ao organismo do hospedeiro.

A riqueza e a diversidade parasitárias podem ser maiores em peixes que tenham posição intermediária na cadeia trófica, pois apresentam espécies de parasitos tanto na forma larval quanto adulta. Porém, apesar de *I. labrosus* estar em posição intermediária na cadeia trófica, apresentou baixa riqueza parasitária.

Referências Bibliográficas

AGOSTINHO, A. A. et al. Ictiofauna de dois reservatórios do rio Iguaçu em diferentes fases de colonização: Segredo e Foz do Areia. In: AGOSTINHO, A. A.; GOMES, L. C. (Eds.). *Reservatório de Segredo*: bases ecológicas para o manejo. Maringá: EDUEM, 1997. cap. 15, p. 275-292.

DOGIEL, V. A. Ecology of the parasites of freshwater fishes. In: DOGIEL, V. A.; PETRUSHEVSKI, G. K.; POLYANSKI, YU. I. (Eds.). *Parasitology of fishes*. Translated by Z. Kabata. 1st ed. Edinburgh; London: Oliver and Boyd, 1961. p. 1-47.

EIRAS, J. C. *Elementos de Ictioparasitologia*. Porto: Fundação Eng. António de Almeida, 1994. 339 p.

ESCH, G. W. et al. Patterns in helminth alternative communities in freshwater fish in Great Britain: alternative strategies for colonization. *Parasitology*, Cambridge, v. 96, p. 519-532, 1988.

GUIDELLI, G. M. et al. Endoparasite infracommunities of *Hemisorubim platyrhynchos* (Valenciennes, 1840) (Pisces: Pimelodidae) of the Baía river, Upper Paraná river floodplain, Brazil: specific composition and ecological aspects. *Brazilian Jounal of Biology*, São Carlos, v. 63, n. 2, p. 261-268, May 2003.

HAHN, N. S. et al. Ecología trófica. In: VAZZOLER, A. E. A de M.; AGOSTINHO, A. A.; HAHN, N. S. (Eds.). *A planície de inundação do alto rio Paraná*: aspectos físicos, biológicos e socioeconômicos. Maringá: EDUEM: Nupélia, 1997. cap. II.5, p. 209-228.

ISAAC, A. *Composição e estrutura das infracomunidades endoparasitárias de* Gymnotus *spp. (Pisces, Gymnotidae) do rio Baía, na planície de inundação do Alto Rio Paraná, Mato Grosso do Sul, Brasil*. 2002. 29 f. Dissertação (Mestrado em Ecologia de Ambientes Aquáticos Continentais) – Departamento de Biologia, Universidade Estadual de Maringá, Maringá.

LE CREN, E. D. The lenght-weight relationship and seasonal cycle in gonad weight and condition in the Perch (*Perca fluviatilis*). *Journal of Animal Ecology*, Oxford, v. 20, p. 201-219, 1951.

LIZAMA, M. de los A. *Estudo da relação entre a comunidade parasitária, meio ambiente e dinâmica da população de* Prochilodus lineatus *(Valenciennes, 1836) e* Astyanax altiparanae *Garutti & Britski, 2000, na planície de inundação do Alto Rio Paraná, Brasil.* 2003. 68 f. Tese (Doutorado em Ecologia de Ambientes Aquáticos Continentais) – Departamento de Biologia, Universidade Estadual de Maringá, Maringá.

MACHADO, P. M. et al. Ecological aspects of Endohelminths parasitizing *Cichla monoculus* Spix, 1831 (Perciformes: Cichlidae) in the Paraná river near Porto Rico, State of Paraná, Brazil. *Comparative Parasitology*, Lawrence, v. 67, n. 2, p. 210-217, 2000.

MOSER, M.; HSIEH, J. Biological tags for stock separation in Pacific herring *Clupea harengus pallasi* in California. *Journal of Parasitology*, Lawrence, v. 78, n. 1, p. 54-60, Feb. 1992.

PALING, J. E. The population dynamics of the monogenean gill parasite *Discocotyle sagittata* Leuckart on Windermere trout, *Salmo trutta*, L. *Parasitology*, Cambridge, v. 55, p. 667-694, 1965.

PAVANELLI, G. C.; MACHADO, M. H.; TAKEMOTO, R. M. Fauna helmíntica de peixes do rio Paraná, região de Porto Rico, Paraná. In: VAZZOLER, A. E. A. de M.; AGOSTINHO, A. A.; HAHN, N. S. (Eds.). *A planície de inundação do alto rio Paraná:* aspectos físicos, biológicos e socioeconômicos. Maringá: EDUEM: Nupélia, 1997. cap. II.10, p. 307-329.

SHOTTER, R. A. The distribution of some helminth and copepod parasites in tissues of whiting, *Merlangus merlangius* L., from Man waters. *Journal of Fish Biology*, London, v. 8, n. 2, p. 101-117, 1976.

Capítulo 22

Ocorrência e Distribuição Espacial de Macrófitas Aquáticas em Reservatórios

Sidinei Magela Thomaz
Thomaz Aurélio Pagioro
Luis Maurício Bini
Maria do Carmo Roberto

Introdução

A vegetação aquática apresenta um importante papel na estruturação e no funcionamento de ecossistemas aquáticos. Estudos recentes em reservatórios brasileiros, utilizando diferentes escalas espaciais, demonstraram uma relação positiva entre a diversidade de peixes e a biomassa, cobertura ou diversidade de macrófitas (Agostinho et al., 2003; Pelicice et al., 2005). A importância desses vegetais para a manutenção da elevada riqueza de macro e microinvertebrados aquáticos também é reconhecida (Lansac-Tôha et al., 2003; Takeda et al., 2003).

A despeito da importância ecológica das macrófitas aquáticas, vários reservatórios brasileiros experimentam sérios prejuízos decorrentes da colonização excessiva desses vegetais (Thomaz & Bini, 1998). Dentre as espécies que mais preocupam os técnicos ambientais, encontram-se as flutuantes livres *Eichhornia crassipes* e *Salvinia* spp. e as submersas *Egeria densa* e *E. najas*. Além de perdas ambientais (por exemplo, redução da diversidade local e da qualidade da água) e restrições das atividades de lazer (como pesca e esportes náuticos), o deslocamento de grandes quantidades de biomassa podem comprometer a geração de energia, resultando em prejuízos econômicos (Marcondes et al., 2003; Carvalho et al., 2003).

Distintos fatores abióticos afetam os diferentes grupos ecológicos de macrófitas aquáticas. Espécies submersas, por exemplo, são em geral limitadas pela radiação subaquática, enquanto as flutuantes livres são mais limitadas por nutrientes (Bini et al., 1999; Camargo et al., 2003). As macrófitas aquáticas podem ser utilizadas com sucesso como indicadoras das condições abióticas e da integridade de ambientes aquáticos lênticos e lóticos, tendo em vista a estreita relação que apresentam com as características abióticas, a ocupação de distintos estratos da coluna de água, a absorção de nutrientes de diferentes compartimentos (água e sedimento) e a falta de mobilidade (Ali et al., 1999; Edwards & Clayton, 2002).

Neste capítulo, a riqueza de espécies (S) e a estrutura das comunidades de macrófitas aquáticas foram analisadas empregando-se uma abordagem em três escalas espaciais. Inicialmente, a distribuição, a S e alguns fatores abióticos que afetam esses atributos foram analisados em uma ampla escala geográfica (30 reservatórios). Em seguida, foi analisada a distribuição espacial das macrófitas aquáticas em seis reservatórios, selecionados de acordo com critérios que priorizaram variações no estado trófico e a posição geográfica. Por último, um estudo detalhado no reservatório de Rosana (PR/SP) foi realizado com o objetivo de analisar o padrão de distribuição das macrófitas no eixo longitudinal desse reservatório.

Materiais e Métodos

Estratégia amostral

Neste trabalho, foram consideradas somente espécies euhidrófitas, incluindo as submersas, as flutuantes livres, as enraizadas com folhas flutuantes e algumas emergentes que dependem de uma lâmina de água para completar seu ciclo de vida (por exemplo, *Typha* e *Eleocharis*). As análises efetuadas neste capítulo basearam-se em matrizes de presença/ausência de espécies. As primeiras coletas foram efetuadas nos meses de julho/agosto (período frio/seco) e novembro/dezembro (período quente/chuvoso) de 2001, em 30 reservatórios distribuídos nos Estados do Paraná e São Paulo (ver Capítulo 1). Nessa etapa, a perspectiva adotada priorizou análises em ampla escala espacial, abrangendo diferentes bacias hidrográficas. As coletas foram concentradas nas proximidades da região lacustre dos reservatórios.

Uma análise detalhada foi realizada em seis reservatórios previamente selecionados (ver Capítulo 1). As amostragens foram efetuadas em intervalos trimestrais, em 2002, no corpo central dos reservatórios considerando três regiões posicionadas ao longo do gradiente longitudinal: uma nas proximidades do principal tributário ("região fluvial"), outra na região intermediária e uma terceira nas proximidades da barragem ("região lacustre") (Thornton, 1990c). Descrição detalhada das características limnológicas abióticas dessas regiões se encontra nos Capítulos 2 e 3.

No reservatório de Rosana, que apresentou a maior S, foram realizadas coletas mais intensivas em 36 estações de amostragem, distribuídas ao longo de todo o reservatório, em maio de 2002. Dados de latitude e longitude, obtidos com um GPS (marca Garmin), foram utilizados para localizar essas estações em um mapa (1:25.000). Posteriormente, o "fetch" (não corrigido para a direção dominante do vento) foi estimado para cada estação (Thomaz et al., 2003).

As coletas foram realizadas usando embarcação. Em uma tentativa de padronizar o esforço amostral, o registro das espécies de macrófitas aquáticas foi realizado sempre por dois biólogos durante um período de tempo que variou entre uma e duas horas. O controle do tempo foi efetuado no sentido de padronizar as áreas amostradas em diferentes reservatórios. Exemplares de espécies não identificados em campo foram coletados para posterior análise. A análise foi realizada até o menor nível taxonômico possível. Tendo em vista que nem todos os exemplares coletados se encontravam em reprodução, alguns não puderam ser identificados até o nível de espécie.

Análise dos dados

A ordenação dos reservatórios onde macrófitas foram registradas foi feita empregando-se análises multidimensionais. Inicialmente, os 30 reservatórios investigados em 2001 foram ordenados por meio de uma análise de componentes principais, de acordo com as características limnológicas. Nessa análise, foram utilizados os valores de pH e os log-transformados de alcalinidade total, condutividade elétrica, fósforo total, nitrogênio total e disco de Secchi. Por último, uma análise de correspondência "detrended" (DCA) foi utilizada para ordenar os reservatórios de acordo com a estrutura da vegetação aquática. Nos dois casos, os dois primeiros eixos das análises foram retidos para interpretação.

Para avaliar o efeito das regiões dos reservatórios (fluvial, intermediária e lacustre) sobre a S, empregou-se uma ANOVA considerando os seis reservatórios como blocos. Essa análise foi escolhida tendo em vista a grande heterogeneidade entre os reservatórios.

Resultados e Discussão

Padrões regionais

Na primeira etapa do trabalho foram encontrados 37 táxons. As macrófitas aquáticas com maior distribuição regional (considerando os 30 reservatórios) foram as emergentes *Ludwigia* sp., *Eleocharis* sp., *Commelina* sp. e *Urochloa plantaginea* (Figura 1a). A espécie livre-flutuante mais comum foi *Eichhornia crassipes*, encontrada em 10 dos 30 reservatórios. As submersas foram incomuns, sendo *Myriophyllum aquaticum* a mais freqüente, registrada em 8 reservatórios. *Egeria densa* foi registrada em apenas 5 reservatórios, todos no rio Paranapanema.

O número de espécies por reservatório oscilou entre 0 e 16. A correlação de Pearson entre os valores de riqueza observados nos meses de julho/agosto e novembro/dezembro foi estatisticamente significativa ($r = 0,80$; $P < 0,001$; $n = 30$) (Figura 1b).

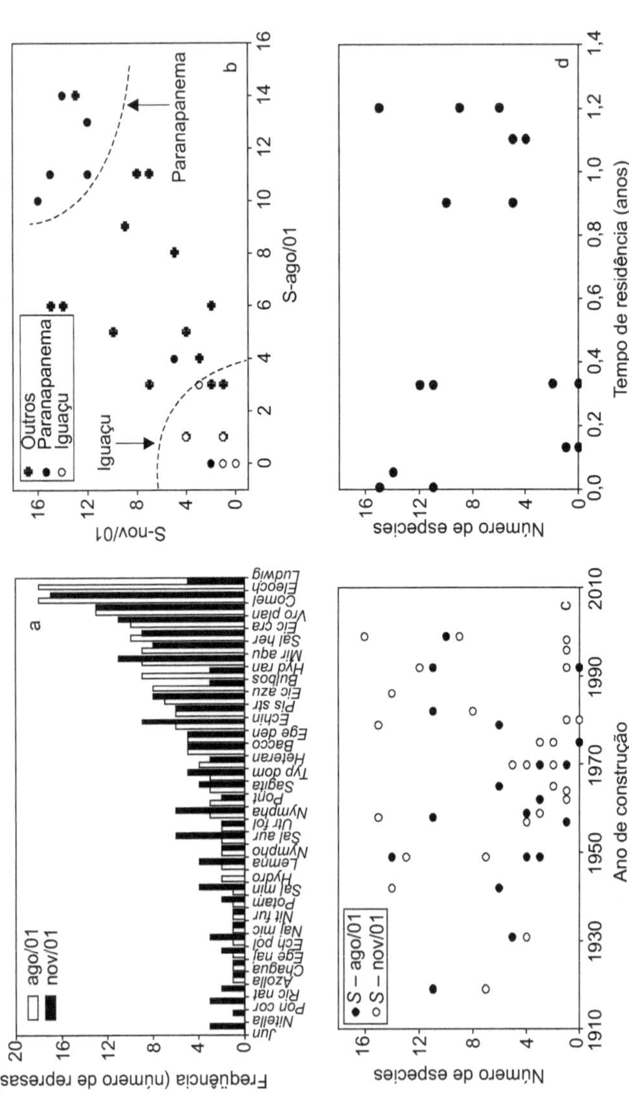

Figura 1 – (a) Freqüência de ocorrência das macrófitas aquáticas; (b) número de espécies (S) por reservatório; (c) relação entre a idade do reservatório e a S; e (d) entre o tempo de residência e a S. Em (a): Jun: *Juncus* sp., Nitella: *Nitella* sp., Pon cor: *Pontederia cordata*, Ric nat: *Ricciocarpus natans*, Azolla: *Azolla* sp., Cha gua: *Chara guairensis*, Ege naj: *Egeria najas*, Ech pol: *Echinochloa polystachia*, Naj mic: *Najas microcarpa*, Nit fur: *Nitella furcata*, Potam: *Potamogeton* sp., Sal min: *Salvinia minima*, Hydro: *Hydrocleys* sp., Lemna: *Lemna* sp., Nympho: *Nymphoides* sp., Sal aur: *Salvinia auriculata*, Utr fol: *Utricularia foliosa*, Nympha: *Nymphaea* sp., Pont: *Pontederia* sp., Sagita: *Sagitaria* sp., Typ dom: *Typha* cf. *domingensis*, Heteran: *Heteranthera* sp., Bacco: *Bacopa* sp., Ege den: *Egeria densa*, Echin: *Echinodorus* sp., Pis str: *Pistia stratiotes*, Eic azu: *Eichhornia azurea*, Bulbos: *Bulbostylis* sp., Hyd ran: *Hydrocotyle ranunculoides*, Mir aqu: *Myriophyllum aquaticum*, Sal her: *Salvinia herzogii*, Eic cra: *Eichhornia crassipes*, Uro plan: *Urochloa plangaginea*, Comel: *Commelina* sp., Eleleoch: *Eleocharis* sp. e Ludwig: *Ludwigia* spp.

Assim, os dados sugerem a ocorrência de uma estabilidade temporal que, provavelmente, reflete as diferenças ambientais entre os reservatórios. Em geral, os reservatórios do rio Paranapanema foram os que apresentaram os maiores valores de S, enquanto os do rio Iguaçu foram os mais pobres em número de espécies (Figura 1b).

A riqueza de espécies observadas (máximo de 16 espécies) é menor que aquela registrada em outros reservatórios tropicais e subtropicais, como os de Itaipu, Brasil/Paraguai (61; Thomaz & Bini, 1999), Jupiá, SP/MS (76; Marcondes et al., 2003) e Volta Grande, MG (66; Pedralli, 1990). No próprio reservatório de Rosana, o emprego de maior esforço amostral resultou na identificação de 37 táxons, número consideravelmente maior que o obtido somente nas proximidades da região lacustre desse reservatório. Assim, embora úteis para comparações entre diferentes reservatórios, deve-se ressaltar que os valores da S encontrados estão subestimados e referem-se somente à região lacustre dos reservatórios. A discussão que segue, abordando a S dos reservatórios amostrados, apresenta algumas tendências, mas elas devem ser encaradas com cautela, tendo em vista o caráter preliminar dos dados.

Embora somente a região lacustre tenha sido investigada na primeira etapa do projeto, esperava-se aumento da S em reservatórios mais antigos. Porém, não foi encontrada nenhuma relação entre a idade do reservatório e a S (Figura 1c). Assim, outros fatores abióticos (como nutrientes, radiação, etc.) ou bióticos (por exemplo, herbivoria) devem ser mais importantes. Além disso, reservatórios posicionados em cascata podem receber propágulos de outros localizados a montante, apresentando rápido incremento na diversidade de espécies em curto período de tempo (por exemplo, Canoas I e Taquaruçu, que são dois dos reservatórios mais recentes da cadeia do rio Paranapanema). Esse processo pode obscurecer possíveis relações entre a idade do reservatório e a S.

O tempo de residência teórico, que é uma importante variável utilizada na predição da distribuição da comunidade planctônica, também não foi relacionado à S de macrófitas (Figura 1d). O crescimento da vegetação aquática aparentemente é afetado por valores de velocidade de água entre 0,01 e 1 m/s, sendo rara a ocorrência de vegetação em velocidades superiores (Chambers et al., 1991). Certamente, a velocidade na região lacustre dos reservatórios considerados é muito baixa e, assim, essa variável é de pouca utilidade na predição da S. Não se descarta, porém, que o tempo de residência seja importante para a colonização de macrófitas em outras zonas de reservatórios, onde a velocidade da água pode ser maior.

Outro fator que determina o sucesso da colonização por macrófitas aquáticas é o nível de água. Em geral, elevados valores de S são encontrados em locais com oscilações moderadas dos níveis de água (Rørslett, 1991). Dentro do conjunto de reservatórios analisados, os do rio Iguaçu apresentam oscilações acentuadas desses níveis, fato que pode dificultar o estabelecimento da vegetação aquática. Por outro lado, os reservatórios do rio Paranapanema apresentam oscilações moderadas, que contribuem para maior S. Uma análise da variação anual dos níveis de água, considerando somente os dados de 2001 e 2002, demonstra que no primeiro grupo de reservatórios os níveis variaram entre 2,5 e 20 metros por ano. Por outro lado, as oscilações foram menores que 2,0 metros por ano em 5 dos 8 reservatórios do rio Paranapanema.

Os dois primeiros eixos de uma análise de componentes principais aplicada à matriz de dados limnológicos abióticos explicaram 62% da variabilidade total dos dados (eixo 1 = 33% e eixo 2 = 29%). De acordo com essa análise, a radiação subaquática, a condutividade elétrica e a alcalinidade foram as variáveis que melhor discriminaram os reservatórios com registro de plantas aquáticas (Figura 2a e 2b). A interpretação conjunta dos escores (Figura 2a) e das correlações de Pearson entre as variáveis e os eixos derivados da ACP (Figura 2b) indica que as estações localizadas nos reservatórios do rio Paranapanema apresentaram os maiores valores de transparência e alcalinidade e os menores teores de nutrientes na água.

A análise de correspondência (utilizando os dados de presença e ausência das espécies) indicou que os reservatórios do rio Paranapanema apresentam composição de espécies diferenciada, com predomínio de espécies submersas do tipo "eloideids" (*sensu* Dickinson & Murphy, 1998), formadoras de dossel (por exemplo, *E. najas* e *E. densa*) e Characeae (Figura 2c e 2d). A correlação de Person entre os escores do eixo 1 ACP (que indica gradiente de radiação subaquática e alcalinidade) e os escores do eixo 1 da DCA (que indica fortemente a presença de espécies submersas) foi significativa (r = 0,38; P = 0,004). Dessa forma, considerando o conjunto dos reservatórios investigados, essas espécies aparentemente são boas indicadoras das condições nas quais prevalecem águas com baixas concentrações de material em suspensão e fósforo e com maiores valores de alcalinidade.

Embora a perspectiva empregada não permita inferir relações causais, a radiação subaquática e o carbono inorgânico (relacionado à alcalinidade) são importantes variáveis que explicam a colonização e o crescimento de macrófitas submersas em lagos de região temperada (Vestergaard & Sand-Jensen, 2000) e também em reservatórios do sul do Brasil (Tavechio & Thomaz, 2003; Pierini & Thomaz, 2004; Bini, 2001). Assim, essa parece ser uma explicação plausível para o padrão aqui observado.

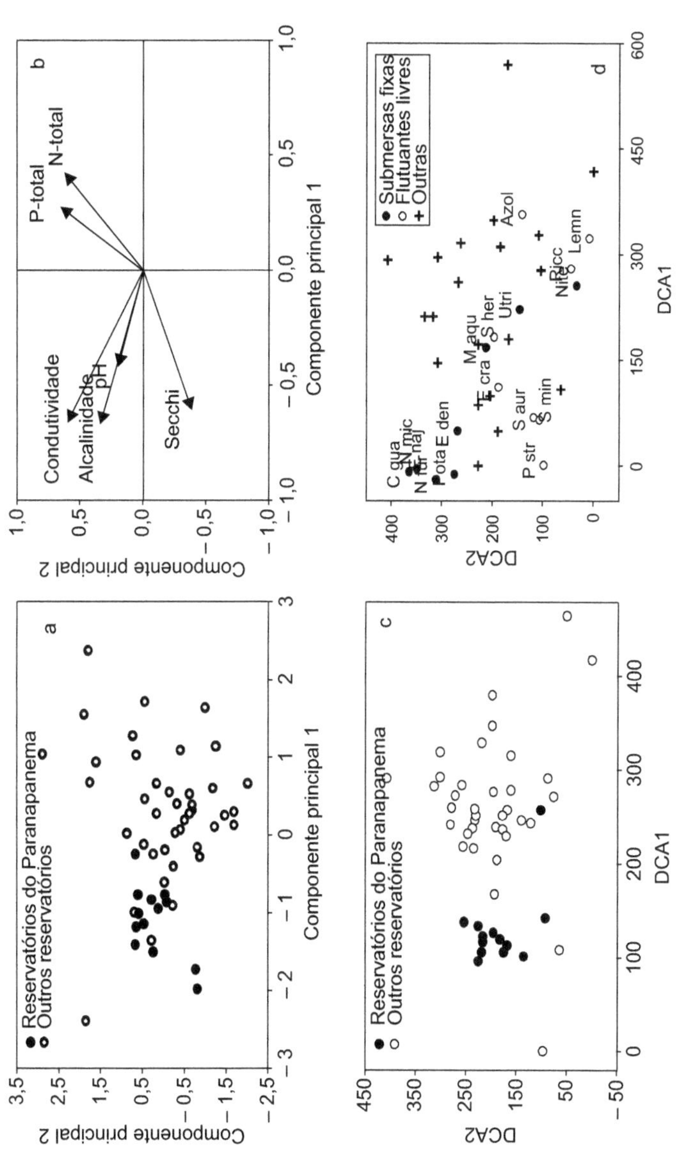

Figura 2 – (a) Ordenação dos reservatórios de acordo com variáveis limnológicas abióticas; (b) coeficientes de estrutura da análise de componentes principais; (c) ordenação dos reservatórios com base nas espécies de macrófitas aquáticas; e (d) escores das espécies de macrófitas. Em (a) e (b), símbolos cheios correspondem aos reservatórios do rio Paranapanema. C gua = *Chara guairensis*; N mic = *Najas microcarpa*; E naj = *Egeria najas*; N fur = *Najas furcata*; Pota = *Potamogeton*; E den = *Egeria densa*; P str = *Pistia stratiotes*; S aur = *Salvinia auriculata*; S min = *Salvinia minima*; E cra = *Eichhornia crassipes*; M aqu = *Myriophyllum aquaticum*; S her = *Salvinia herzogii*; Utr = *Utricularia foliosa*; Azol = *Azolla* sp.; Nite = *Nitella* sp.; Ricc = *Ricciocarpus natans*; e Lemn = *Lemna* sp.

Padrões longitudinais

Os padrões de distribuição longitudinal de fatores abióticos e das comunidades planctônicas em reservatórios são relativamente bem descritos (Thornton, 1990c). No entanto, para o conjunto de reservatórios considerados, a riqueza de espécies de macrófitas não diferiu significativamente entre as três regiões amostradas (F = 1,97; p = 0,19) (Figura 3a). Assim, os padrões longitudinais das concentrações de nutrientes e radiação subaquática, que afetam de forma consistente as comunidades planctônicas, aparentemente não se aplicam à S das macrófitas. Além do aspecto longitudinal, essas últimas respondem de forma mais acentuada a padrões transversais (isto é, região litorânea–região pelágica), fato que pode explicar parcialmente essa aparente falta de padrão longitudinal (Bianchini Júnior, informação verbal).

Análise mais detalhada foi realizada no reservatório de Rosana, onde foram constatados os maiores valores de S. Nesse reservatório, 37 táxons de macrófitas aquáticas foram registrados em maio de 2002. A análise da S por região do reservatório demonstrou nítida zonação dos grupos ecológicos ao longo do gradiente longitudinal. Há predomínio de espécies submersas na região próxima à barragem e de flutuantes livres na região próxima à desembocadura do rio Paranapanema (Figura 3b e 3c). Tal diferença não é explicada pelas características limnológicas, pois as concentrações de fósforo e nitrogênio e a alcalinidade não diferiram entre essas regiões do reservatório no período amostrado (dados não apresentados). Em relação à profundidade do disco de Secchi, situação semelhante foi constatada em 2002, mas uma nítida variação longitudinal foi verificada em análises posteriores (por exemplo, em fevereiro de 2004 – Thomaz & Pagioro, 2004), o que impede generalizações considerando somente esse fator. Por outro lado, o padrão de distribuição observado parece ser parcialmente explicado por uma combinação de velocidade da água, morfometria e fatores biológicos. Quanto ao primeiro fator, fluxos moderados implicam melhores condições nutricionais para espécies com raízes suspensas na coluna de água, como é o caso de *E. azurea*. Associados a isso, menores valores de "fetch" (variável morfométrica) na zona fluvial também propiciam ambiente favorável para a colonização de extensos bancos de *E. azurea*, que oferecem um micro-habitat adequado para outras espécies flutuantes-livres nessa região (como *Salvinia herzogii*, *S. minima*, *S. auriculata* e *E. crassipes*). Subcomunidades formadas por *E. azurea* e espécies flutuantes-livres, como essa constatada na região fluvial do reservatório de Rosana, são freqüentes em lagoas da bacia do rio Paraná (Murphy, 2003). Experimentos com espécies flutuantes-livres indicam diferentes relações de facilitação entre as espécies, como, por exemplo, sustentação por meio da criação de substrato que propicia suporte físico para plantas menores (Agami & Reddy, 1991).

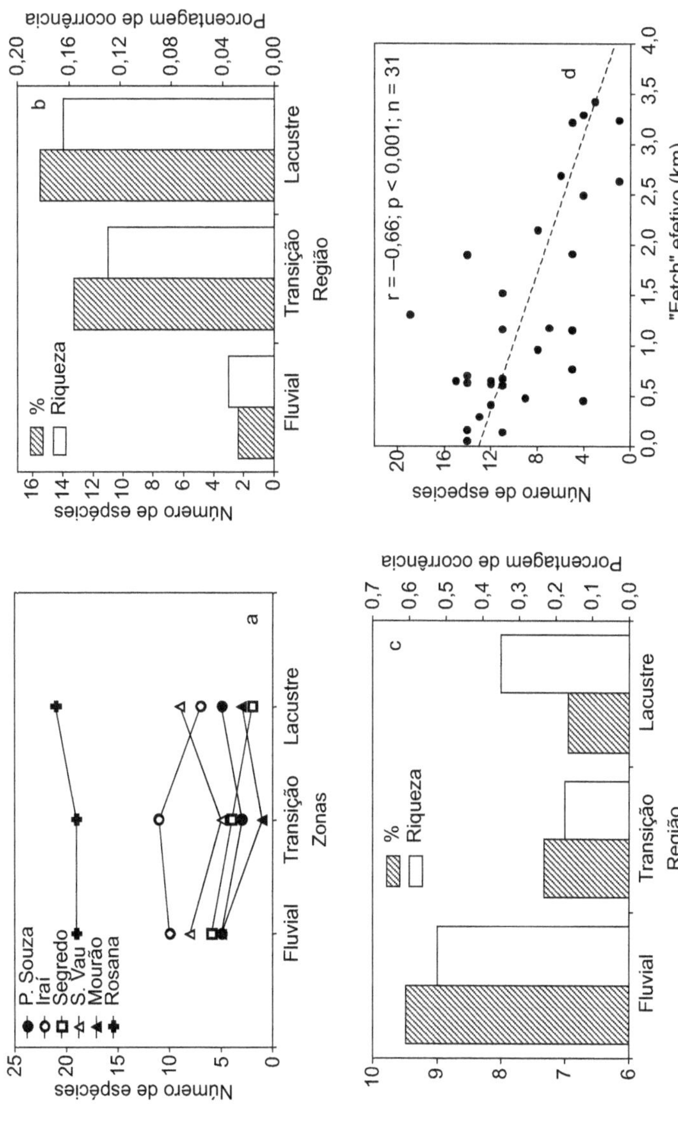

Figura 3 – (a) S de macrófitas encontradas nas três regiões consideradas, nos seis reservatórios; (b) S e freqüência de ocorrência de espécies submersas; (c) flutuantes-livres nas três regiões do reservatório de Rosana; e (d) relação entre o "fetch" efetivo e a S de macrófitas no reservatório de Rosana.

Assim, na região fluvial do reservatório de Rosana e possivelmente em outros locais onde tais subcomunidades ocorrem, o suporte oferecido por *E. azurea* propicia resistência contra a corrente e a ação do vento, facilitando a permanência das espécies flutuantes-livres.

Por outro lado, os grandes valores de "fetch" no corpo central fazem com que as regiões de transição e lacustre sejam colonizadas principalmente por espécies submersas, especialmente em locais com profundidades superiores a 1,0 m, onde seu crescimento é pouco afetado pela ação física das ondas (Thomaz & Pagioro, 2004). De fato, o "fetch" pode ser considerado um importante fator que restringe a distribuição de espécies no reservatório de Rosana (Figura 3d). Seus efeitos negativos sobre a distribuição da vegetação aquática têm sido demonstrados em vários outros ecossistemas, especialmente nos com grandes áreas (Vestergaard & Sand-Jensen, 2000; Thomaz et al., 2003).

Em resumo, os resultados indicam que fatores abióticos (como alcalinidade e radiação subaquática) são importantes na determinação da S e da ocorrência de macrófitas aquáticas pertencentes a diferentes grupos ecológicos. Porém, variáveis hidráulicas (por exemplo, fluxo da água), morfométricas (por exemplo, "fetch" e profundidade) e biológicas (por exemplo, facilitação) devem ser consideradas nos modelos que explicam a distribuição e a abundância da vegetação aquática nos reservatórios estudados. No entanto, como indicado neste estudo, a importância relativa das diferentes variáveis que potencialmente explicam a distribuição das macrófitas aquáticas depende da escala espacial analisada. Essa dependência deve ser sempre levada em consideração em estudos de ecologia de macrófitas aquáticas.

Referências Bibliográficas

AGAMI, M.; REDDY, K. R. Interrelationships between *Eichhornia crassipes* (Mart.) Solms and *Hydrocotyle umbellata* L. *Aquatic Botany*, Amsterdam, v. 39, n.1-2, p. 147-157, Feb. 1991.

AGOSTINHO, A. A.; GOMES, L. C.; JÚLIO JÚNIOR, H. F. Relações entre macrófitas aquáticas e fauna de peixes. In: THOMAZ, S. M.; BINI, L. M. (Eds.). *Ecologia e manejo de macrófitas aquáticas*. Maringá: EDUEM, 2003. cap. 13, p. 261-279.

ALI, M. M.; MURPHY, K. J.; ABERNETHY, V. J. Macrophyte functional variables versus species assemblages as predictors of trophic status inflowing waters. *Hydrobiologia*, Dordrecht, v. 415, p. 131-138, Nov. 1999.

BINI, L. M. *Dinâmica populacional de* Egeria najas *Planchon (Hydrocharitaceae)*: sobrevivência de uma espécie submersa em um grande ambiente subtropical com elevada turbidez (reservatório de Itaipu Binacional, Brasil-Paraguai). 2001. 130 f. Tese (Doutorado em Ecologia de Ambientes Aquáticos Continentais) – Departamento de Biologia, Universidade Estadual de Maringá, Maringá.

BINI, L. M. et al. Aquatic macrophyte distribution in relation to water and sediment conditions in the Itaipu reservoir, Brazil. *Hydrobiologia*, Dordrecht, v. 415, p. 147-154, Nov. 1999.

CAMARGO, A. F. M. C.; PEZZATO, M. M.; HENRY-SILVA, G. G. Fatores limitantes à produção primária de macrófitas aquáticas. In: THOMAZ, S. M.; BINI, L. M. (Eds.). *Ecologia e manejo de macrófitas aquáticas*. Maringá: EDUEM, 2003. Cap. 3, p. 59-84.

CARVALHO, F. T. et al. Plantas aquáticas e nível de infestação das espécies presentes no reservatório de Barra Bonita, no rio Tietê. *Planta Daninha*, Jaboticabal, v. 21, n. especial, p. 15-19, 2003.

CHAMBERS, P. A. et al. Current velocity and its effects on aquatic macrophytes in flowing waters. *Ecological Applications*, Washington, D.C., v. 1, n. 3, p. 249-257, Aug. 1991.

DICKINSON, G.; MURPHY, K. J. *Ecosystems*: a functional approach. London; New York: Routledge, 1998. 190 p. (Routledge introductions to environment series.)

EDWARDS, T.; CLAYTON, J. Aquatic plants as environmental indicators of lake health in New Zealand. In: EWRS INTERNATIONAL SYMPOSIUM AQUATIC WEEDS, 11., 2002, France. *Proceedings...* France, 2002. p. 227-230.

LANSAC-TÔHA, F. A.; MACHADO VELHO, L. F.; BONECKER, C. C. Influência de macrófitas aquáticas sobre a estrutura da comunidade zooplanctônica. In: THOMAZ, S. M.; BINI, L. M. (Eds.). *Ecologia e manejo de macrófitas aquáticas*. Maringá: EDUEM, 2003. cap. 11, p. 231-242.

MARCONDES, D. A. S.; MUSTAFÁ, A. L.; TANAKA, R. H. Estudos para manejo integrado de plantas aquáticas no reservatório de Jupiá. In: THOMAZ, S. M.; BINI, L. M. (Eds.). *Ecologia e manejo de macrófitas aquáticas*. Maringá: EDUEM, 2003. cap. 15, p. 299-317.

MURPHY, K. J. et al. Aquatic plant communities and predictors of diversity in a subtropical river floodplain: the upper Rio Paraná, Brazil. *Aquatic Botany*, Amsterdam, v. 77, n. 4, p. 257-276, Dec. 2003.

PEDRALLI, G. Macrófitos aquáticos: técnicos e métodos de estudos. *Estudos de Biologia*, Curitiba, v. 26, p. 5-24, 1990.

PELICICE, F. M.; AGOSTINHO, A. A.; THOMAZ, S. M. Fish assemblages associated with *Egeria* in a tropical reservoir: investigating the effects of plant biomass and diel period. *Acta Oecologica*, Paris, v. 27, n. 1, p. 9-16, Jan.-Feb. 2005.

PIERINI, S. A.; THOMAZ, S. M. Effects of inorganic carbon source on photosynthetic rates of *Egeria najas* Planchon and *Egeria densa* Planchon (Hydrocharitaceae). *Aquatic Botany*, Amsterdam, v. 78, n. 2, p. 135-146, Feb. 2004.

RØRSLETT, B. Principal determinants of aquatic macrophyte richness in Northern European lakes. *Aquatic Botany*, Amsterdam, v. 39, n. 1-2, p. 173-193, Feb. 1991.

TAKEDA, A. M. et al. Invertebrados associados a macrófitas aquáticas da planície de inundação do alto rio Paraná (Brasil). In: THOMAZ, S. M.; BINI, L. M. (Eds.). *Ecologia e manejo de macrófitas aquáticas.* Maringá: EDUEM, 2003. cap. 12, p. 243-260.

TAVECHIO, W. L. G.; THOMAZ, S. M. Effects of light on the growth and photosynthesis of *Egeria najas* Planchon. *Brazilian Archives of Biology and Technology:* an international journal, Curitiba, v. 46, n. 2, p. 203-209, Mar. 2003.

THOMAZ, S. M.; BINI, L. M. Ecologia e manejo de macrófitas aquáticas em reservatórios. *Acta Limnologica Brasiliensia,* Botucatu, v. 10, n. 1, p.103-116, 1998.

THOMAZ, S. M.; BINI, L. M. A expansão das macrófitas aquáticas e implicações para o manejo de reservatórios: um estudo na represa de Itaipu. In: HENRY, R. (Ed.). *Ecologia de reservatórios:* estrutura, função e aspectos sociais. Botucatu: FUNDIBIO; São Paulo: FAPESP, 1999. cap. 20, p. 597-626.

THOMAZ, S. M.; BINI, L. M.; PAGIORO, T. A. Macrófitas aquáticas em Itaipu: ecologia e perspectivas para o manejo. In: THOMAZ, S. M.; BINI, L. M. (Eds.). *Ecologia e manejo de macrófitas aquáticas.* Maringá: EDUEM, 2003. cap. 16, p. 319-341.

THOMAZ, S. M.; PAGIORO, T. A. *Mapeamento das macrófitas aquáticas no reservatório da usina hidrelétrica de Rosana.* Maringá: UEM/Duke Energy, 2004. 32 p., il. (Relatório Técnico).

THORNTON, K. W. Perspectives on reservoir limnology. In: THORNTON, K. W.; KIMMEL, B. L.; PAYNE, F. E. (Eds.). *Reservoir limnology:* ecological perspectives. New York: J. Wiley & Sons, 1990c. ch. 1, p. 1-13.

VESTERGAARD, O.; SAND-JENSEN, K. Aquatic macrophyte richness in Danish lakes in relation to alkalinity, transparency, and lake area. *Canadian Journal of Fisheries and Aquatic Sciencies,* Ottawa, v. 57, n. 10, p. 2022-2031, Oct. 2000.

Capítulo 23

A Piscivoria Controlando a Produtividade em Reservatórios: Explorando o Mecanismo *Top Down*

Fernando Mayer Pelicice
Fabiane Abujanra
Rosemara Fugi
João Dirço Latini
Luiz Carlos Gomes
Angelo Antonio Agostinho

Introdução

A ocorrência de elevados níveis de predação em ambientes aquáticos pode exercer grande influência em toda a cadeia trófica, afetando atributos da comunidade e controlando a produtividade do ambiente (Carpenter et al., 1985; He & Kitchell, 1990; Ramcharan et al., 1995). Pelo fato de a piscivoria ser uma das principais fontes de mortalidade em estoques naturais de peixes (Link & Garrison, 2002), o controle da biomassa por espécies piscívoras tem importantes aplicações práticas (mecanismo *top down*), podendo ser utilizada como método de manejo (Carpenter et al., 1987; Urho, 1994).

As alterações impostas pelos represamentos, aliadas aos procedimentos operacionais da barragem, podem resultar em grandes flutuações ambientais e dificultar previsões sobre a estrutura da comunidade de peixes. A seletividade dos equipamentos de amostragem e a introdução de espécies, que marcou as ações do setor elétrico brasileiro nos últimos 50 anos, reduzem ainda mais a probabilidade de acertos nessa previsão (Petts, 1984c; Agostinho & Júlio Júnior, 1996) e fazem com que os efeitos derivados da piscivoria sejam muito variáveis e seu entendimento, mais complexo.

Há uma enorme quantidade de reservatórios construídos no Estado do Paraná e bacias limítrofes, com diferentes atributos físicos, químicos e biológicos, incluindo a riqueza e a biomassa de espécies piscívoras. Tendo por base os dados da ictiofauna de 31 desses reservatórios, buscou-se, neste trabalho, a identificação de padrões que caracterizem os efeitos da biomassa e da riqueza de espécies piscívoras em atributos da comunidade de peixes, explorando a hipótese de que elevadas biomassa e riqueza de espécies piscívoras realmente controlam a biomassa das demais espécies.

Base de Dados

As amostras foram realizadas na zona lacustre (*sensu* Thornton et al., 1990c) de 31 reservatórios do Estado do Paraná ou suas bacias limítrofes durante os meses de julho e novembro de 2001. Foram utilizadas redes de espera de diferentes malhagens (de 2,4 a 14,0 cm entre nós alternados), expostas durante 24 horas, com revistas de manhã, no final da tarde e à noite.

Para fins de análise, as espécies foram categorizadas de acordo com o hábito alimentar: espécies piscívoras (dieta predominantemente composta por peixes) e presas (dieta formada por outros itens alimentares), tendo por base informações contidas em Abelha et al. (ver Capítulo 16), Fugi et al. (ver Capítulo 15) e também outros dados levantados e ainda não publicados. Não foi observada a ocorrência de canibalismo entre as espécies piscívoras. Em cada reservatório foram calculadas a riqueza de espécies e a biomassa de peixes (expressa em captura por unidade de esforço, CPUE, kg/1000 m² de rede por 24 hs) para cada uma das categorias (piscívoras e presas). Os índices de eqüitabilidade (E) e diversidade de Shannon-Wienner (H') foram calculados para a matriz de espécies presas. Em todas as análises, a biomassa e a riqueza de espécies piscívoras foram consideradas variáveis explanatórias, investigando seus efeitos nas demais variáveis estudadas.

Riqueza de Espécies

A riqueza de espécies piscívoras se apresentou positivamente correlacionada à riqueza de espécies presas (Figura 1), o que permite levantar duas hipóteses. A primeira aponta que, em alguns reservatórios, altos valores de riqueza de espécies piscívoras poderiam exercer considerável pressão de predação sobre as demais espécies, impedindo a dominância e favorecendo a coexistência de espécies presas (Paine, 1966). De fato, a riqueza de espécies piscívoras se correlacionou positivamente com os índices de eqüitabilidade (R = 0,41; p < 0,05) e diversidade de presas (R = 0,73; p < 0,0001), indicando que, nos reservatórios mais ricos em espécies piscívoras, a assembléia de presas apresentou estrutura mais eqüitativa.

Entretanto, avaliando a distribuição dos reservatórios por bacia, uma hipótese mais plausível pode ser formulada, a de que a relação observada na Figura 1 pode estar mais associada à ação de fatores regionais/históricos, sendo que o número de espécies observado seria, na verdade, resultado da seleção do pool original característico da bacia. Para essa hipótese, de caráter histórico/evolutivo, o elevado número de espécies presas em uma dada bacia significaria maior diversidade de recursos, suportando uma assembléia piscívora mais diversificada (Eadie & Keast,

1984). Conferindo suporte a essa hipótese está a forte tendência observada de reservatórios da bacia dos rios Paranapanema e Iguaçu apresentarem maior número de espécies, influenciando de forma marcante a relação. Além disso, alguns reservatórios com baixa riqueza de espécies presas apresentaram elevada biomassa relativa de uma única espécie piscívora (*Hoplias malabaricus*).

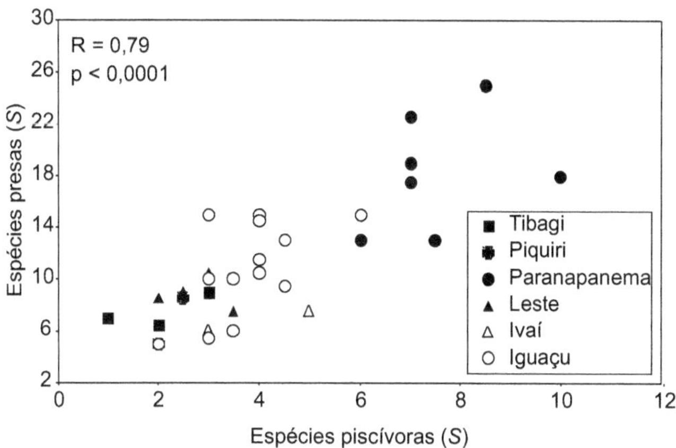

Figura 1 – Relação entre as riquezas (S) de espécies piscívoras e presas nos 31 reservatórios, indicando suas respectivas bacias.

Biomassa

Além da riqueza de espécies, a biomassa piscívora também pode ser um fator preponderante, influenciando a estrutura da assembléia de presas (Ramcharan et al., 1995; Lazzaro et al., 2003). Dessa forma, optou-se por analisar com mais detalhes as variações dessa biomassa entre os reservatórios.

Inicialmente verificou-se que a biomassa relativa de piscívoros é muito alta em alguns reservatórios, destacando-se Salto do Meio, Melissa, Salto do Vau, Guaricana, Passauna, Iraí, Apucaraninha e Piraquara, onde essa categoria de peixes ultrapassa 50% da biomassa total (Figura 2). Considerando que os efeitos da piscivoria poderiam ser mais evidentes nesse grupo, as análises subseqüentes foram realizadas a partir de dois tipos de reservatórios, categorizados de acordo com os valores da biomassa relativa de espécies piscívoras (Grupo 1: biomassa relativa de piscívoros < 50%; e Grupo 2: biomassa relativa de piscívoros > 50%).

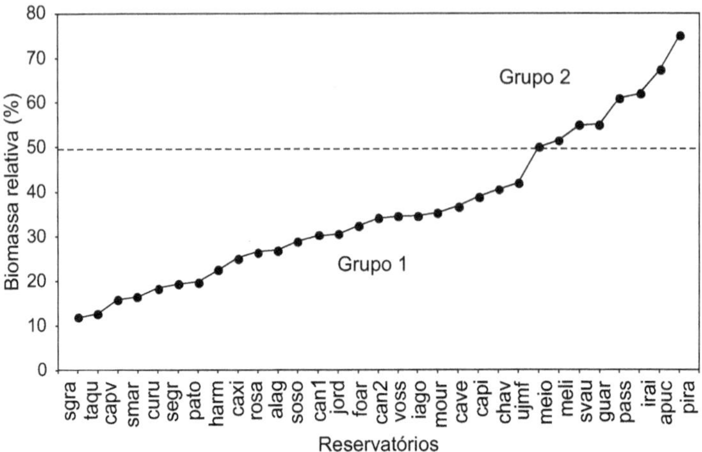

Figura 2 –   Biomassa relativa das espécies piscívoras nos 31 reservatórios analisados. A linha tracejada separa os dois grupos de reservatórios: Grupo 1 = biomassa relativa < 50%; Grupo 2 = biomassa relativa > 50%. Legenda dos reservatórios: sgra = Salto Grande; taqu = Taquaruçu; capv = Capivara; smar = Santa Maria; curu = Curucaca; segr = Segredo; pato = Rio dos Patos; harm = Harmonia; caxi = Caxias; rosa = Rosana; alag = Alagados; soso = Salto Osório; can1 = Canoas 1; jord = Jordão; foar = Foz do Areia; can2 = Canoas 2; voss = Vossoroca; iago = Santiago; mour = Mourão; cave = Cavernoso; capi = Capivari; chav = Chavantes; ujmf = UJMF; meio = Salto do Meio; meli = Melissa; svau = Salto do Vau; guar = Guaricana; pass = Passauna; irai = Iraí; apuc = Apucaraninha; e pira = Piraquara.

De forma semelhante à riqueza, a biomassa de espécies piscívoras se apresentou positivamente correlacionada à biomassa de espécies presas, nos dois grupos de reservatórios (Figura 3). Nos reservatórios do Grupo 1, de acordo com as relações clássicas de número e biomassa de presas/predadores (Elton, 2001), é provável que uma maior biomassa de espécies presas seja capaz de manter maiores biomassas de espécies piscívoras.

No entanto, tais relações não se aplicam aos reservatórios do Grupo 2, nos quais a elevada biomassa relativa de piscívoros é mantida por baixos valores de biomassa de presas. Para determinar diferenças entre os valores de biomassa (total, presa e piscívora) dos dois grupos, foi realizado o protocolo da ANOVA protegida (Scheiner, 1993c).

O resultado da MANOVA indicou que pelo menos uma das categorias de biomassa diferiu entre os grupos ($F_{3,27}$ = 7,47; p = 0,0009). As biomassas piscívora e total foram semelhantes entre os dois grupos e somente a biomassa de presas apresentou diferença significativa ($F_{1,29}$ = 9,10; p = 0,0053), com maiores valores nos reservatórios do Grupo 1.

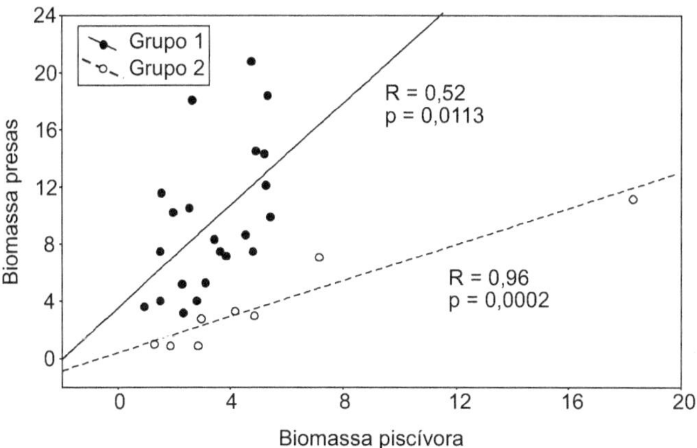

Figura 3. Relação entre as biomassas piscívora e de presas (CPUE, kg/1000 m 2/24 h), destacando os dois grupos de reservatórios.

A fauna de presas dos reservatórios do Grupo 2 é caracterizada basicamente por espécies de pequeno porte (Figura 4a), que geralmente apresentam alto número de indivíduos, porém com baixa biomassa. As principais espécies piscívoras foram *Hoplias* aff. *malabaricus*, *Oligossarcus longirostris*, *Rhamdia quelen* e *Rhamdia voulezi*, sendo *H. malabaricus* a espécie piscívora dominante em seis dos oito reservatórios, apresentando médio porte e adaptação a habitats marginais (Barbieri, 1989; Freire & Agostinho, 2001). Um elevado *turnover* de indivíduos-presa poderia ser o mecanismo responsável pela manutenção da elevada biomassa relativa piscívora, uma vez que indivíduos de pequeno porte apresentam ciclo de vida curto (Lowe-Mcconnel, 1999).

Reservatórios do Grupo 1 apresentaram maiores valores médios de comprimento-padrão de presas (LS), como, por exemplo, Rosana (16,1 cm), Canoas 1 (14,9 cm) e Salto Grande (14,5 cm), o que contribui para aumento na biomassa total. As maiores biomassas de presas foram observadas nos reservatórios Curucaca, Harmonia e Taquaruçu, resultado da captura de alguns indivíduos de espécies de médio a grande porte, como *Cyprinus carpio* (Curucaca), *Prochilodus lineatus* (Harmonia e Taquaruçu), *Piaractus mesopotamicus*, *Colossoma macropomum* (Harmonia) e *Schizodon nasutus* (Taquaruçu). Conseqüentemente, é provável que as assembléias de presas em reservatórios do Grupo 1, por serem representadas por indivíduos de maior porte, limitem de alguma forma o incremento da biomassa piscívora.

Uma possível evidência do controle da biomassa de peixes-presa por parte de piscívoros pode ser observada na variabilidade das relações mostradas na Figura 3.

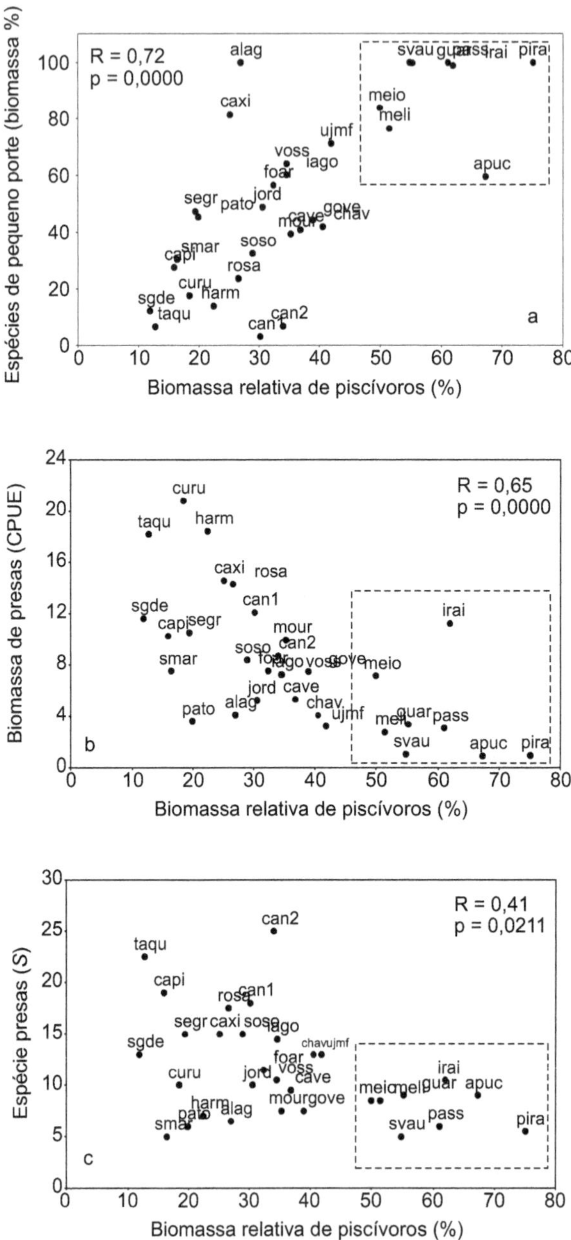

Figura 4 – Relação da biomassa relativa de piscívoros com a biomassa de espécies de pequeno porte e ciclo de vida curto (a) e com a biomassa (CPUE, kg/1000 m 2/24 h) (b) e a riqueza (S) de espécies presas (c). A linha tracejada indica os reservatórios do Grupo 2.

Nos reservatórios do Grupo 2, a biomassa piscívora explicou quase toda variação na biomassa das demais espécies. Nesses reservatórios, onde a biomassa de piscívoros representa mais de 50% do total, uma forte pressão de predação poderia estar controlando efetivamente a biomassa das demais espécies. Diferentemente, elevada variação residual foi observada na relação com dados do Grupo 1, em que outros fatores devem estar atuando em conjunto com a piscivoria, como bacia hidrográfica, área dos reservatórios, produtividade primária, qualidade e disponibilidade de recursos, estruturação espacial, entre outros não analisados neste trabalho.

Além disso, outros indícios de um mecanismo do tipo *top down* controlando a assembléia de presas, principalmente em nível de biomassa, foram observados em relações com a biomassa relativa de piscívoros (Figura 4b e c). Relação negativa dessa variável foi identificada tanto com a biomassa (Figura 4b) quanto com a riqueza de espécies presas (Figura 4c).

Como as relações observadas nas Figuras 4b e 4c são influenciadas em grande parte pelos reservatórios do Grupo 2, seria necessário discernir se esses resultados derivam (a) dos efeitos negativos da elevada predação (*top down*) ou (b) se são decorrentes do fato de esses reservatórios serem caracterizados naturalmente por baixa biomassa de presas, mantendo a biomassa piscívora pelo elevado *turnover* de indivíduos/biomassa das espécies de pequeno porte.

É importante ressaltar que metade dos reservatórios do Grupo 2 pertence à bacia do rio Iguaçu (Iraí, Piraquara, Passauna e Salto do Vau) e, de forma geral, apresenta menores valores de área em comparação aos demais. Os outros reservatórios desse grupo, pertencentes às bacias dos rios Tibagi (Apucaraninha), Leste (Salto do Meio e Guaricana) e Piquiri (Melissa), destacam-se também por apresentarem pequenas áreas, variando de 0,1 a 0,9 km². Espécies piscívoras adaptadas a ambientes lênticos, como *H. malabaricus*, podem obter grande sucesso na colonização de reservatórios com alta relação margem/zona pelágica (Agostinho et al., 1995; Freire & Agostinho, 2001). Dessa forma, alta biomassa de *H. malabaricus* poderia resultar em elevada pressão de predação, conferindo suporte à hipótese de um mecanismo *top down*. Fraser & Gilliam (1992) demonstraram que a pressão exercida por *H. malabaricus* pode alterar atributos comportamentais e populacionais de algumas espécies de pequeno porte.

Em estudo na região Nordeste do país, Paiva et al. (1994) verificaram que muitas espécies piscívoras em um único açude diminuem o rendimento pesqueiro. Valores intermediários de riqueza de piscívoros se relacionaram com os maiores valores de rendimento pesqueiro. No entanto, neste trabalho não foi observada relação entre o número de espécies piscívoras e a biomassa de presas (p > 0,05). Similarmente, Gomes & Miranda (2001) não encontraram evidências de que a riqueza de espécies piscívoras é o fator responsável pela baixa produtividade pesqueira em reservatórios da bacia do rio Paraná. Dessa forma, sugerimos que talvez a biomassa piscívora, e não a riqueza de espécies, seja o fator preponderante na determinação da biomassa total de peixes em alguns reservatórios da bacia do rio Paraná, especialmente naqueles com pequena área e presença de *H. malabaricus*.

Considerações Finais

É possível que a biomassa de peixes em alguns reservatórios aqui estudados esteja sendo controlada pela predação de peixes piscívoros. No entanto, considerando a baixa produtividade primária e o pequeno rendimento pesqueiro característico de muitos desses reservatórios (Gomes et al., 2002), seria necessária a elaboração de estudos mais específicos para testar as hipóteses aqui formuladas e ampliar o entendimento desse mecanismo. Isso porque, embora a existência de resultados antagônicos e estudos atuais aponte diversos fatores determinando o comprimento das cadeias tróficas (Jepsen & Winemiller, 2002; Post, 2002), as teorias clássicas sobre a produtividade predizem que sistemas pouco produtivos suportam cadeias tróficas mais curtas e menor número de piscívoros e são controlados principalmente pela disponibilidade de nutrientes (Elton, 2001).

Referências Bibliográficas

AGOSTINHO, A. A.; JÚLIO JÚNIOR, H. F. Ameaça ecológica: peixes de outras águas. *Ciência Hoje*, Rio de Janeiro, v. 21, n. 124, p. 36-44, set./out. 1996.

AGOSTINHO, A. A.; VAZZOLER, A. E. A. de M.; THOMAZ, S. M. The High river Paraná basin: limnological and ichthyological aspects. In: TUNDISI, J. G.; BICUDO, C. E. M.; MATSUMURA-TUNDISI, T. (Eds.). *Limnology in Brazil*. Rio de Janeiro: ABC/SBL, 1995. p. 59-104.

BARBIERI, G. Dinâmica da reprodução e crescimento de *Hoplias malabaricus* (Bloch, 1794) (Osteichthyes, Erythrinidae) da represa do Monjolinho, São Carlos, SP. *Revista Brasileira de Zoologia*, Curitiba, v. 6, n. 2, p. 225-233, ago. 1989.

CARPENTER, S. R.; KITCHELL, J. F.; HODGSON, J. R. Cascading trophic interactions and lake ecosystem productivity. *BioScience*, Washington, D.C., v. 35, n. 10, p. 634-639, Nov. 1985.

CARPENTER, S. R. et al. Regulation of lake primary productivity by food web structure. *Ecology*, Washington, D.C., v. 68, n. 6, p. 1863-1876, Dec. 1987.

EADIE, J. McA.; KEAST, A. Resource heterogeneity and fish species diversity in lakes. *Canadian Journal of Zoology*, Ottawa, v. 62, n. 9, p. 1689-1695, 1984.

ELTON, C. S. *Animal ecology*. Chicago: University of Chicago Press, 2001. 209 p.

FRASER, D. F.; GILLIAM, J. F. Nonlethal impacts of predator invasion: facultative suppression of growth and reproduction. *Ecology*, Washington, D.C., v. 73, n. 3, p. 959-970, June 1992.

FREIRE, A. G.; AGOSTINHO, A. A. Ecomorfologia de oito espécies dominantes da ictiofauna do reservatório de Itaipu (Paraná, Brasil). *Acta Limnologica Brasiliensia*, Botucatu, v. 13, n. 1, p. 1-9, 2001.

GOMES, L. C.; MIRANDA, L. E. Riverine characteristics dictate composition of fish assemblages and limit fisheries in reservoirs of the Upper Paraná river basin. *Regulated Rivers: Research & Management*, Chichester, v. 17, n. 1, p. 67-76, Jan.-Feb. 2001.

GOMES, L. C.; MIRANDA, L. E.; AGOSTINHO, A. A. Fishery yield relative to chlorophyll *a* in reservoirs of the Upper Paraná river, Brazil. *Fisheries Research*, Amsterdam, v. 55, n. 1-3, p. 335-340, Mar. 2002.

HE, X.; KITCHELL, J. F. Direct and indirect effects of predation on a fish community: a whole-lake experiment. *Transactions of the American Fisheries Society*, Lawrence, v. 119, n. 5, p. 825-835, Sept. 1990.

JEPSEN, D. B.; WINEMILLER, K. O. Structure of tropical river food webs revealed by stable isotope ratios. *Oikos*, Copenhagen, v. 96, n. 1, p. 46-55, Jan. 2002.

LAZZARO, X. et al. Do fish regulate phytoplankton in shallow eutrophic Northeast Brazilian reservoirs? *Freshwater Biology*, Oxford, v. 48, n. 4, p. 649-668, Apr. 2003.

LINK, J. S.; GARRISON, L. P. Changes in piscivory associated with fishing induced changes to the finfish community on Georges Bank. *Fisheries Research*, Amsterdam, v. 55, n. 1-3, p. 71-86, Mar. 2002.

LOWE-McCONNELL, R. H. *Estudos ecológicos de comunidades de peixes tropicais*. Tradução de Anna Emília A. de M. Vazzoler, Angelo Antonio Agostinho, Patrícia T. M. Cunningham. São Paulo: EDUSP, 1999. 534 p. (Coleção Base).

PAINE, R. T. Food web complexity and species diversity. *The American Naturalist*, Chicago, v. 100, n. 910, p. 65-75, Jan.-Feb. 1966.

PAIVA, M. P. et al. Relationship between the number of predatory fish species and fish yield in large north-eastern Brazilian reservoirs. In: COWX, I. G. (Ed.). *Rehabilitation of freshwater fisheries*. Oxford: Fishing News Books, 1994. ch. 11, p. 120-129.

PETTS, G. E. *Impounded rivers*: perspectives for ecological management. Chichester: J. Wiley & Sons, 1984c. 326 p.

POST, D. M. The long and short of food-chain length. *Trends in Ecology and Evolution*, London, v. 17, n. 6, p. 269-277, June 2002.

RAMCHARAN, C. W. et al. A comparative approach to determining the role of fish predation in structuring limnetic ecosystems. *Archiv für Hydrobiologie*, Stuttgart, v. 133, n. 4, p. 389-416, June 1995.

SCHEINER, S. M. MANOVA: multiple response variables and multispecies interactions. In: SCHEINER, S. M.; GUREVITCH, J. (Eds.). *Design and analysis of ecological experiments*. New York: Chapman & Hall, 1993c. ch. 5, p. 94-112.

THORNTON, K. W.; KIMMEL, B. L.; PAYNE, F. E. (Eds.). *Reservoir limnology*: ecological perspectives. New York: J. Wiley & Sons, 1990c. 246 p.

URHO, L. Removal of fish by predators – theoretical aspects. In: COWX, I. G. (Ed.). *Rehabilitation of freshwater fisheries*. Oxford: Fishing News Books, 1994. ch. 9, p. 93-101.

Capítulo 24

Predição e Mecanismos Reguladores da Biomassa de Peixes em Reservatórios

Pitágoras Augusto Piana
Karla Danielle Gaspar da Luz
Fernando Mayer Pelicice
Rodrigo Silva Costa
Luiz Carlos Gomes
Angelo Antonio Agostinho

Introdução

Diferentes mecanismos podem regular a biomassa e as interações tróficas de comunidades aquáticas (Carpenter et al., 1985; Gerking, 1994c) atuando na base (produtores), no meio (consumidores) ou no topo da cadeia trófica (predadores). Dessa forma, diversas hipóteses têm sido formuladas para explicar a biomassa de peixes e o rendimento pesqueiro em lagos e reservatórios, incluindo características físicas, químicas, de produtividade primária e das assembléias (Hanson & Leggett, 1982; Downing & Plante, 1993; Gomes & Miranda, 2001). Alguns estudos destacam a produtividade primária fitoplanctônica como o principal fator limitante à produção de peixes em lagos e reservatórios (Melack, 1976; Gomes et al., 2002). No entanto, considerando a bacia do rio Paraná, caracterizada por baixo número de espécies primariamente planctívoras e muitas detritívoras e piscívoras (Agostinho et al., 1995; Gomes & Miranda, 2001), é provável que diferentes mecanismos reguladores possam atuar em conjunto, resultando em um sistema de interações mais complexo. Na tentativa de caracterizar melhor os fatores determinantes da biomassa de peixes em reservatórios, este trabalho procurou elaborar um modelo preditivo a partir de variáveis abióticas, dados de produtividade primária e zooplâncton, investigando, inclusive, a provável mecanística reguladora da biomassa de peixes em 29 reservatórios do Estado do Paraná e bacias limítrofes.

Banco de Dados e Protocolo de Análise

As coletas foram realizadas em 29 reservatórios do Estado do Paraná e bacias limítrofes, durante 2001. Os reservatórios estudados pertencem a 6 diferentes bacias

(Iguaçu, Tibagi, Paranapanema, Ivaí, Piquiri e Leste). Redes de espera de diferentes malhagens foram utilizadas (variando de 2,4 a 14 cm entre nós adjacentes), sendo expostas por um período de 24 horas na região lacustre dos reservatórios (*sensu* Thornton et al., 1990c). A contribuição em peso (aqui chamada biomassa) das espécies de peixes capturadas foi expressa em captura média por unidade de esforço (CPUE, kg/1000 m² de rede por 24 horas). Para os reservatórios foram obtidos dados referentes ao pH, à condutividade elétrica (μS/cm), à alcalinidade (μEq./L), à turbidez (NTU), à transparência (profundidade do disco de Secchi), ao fósforo total (μg/L), ao ortofosfato (μg/L), ao nitrogênio total (μg/L), ao n-nitrito (μg/L), ao n-amoniacal (μg/L), à clorofila-*a* (μg/L), ao material em suspensão total (μg/L) e ao zooplâncton (ind./1000 L, considerando somente cladóceros e copépodos com maior abundância de jovens). Essas variáveis foram utilizadas para obter um modelo de regressão múltipla, como variáveis explanatórias, tendo por variável resposta a biomassa de peixes. Para esta análise utilizou-se o protocolo de regressão múltipla do software *Statistica*© (Statsoft, 2003), definindo *a priori* o método *Backward stepwise* para seleção das variáveis (F de entrada = 11; F de saída = 10). Transformações $\log_{10}$ foram realizadas para linearizar as relações e os pressupostos da análise de regressão (linearidade, normalidade e homocedasticidade) foram checados por meio da análise de resíduos do modelo final. Além disso, foi avaliada a possível multicolinearidade entre as variáveis explanatórias do modelo final por meio do fator de inflação da variância (VIF). Valores de VIF maiores que 10 indicam casos graves de multicolinearidade, sendo as estimativas dos parâmetros incorretas (Myers, 1990).

O Modelo

De acordo com o método de seleção adotado, as variáveis clorofila-*a* e zooplâncton foram significativas para o modelo de predição da biomassa de peixes, assim como o intercepto. A primeira apresentou influência positiva (coeficiente de correlação parcial = 0,76) e a segunda, negativa (coeficiente de correlação parcial = -0,67) (Tabela 1). As demais variáveis não foram significativas para o modelo e, portanto, não são apresentadas. O modelo com essas variáveis, apresentado a seguir, explicou 59% da variabilidade total da biomassa de peixes:

$$\mathrm{Log_{10}(BT) = 2,007 + 0,600 * Log_{10}(Clor\text{-}a) - 0,288 * Log_{10}(Zoo)}$$

em que:

    BT   =   biomassa de peixes

 Clor-*a* =   clorofila-*a*

   Zoo   =   Zooplâncton

Tabela 1 – Resultado da análise de regressão múltipla entre a biomassa de peixes (variável resposta) e os valores de clorofila-*a* e zooplâncton (variáveis explanatórias); t corresponde ao teste t de significância dos parâmetros e p, à probabilidade de encontrar um t maior que o obtido.

	Parâmetros (β)	Correlação parcial	t (26)	P-valor
Intercepto	2,007		8,740	< 0,001
Clorofila-*a*	0,600	0,763	6,030	< 0,001
Zooplâncton	–0,288	–0,673	–4,635	< 0,001

O pressuposto de linearidade foi alcançado ($F_{2,26}$ = 19,10; p < 0,05) e a análise do resíduo-padrão (Figura 1) evidenciou distribuição normal (Shapiro-Wilk, p > 0,05) e ausência de possíveis tendências, indicando que os resíduos são homocedáticos.

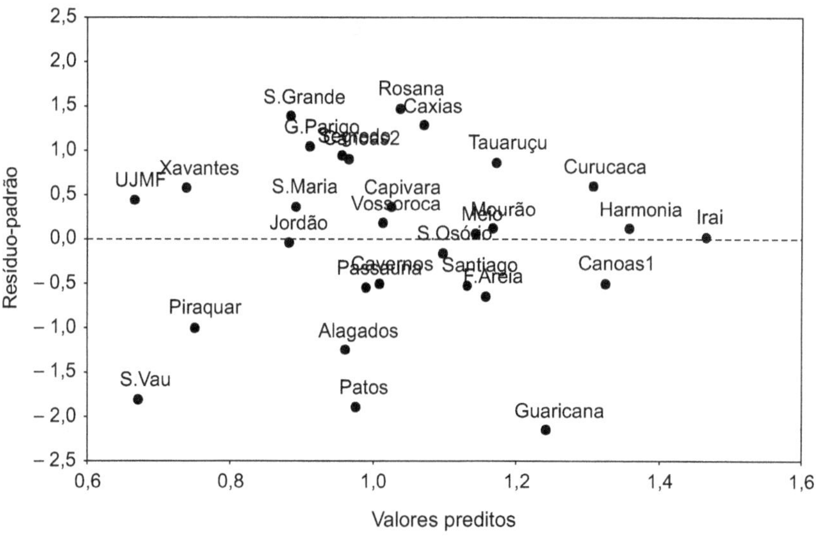

Figura 1 –   Gráfico de dispersão representando os valores preditos e o resíduo-padrão do modelo de regressão múltipla entre a biomassa de peixes (variável resposta) e os valores de clorofila-*a* e zooplâncton (variáveis explanatórias). Os nomes representam os reservatórios estudados.

Mecanismos Reguladores

A relação positiva com a clorofila-*a* pode estar associada ao fato de que, em ambientes tropicais e subtropicais, a biomassa de peixes e o rendimento pesqueiro são mantidos principalmente pela cadeia de detritos, em especial por aquelas provenientes da decomposição das comunidades fitoplanctônicas e perifíticas (Araújo-Lima et al., 1986; Benedito-Cecílio et al., 2000; Gomes et al., 2002). Os detritos podem ser transformados em biomassa de peixes via consumo direto (peixes detritívoros) ou pelo do consumo de invertebrados detritívoros (Gerking, 1994). Os resultados da alimentação natural das espécies nos reservatórios estudados (ver Capítulo 15) e dos obtidos por outros autores que estudaram a bacia do rio Paraná (Agostinho et al., 1995; Gomes & Miranda, 2001) evidenciam a ausência de espécies de peixes primariamente planctívoras, sendo o recurso gerado pelo plâncton aproveitado indiretamente pela ictiofauna.

No entanto, o zooplâncton influenciou negativamente a biomassa total de peixes (inclinação negativa = -0,288). Esse resultado pode ser decorrente de dois fatores. Primeiro, pode estar ocorrendo multicolinearidade entre as variáveis independentes, que se apresentaram altamente correlacionadas (R^2 = 0,77), sendo essa relação apresentada na Figura 2. Um dos efeitos da colinearidade nos resultados de regressão múltipla é a inversão de sinais nas inclinações (Zar, 1999c), uma vez que se esperava uma relação positiva entre o zooplâncton e a biomassa de peixes.

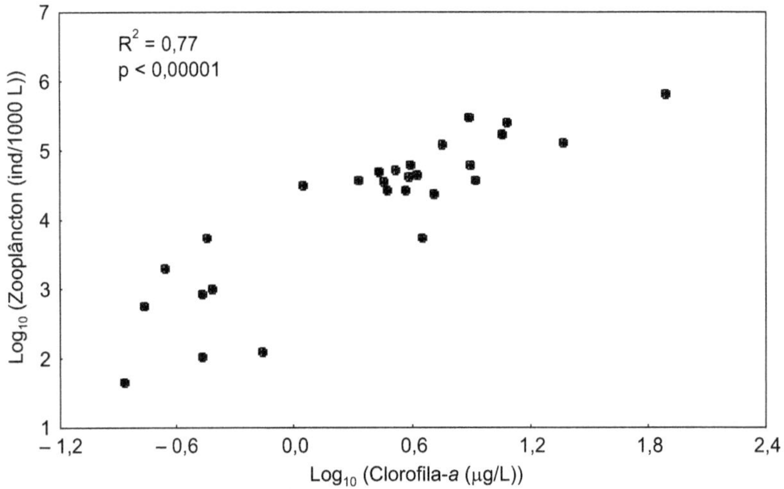

Figura 2 – Relação entre os valores de clorofila-*a* e zooplâncton em 29 reservatórios do Estado do Paraná e bacias limítrofes.

Com uma análise mais detalhada do efeito da colinearidade na estimativa dos parâmetros, por meio do VIF, percebe-se que ele não é grave (VIF = 4,33; Myers, 1990). Assim, a relação negativa do zooplâncton com a biomassa de peixes não parece ser espúria e, portanto, deve ser interpretada. De fato, a correlação simples entre o zooplâncton e a biomassa de peixes não foi significativa (R^2 = 0,028; p > 0,05), o que indica efeito indireto por meio da clorofila-*a*.

Assim, parece que o zooplâncton realmente contribui negativamente para o modelo. Dessa forma, esse efeito pode ser resultado indireto de pastagem do compartimento zooplâncton sobre o fitoplâncton (ver Capítulos 15 e 25 para mais detalhes). Em decorrência disso, cresce a perda de carbono e/ou energia com o incremento de um nível trófico, diminuindo a contribuição para os detritos a partir do fitoplâncton e, conseqüentemente, a biomassa de peixes. Como mencionado, os detritos de origem fitoplanctônica são a principal fonte de carbono para a biomassa de peixes nos sistemas estudados (Figura 3).

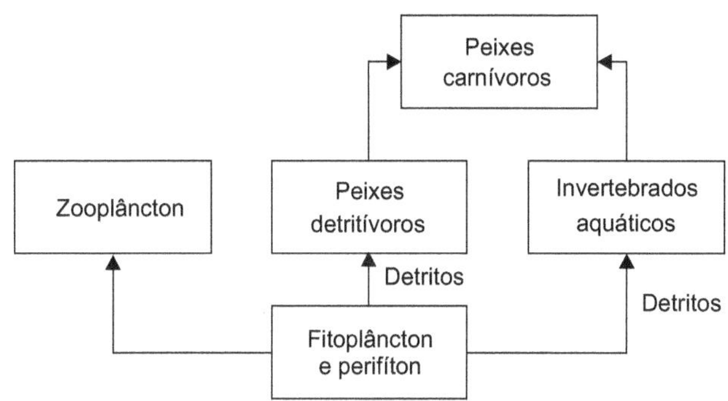

Figura 3 – Modelo conceitual evidenciando a possível mecanística pela qual o zooplâncton afeta negativamente a biomassa de peixes.

De acordo com a hipótese gerada neste trabalho, espera-se que haja uma relação inversamente proporcional entre a razão zooplâncton/clorofila-*a* e a biomassa de peixes, o que realmente foi verificado (Figura 4). Além disso, foi observada ampla variabilidade nos valores de biomassa de peixes para as razões Zoo/Clor-*a* inferiores a 15000 ind./mg. Acima desse limite, a biomassa de peixes diminui abruptamente, podendo ser um indicativo da influência indireta do zooplâncton.

O mecanismo descrito explica somente cerca de 60% da variabilidade ocorrida na produção de peixes nesses reservatórios. As demais fontes de variação, provavelmente, podem ser entendidas com a inserção de outras variáveis que não foram exploradas neste estudo. Assim, levando em consideração que a biomassa de peixes se sustenta pela cadeia detritívora, fatores como o aporte alóctone de nutrientes (Quirós, 1990) e as características morfométricas, incluindo canais secundários ligados ao reservatório e à conformação dendrítica (Quirós & Baigún, 1985), estão potencialmente ligados à produção de espécies de peixes iliófago-detritívoras.

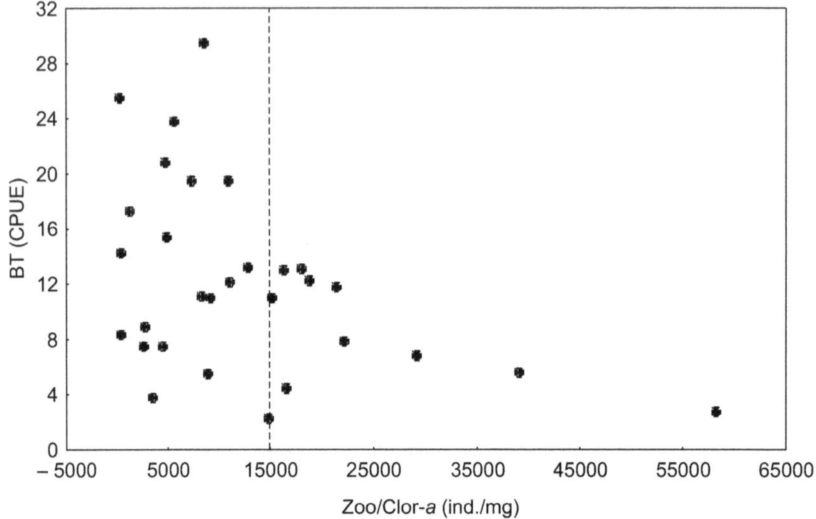

Figura 4 –   Relação entre a razão zooplâncton/clorofila-*a* (Zoo/Clor-*a*) e a biomassa (CPUE) de peixes (BT) em 29 reservatórios do Estado do Paraná e bacias limítrofes.

Considerações Finais

Miranda & Gu (1998) evidenciaram um complexo mecanismo influenciando as relações tróficas em um reservatório de ambiente temperado, onde a regulação da comunidade ocorreu pelo meio da cadeia trófica. Considerando isso, as relações observadas neste trabalho parecem ser reguladas por um mecanismo semelhante, ou seja, a biomassa total de peixes é mantida principalmente por detritos gerados pela produtividade primária fitoplanctônica, que é influenciada pela predação zooplanctônica, podendo refletir-se negativamente na biomassa de peixes. Porém, cabe ressaltar que o zooplâncton é um item importante na dieta de larvas e juvenis de peixes, além de ser potencialmente consumido por espécies de pequeno porte (ver Capítulo 15), podendo, inclusive, ser aproveitado indiretamente na forma de detritos.

Assim, pode-se concluir que a produtividade primária do fitoplâncton (indexada pela clorofila-*a*) e o zooplâncton foram os melhores preditores da biomassa de peixes. A mecanística mais razoável parece ser a de que o zooplâncton estaria influenciando negativamente a biomassa de peixes, de maneira indireta, por meio do fitoplâncton. Assim, aparentemente, a biomassa de peixes para as regiões lacustres desses reservatórios é determinada, de maneira discreta, por processo *bottom-up* (correlação significativa com a clorofila-*a*). Porém, os processos *middle-out* (Stein et al., 1995; controle a partir do zooplâncton, identificado neste trabalho) e *top down* (ver Capítulo 23) parecem ser os mais efetivos.

Referências Bibliográficas

AGOSTINHO, A. A.; VAZZOLER, A. E. A. de M.; THOMAZ, S. M. The high river Paraná basin: limnological and ichthyological aspects. In: TUNDISI, J. G.; BICUDO, C. E. M.; MATSUMURA-TUNDISI, T. (Eds.). *Limnology in Brazil*. Rio de Janeiro: ABC/SBL, 1995. p. 59-104.

ARAÚJO-LIMA, C. A. R. M. et al. Energy sources for detritivorous fishes in the Amazon. *Science*, Washington, D.C., v. 234, p. 1256-1258, Dec. 1986.

BENEDITO-CECÍLIO, E. et al. Carbon sources of Amazonian fisheries. *Fisheries Management and Ecology*, Osney Mead, v. 7, n. 4, p. 305-315, June 2000.

CARPENTER, S. R.; KITCHELL, J. F.; HODGSON, J. R. Cascading trophic interactions and lake ecosystem productivity. *Bioscience*, Washington, D.C., v. 35, n. 10, p. 634-639, Nov. 1985.

DOWNING, J. A.; PLANTE, C. Production of fish populations in lakes. *Canadian Journal of Fisheries and Aquatic Sciences*, Ottawa, v. 50, n. 1, p. 110-120, Jan. 1993.

GERKING, S. D. *Feeding ecology of fish*. San Diego: Academic Press, 1994c. 416 p.

GOMES, L. C.; MIRANDA, L. E. Riverine characteristics dictate composition of fish assemblages and limit fisheries in reservoirs of the Upper Paraná river basin. *Regulated Rivers: Research & Management*, Chichester, v. 17, n. 1, p. 67-76, Jan.-Feb. 2001.

GOMES, L. C.; MIRANDA, L. E.; AGOSTINHO, A. A. Fishery yield relative to chlorophyll *a* in reservoirs of the Upper Paraná river, Brazil. *Fisheries Research*, Amsterdam, v. 55, n. 1-3, p. 335-340, Mar. 2002.

HANSON, J. M.; LEGGETT, W. C. Empirical prediction of fish biomass and yield. *Canadian Journal of Fisheries and Aquatic Sciences*, Ottawa, v. 39, n. 2, p. 257-263, Feb. 1982.

MELACK, J. M. Primary productivity and fish yields in tropical lakes. *Transactions of the American Fisheries Society*, Lawrence, v. 105, n. 5, p. 575-580, Sept. 1976.

MIRANDA, L. E.; GU, H. Dietary shifts of a dominant reservoir planktivore during early life stages. *Hydrobiologia*, Dordrecht, v. 377, p. 73-83, 1998.

MYERS, R. H. *Classical and modern regression with applications*. 2nd ed. Belmont: Duxbury Press, 1990.

QUIRÓS, R. Predictors of relative fish biomass in lakes and reservoirs of Argentina. *Canadian Journal of Fisheries and Aquatic Sciences*, Ottawa, v. 47, n. 5, p. 928-939, May 1990.

QUIRÓS, R.; BAIGÚN, C. Fish abundance related to organic matter in the Plata river basin, South America. *Transactions of the American Fisheries Society*, Lawrence, v. 114, n. 3, p. 377-387, May 1985.

STATSOFT. INC. *Statistica (data analysis software system)*. Version 6. Tulsa, USA, 2003.

STEIN, R. A.; DeVRIES, D. R.; DETTMERS, J. M. Food-web regulation by a planktivore: exploring the generality of the trophic cascade hypothesis. *Canadian Journal of Fisheries and Aquatic Sciences*, Ottawa, v. 52, n. 11, p. 2518-2526, Nov. 1995.

THORNTON, K. W.; KIMMEL, B. L.; PAYNE, F. E. (Eds.). *Reservoir limnology*: ecological perspectives. New York: J. Wiley & Sons, 1990c. 246 p.

ZAR, J. H. *Biostatistical analysis*. 4th ed. Upper Saddle River, NJ: Prentice-Hall, 1999c. 663 p. + appendix.

Capítulo 25

Análise Ecossistêmica de Reservatórios

Ronaldo Angelini
Ângelo Antonio Agostinho
Luiz Carlos Gomes
Rodrigo Silva Costa
João Dirço Latini

Introdução

Um dos desafios encontrados em estudos ecológicos de reservatórios é a identificação das forças atuantes na dinâmica de suas populações que, de maneira geral, compreendem aquelas de natureza abiótica (vento, luminosidade, aporte de nutrientes, vazão, temperatura, etc.) e biótica (produção primária, competição e predação). Em relação ao componente biótico, a abordagem mais aceita nesses estudos é a da teia alimentar, que mostra as espécies conectadas por fluxos de alimento (energia), permitindo a identificação de importantes processos da organização dos ecossistemas (Warren, 1994). Essa abordagem tem sido amplamente utilizada na avaliação de fatores reguladores do funcionamento e das estrutura das comunidades (Polis & Winemiller, 1996c).

Hall & Raffaelli (1993) afirmam que uma das prioridades na pesquisa ecológica sempre foi a informação de "quem come o quê", e nesse contexto a mais óbvia interação é a predação, que por vezes controla a herbivoria, otimizando a competição entre produtores, que por sua vez formam a base dos ecossistemas (Schoener, 1989; Hairston et al., 1960).

As teias alimentares descritas por modelos matemáticos podem ser úteis em decisões de manejo multiespecífico (Christensen & Pauly, 1993a, 1998; Moreau et al., 2001; Heymans et al., 2004) para analisar efeitos ligados à cascata trófica (Wolff, 1994; Polis et al., 2000) e conseqüentemente à própria estabilidade do ecossistema (Vasconcellos & Gasalla, 2001; Vasconcellos et al., 1997; Angelini, 2002a; Gasalla & Rossi-Wongtschowski, 2004).

Os modelos matemáticos das teias alimentares são baseados principalmente nos trabalhos de Lindeman (1942), que tratam o ecossistema sob a ótica da sucessão e da troca energética entre os níveis tróficos regida pela 2ª lei da termodinâmica (Kingsland, 1991), e no de Odum (1969), que descreveu 24 atributos para determinar o estágio de amadurecimento dos ecossistemas e demonstrou como esses atributos se desenvolvem até sua maturidade, quando os ecossistemas têm maior capacidade de suportar distúrbios e/ou voltar ao equilíbrio se perturbados (resiliência). Mais recentemente, outras interpretações sobre ecossistemas e redes tróficas têm surgido (Ulanowicz, 1980, 1986c; Wulff et al., 1989; Higashi & Burns, 1991; Jørgensen, 1992), permitindo que a "saúde" de um ecossistema seja avaliada também por meio das propriedades emergentes, que, por serem macroscópicas, analisam o sistema como um "todo", já que são dependentes das inter-relações e, portanto, conseqüências dos processos auto-reguladores (Müller, 1997).

Uma das propriedades emergentes, a ascendência, desenvolvida por Ulanowicz (1986c, 1997), permite mensurar a parte de informação ordenada de um sistema. Sua contraparte desordenada (todo sistema necessariamente a apresenta) é chamada *overhead* e representa uma energia de reserva e, portanto, uma medida de estabilidade (Angelini, 2002b).

Para descrever e avaliar as teias tróficas em seis reservatórios do Estado do Paraná foi construído um modelo de biomassa e fluxo de energia para cada reservatório, usando o software ECOPATH (Christensen & Pauly, 1993a). Esses modelos permitem interpretar o significado de alguns atributos ecossistêmicos (sensu Odum, 1969) relacionados às características dos reservatórios, como área, idade e produção primária, bem como a convergência e a integração dos diversos estudos realizados nesse projeto (descritos nos capítulos anteriores). Essa compilação facilita a compreensão ecossistêmica dos reservatórios, fornecendo importante subsídio para o manejo de suas populações (Hilborn et al., 2003).

O Modelo

O programa *Ecopath* do WorldFish Center (antigo International Center of Living Aquatic Resources Management (ICLARM), Manila, Filipinas) combina o trabalho desenvolvido por Polovina (1984), que estima a biomassa e o consumo de vários elementos de um ecossistema aquático, com a teoria de Ulanowicz (1986c) sobre a análise de fluxos entre os elementos do ecossistema. Esse recurso dado pelo programa, conforme proposta de Pauly et al. (1987), permite a construção de modelos em estado de equilíbrio. Assim, a equação básica do modelo Ecopath é a de um sistema balanceado no qual o consumo de um predador (ou de um grupo de predadores) gera a mortalidade (por predação) de sua presa (ou de um grupo de presas), sendo descrita matematicamente pela expressão:

$$Bi * PBi * EEi - Sji (Bj * QBj * DCji) - EXi = 0$$

em que:

Bi = biomassa da presa (i);

PBi = produção/biomassa da presa (i);

EEi = eficiência ecotrófica da presa (i);

Bj = biomassa do predador (j);

QBj = consumo/biomassa do predador (j);

DCji = fração da presa (i) na dieta do predador (j);

EXi = exportação da presa (i).

Assim, para um ecossistema com n grupos (compartimentos) haverá n equações diferenciais lineares, formando uma matriz. Na elaboração do modelo, não é necessária a determinação de todos os parâmetros de entrada para todos os componentes, pois o Ecopath liga a produção de um grupo à dos outros e usa essas ligações para estimar os parâmetros restantes, com base na suposição de que a produção de um grupo tem de finalizar em algum lugar do sistema. Esse programa já foi usado para comparar 41 ecossistemas em todo o mundo (Christensen & Pauly, 1993a, 1993b). No Brasil, seu uso vem crescendo em ecossistemas marinhos (Rocha et al., 1998; Vasconcellos & Gasalla, 2001; Gasalla & Rossi-Wongtschowski, 2004) e continentais (Angelini & Petrere Jr., 1996; Silva Júnior, 1998; Angelini, 2002c; Angelini & Agostinho, 2005).

O Ecopath permite livre acesso (http:\\.www.data.fisheries.ubc.ca/ecopath/index.php) e já conta com novas rotinas (para simulação temporal e espacial) que não serão utilizadas neste estudo.

A Base de Dados

Os reservatórios cujos modelos foram elaborados são: Capivari, Iraí, Mourão, Rosana, Salto do Vau e Segredo, cujas localizações estão descritas nos capítulos anteriores. A Tabela 1 mostra como as respectivas biomassas dos compartimentos foram obtidas. Os valores encontrados serviram de referência para as estimativas iniciais de biomassa para todos os compartimentos.

Para os compartimentos "não-peixes", outros dois parâmetros da equação 1, Q/B (consumo/biomassa) e P/B (produção/biomassa, ou seja, o número de vezes que o componente se renova por ano), foram estimados com base na literatura (com destaque para Morin & Bourassa, 1992; Brey, 1999; Angelini, 2002c).

Para os compartimentos "peixes", como mostrado por Allen (1971), a relação P/B é igual a M (mortalidade natural), calculada com a regressão empírica de Pauly (1980), apresentada a seguir:

$$\log (M) = -0{,}0066 - 0{,}279 \log(L\infty) + 0{,}6543\ (K) + 0{,}4634 \log(T°)$$

Nessa equação, a constante de crescimento de von Bertalanffy (K) foi estimada a partir de dados de freqüência de comprimento, sendo que para as espécies comuns a todos os reservatórios optou-se pelas amostras obtidas nos de Caxias e Segredo, visto que neles os dados têm maiores séries históricas. T° é a temperatura da água do reservatório e L∞ é o comprimento assintótico do peixe. A taxa Q/B foi calculada com a equação de Palomares & Pauly (1998).

Dados sobre a alimentação das espécies de peixes foram obtidos em cada reservatório (ver Capítulo 15). Nos casos em que o número de estômagos analisados de determinada espécie foi insuficiente (n < 5), recorreu-se aos dados já publicados por Hahn et al. (1997), Agostinho et al. (1997) e Loureiro (1999).

Tabela 1 – Compartimentos dos modelos elaborados e modo de obtenção dos dados de biomassa na unidade gramas * m^{-2}.

Compartimento	Medição em campo e/ou laboratório	Extrapolação (gramas * m^{-2})
Fitoplâncton	mm^3 L^{-1}	Área do reservatório e respectiva altura da lâmina d'água onde o compartimento está concentrado.
Zooplâncton	n° de indivíduos divididos em 3 grupos: rotíferos e cladóceros e copépodes: 1 rotífero = 0,0005 g peso úmido; 1 cladócero ou copépode = 0,001 g peso úmido.	Área do reservatório e respectiva altura da lâmina d'água onde o compartimento está concentrado.
Bactéria	µg Carbono * L^{-1} 1 grama Carbono = 10 g peso úmido	Área do reservatório e todo o seu volume
Protozoário	mg C * L^{-1} 1 grama Carbono = 10 g peso úmido	Área do reservatório e todo o seu volume
Bentos	n° de indivíduos * m^{-2} 1 indivíduo = 0,001 g peso úmido	Área do reservatório
Peixes	Coletados em arrastão com área conhecida (g * m^{-2})	Área do reservatório

Componentes e Principais Fluxos

Os componentes comuns aos seis modelos desenvolvidos foram: Fitoplâncton, Rotíferos, Cladóceros, Copépodos, Bactérias, Protozoários, Bentos e Detritos. De maneira geral, os valores de entrada para biomassa, principalmente de peixes, nos seis modelos praticamente não foram alterados na equalização realizada pelo Ecopath, mostrando que o arrasto é a melhor (senão a única) maneira de estimar a biomassa de peixes. A incorporação das espécies dependeu de sua presença e da representatividade de suas biomassas.

Assim, o número total de componentes de cada modelo foi diferente: Iraí, 25; Mourão, 22; Segredo, 29; Capivari, 22; Rosana, 41; e Salto do Vau; 15. Este último está representado na Figura 1 com apenas os fluxos mais importantes desenhados.

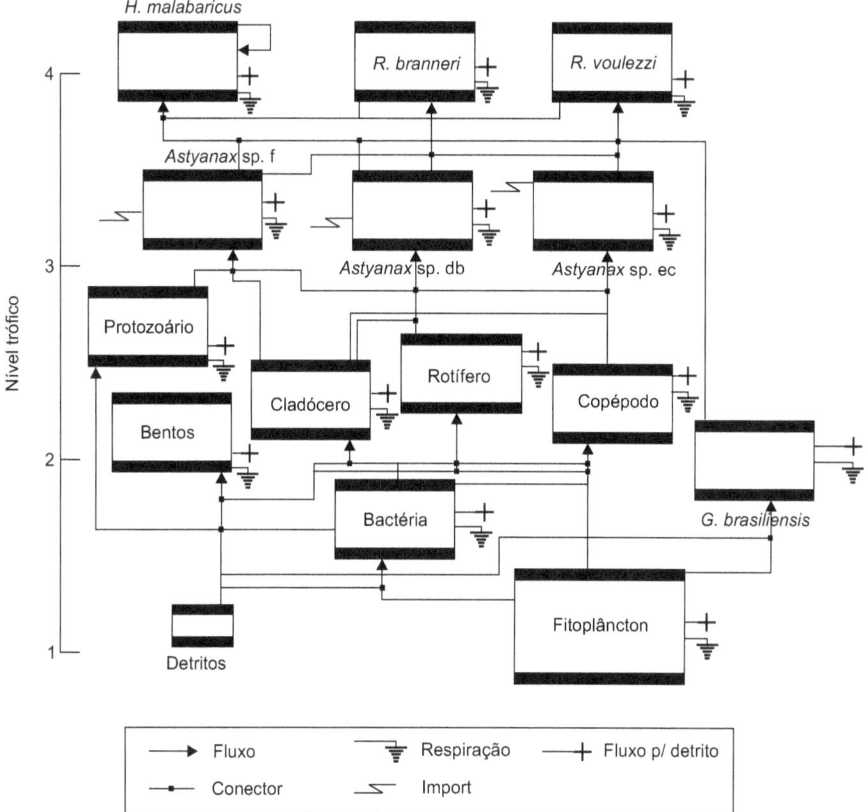

Figura 1 – Teia trófica do modelo Salto do Vau para o ano de 2002.

Atributos Ecossistêmicos

Os reservatórios analisados apresentam áreas, idades e densidades de fitoplâncton (ver Capítulo 6) distintas entre si (Tabela 2), sendo o fitoplâncton utilizado como indicador do nível de produção primária. Alguns atributos ecossistêmicos, calculados com o modelo Ecopath, também se mostram variáveis. Nota-se, claramente, na Tabela 2, que a produção líquida e o total de fluxos dos sistemas têm relação direta com o nível de produção primária, porém é necessário saber se isso se ajusta às tendências esperadas de comportamento das propriedades macroscópicas.

Tabela 2 –   Características dos reservatórios estudados.

Atributos	Iraí	Mourão	Segredo	Capivari	Rosana	S. Vau
Idade em 2004 (anos)	5	20	12	34	17	45
Fitoplâncton ($mm^3 L^{-1}$)	12,8	1,2	0,97	0,69	0,10	0,01
Área (km^2)	14,6	11,2	80,6	12,8	220,0	2,0
Prod. primária Total/respiração total	68,9	18,5	18,3	8,3	6,9	2,1
Produção líquida do sistema ($g\,m^{-2}\,ano^{-1}$)	9.462.707,0	1.131.836,0	918.959,8	763.478,6	152.834,2	3.665,7
Índice de ciclagem de Finn (%)	0,61	1,51	0,94	4,14	7	8,2
Razão de Schördinger (TRe/TB)	3,6	13,1	13,4	26,5	31,6	85,8
Overhead (1 – ascendência) (%)	20,4	36,9	31	57,4	60	58,3
Ascendência (%)	79,6	63,1	69	42,6	40	41,7
Total de fluxos no sistema ($g\,m^{-2}\,ano^{-1}$)	19.631.384,0	2.553.892,0	2.040.119,0	2.050.041,0	450.522,0	19.947,0

A Figura 2 mostra as relações (e os modelos ajustados) entre alguns dos atributos que quantificam as propriedades de estabilidade e amadurecimento. Assim, o *overhead* indica a energia de reserva, enquanto a razão de Schördinger mostra a capacidade do sistema de queimar energia e, portanto, sua aptidão para suportar distúrbios. O índice de ciclagem de Finn (%) mede o total de fluxos reciclados no sistema.

Já a razão produção primária/respiração fornece indicações da maturidade do ecossistema conforme o valor tende à unidade, situação em que toda a produção seria usada na manutenção do sistema (respiração). Dessa forma, a relação do índice de Finn com o *overhead* (Figura 2a) é positiva, pois quanto maior a ciclagem, maior a estabilidade do sistema. Inversamente, esse índice tem relação negativa com a razão produção primária/respiração (Figura 2c), mostrando que em sistemas pouco maduros (altos valores na razão produção primária/respiração) a ciclagem é baixa.

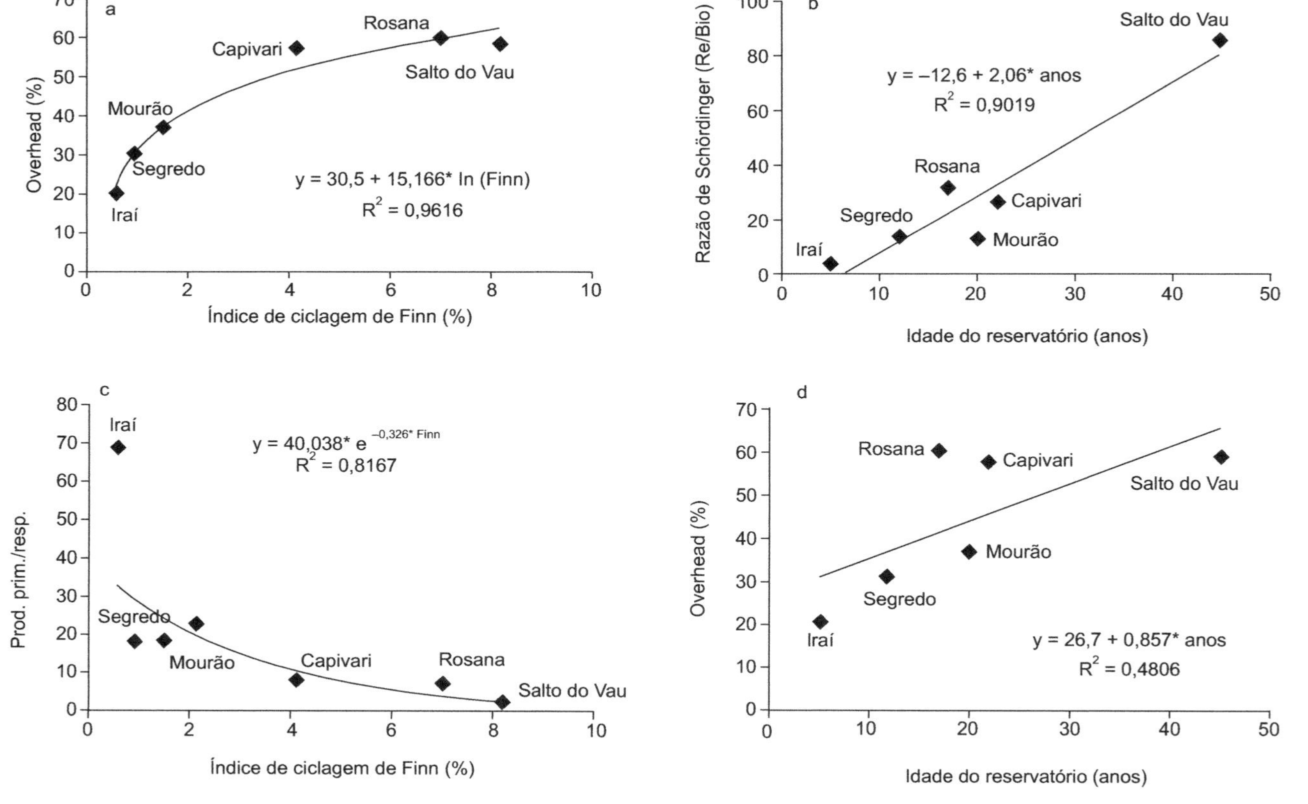

Figura 2 – Relação entre atributos de estabilidade e maturidade para os seis reservatórios estudados. Ajustes dos modelos e coeficientes de determinação foram calculados com o programa STATISTICA.

As Figuras 2b e 2d mostram, respectivamente, a relação entre a idade dos reservatórios e sua energia de reserva (*overhead*) e capacidade de suportar distúrbios (razão de Schördinger). Como a relação é francamente positiva, nota-se que, quanto maior a idade do reservatório, mais maduro ele aparenta ser.

Apesar de esses resultados serem muito próximos daqueles apontados por Christensen & Pauly (1993b) para 41 ecossistemas de diferentes regiões, eles surpreendem, pois são esperados para ecossistemas naturais (como previsto por Odum, 1969), mas não necessariamente para reservatórios, que, além de serem ecossistemas recentes, são, em geral, submetidos a intensas flutuações de nível resultantes da operação das barragens.

A despeito do número reduzido de reservatórios não permitir afirmar com precisão que, independentemente das atividades de manipulação, os reservatórios mais antigos tendem a se estabilizar como ecossistemas naturais, há um indício bastante forte nesse sentido, sendo esse um tópico que requer maior investigação. Dessa maneira, a abordagem utilizada tem potencial para determinar quanto tempo os reservatórios, depois de formados, demoram para alcançar certa estabilidade abiótica e biótica.

Além disso, acreditamos que o modelo Ecopath, para esses reservatórios, torna exeqüíveis estudos interdisciplinares do ambiente, pois, apesar das generalizações, que diminuem o realismo e a precisão, consegue conectar as pesquisas realizadas em cada compartimento.

Referências Bibliográficas

AGOSTINHO, A. A. et al. Estrutura trófica. In: VAZZOLER, A. E. A. de M.; AGOSTINHO, A. A.; HAHN, N. S. (Eds.). *A planície de inundação do alto do rio Paraná*: aspectos físicos, biológicos e socioeconômicos. Maringá: EDUEM: Nupélia, 1997. cap. II.6, p. 229-248.

ALLEN, K. R. Relation between production and biomass. *Journal of the Fisheries Research Board of Canada*, Ottawa, v. 28, n. 10, p. 1573-1581, Oct. 1971.

ANGELINI, R. Avaliação da capacidade-suporte da represa do Broa para a colocação de tanques-rede. *Revista Saúde e Ambiente*, Joinville, SC, v. 3, n. 2, p. 42-48, 2002a.

ANGELINI, R. Bases para a aplicação da teoria da informação em ecossistemas, com ênfase na ascendência. *Acta Scientiarum. Biological Science*, Maringá, v. 24, n. 2, p. 275-283, Apr. 2002b.

ANGELINI, R. *Desenvolvimento de ecossistemas*: a planície de inundação do alto rio Paraná e o reservatório de Itaipu. 2002. 145 f. Tese (Doutorado em Ecologia de Ambientes Aquáticos Continentais) – Departamento de Biologia, Universidade Estadual de Maringá, Maringá.

ANGELINI, R.; AGOSTINHO, A. A. Food web model of the Upper Paraná river floodplain: description and aggregation effects. *Ecological Modelling*, Amsterdam, v. 181, n. 2-3, p. 109-121, Jan. 2005.

ANGELINI, R.; PETRERE Jr., M. The ecosystem of Broa reservoir, São Paulo State, Brazil, as described using ECOPATH. *Naga, The ICLARM Quarterly*, Makati City, v. 19, n. 2, p. 36-41, Apr. 1996.

BREY, T. A collection of empirical relations for use in ecological modelling. *Naga, The ICLARM Quarterly*, Makati City, v. 22, n. 3, p.24-28, July-Sept. 1999.

CHRISTENSEN, V.; PAULY, D. (Eds.). Trophic models of aquatic ecosystems. *ICLARM Conference Proceedings*, Makati City, n. 26, 1993a. 390 p.

CHRISTENSEN, V.; PAULY, D. Changes in models of aquatic ecosystems approaching carrying capacity. *Ecological Applications*, Washington, D.C., v. 8, n. 1, p. S104-S109, Feb. 1998. Suplemento.

CHRISTENSEN, V.; PAULY, D. Flow characteristics of aquatic ecosystems. In: CHRISTENSEN, V.; PAULY, D. (Eds.). *Trophic models of aquatic ecosystems*. Makati City: ICLARM, 1993b. ch. 3, p. 338-355. (ICLARM Conference Proceedings, 26. ICLARM Contribution, n. 638).

GASALLA, M. A.; ROSSI-WONGTSCHOWSKI, C. L. D. B. Contribution of ecosystem analysis to investigating the effects of changes in fishing strategies in the South Brazil Bight coastal ecosystem. *Ecological Modelling*, Amsterdam, v. 172, n. 2-4, p. 283-306, Mar. 2004.

HAHN, N. S. et al. Dieta e atividade alimentar de peixes do reservatório de Segredo. In: AGOSTINHO, A. A.; GOMES, L. C. (Eds.). *Reservatório de segredo*: bases ecológicas para o manejo. Maringá: EDUEM, 1997. cap. 8, p. 141-162.

HAIRSTON, N. G.; SMITH, F. E.; SLOBODKIN, L. B. Community structure, population control, and competition. *American Naturalist*, Chicago, v. 94, n. 879, p. 421-425, 1960.

HALL, S. J.; RAFFAELLI, D. G. Food webs: theory and reality. *Advances in Ecological Research*, London, v. 24, p. 187-239, 1993.

HEYMANS, J. J.; SHANNON, L. J.; JARRE, A. Changes in the northern Benguela ecosystem over three decades: 1970s, 1980s and 1990s. *Ecological Modelling*, Amsterdam, v. 172, n. 2-4, p. 175-195, Mar. 2004.

HIGASHI, M.; BURNS, T. P. (Eds.). *Theoretical studies of ecosystems*: the network perspective. Cambridge: Cambridge University Press, 1991. 364 p.

HILBORN, R. et al. State of the world's fisheries. *Annual Review of Environment and Resources*, Palo Alto, Calif., v. 28, p. 359-399, Nov. 2003.

JØRGENSEN, S. E. Parameters, ecological constraints and exergy. *Ecological Modelling*, Amsterdam, v. 62, n. 1-3, p. 163-170, July 1992.

KINGSLAND, S. E. Defining ecology as a science. In: REAL, L. A.; BROWN, J. H. (Eds.). *Foundations of ecology*: classic papers with commentaries. Chicago; London: The University of Chicago Press, 1991. pt. 1: Foundational Papers, p. 1-13.

LINDEMAN, R. L. The trophic-dynamic aspect of ecology. *Ecology*, Washington, D.C., v. 23, p. 399-418, 1942.

LOUREIRO, V. E. *Categorias tróficas em peixes de águas continentais*. 1999. 44 f. Exame Geral de Qualificação (Monografia em Ecologia de Ambientes Aquáticos Continentais) – Departamento de Biologia, Universidade Estadual de Maringá, Maringá.

MOREAU, J.; VILLANUEVA, M. C.; AMARASINGHE, U. S.; SCHIEMER, F. Trophic relationships and possible evolution of the production under various fisheries management strategies in a Sri Lanka reservoir. In: DE SILVA, S. S. (Ed.). *Reservoir and culture-based fisheries*: biology and management. Proceedings of an International Workshop held in Bangtok, Thailand from 15-18 February 2000. Canberra: Australian Centre for International Agricultural Research, 2001. p. 201-214. (ACIAR Proceedings, n. 98).

MORIN, A.; BOURASSA, N. Modèles empiriques de la production annuelle et du rapport P/B d'invertébrés benthiques d'eau courante. *Canadian Journal of Fisheries and Aquatic Sciences*, Ottawa, v. 49, n. 3, p. 532-539, Mar. 1992.

MÜLLER, F. State-of-the-art in ecosystem theory. *Ecological Modelling*, Amsterdam, v. 100, n. 1-3, p. 135-161, Dec. 1997.

ODUM, E. P. The strategy of ecosystem development. *Science*, Washington, D.C., v. 164, n. 3877, p. 262-270, 1969.

PALOMARES, M. L.; PAULY, D. Predicting food consumption of fish populations as functions of mortality, food type, morphometrics, temperature and salinity. *Marine and Freshwater Research*, Collingwood, v. 49, n. 5, p. 447-453, 1998.

PAULY, D. On the inter-relationships between natural mortality, growth parameters and mean environmental temperature in 175 fish stocks. *Journal du Conseil International pour l'Exploration de la Mer*, Copenhagen, v. 39, n. 3, p. 175-192, 1980.

PAULY, D.; SORIANO, M.; PALOMARES, M. L. On improving the construction, parametrization and interpretation of "steady-state" multispecies models. In: SHRIMP AND FINFISH FISHERIES MANAGEMENT, 9th, 1987. *Workshop...* Kuwait: International Center for Living Aquatic Resources Management, 1987. (ICLARM Contribution, n. 627).

POLIS, G. A.; SEARS, A. L. W.; HUXEL, G. R.; STRONG, D. R.; MARON, J. When is a trophic cascade a trophic cascade? *Trends in Ecology and Evolution*, Cambridge, v. 15, n. 11, p. 473-475, Nov. 2000.

POLIS, G. A.; WINEMILLER, K. O. (Ed.). *Food webs*: integration of patterns & dynamics. New York: Chapman & Hall, 1996c. 472 p.

POLOVINA, J. J. Model of a coral-reef ecosystem. Part I. The ECOPATH model and its application to French Frigate Shoals. *Coral Reefs*, New York, v. 3, n. 1, p. 1-11, 1984.

ROCHA, G. R. A. et al. Quantitative model of trophic interactions in the Ubatuba Shelf System (Southeastern Brazil). *Naga, The ICLARM Quarterly*, Makati City, v. 21, n. 4, p. 25-32, Oct.-Dec. 1998.

SCHOENER, T. W. Food webs from the small to the large. *Ecology*, Washington, D.C., v. 70, n. 6, p. 1559-1589, Dec. 1989.

SILVA JÚNIOR, U. L. *Análise da produção pesqueira de um lago de várzea do Baixo Amazonas por meio de um modelo de balanço de massas*. 1998. 73 f. Dissertação (Mestrado em Biologia de Água Doce) – Instituto Nacional de Pesquisas da Amazônia, Manaus.

ULANOWICZ, R. E. An hypothesis on the development of natural communities. *Journal of Theoretical Biology*, London, v. 85, n. 2, p. 223-245, July 1980.

ULANOWICZ, R. E. *Ecology, the ascendent perspective*. Columbia University Press, 1997. 201 p.

ULANOWICZ, R. E. *Growth and development*: ecosystems phenomenology. New York: Springer-Verlag, 1986c. 203 p., ill.

VASCONCELLOS, M.; GASALLA, M. A. Fisheries catches and the carrying capacity of marine ecosystems in southern Brazil. *Fisheries Research*, Amsterdam, v. 50, n. 3, p. 279-295, Mar. 2001.

VASCONCELLOS, M. et al. The stability of trophic mass-balance models of marine ecosystems: a comparative analysis. *Ecological Modelling*, Amsterdam, v. 100, n. 1-3, p. 125-134, Dec. 1997.

WARREN, P. H. Making connections in food webs. *Trends in Ecology and Evolution*, Cambridge, v. 9, n. 4, p. 136-141, Apr. 1994.

WOLFF, M. A trophic model for Tongoy Bay – a system exposed to suspended scallop culture (Northern Chile). *Journal of Experimental Marine Biology and Ecology*, Amsterdam, v. 182, n. 2, p. 149-168, Oct.1994.

WULFF, F.; FIELD, J. G.; MANN, K. H. (Eds.). *Coastal and estuarine studies. Network analysis in marine ecology* – methods and applications. New York: Springer-Verlag, 1989. 284 p.

Para contato com os autores:

Dra. Maria Cristina Dreher Mansur
Museu de Ciências e Tecnologia da PUCRS
Avenida Ipiranga, 6681
MCT – PUCRS – Aquacultura
CEP 90609-900
Porto Alegre – RS

Dr. Ronaldo Angelini
Universidade Estadual de Goiás
Campus da Anápolis
Laboratório de Biodiversidade do cerrado, BR 153, Km 98
CEP 75074-840 – Jardim Arco Verde
Anápolis – GO

Demais autores:
Universidade Estadual de Maringá
Núcleo de Pesquisas em Limnologia, Ictiologia e Aqüicultura – Nupélia
Avenida Colombo, 5790
CEP 87020-900
Maringá – PR